数字经济核心课程系列教材

# 计算思维与程序实践

## Computational Thinking and Coding Practice

(C 语言版)

林宏志  编著

东南大学出版社
SOUTHEAST UNIVERSITY PRESS
·南京·

## 内容简介

在数字经济蓬勃发展的今天,本书旨在培养学生的计算思维和编程能力。本书最大的特色是将程序设计和数学进行了有机结合,在介绍 C 语言基本语法规则的基础上,将其灵活应用于解决常见的数学问题,培养学生的计算能力和编程能力。本书并非一本 C 语言的说明手册和技术规范,对于语法规则的介绍以应用为导向,只介绍最基本、最常用的内容。本书采用案例教学的方法,避免过多介绍枯燥的语法规则,例题丰富,通俗易懂,是初学者学习 C 语言和基本算法的理想教材。掌握本书内容的读者,能够在编程需要时有针对性地进一步学习 C 语言,也能够容易地学习 R 和 Python 等其他高级计算语言。本书可以作为高中生和低年级大学生的正式教材,也可以作为读者自学程序设计和算法的课外教材。

**图书在版编目(CIP)数据**

计算思维与程序实践:C 语言版 / 林宏志编著.
南京:东南大学出版社,2025.5. -- ISBN 978-7-5766-2192-1

Ⅰ.TP312.8

中国国家版本馆 CIP 数据核字第 2025CS1755 号

责任编辑:宋华莉　　责任校对:韩小亮　　封面设计:王 玥　　责任印制:周荣虎

计算思维与程序实践(C语言版) Jisuan Siwei Yu Chengxu Shijian (C Yuyan Ban)

| | |
|---|---|
| 编　　著 | 林宏志 |
| 出版发行 | 东南大学出版社 |
| 出 版 人 | 白云飞 |
| 社　　址 | 南京市四牌楼 2 号(邮编:210096) |
| 经　　销 | 全国各地新华书店 |
| 印　　刷 | 广东虎彩云印刷有限公司 |
| 开　　本 | 787 mm×1 092 mm　1/16 |
| 印　　张 | 25 |
| 字　　数 | 593 千字 |
| 版　　次 | 2025 年 5 月第 1 版 |
| 印　　次 | 2025 年 5 月第 1 次印刷 |
| 书　　号 | ISBN 978-7-5766-2192-1 |
| 定　　价 | 88.00 元 |

本社图书若有印装质量问题,请直接与营销部联系,电话:025-83791830。

# 前言

当下,以大数据和人工智能为代表的信息技术已经广泛渗透到各个领域,各行各业都需要大批既能掌握本领域专业知识,又能灵活应用程序设计和算法语言解决本领域问题的新型专门人才。作者长期在东南大学从事程序设计与算法语言的教学工作,深感现有的程序设计教材过于强调枯燥的语法规则,而忽视学生计算思维和编程能力的培养。因此,作者一直想编写一本着力培养学生编程能力和计算能力的教材。

进行程序设计,必须选择一种计算机语言作为工具。可供选择的语言很多,它们各有特点和应用领域,比如 R 语言和 Python 语言都有众多的簇拥者,都有丰富的库函数,都是数据分析领域中非常流行的编程语言。但作者并不建议初学者过多依赖库函数,只会调用别人开发的函数,而丧失了基本的算法构造和程序编写能力。而 C 语言可供调用的函数并不多,其具有功能丰富、表达能力强、应用面广、执行效率高的特点,是当前程序员的共同语言,大多数高校把 C 语言作为第一门计算机语言进行程序设计教学。因此,本书选用 C 语言作为编程语言。

谭浩强老师的《C 程序设计》是我国介绍 C 语言程序设计的经典教材,经过了长期的教学实践检验,为广大师生所熟悉。本书在第一章以谭浩强老师的《C 程序设计》(第五版)为基础介绍了 C 语言的基本语法规则。C 语言是工具,掌握语言工具是为了使用计算机解决问题。本书不是一本 C 语言的说明手册和技术规范,不包罗万象、贪多求全,对枯燥的语法规则进行了筛选,仅仅保留了最基本、最常用的语法规则,不建议读者在语法细节上死记硬背,用到时查询即可。掌握本书内容的读者能够在工作中有针对性地进一步学习 C 语言语法规则,在实践中掌握有关语言工具的细节。

本书的一大特色是将程序设计与数学进行了有机结合,在第二、三、四、五章中,引导学生使用 C 语言进行程序设计,以解决初等数学、高等数学、线性代数、概率论与数理统计中常见的计算问题。本书强调程序设计要面向应用,着重培养学生学习和掌握解决问题的思路和方法,即算法,以及怎么样用 C 语言编写程序实现算法,最终达到用计算机解决问题的目的。算法是程序设计的灵魂,C 语言是程序设计的工具,两者需要紧密结合起来,既不能脱离算法而枯燥地学习语言,也不能脱离语言而抽象地学习算法。本书对于每个例题都按照"算法设计—程序编写—运行结果—程序分析"的思路展开,引导学生一步步构造一个算法,实现一个算法,最后进行归纳分析。本书旨在使学生在大量富有创意、引人入胜的编程实践中,学会算法,掌握语法,培养学生计算思维,提高其分析和解决问题的能力。

本书十分重视编程实践,除了丰富的例题以外,每一章还配有课后习题。光靠听课和看书是学不会程序设计的,学生必须动手编程,调试运行,在反复的程序调试过程中深化对语法和算法的理解。程序设计没有标准答案,作者鼓励学生开动脑筋,不拘泥于例题程序,发扬创新精神,编写出更加简洁、高效的程序。如果采用本书作为教材,课程的考核方法应当是编写程序和调试程序,而不应该只采用是非题和选择题。

学习程序设计的关键是掌握算法,无论用哪一种语言进行程序设计,其基本规律是一样的,只是具体的语法规则不同。因此,学生在学习时一定要活学活用,举一反三,掌握规律,以便在以后需要时能容易地学习其他高级语言,很快地使用其他新的语言进行编程。

作者在此感谢研究生黄嘉慧对本书的协助整理。由于作者水平有限,本书难免有不足之处,热切期望得到专家和读者的批评指正,以便在再版教材中予以修订。

林宏志

2024 年 5 月

# 目 录

**第一章** C语言基础 ······················································ 001

 第一节 C语言导论 ················································ 002
  一、C语言简介 ···················································· 002
  二、C语言集成开发环境 ············································ 003
  三、C语言程序设计 ················································ 010

 第二节 算法 ······················································ 014
  一、算法是程序设计的灵魂 ·········································· 014
  二、算法的特性 ···················································· 015
  三、算法的表示 ···················································· 015
  四、算法的基本逻辑结构 ············································ 019
  五、结构化程序设计方法 ············································ 020
  六、常见的算法 ···················································· 021

 第三节 顺序结构 ·················································· 023
  一、赋值语句 ······················································ 023
  二、运算符和库函数 ················································ 025
  三、常量和变量 ···················································· 028
  四、基本数据类型 ·················································· 031
  五、标准化输入和输出 ·············································· 034
  六、顺序结构示例 ·················································· 039

 第四节 选择结构 ·················································· 041
  一、if 语句 ······················································· 041
  二、条件判断中的运算符 ············································ 046
  三、选择的嵌套 ···················································· 047
  四、switch 语句 ··················································· 050

 第五节 循环结构 ·················································· 053
  一、for 语句 ······················································ 053
  二、while 语句 ···················································· 058
  三、do…while 语句 ················································ 059

　　　　四、循环的嵌套 …………………………………………………… 062
　　　　五、改变循环执行的状态 …………………………………………… 063
　　　　六、循环的应用 …………………………………………………… 066
　　第六节　函数 …………………………………………………………… 073
　　　　一、函数的定义 …………………………………………………… 074
　　　　二、函数的调用 …………………………………………………… 076
　　　　三、函数的嵌套调用 ……………………………………………… 083
　　　　四、函数的递归调用 ……………………………………………… 085
　　　　五、局部变量和全局变量 ………………………………………… 089
　　第七节　数组 …………………………………………………………… 094
　　　　一、一维数组 ……………………………………………………… 095
　　　　二、二维数组 ……………………………………………………… 104
　　　　三、数组作为函数参数 …………………………………………… 109
　　第八节　指针 …………………………………………………………… 115
　　　　一、指针变量 ……………………………………………………… 116
　　　　二、指针与数组 …………………………………………………… 125
　　第九节　结构体 ………………………………………………………… 137
　　　　一、建立结构体类型 ……………………………………………… 137
　　　　二、定义结构体类型变量 ………………………………………… 139
　　　　三、结构体类型变量的初始化和引用 …………………………… 140
　　　　四、使用结构体数组 ……………………………………………… 144
　　第十节　文件 …………………………………………………………… 147
　　　　一、文件的基本知识 ……………………………………………… 147
　　　　二、打开与关闭文件 ……………………………………………… 148
　　　　三、顺序读写数据文件 …………………………………………… 151
　　课后习题 ………………………………………………………………… 165

第二章　初等数学程序设计 …………………………………………………… 169
　　第一节　函数 …………………………………………………………… 170
　　　　一、函数的概念与性质 …………………………………………… 170
　　　　二、基本初等函数 ………………………………………………… 174
　　　　三、函数的应用 …………………………………………………… 185
　　第二节　几何与代数 …………………………………………………… 188
　　　　一、空间几何体 …………………………………………………… 188
　　　　二、直线与方程 …………………………………………………… 190
　　　　三、曲线与方程 …………………………………………………… 208

### 第三节　数列 ········ 213
一、数列的基本概念 ········ 213
二、等差数列 ········ 216
三、等比数列 ········ 217
四、数列的极限 ········ 219
五、级数 ········ 220

**课后习题** ········ 221

## 第三章　高等数学程序设计 ········ 223

### 第一节　导数及其应用 ········ 224
一、变化率与导数 ········ 224
二、导数的计算 ········ 228
三、导数在研究函数中的应用 ········ 231
四、泰勒公式 ········ 238
五、方程的近似解 ········ 239
六、生活中的优化问题 ········ 247

### 第二节　定积分及其应用 ········ 249
一、定积分的概念 ········ 249
二、微积分基本定理 ········ 255
三、定积分的应用 ········ 257

**课后习题** ········ 265

## 第四章　线性代数程序设计 ········ 267

### 第一节　平面向量 ········ 268
一、平面向量的概念 ········ 268
二、平面向量的线性运算 ········ 269
三、平面向量的正交分解及坐标表示 ········ 270
四、平面向量的数量积 ········ 275

### 第二节　空间向量 ········ 278
一、空间向量及其运算 ········ 278
二、空间向量的坐标表示 ········ 285
三、立体几何中的向量方法 ········ 290

### 第三节　矩阵及其运算 ········ 303
一、矩阵的定义 ········ 303
二、矩阵的运算 ········ 304

三、矩阵的转置 ............................................. 307
四、矩阵的应用 ............................................. 309
课后习题 ..................................................... 331

# 第五章 概率论与数理统计程序设计 ............................. 333

## 第一节 排列与组合 ............................................. 334
一、排列 ..................................................... 334
二、组合 ..................................................... 337

## 第二节 概率 ................................................... 340
一、随机事件的概率 ......................................... 340
二、古典概型 ............................................... 342
三、几何概型 ............................................... 343

## 第三节 随机变量及其分布 ..................................... 346
一、离散型随机变量及其分布律 ............................... 346
二、二项分布及其应用 ....................................... 351
三、离散型随机变量的均值与方差 ............................. 353
四、均匀分布 ............................................... 355
五、正态分布 ............................................... 356

## 第四节 蒙特卡罗模拟 ......................................... 361
一、蒙特卡罗方法 ........................................... 361
二、蒙特卡罗模拟求数学期望值 ............................... 365
三、蒙特卡罗模拟求方差 ..................................... 367

## 第五节 统计分析 ............................................. 368
一、随机抽样 ............................................... 368
二、用样本估计总体 ......................................... 373
三、变量间的相关关系 ....................................... 377
四、线性回归分析 ........................................... 380
五、非线性回归分析 ......................................... 386

课后习题 ..................................................... 390

# 参考文献 ..................................................... 392

# 第一章
# C 语言基础

## 第一节

# C 语言导论

## 一、C 语言简介

### 1. C 语言发展历史

C语言是一种计算机程序设计语言,它既具有高级语言的特点,又具有汇编语言的特点.1970 年,贝尔实验室的 Ken Thompson,以 BCPL(Basic Combined Programming Language)为基础,设计出很简单且很接近硬件的 B 语言(取 BCPL 的首字母),并用 B 语言写了第一个 UNIX 操作系统.1972 年,贝尔实验室的 D. M. Ritchie(图 1.1)在 B 语言的基础上最终设计出了一种新的语言,他取了 BCPL 的第二个字母作为这种语言的名字,这就是 C 语言.1978 年,贝尔实验室正式发布了 C 语言.C 语言很快就风靡全世界,成为世界上应用最广泛的程序设计高级语言.

**图 1.1　D. M. Ritchie (1941—2011)**

1989 年,美国国家标准协会(ANSI)发布了第一个完整的 C 语言标准——ANSI X3.159—1989,简称 C89 或 ANSI C.1990 年,国际标准化组织(ISO)接受了 C89 为 ISO C 的标准(ISO/IEC 9899:1990).1999 年,ISO 又对 C 语言标准进行了修订,在基本保留原来 C 语言特征的基础上,增加了一些新功能,发布了 ISO/IEC 9899:1999,简称 C99(2001 年和 2004 年又先后进行了两次技术修正).2011 年,ISO 发布了新的 C 语言标准 ISO/IEC 9899:2011,简称 C11.

C 语言自诞生以来,长盛不衰,在程序设计领域始终占有重要地位.C 语言是一种用途广泛、功能强大的过程性编程语言,其既可以作为操作系统开发语言,又可以作为应用程序设计语言.C 语言具备很强的嵌入式系统开发和数据处理能力,在物联网和数字化时代,其仍在发挥着不可替代的作用.初学者使用 C 语言进行严格训练是十分必要的,因为初学者不应该过度依赖别人开发的函数,而 C 语言不像 Python 语言和 R 语言一样,可以直接调用很多现成的函数.学习 C 语言是学习其他高级语言的基础,在熟练掌握 C 语言后,很容易学习其他高级语言.

### 2. C 语言的特点

C 语言主要具有以下一些特点:

(1) 语言简洁、紧凑,使用灵活

C 语言一共只有 32 个关键字和 9 种控制语句,压缩了一切不必要的成分.C 语言比许多其他高级语言简练,源程序短,输入时工作量少. C 语言程序书写形式自由,一行内可以写几个语句,一个语句可以分写在多行上,但为清晰起见,习惯上每行只写一个语句.

(2) 运算符和数据类型丰富

C 语言共有 34 个运算符,包含的范围很广泛. 通过运算符的多样化使用,可以构造形式简洁而功能强大的表达式,灵活多样的表达式可以实现使用其他高级语言难以实现的运算. C 语言提供的数据类型包括整型、浮点型(实型)、字符型、数组类型、指针类型、结构体类型和共用体类型等,能够用来实现对多种复杂数据结构的运算.

(3) 程序设计结构化、模块化

结构化语言的显著特点是代码及数据的分隔化,即程序的各个部分除了必要的信息交流外相对独立,这种结构化方式可使程序层次清晰,便于使用、维护以及调试. C 语言是以函数形式提供给使用者的,这些函数可被方便地调用,并具有多种循环、条件语句控制程序流向,便于实现程序的模块化.

(4) 允许直接访问物理地址

C 语言原来是专门为编写系统软件而设计的,因此 C 语言的硬件控制能力、表达能力和运算能力强. 许多以前只能用汇编语言处理的问题,后来可以改用 C 语言来处理了. 目前 C 语言的主要用途之一是编写嵌入式系统程序.

由于具有上述优点,C 语言应用面十分广泛.

## 二、C 语言集成开发环境

使用高级语言编程时,我们通常需要使用一个集成开发环境(integrated developing environment,简称 IDE)来进行编辑、编译、运行和调试工作. 对于 C 语言,常用的集成开发环境有:很早的 Turbo C 和 Turbo C++,复杂而庞大的 Microsoft Visual Studio,免费而简洁的 Dev-C++,等等. 本书选用 Dev-C++为开发环境,它的优点是功能简捷,适合在教学中供 C/C++语言初学者使用,也适合非商业级普通开发者使用.

Dev-C++是一款免费开源的可视化 C/C++集成开发环境,内嵌 GCC 编译器,可以用此软件实现 C/C++程序的编辑、编译、运行和调试,是 NOI(全国青少年信息学奥林匹克竞赛)、NOIP(全国青少年信息学奥林匹克联赛)等比赛的指定工具. Dev-C++的优点是体积小(只有几十兆)、安装和卸载方便、学习成本低. 安装 Dev-C++远没有安装 Microsoft Visual Studio 那么复杂. 现在介绍 Dev-C++的安装方法和常用的一些基本操作,每一位同学都要掌握,便于熟练地编写程序.

**1. 安装 Dev-C++**

首先去官方网站下载 Dev-C++,下载完成后会得到一个安装包(.exe 程序),双击该文件即可开始安装.

（1）首先加载安装程序（只需要几十秒）.如图 1.2 所示.

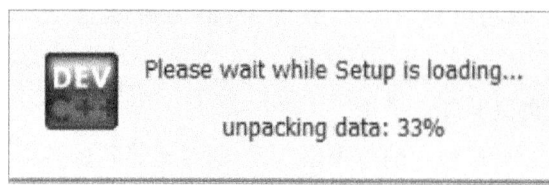

图 1.2　加载安装程序

（2）开始安装.Dev-C++支持多国语言,包括简体中文,但是要等到安装完成以后才能设置,在安装过程中不能使用简体中文,所以这里我们选择"English"（英文）.如图 1.3 所示.

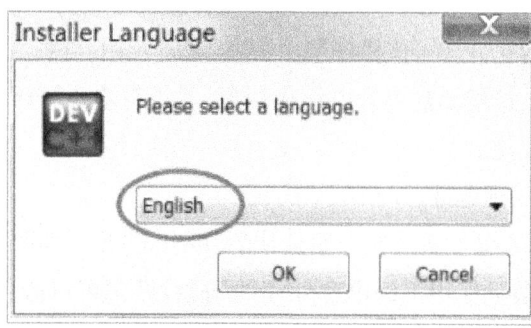

图 1.3　开始安装

（3）同意 Dev-C++的各项条款.如图 1.4 所示.

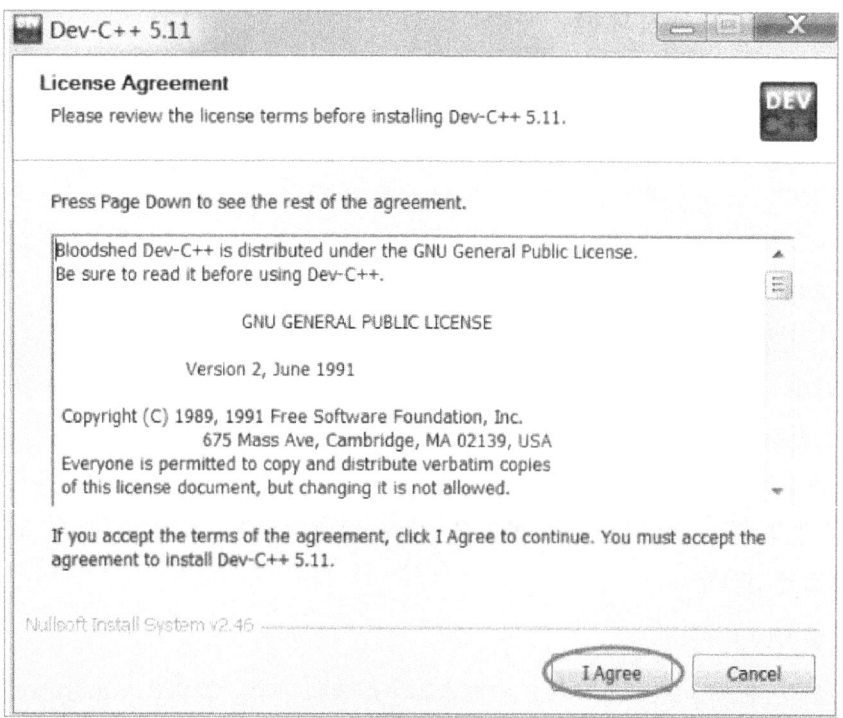

图 1.4　同意 Dev-C++条款

(4) 选择要安装的组件. 选择"Full",全部安装. 如图 1.5 所示.

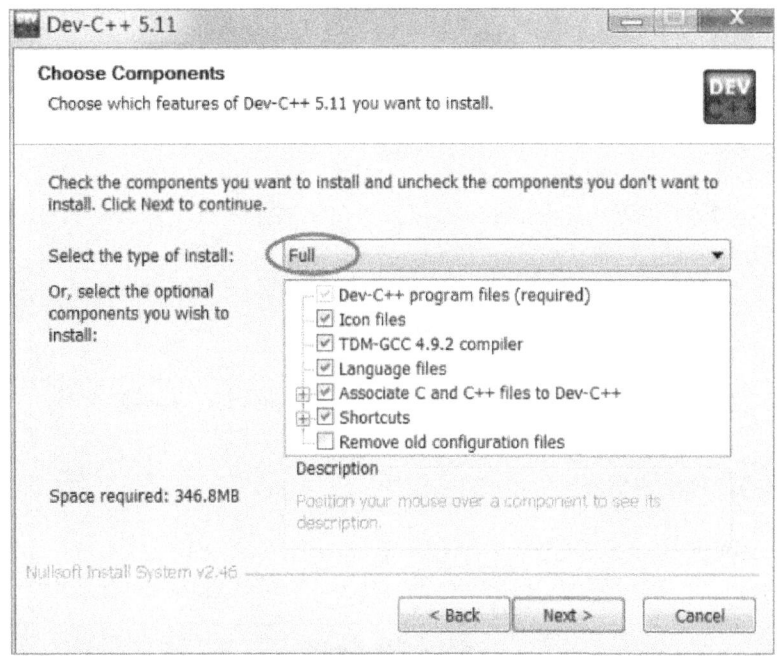

图 1.5　选择安装组件

(5) 选择安装路径. 你可以将 Dev-C++安装在任意位置,但是选择的安装路径中最好不要包含中文. 如图 1.6 所示.

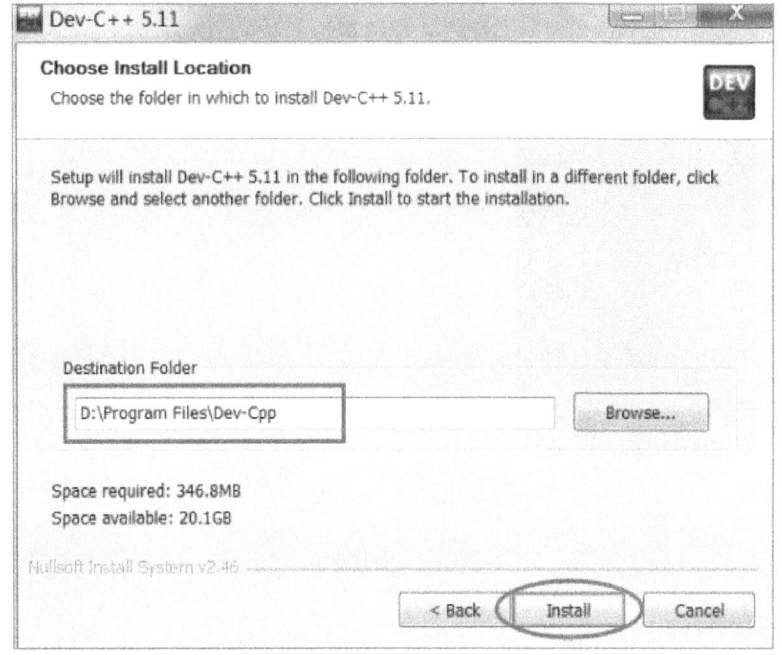

图 1.6　选择安装路径

(6) 等待安装(图1.7).

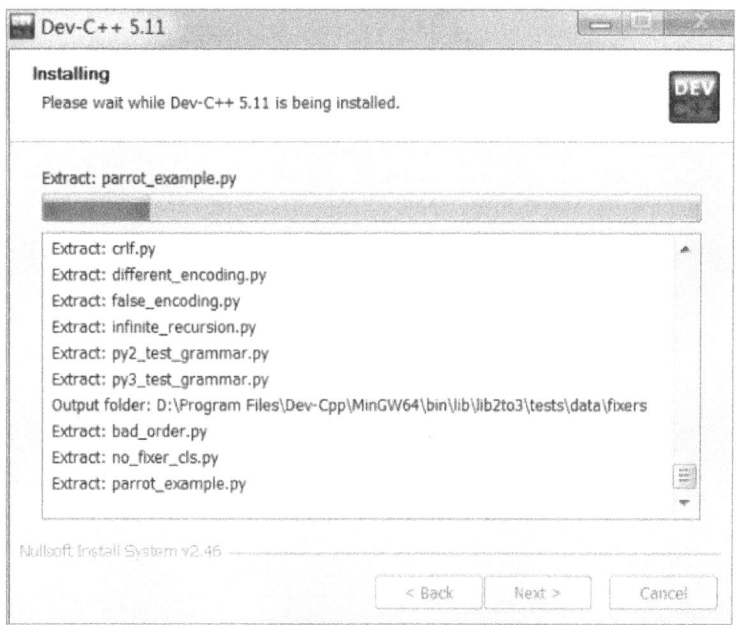

图1.7　等待安装

(7)安装完成(图1.8).

图1.8　安装完成

## 2. 启动 Dev-C++

直接双击桌面上的 Dev-C++的图标,即可启动 Dev-C++集成开发工具.或者点击任务栏中的"开始"按钮,单击"Dev-C++"菜单项(图1.9).

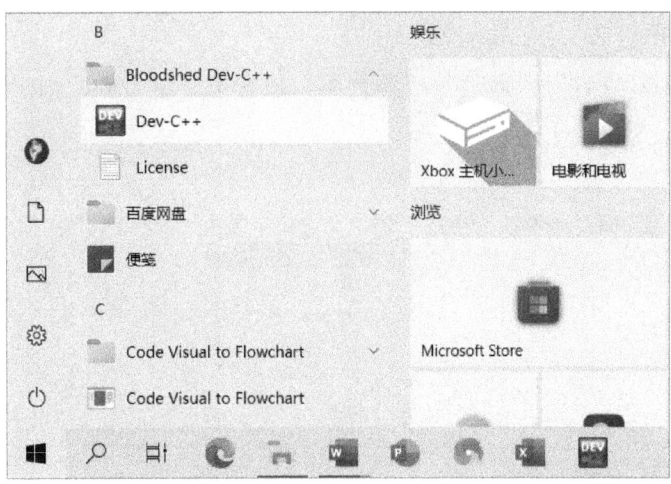

图 1.9 启动 Dev-C++

### 3. 语言设置

Dev-C++默认界面显示英文,需要改为中文的同学则可以点击主菜单"Tools"→"Environment Options"(图 1.10),在弹出的对话框中"Language"的下拉列表中选择"简体中文/Chinese"即可.

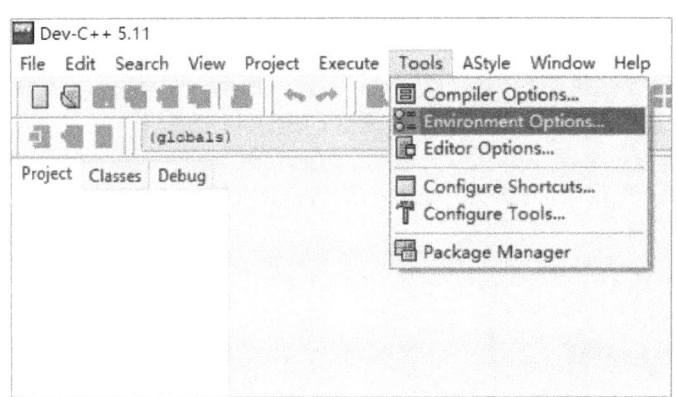

图 1.10 点击主菜单"Tools"→"Environment Options"

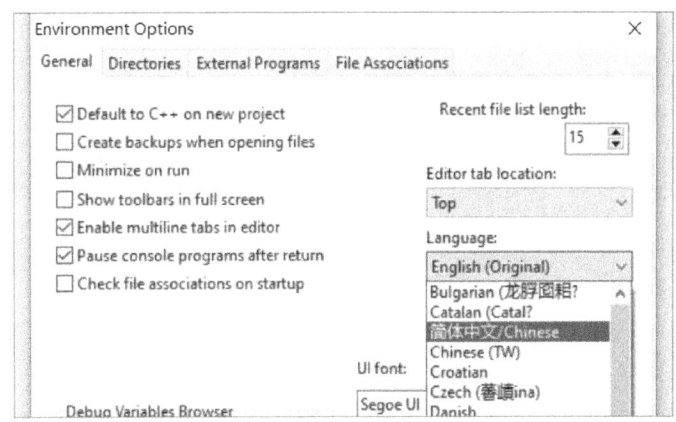

图 1.11 将语言选择为中文

### 4. 新建源程序

(1) 点击主菜单"文件"→"新建"→"源代码",或者按下组合键 Ctrl+N,都会新建一个空白的源文件(图1.12).

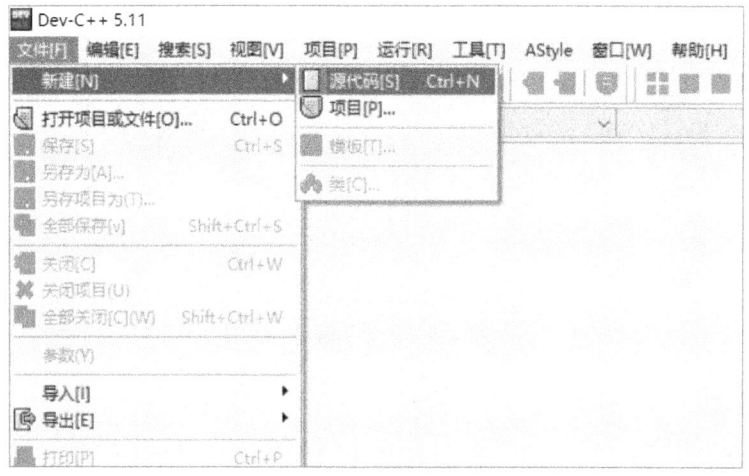

图 1.12 新建源程序

(2) 点击主菜单"文件"→"另存为",选择保存地址,命名文件,在保存类型中选择"C source files(*.c)",建立后缀名为.c的源文件(图1.13). Dev-C++默认为编写C++程序,其后缀名为.cpp. 值得注意的是,在.cpp文件中仍可编写C语言程序.但在.c文件中不可编写C++语言程序.这体现了C++语言对C语言的继承和发展.

图 1.13 保存文件

(3) 此时屏幕右下侧出现一片白色区域,称为"源程序编辑区域",可以在此编写程序,如图1.14所示.

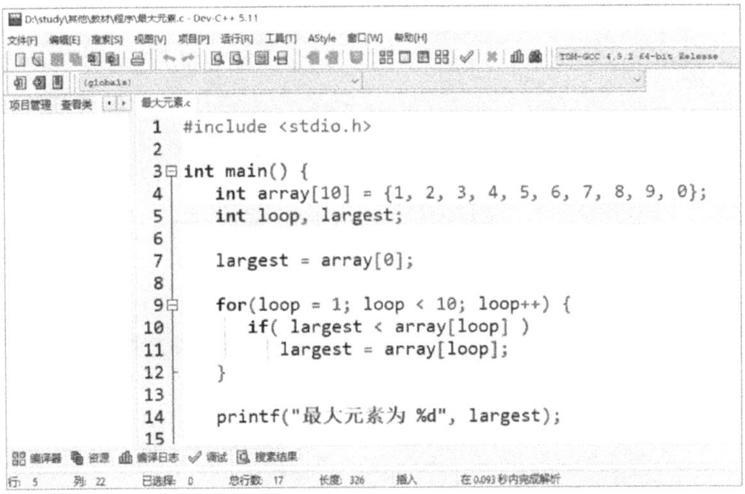

图1.14 编写程序

**注意**：所有的集成开发环境，包括 Dev-C++，仅支持在英文输入环境下编辑程序(半角标点符号)，这意味着在编写代码的过程中必须将输入法切换到英文输入状态.

### 5. 程序的编译和运行

编写程序完毕后，就需要进行程序的编译和运行. 计算机不能直接识别和执行高级语言写的指令，必须用编译器把 C 语言源程序翻译成计算机可以识别的二进制语言. 点击主菜单"运行"→"编译"(图 1.15).

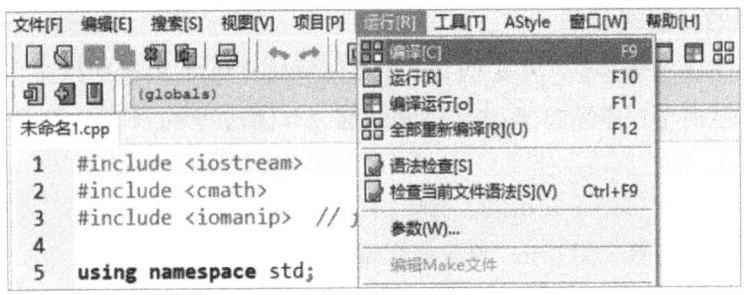

图1.15 编译

如果程序中存在词法、语法等错误，则编译失败，编译器会在屏幕右下角的"编译器"标签页中显示错误提示信息，如图 1.16 所示，并且将源程序可能的错误行标为红底.

"编译器"标签页的错误提示是检查程序错误原因的重要信息来源，了解错误的类型并找到相应的解决方案是提高代码调试运行效率的重要方式. 在检查源程序时应该根据错误提示从上往下检查，因为前面的错误有可能导致后面的连串错误. 在排除完程序出现的问题和错误后，编译成功，此时在源文件所在目录下会出现一个同名的. exe 可执行文件. 然后，点击主菜单"运行"→"运行"或直接按快捷键 F10. 待同学们对程序设计较熟悉时，也可以直接点击"编辑运行"，若程序没有错误，则会直接输出运行结果.

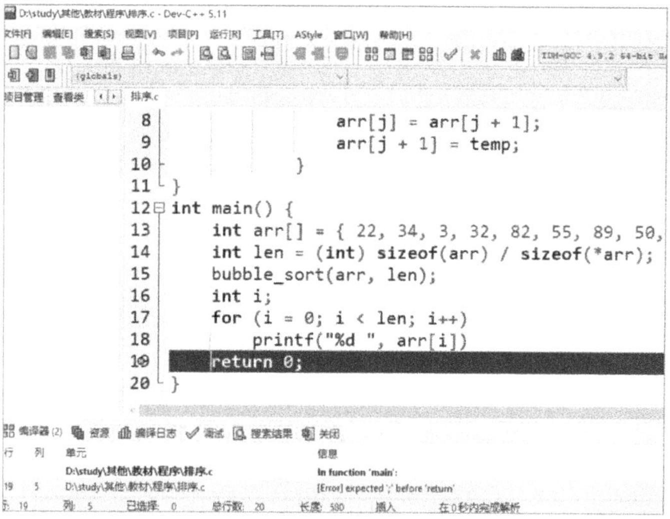

图 1.16　显示错误提示信息

程序通过编译和运行仅仅表明其没有词法和语法等错误,而无法表明该程序没有深层次的逻辑问题(譬如计算公式不正确、赋值不正确等). 当程序运行结果出错时,需要逐行找出其错误原因,此时需要借助程序调试(debug)手段. 在程序设计的过程中,输出一些中间变量的结果,有助于我们弄清程序到底哪里出现了问题.

## 三、C 语言程序设计

### 1. 最简单的 C 语言程序

在 C 语言中,编写程序是利用 C 语句来实现预定的处理功能,然后用计算机完成相应的具体操作. 我们从简单程序学起,逐步了解和掌握怎样编写程序. 下面介绍几个最简单的 C 语言程序.

【例 1.1】　要求在屏幕上输出以下信息：This is a C program.

**算法设计**：在主函数中用 printf 函数原样输出"This is a C program."。

**程序编写**：

```c
#include <stdio.h>              //包含 stdio.h 头文件,可以调用输入和输
                                //  出函数
int main() {                    //主函数开始
    printf("This is a C program.\n");  //输出所指定的一行信息
    return 0;                   //函数执行完毕时返回函数值 0
}                               //主函数结束
```

**运行结果**：

```
This is a C program.
────────────────────────────
Process exited after 0.03299 seconds with return value 0
请按任意键继续. . .
```

以上是在 Dev-C++5.11 环境下运行程序时屏幕上显示的运行结果. 其中第 1 行是程序运行后输出的结果,第 2 行是 Dev-C++5.11 系统在输出完运行结果后自动输出的一行信息,表示"进程在 0.03299 s 后退出,返回值为 0",这行信息记录了程序运行的时间和运行完毕后的返回值. 按任意键后,屏幕上不再显示运行结果,而返回程序窗口,以便进行下一步工作. 为节省篇幅,本书以后例题中只给出运行结果,将不再给出程序的运行时间和返回值.

**程序分析:** 程序第 1 行的"#include <stdio.h>"是在程序编译之前要处理的内容,称为编译预处理命令. 在使用函数库中的输入、输出函数时,编译系统要求程序提供有关此函数的信息. stdio.h 是编译系统提供的一个文件名,stdio 就是指"standard input&output"(标准输入、输出),文件后缀".h"表示头文件(header file),因为这些文件都是放在程序各文件模块的开头. 输入、输出函数的相关定义已事先放在 stdio.h 文件中. 现在,用#include 指令把这些函数调入供使用,如果没有#include 指令,就不可能执行 printf 函数.

程序第 2 行 main 是函数的名字,表示主函数,main 前面的 int 表示此函数的类型是 int 型(整数型). 在执行主函数后会得到一个返回值,其值为整数型. 程序第 4 行的作用是在 main 函数执行结束前将整数 0 作为函数值,返回到调用函数处,与函数的类型 int 相呼应,return 是编译系统自带的函数,其后的小括号可以省略. return 语句用于为函数指定返回值. 当函数没有返回值时一般使用 return 0,这在主函数中较为常见. 每一个 C 语言程序有且只有一个 main 函数. 函数体由花括号{}括起来. 本例中主函数内有两个语句,程序第 3 行是一个输出语句,printf 是 C 语言编译系统提供的函数库中的输出函数. printf 函数中双撇号内的字符串"This is a C program."按原样输出. \n 是换行符,即在输出"This is a C program."后,显示屏上的光标位置移到下一行的开头. 这个光标位置称为输出的当前位置,即下一个输出的字符出现在此位置上. 每个语句最后都有一个分号,表示语句结束. 如果语句结尾不加分号,程序运行会报错.

上述程序每行都有以"//"开头的一句话,这是程序的注释,用来对程序有关部分进行必要的说明,表示从此处到本行结束是注释. 我们在编写 C 语言程序的过程中,应该养成随手添加注释的好习惯,以便自己和阅读该程序的其他人理解程序各部分的作用. 程序进行预编译处理时会将每个注释替换为一个空格,因此在编译时注释部分不产生可执行代码. 注释对运行不起作用,注释只是给人看的,而不是让计算机执行的. C 语言的注释方法一般分为两种:以"//"开始的单行注释和以"/*"开始、以"*/"结束的块式注释.

(1) 以"//"开始的单行注释:这种注释可以单独占一行,也可以出现在一行中其他内容的右侧. 此种注释的范围从"//"开始,以换行符结束. 如果注释内容一行内写不下,可以用多个单行注释.

(2) 以"/*"开始、以"*/"结束的块式注释:这种注释可以包含多行内容. 它可以单独占一行(在行开头以"/*"开始,行末以"*/"结束),也可以包含多行. 编译系统在发现一个"/*"后,会开始找注释结束符"*/",把两者间的内容作为注释.

【例 1.2】 求两个整数之和.

**算法设计**：设置 3 个变量，a 和 b 用来存放两个整数，sum 用来存放和数.用赋值运算符"="把相加的结果传送给 sum.

**程序编写**：

```
#include <stdio.h>              //包含 stdio.h 头文件,用于输入和输出
int main() {                    //主函数开始
    int a,b,sum;                //定义 a,b,sum 为整型变量
    a=123;                      //对变量 a 赋值
    b=456;                      //对变量 b 赋值
    sum=a+b;                    //进行 a+b 的运算,并把结果存放在 sum 中
    printf("sum is %d\n",sum);  //输出结果
    return 0;                   //使函数返回值为 0
}                               //主函数结束
```

**运行结果**：

```
sum=579
```

**程序分析**：本程序是求两个整数 a、b 之和.第 3 行是变量声明部分，定义 a、b 和 sum 为整数型(int)变量.第 4、5 行是两个赋值语句，使 a 和 b 的值分别为 123 和 456.第 6 行令 sum 的值等于 a 与 b 之和.第 7 行输出结果，printf 函数圆括号内有两个参数.第一个参数是双撇号中的内容"sum is %d\n"，作用是指定输出的字符和输出的格式，其中 sum is 是指定的输出字符，%d 是指定的输出格式，d 表示用"十进制整数"形式输出，\n 是换行符.圆括号内第二个参数 sum 表示要输出变量 sum 的值，在执行 printf 函数时，将 sum 变量的值(以十进制整数表示)取代双撇号中的%d.现在 sum 的值是 579(即 123 与 456 之和)，所以在输出时，十进制整数 579 取代了%d.

**2. C 语言程序的结构**

通过以上 2 个程序，我们可以总结出一个 C 语言程序的结构有以下特点：

(1) 有函数与主函数.函数是 C 语言程序的基本单元，C 语言程序由一个或多个函数组成，但是有且只能有一个主函数 main()，其他函数则没有数量的限制，为了实现特定功能(function)，可以调用多个函数.编写 C 语言程序的工作主要就是编写一个个函数，这容易实现程序的模块化.程序的执行总是从 main()函数开始，也是从 main()函数结束，而不论 main()函数在整个程序中的位置，其他函数的执行则需要通过 main()函数的直接调用或嵌套调用才能实现.

(2) 变量先定义后使用.C 语言的变量在使用之前必须先对其进行定义，声明其数据类型，未经定义的变量不能使用.

(3) 可用系统提供的库函数.在程序中被调用的函数，可以是系统提供的库函数，也可以是根据需要自己编制设计的函数.如果有现成的函数可以调用，一般不需要自己开发.通常一个 C 语言程序既有库函数，又有自己开发的函数.在调用库函数之前，必须将相应头文件包含在程序中，编译预处理命令通常放在源程序或源文件的最前面.

(4) 程序中可以有注释行. 注释是为了使程序更易于理解, 在程序编译时, 注释部分自动忽略. "//"表示行注释, 在"//"之后的一行字符都是注释内容. "/*"和"*/"表示块注释, 一对"/*"和"*/"中间的内容都是注释内容.

(5) 程序的语句以分号结束. C语言程序由语句组成, 分号是C语句的必要组成部分, 每个C语句都要用";"作为终止符. 但预处理命令、函数头和花括号"}"之后不加分号.

(6) C语言的语句对大小写敏感, 一般习惯用小写字母进行编写. 此外C语句的书写需要有适当的缩进, 一般采用"逐层缩进"形式, 以便使程序更加清晰易读. 缩进时应该使用Tab键, 不要使用空格, 容易对不齐, 前进时使用Shift+Tab的组合键.

### 3. 程序设计的基本过程

程序设计是指从确定问题到得到结果、写出文档的全过程, 一般分为以下几个工作阶段:

(1) 问题分析

对于问题要进行认真的分析, 研究所给定的条件, 分析最后应实现的目标, 找出解决问题的规律, 建立解题的模型. 在此过程中可以忽略一些次要的因素, 使问题抽象化, 例如用数学建模的方法抽象出问题的内在特性, 用数学表达式描述研究的问题. 这就是建立模型.

(2) 算法设计

设计出解题的方法和具体步骤. 例如要解一个方程式, 就要选择用什么方法求解, 并且把求解的每一个步骤清晰无误地写出来. 一般用算法流程图来表示解题的步骤.

(3) 程序编写

根据得到的算法, 用一种高级语言编写出源程序.

(4) 对源程序进行编译

对源程序进行编译, 得到可执行程序.

(5) 运行程序, 分析结果

运行可执行程序, 得到运行结果. 能得到运行结果并不意味着程序正确, 要对结果进行分析, 看它是否合理. 例如把"b=a;"错写为"a=b;", 程序不存在语法错误, 能通过编译, 但运行结果显然与预期不符. 因此要对程序进行调试. 调试的过程就是通过上机发现和排除程序中故障的过程. 经过调试, 得到了正确的结果, 但是工作不应到此结束. 不要只看到某一次结果是正确的, 就认为程序没有问题.

例如, 求 $c=b/a$, 当 $a=4, b=2$ 时, 求出 $c$ 的值为0.5, 是正确的, 但是当 $a=0, b=2$ 时, 就无法求出 $c$ 的值. 说明程序对某些数据能得到正确结果, 而对另外一些数据却得不到正确结果, 程序还有漏洞. 因此, 还要对程序进行测试(test). 所谓测试, 就是设计多组测试数据, 检查程序对不同数据的运行情况, 从中尽量发现程序中存在的漏洞, 并修改程序, 使之能适用于各种情况. 程序作为商品提供给公众使用前, 是必须经过严格测试的.

(6) 编写程序文档

许多程序是提供给别人使用的, 如同正式的产品应当提供产品说明书一样, 正式提供给用户使用的程序,必须向用户提供程序说明书(也称为用户文档).其内容应包括程序名称、程序功能、运行环境、程序的装入和启动、需要输入的数据、使用注意事项等.

程序文档是软件的一个重要组成部分,软件是计算机程序和程序文档的总称.商品软件光盘中,既包括程序,也包括程序使用说明,有的则在程序中以"help"或"read me"形式提供使用说明.

## 第二节 算法

### 一、算法是程序设计的灵魂

一个程序主要包括以下两个方面的信息:

(1) 数据结构(data structure):对数据的描述,在程序中指定要用到哪些数据,以及这些数据的类型和数据的组织形式.

(2) 算法(algorithm):对操作的描述,即要求计算机进行操作的步骤.

数据是操作的对象,操作的目的是对数据进行加工处理,以得到期望的结果.算法是程序设计的领域,编程语言只是工具.学习程序设计最根本的是学会算法,不同的编程语言只是语法规则不同,但是算法相同.熟练掌握C语言编程后,很容易拓展学习其他高级语言.

在数学中,算法是指按照一定规则解决某一类问题的明确和有限的步骤.准确地说,算法是指解题方案的准确而完整的描述,是一系列解决问题的清晰指令.也就是说,能够对一定规范的输入,在有限时间内获得所要求的输出.如果一个算法有缺陷,或不适用于某个问题,执行这个算法将不会解决这个问题.算法有优劣之分,不同的算法可能用不同的时间、空间或效率来完成同样的任务.一个算法的优劣可以用空间复杂度与时间复杂度来衡量.一般来说,希望采用方法简单、运算步骤少的算法.算法好坏的一个重要标志是运算的次数.因此,为了有效地解决问题,不仅需要保证算法的正确,还要考虑算法的质量,选择合适的算法.

现在,算法通常可以编成计算机程序,让计算机执行并解决问题.计算机算法可分为两大类别:数值运算算法和非数值运算算法.数值运算的目的是求数值解,例如求方程的根、求一个函数的定积分等,都属于数值运算范围.非数值运算涉及的面十分广泛,最常见的是用于事务管理领域,例如对一批职工按姓名排序、图书检索、人事管理和行车调度管理等.计算机解决任何问题都要依赖于算法,只有将解决问题的过程分解为若干个明确的步骤,即算法,并用计算机能够接受的语言描述出来,计算机才能够将问题解决.

数值运算往往有现成的模型,可以运用数值分析方法,因此对数值运算的算法的研究比较深入,对各种数值运算都有比较成熟的算法可供选用.人们常常把这些算法开发成函数,供用户调用.例如 Python 语言和 R 语言都有丰富的函数,使用起来十分方便.

非数值运算的种类繁多,要求各异,难以做到全部都有现成的答案,因此只有一些典型的非数值运算算法(例如排序算法、查找算法等)有现成的、成熟的算法可供使用.许多问题往往需要使用者参考已有的类似算法的思路,重新设计解决特定问题的专门算法.本书不可能罗列所有算法,只是想通过一些典型算法的介绍,帮助读者了解什么是算法,怎样设计一个算法,并学会举一反三.

## 二、算法的特性

为了能编写程序,必须学会设计算法.不管采用何种程序设计语言,一个有效的算法应该具有以下特点.

(1) 有穷性.一个算法应包含有限而非无限的操作步骤.事实上,"有穷性"往往指"在合理的范围之内".如果计算机执行的算法历时几年才结束,这虽然是有穷的,但超过了"合理限度",人们也不把它视为有效算法.人们根据常识和问题的需要判定"合理限度".

(2) 确定性.算法中的每一个步骤都应当是确定的,而不应当是含糊的、模棱两可的.例如炒菜时加入适量的盐,不同的人可以有不同的理解,这个步骤就是不确定的、含糊的.算法中的每一个步骤都应当是明确无误的.也就是说,算法的含义应当是唯一的,而不应当产生"歧义性".所谓"歧义性",是指可以被理解为两种(或多种)的可能含义.

(3) 有输入和输出.所谓输入是指在执行算法时需要从外界取得必要的信息.一个算法可以没有输入,也可以有多个输入.算法的目的是求解,返回值就是输出.但算法的输出并不一定就是计算机的屏幕输出,一个算法的结果就是算法的输出.输入和输出是函数同其他模块进行信息交互的接口,应该根据需要设计输入和输出信息.如果分母可能为 0,应针对这种情况特别处理.

(4) 有效性.算法中的每一个步骤都应当被有效地执行,并得到确定的结果.例如,若 $b=0$,则 $a/b$ 是不能被有效执行的.在程序设计时要始终注意分母是否可能为 0.

对于程序设计人员来说,他们并不需要在处理每一个问题时都要自己设计算法和编写程序,可以调用别人已设计好的现成算法和程序,只需根据已知算法的要求给予必要的输入,就能得到输出的结果.对开发者来说,已有的算法如同一个"黑箱子"一样,他们可以不了解"黑箱子"中的结构,只是从外部特性上了解算法的作用,即可方便地调用算法.但对于初学者来说,必须学会设计常用的算法,并且根据算法编写程序,不能过度依赖别人开发的程序.实际工作中,程序设计人员也可以根据需要对别人已设计好的程序进行修改.在较大型程序开发时,需要由不同的人来完成不同的功能模块,最后按照各模块的输入和输出信息进行组装.

## 三、算法的表示

算法的表示是编写程序的基础,通常要将算法表示出来以后再进行程序的编写.为了表示一个算法,可以用不同的方法,这里介绍常用的自然语言、流程图和伪代码等.

**1. 用自然语言表示算法**

自然语言就是人们日常使用的语言,可以是汉语、英语或其他语言.采用自然语言,以步骤描述的方式,可以将算法表示出来.用自然语言表示简单、通俗易懂,容易编写程序.

**【例1.3】** 给出一个大于或等于3的正整数,判断它是不是一个素数.

**算法设计**:所谓素数(prime),是指除了1和该数本身之外,不能被其他任何整数整除的数.例如13是素数,因为它不能被2,3,4,…,12整除.判断一个数$n(n \geq 3)$是否为素数的方法是很简单的:将$n$作为被除数,将$2 \sim (n-1)$的各个整数先后作为除数,如果所得商都不是整数,则$n$为素数.

算法可以用自然语言表示如下:

S1:输入$n$的值.

S2:$i=2$($i$作为除数).

S3:$n$被$i$除,得余数$r$.

S4:如果$r=0$,表示$n$能被$i$整除,则输出"$n$不是素数",算法结束;否则执行S5.

S5:$i+1 \to i$.

S6:如果$i \leq n-1$,返回S3;否则输出$n$的值以及"$n$是素数",然后结束.

实际上,$n$不必被$2 \sim (n-1)$的整数除,只需被$2 \sim \dfrac{n}{2}$的整数除即可,甚至只需被$2 \sim \sqrt{n}$的整数除即可.例如,判断13是否为素数,只需令13被2和3除即可,如都除不尽,$n$必为素数.因此,S6步骤可改为:

S6:如果$i \leq \sqrt{n}$,返回S3;否则输出$n$的值以及"$n$是素数",然后结束.

上面的S1、S2…代表步骤1、步骤2…,S是step(步骤)的缩写.这是写算法的习惯用法.

**2. 用流程图表示算法**

流程图是用一些图框来表示各种类型的操作,在框内写出各个步骤,然后用带箭头的线把它们连接起来,以表示执行的先后顺序.用图形表示算法,直观形象,易于理解.美国国家标准协会规定了一些常用的流程图符号(图1.17),已被世界各国程序设计人员普遍采用.

图1.17中,起止框(圆弧形框),表示流程开始或结束.

判断框(菱形框),表示对一个给定的条件进行判断,根据给定的条件是否成立决定如何执行其后的操作.它有一个入口,两个出口,即对输入的数据进行判断,当条件成立时,应该怎么办;当条件不成立时,又应该怎么办.

输入/输出框(平行四边形框),表示输入或输出的数据.

处理框(矩形框),表示一般的处理功能.

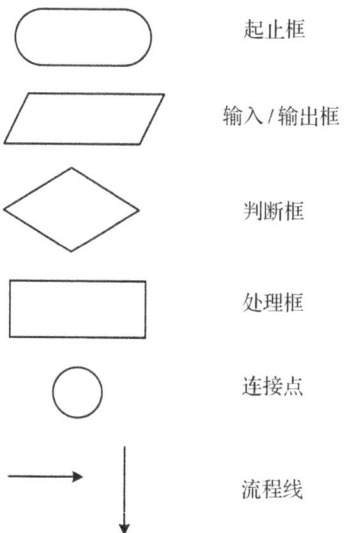

图1.17 流程图符号

连接点(圆圈),用于将画在不同地方的流程线连接起来,实际上是同一个点,只是画不下才分开来画. 用连接点,可以避免流程线的交叉或过长,使流程图清晰.

流程线(指向线),表示流程的路径和方向,不能忘记画箭头.

程序流程图,又称程序框图,其表示程序内各步骤以及它们的关系和执行的顺序. 它说明了程序的逻辑结构. 框图应该足够详细,以便可以按照它顺利地写出程序,而不必在编写时临时构思,以免出现逻辑错误. 流程图不仅可以指导编写程序,而且可以在调试程序中用来检查程序的正确性. 如果框图是正确的而结果不对,则按照框图逐步检查程序是很容易发现其错误的. 流程图还能作为程序说明书的一部分提供给别人,以便帮助别人理解所编写程序的思路和结构. 下面是一个流程图的示例.

【例 1.4】 给出一个大于或等于 3 的正整数,判断它是不是一个素数. 流程图如图 1.18 所示.

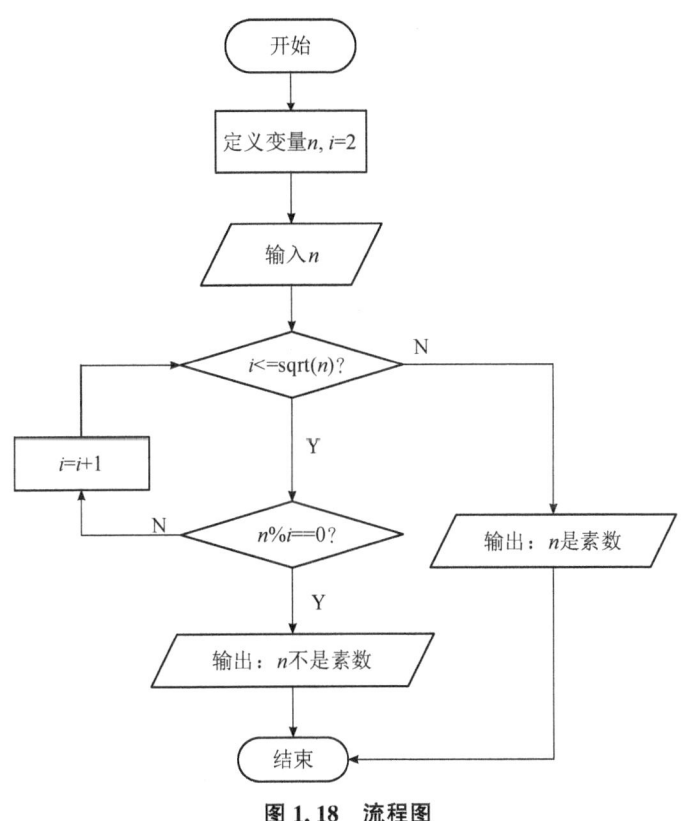

**图 1.18 流程图**

用程序框图表示算法时,算法的逻辑结构被展现得非常清楚. 程序框图中包含顺序结构、条件结构(也称选择结构)和循环结构.

**3. 用伪代码表示算法**

用流程图表示算法直观易懂,但画起来比较费事,在设计一个算法时,可能要反复修改,而修改流程图是比较麻烦的,尤其是当算法比较复杂,需要反复修改时,为了设计算法时方便,常用一种称为伪代码(pseudo code)的工具.

伪代码是用介于自然语言和计算机语言之间的文字和符号来描述算法. 它如同一篇文

章一样,自上而下地写下来,每一行(或几行)表示一个基本操作.它不用图形符号,因此书写方便、格式紧凑、修改方便、容易看懂,也便于向计算机语言(即程序)过渡.

用伪代码写算法并无固定的、严格的语法规则,只要把意思表达清楚,便于书写和阅读即可.伪代码书写时要写成清晰易读的形式,一般写成英文,以便向计算机语言过渡.下面我们通过一个简单示例更清楚地了解伪代码.

**【例 1.5】** 给出一个大于或等于 3 的正整数,判断它是不是一个素数.可用如下的伪代码表示:

```
Begin
Define n,i
Input n
For (i=2;i<=n/2;i++) {
If(n % i==0) {
  Print (n is not a prime number);
  }
}
Else print (n is a prime number);
End
```

伪代码只是像流程图一样用在程序设计的初期,帮助写出程序流程.简单的程序一般都不用写流程、写思路,可以直接编写代码,但是对于复杂的代码,最好还是把流程写下来,总体上去考虑整个功能如何实现.流程写完以后不仅可以用来作为以后程序测试、维护的基础,还可用来与他人交流.但是,如果把全部的流程写下来可能会浪费很多时间,那么这个时候可以采用伪代码方式.

**4. 用计算机语言表示算法**

到目前为止,只描述了算法,即用不同的方法来表示操作的步骤,而要得到运算结果,就必须实现算法.计算机是无法识别流程图和伪代码的,只有用计算机语言编写的程序才能被计算机执行.因此,在用流程图或伪代码描述一个算法后,还要将它转换成计算机语言程序.用计算机语言表示算法时,必须严格遵循所用的语言的语法规则,这是和伪代码不同的.下面将前面介绍过的算法用 C 语言表示.

**【例 1.6】** 给出一个大于或等于 3 的正整数,判断它是不是一个素数.

**算法设计**:所谓素数是指除了 1 和它本身以外,不能被任何整数整除的数,因此判断一个整数 $n$ 是否是素数,只需令 $n$ 被 $2\sim(n-1)$ 之间的每一个整数除,如果 $n$ 不能被整除,那么 $n$ 就是一个素数.

**程序编写**:

```
#include <stdio.h>           //包含 stdio.h 头文件,用于输入和输出
int main() {                 //主函数开始
    int n,i;
    printf("请输入一个数:\n");
```

```
   scanf("%d",&n);
   for (i=2;i<n;i++) {
      if (n %i==0) {
         break;
      }
   }
   if (i<n) {
      printf("%d不是素数\n",n);
   } else {
      printf("%d是素数\n",n);
   }
   return 0;                              //使函数返回值为 0
}                                         //主函数结束
```

运行结果：

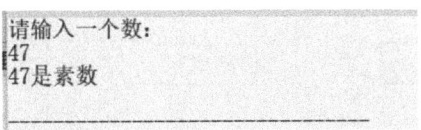

现只需大体看懂以上程序即可,在后面会详细介绍 C 语言有关使用规则.应当强调的是,用 C 语言写出了程序,仍然只是描述了算法,并未实现算法,只有运行程序才可实现算法.

## 四、算法的基本逻辑结构

图 1.19、图 1.20 和图 1.21 表示的逻辑结构分别称为顺序结构、条件结构和循环结构,这是算法的三种基本逻辑结构.算法尽管千差万别,但都是由这三种基本逻辑结构构成的.老子的《道德经》中有句名言"道生一,一生二,二生三,三生万物".通过这三种基本逻辑结构的灵活应用,可以构造千变万化的算法.

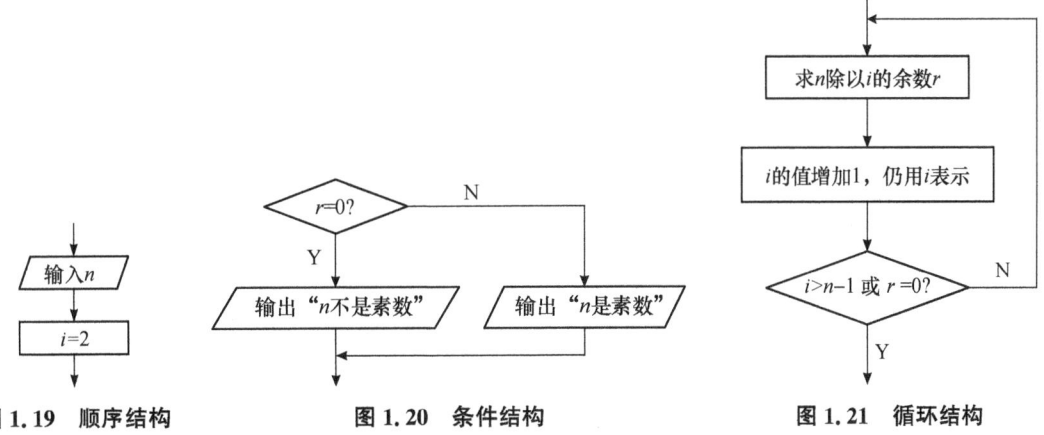

图 1.19　顺序结构　　　　图 1.20　条件结构　　　　图 1.21　循环结构

（1）顺序结构

很明显，顺序结构是由若干个依次执行的步骤组成的，这是任何一个算法都离不开的基本逻辑结构.

顺序结构可以用程序框图表示为图1.22.

（2）条件结构

在一些算法中，经常会遇到一些条件的判断，算法的流程根据条件是否成立有不同的流向.条件结构就是处理这种过程的结构.

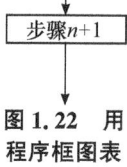

图1.22 用程序框图表示顺序结构

常见的条件结构可以用程序框图表示为下面两种形式（图1.23和图1.24）.

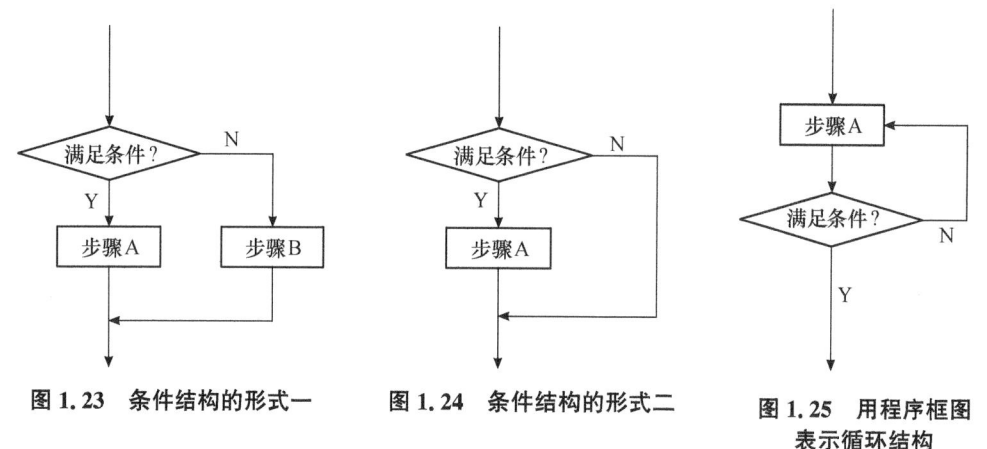

图1.23 条件结构的形式一　　图1.24 条件结构的形式二　　图1.25 用程序框图表示循环结构

（3）循环结构

在一些算法中，经常会出现从某处开始，按照一定的条件反复执行某些步骤的情况，这就是循环结构.反复执行的步骤称为循环体.

循环结构可以用程序框图表示为图1.25.

## 五、结构化程序设计方法

如果面临一个复杂的问题，是难以一次写出一个层次分明、结构清晰、算法正确的程序的.结构化程序设计方法的基本思路是：把一个复杂问题的求解过程分阶段进行，把每个阶段处理的问题都控制在人们容易理解和处理的范围内.具体来说，采取以下方法来保证得到结构化的程序：

（1）自顶向下.

（2）逐步细化.

（3）模块化设计.

（4）结构化编码.

自顶向下、逐步细化的设计方法是将问题求解由顶层设计逐步具体化.用这种方法便于验证算法的正确性，在向下一层展开之前应仔细检查本层设计是否正确，只有上一层是正确的才能向下细化.如果每一层设计都没有问题，则整个算法就是正确的.由于每一层向下细化时都不太复杂，容易保证整个算法的正确性.检查时也是由上而下逐层检查，这样做可保证思路清楚,有条不紊地一步一步进行,既严谨又方便.

在程序设计中常采用模块化设计的方法,尤其是当程序比较复杂时,显得更有必要.在拿到一个程序模块的任务书以后,根据程序模块的功能将它划分为若干个子模块,如果认为这些子模块的规模较大,可以再进一步划分为更小的模块.这个过程采用自顶向下的方法来实现.

程序中的子模块在C语言中通常用函数来实现,一般不超过50行,这样的规模便于组织,也便于阅读.划分子模块时应注意模块的独立性,即使用一个模块完成一项功能.模块化设计的思想实际上是一种"分而治之"的思想,把一个大任务分为若干个子任务,每一个子任务就相对简单了.

结构化程序设计方法用来解决人脑思维能力的局限性和待处理问题的复杂性之间的矛盾.在设计好一个结构化的算法之后,还要善于进行结构化编码(coding).所谓编码就是将已设计好的算法用计算机语言来表示,即根据已经细化的算法正确地写出计算机程序.

学习程序设计不只是为了掌握某一种特定的语言,而应当学习程序设计的一般方法.高级语言有许多种,每种语言也都在不断地发展,因此千万不能仅拘泥于一种具体的语言,而应当举一反三,在需要的时候能很快地使用另一种语言编程.学习程序设计的关键是掌握算法,有了正确的算法,用任何语言进行编码都不是什么困难的事.在以后的各章节中将结合程序实例陆续介绍有关算法.

## 六、常见的算法

### 1. 枚举算法

枚举算法是一类通过列举所有可能的解来解决问题的算法.其基本思想是对问题的所有可能解进行逐一检查,找出符合条件的解.虽然这种方法简单直观,但在面对大规模问题时会显得很低效.典型应用包括暴力破解密码、穷举组合问题等.在这些应用中,枚举算法会生成问题的所有可能解,例如所有可能的密码组合或所有可能的选择方案,然后依次逐一验证每个解是否符合要求.枚举算法通常在小规模问题上效果较好.然而,随着问题规模的增大,枚举算法的时间复杂度也会急剧增加,往往变得难以忍受,这使得其他更加高效的算法显得尤为重要.

### 2. 递推算法

递推算法是一类通过已知的初始值,根据递推关系依次推导出后续结果的算法.递推是从已知到未知,在程序设计上表现为一个循环结构.例如,斐波那契数列的求法就可以采用递推算法.初始情况下,我们知道斐波那契数列的前两个值$F(0)=0$和$F(1)=1$,通过已知的递推关系式$F(n)=F(n-1)+F(n-2)$,可以依次计算出$F(2),F(3),\cdots,F(n)$.迭代算法可以看作是一种特殊的递推算法,迭代算法是从初始解出发,不断递推更新解,直到解不再发生变化为止.

### 3. 递归算法

递归算法是一类通过函数的直接或间接自我调用来解决问题的算法.其基本思想是将

原问题分解为若干子问题,使用相同的方法来解决这些子问题,最终通过一系列函数的自我调用得到问题的解.递归包括回溯和递推两个阶段,是从所需结果出发不断回溯直到回到边界条件,再向前递推得到所需结果,是从未知到已知,在程序设计上表现为自己直接或间接调用自己.例如斐波那契数列也可以通过递归实现,其中函数值 $F(n)$ 通过调用 $F(n-1)$ 和 $F(n-2)$ 来计算,直到回到边界条件 $F(0)=0$ 和 $F(1)=1$.递归算法的关键在于找到适当的递归关系和边界条件,以确保递归过程能够终止.

### 4. 分治算法

分治算法是一类将复杂问题分解为多个容易处理的子问题,然后分别解决这些子问题,最终合并子问题的解以得到原问题解的算法.其基本思想是"分而治之",即将一个复杂问题逐步分解为较小、相似的子问题.分治算法的典型应用包括快速排序、归并排序和二分查找等.分治算法的主要优势在于其高效性和可扩展性,特别是在处理大规模复杂问题时显得尤为有效.然而,分治算法在某些情况下可能需要大量的递归调用,这会造成较高的计算开销.

### 5. 贪心算法

贪心算法是一类即时选择局部最优解来逐步构建全局最优解的算法.这种算法的基本思想是在每一步中选择当前的最优选择,不考虑以后可能产生的影响.贪心算法的经典案例包括最小生成树算法(如 Prim 和 Kruskal)和最短路径问题(如 Dijkstra).在这些应用中,每一步操作都选择当前最优的决策,通过一系列的局部最优选择来试图得到全局最优解.贪心算法的主要优势在于其简洁和高效,适用于很多实际问题.然而,它并不总是有效的,因为局部最优选择并不总能导致全局最优解.因此,贪心算法通常需要与其他算法如动态规划等配合使用,以确保得到全局最优解.

### 6. 搜索与回溯算法

搜索与回溯算法是一类按照一定的方向和步长搜索可行的解,并使用回溯技术避免不可行解的方法.其基本思想是按照一定的路径对问题的解空间进行搜索,当发现某条路径产生不可行解时,采用回溯操作返回解空间,继续尝试其他路径.经典应用包括八皇后问题和迷宫问题.在这些问题中,搜索与回溯算法按照一定的方向逐步更新解,并使用条件检查及回溯操作保证解的可行性,最终找到符合条件的最优解.然而,搜索与回溯算法的时间复杂度通常较高,因此在处理大规模问题时需要优化搜索策略.

### 7. 模拟算法

模拟算法是一类通过计算机模拟实际上发生的过程或现象来解决问题的方法.蒙特卡罗模拟是一种常见的模拟算法,它通过随机抽样和统计分析来估计问题的解.典型应用包括估算圆周率、金融风险评估和复杂物理系统模拟.在这些应用中,蒙特卡罗模拟通过大量生成随机数,进行仿真实验和统计分析,近似计算问题的解.蒙特卡罗模拟的优势在于其广泛适用性,尤其是在处理复杂概率问题和数值积分时效果显著.然而,其结果的准确性依赖于抽样的数量和质量,通常需要大量样本才能保证高精度,这会导致较高的计算开销.

**8. 动态规划**

动态规划是一类通过将问题分解为有联系的更小的子问题,利用子问题的解来构建原问题解的算法.这类问题通常存在可以被分解成前后关联的具有链状结构的多阶段决策过程的特点,每个决策阶段都依赖于当前的状态,又影响以后的阶段.动态规划算法就是利用了此类问题在它的每一阶段都需要做出最优决策,从而能使整个问题达到最优解的特点(也可以通俗地理解为子问题的局部最优将导致整个问题的全局最优),以递归的方式从子问题的最优解逐步构造出整个问题的最优解.经典应用包括最短路径问题和背包问题.在这些应用中,动态规划算法通过构建状态转移方程,并利用一个表格来记录每个子问题的解,逐步求得全过程最优解.动态规划算法通常能够显著提升计算效率,但其高效性往往伴随着较高的空间复杂度,因为需要额外存储子问题的解.

## 第三节 顺序结构

每条语句按自上而下的顺序依次执行一次的程序称为顺序结构程序.在一个程序中,所有的操作都是由一条条语句来完成的.因此,先要学习 C 语言的基本语句,并在学习过程中逐步学会程序设计的基本方法.

### 一、赋值语句

在 C 语言程序中,最常用的语句是赋值语句和输入、输出语句.在 C 语言中,"="作为赋值运算符,而非表示判断的"等于".它的作用是将一个数据或表达式的值赋给一个变量.如 $a=3$ 表示执行一次赋值操作(或称赋值运算),把整数 3 赋给变量 $a$.

**1. 赋值表达式**

赋值语句是由赋值表达式再加上分号构成的表达式语句,由赋值运算符将一个变量和一个表达式连接起来的式子称为赋值表达式.它是程序中使用最多的语句之一.其一般形式为:

```
变量= 表达式;
```

赋值表达式的作用是将一个表达式的计算结果赋给一个变量,因此赋值表达式具有计算和赋值的双重功能.如 $a=3*5$ 是一个赋值表达式.对赋值表达式求解的过程是:先计算赋值运算符右侧的表达式的值,然后赋给赋值运算符左侧的变量.既然是一个表达式,就应该有一个值,表达式的值等于赋值后赋值运算符左侧变量的值.例如,对于赋值表达式 $a=3*5$,对表达式求解后,变量 $a$ 的值和表达式的值都是 15.

下面通过几个例子分析.

**【例 1.7】** 输入两个正整数 $a$ 和 $b$,试交换 $a$ 和 $b$ 的值(使 $a$ 的值等于 $b$,$b$ 的值等于 $a$).

**算法设计**:交换两个变量的值的方法很多,一般我们采用引入第三个变量作为中间变量的算法.

**程序编写**:

```c
#include <stdio.h>                        //包含 stdio.h 头文件,用于输入和输出
int main() {                              //主函数开始
    int a,b,temp;                         //定义两个要交换的变量以及中间变量
    scanf("%d %d",&a,&b);                 //输入 a,b 的值
    printf("交换前:a=%d,b=%d\n",a,b);
    temp=a;
    a=b;
    b=temp;
    printf("交换后:a=%d,b=%d\n",a,b);     //输出 a,b
    return 0;                             //使函数返回值为 0
}                                         //主函数结束
```

**运行结果**:

```
1 0
交换前：a=1，b=0
交换后：a=0，b=1
```

**【例 1.8】** 输入底面半径 $r$ 和高 $h$,输出圆柱体的表面积,保留 3 位小数,格式见样例.

样例输入:3.5  9                    样例输出:274.889

**算法设计**:圆柱体的表面积由 3 部分组成:上底面积、下底面积和侧面积. 由于上、下底面积相等,完整的公式可以写成:表面积＝底面积×2＋侧面积. 根据平面几何知识,底面积＝$\pi r^2$,侧面积＝$2\pi rh$.

**程序编写**:

```c
#include <stdio.h>                        //包含 stdio.h 头文件,用于输入和输出
int main() {                              //主函数开始
    float r,h;
    printf("请输入圆柱体的半径r和高h:");
    scanf("%f %f",&r,&h);                 //输入圆柱体的半径 r 和高 h
    printf("此圆柱体的表面积为:%.3f\n",(2*r*h*3.1415926+2*3.1415926*r*r));
                                          //计算并输出圆柱体的表面积
    return 0;                             //使函数返回值为 0
}                                         //主函数结束
```

**运行结果**:

```
请输入圆柱体的半径r和高h: 3.5 9
此圆柱体的表面积为: 274.89
```

## 2. 变量赋初值

从前面的程序中可以看到:可以用单独的赋值语句对变量赋值,也可以在定义变量时对变量赋初值,这样可以使程序简练.如:

```
int a=3;                //指定 a 为整型变量,初值为 3
float f=3.56;           //指定 f 为浮点型变量,初值为 3.56
char c='a';             //指定 c 为字符型变量,初值为'a'
```

也可以对定义的变量的一部分赋初值.例如:

```
int a,b,c=5;
```

表示指定 $a,b,c$ 为整型变量,但只对 $c$ 初始化,$c$ 的初值为 5.

如果对几个变量赋予相同初值,应写成

```
int a=3,b=3,c=3;
```

表示 $a,b,c$ 的初值都是 3.不能写成

```
int a=b=c=3;
```

一般不是在编译阶段完成变量初始化的,而是在程序运行中执行本函数时赋予变量初值的,相当于执行一个赋值语句.例如:

```
int a=3;
```

相当于

```
int a;                  //指定 a 为整型变量
a=3;                    //赋值语句,将 3 赋给 a
```

又如:

```
int a,b,c=5;
```

相当于

```
int a,b,c;              //指定 a,b,c 为整型变量
c=5;                    //将 5 赋给 c
```

## 二、运算符和库函数

几乎每一个程序都需要进行运算,对数据进行加工处理,要进行运算,就需规定可以使用的运算符.C语言的运算符范围很广,正是丰富的运算符和表达式使 C 语言的功能十分完善.本节主要介绍部分常用运算符,其他运算符将在以后例题用到时继续介绍.

### 1. 算术运算符

用于各类数值运算.包括加(+)、减(-)、乘(*)、除(/)、求余(%)、自增(++)、自减

(——)共七种.

(1) 求余运算符

求余的运算符"％"也称为模运算符,有两个操作数,是双目运算符,两个操作数都是整数型. $a\%b$ 的值就是 $a$ 除以 $b$ 的余数,例如 $5\%2$ 的余数为 $1$. 其操作对象只能是整数型. 如果是实数型就会报错.

(2) 除法运算符

C语言的除法运算符有一些特殊之处,即如果 $a,b$ 是两个整数类型的变量或常量,那么 $a/b$ 的值是 $a$ 除以 $b$ 的商的整数部分. 例如,$5/2$ 的值是 $2$,而不是 $2.5$. 如果有实数参加运算就会得到实数结果,$5.0/2$ 或 $5/2.0$ 的值是 $2.5$. 在进行除法计算时要特别注意避免两个整数直接相除,除非有意为之.

(3) 自增、自减运算符

自增、自减运算符用来对一个操作数进行加 $1$ 或减 $1$ 运算,其结果仍然会被赋予该操作数,而且参加运算的操作数必须是变量,而不能是常量或表达式. 例如 $x++$ 表示 $x=x+1$,$x--$ 表示 $x=x-1$. $++$ 和 $--$ 放在操作数之前和之后有所区别,这里就不加以强调了.

(4) 复合算术赋值

在C语言中,有一些运算可以简写,例如 $a*=b$ 相当于 $a=a*b$,$a+=b$ 相当于 $a=a+b$.

**2. 关系运算符**

用于数值的比较运算. 包括大于($>$)、小于($<$)、等于($==$)、大于或等于($>=$)、小于或等于($<=$)和不等于($!=$)六种,它们都是双目运算符,有两个操作数. 关系运算符的运算结果是整型,值只有 $0$ 或 $1$ 两种,$0$ 代表关系不成立,$1$ 代表关系成立.

请看下面的例子:

```
int main(){
int n1=4,n2=5,n3;
n3=n1>n2;                        //n3 的值为 0
n3=n1<n2;                        //n3 的值变为 1
n3=n1==4;                        //n3 的值变为 1
n3=n1!=4;                        //n3 的值变为 0
n3=n1==1+3;                      //n3 的值变为 1
}
```

**3. 逻辑运算符**

用于逻辑运算. 包括与($\&\&$)、或($\|\|$)、非($!$)三种. 与运算符($\&\&$)和或运算符($\|\|$)均为双目运算符,非运算符($!$)为单目运算符. 逻辑运算的值也有真和假两种,分别用 $1$ 和 $0$ 来表示. 其求值规则如下:

(1) 与运算 $\&\&$:参与运算的两个量都为真时,结果才为真,否则为假. 例如,$5>0\&\&4>2$,由于 $5>0$ 为真,$4>2$ 也为真,相与的结果也为真.

(2) 或运算 $\|$:参与运算的两个量只要有一个为真,结果就为真;两个量都为假时,结果

为假.例如,5>0‖5>8,由于5>0为真,相或的结果也就为真.

(3) 非运算!：参与运算量为真时,结果为假；参与运算量为假时,结果为真.例如, !(5>0)的结果为假.

虽然C语言编译系统在给出逻辑运算值时,以1代表真、0代表假,但在判断一个量是为真还是为假时,以0代表假,以非0的数值作为真.例如：5和3均为非0,因此5&&3的值为真,即为1.又如：5‖0的值为真,即为1.

**4. 运算符的优先级顺序**

算术运算符、关系运算符、逻辑运算符和赋值运算符的优先级如下：

赋值运算符　逻辑运算符　关系运算符　算术运算符
低　　　　　　　　　　　　　　　　　　　高

关系运算符的结合性为：从左到右.

根据以上优先级和结合性,计算出以下表达式的结果(假设$a=3,b=2,c=1$).

|  |  |
|---|---|
| $a>b$ | 表达式为真,所以表达式的值为1 |
| $(a>b)==c$ | 表达式为真,所以表达式的值为1 |
| $b+c<a$ | 表达式为假,所以表达式的值为0 |
| $d=a>b$ | $a>b$为真,所以$d$的值为1 |
| $f=a>b>c$ | $a>b$为真,结果为1,$1>c$为假,所以$f$的值为0 |

尽管运算符有着严格的优先级顺序,仍然建议采用小括号明确优先级,避免写很长的表达式,这样计算顺序更加清晰,也便于交流.

**5. 常用库函数**

对于C语言编译系统中很多自带的库函数,可以直接调用,不需要再次开发.对于实现特殊目的的函数还需要自定义.通常一个程序中,既有现成的库函数又有程序员自定义的函数,两者相互配合,共同实现程序设计的目的.C语言中常用的库函数如表1.1所示.

表1.1 C语言中常用的库函数

| 函数名 | 格式 | 功能说明 | 例子 |
|---|---|---|---|
| 整数绝对值函数 | abs(x) | 求一个整数$x$的绝对值 | abs(−5)=5 |
| 实数绝对值函数 | fabs(x) | 求一个实数$x$的绝对值,也适用于整数 | fabs(−5.4)=5.4 |
| 自然指数函数 | exp(x) | 求实数$x$的自然指数$e^x$ | exp(1)=2.718282 |
| 向下取整 | floor(x) | 求不大于实数$x$的最大整数 | floor(3.14)=3 |
| 向上取整 | ceil(x) | 求不小于实数$x$的最小整数 | ceil(3.14)=4 |
| 自然对数函数 | log(x) | 求实数$x$的自然对数 | log(1)=0 |
| 指数函数 | pow(x,y) | 计算$x^y$,结果为双精度实数 | pow(2,3)=8 |
| 随机函数 | rand() | 产生0~RAND-MAX之间的随机整数 | |
| 平方根值函数 | sqrt(x) | 求实数$x$的平方根 | sqrt(25)=5 |
| 正弦函数 | sin(x) | 求实数$x$的正弦值 | sin(30°)=0.5 |
| 余弦函数 | cos(x) | 求实数$x$的余弦值 | cos(60°)=0.5 |
| 正切函数 | tan(x) | 求实数$x$的正切值 | tan(45°)=1 |

## 三、常量和变量

### 1. 常量

常量是指在程序中使用的一些具体的数、字符.在程序运行过程中,其值不能被更改,如123、145.88、'm'等.常见的常量类型有:

(1) 整型常量:如3、-5、0等.

(2) 实型常量:如3.1、-6.1e+2(科学记数法).

(3) 普通字符常量:用单撇号括起来的字符,如'k'、'5'、'%'.字符常量存储在计算机存储单元中时,并不是存储字符本身,而是以其代码(一般采用ASCII代码)存储的,例如'a'的ASCII代码是97,因此,在存储单元中存放的是97(以二进制形式存放).

(4) 转义字符常量:除了上述形式的字符常量外,C语言还允许存在一些特殊形式的字符常量,就是以\开头的转义字符,意思是将\后面的字符转换成另外的意义.例如,在printf函数中\n代表一个换行符,将将当前光标位置移到下一行的开头,\t表示一个水平制表符,将光标位置移到下一个Tab位置.

(5) 字符串常量:如"boy"、"123"等,用双撇号把若干个字符括起来,字符串是双撇号中的全部字符(不包括双撇号本身).注意不能错写成'CHINA'、'boy'、'123'.单撇号内只能包含一个字符,双撇号内可以包含一个字符串.比如:'a'与"a"表示的含义是不同的,'a'表示一个字符常量,而"a"表示一个字符串常量.

### 2. 常量的定义

(1) 符号常量

用#define预处理指令,指定用一个符号名称代表一个常量.如:

```
#define PI 3.1416              //注意行末没有分号
```

经过以上的指定后,本文件中从此行开始所有的PI都代表3.1416.在对程序进行编译前,预处理器先对PI进行处理,把所有PI置换为3.1416.这种用一个符号名称代表一个常量的,称为符号常量.在预编译后,符号常量已全部变成字面常量(3.1416).

【例1.9】 输入半径$r$,求圆的周长及面积.

**算法设计**:输入半径$r$后,套用圆的周长和面积公式.

**程序编写**:

```c
#include <stdio.h>
#define PI 3.1415926              //使用#define定义符号常量PI
int main() {
    float r,c,s;
    printf("请输入圆的半径:\n");
    scanf("%f",&r);               //输入圆的半径r
    c=2*PI*r;
    s=PI*r*r;
```

```
    printf("circum=%.2f\n",c);        //输出 circum
    printf("area=%.2f\n",s);          //输出 area
    return 0;
}
```

运行结果：

```
请输入圆的半径：
4
circum=25.13
area=50.27
```

使用符号常量有以下好处：

① 含义清楚.阅读程序时从 PI 就可大致知道它代表圆周率.在定义符号常量名时应考虑"见名知义".在一个规范的程序中不提倡使用很多的常数,如：sum＝15＊30＊23.5＊43,在检查程序时往往搞不清各个常数究竟代表什么.应尽量使用"见名知义"的变量名和符号常量名.

② 在需要改变程序中多处用到的同一个常量时,能做到"一改全改".例如在程序中多处用到某物品的价格,如果价格用一个常数 30 表示,则在价格调整为 40 时,就需要在程序中作多处修改,若用符号常量 PRICE 代表价格,只需改动一处即可：

```
#define PRICE 40
```

**注意**：符号常量不占内存,只是一个临时符号,代表一个值,在预编译后这个符号就不存在了,故不能对符号常量赋新值.为与变量名相区别,习惯上符号常量名用大写表示,如 PI、PRICE 等.

对于常用的常量,C 语言编译系统一般已经预定过了.例如通过执行预处理命令♯include<math.h>就可以直接用 M_PI 表示圆周率,用 M_E 表示自然对数.

【例 1.10】 输出符号常量 M_PI 和 M_E 的值.

程序编写：

```
#include <stdio.h>
#include <math.h>
int main(){
printf("% f\n",M_PI);
printf("% f\n",M_E);
return 0;
}
```

(2) 常变量

在定义变量时,如果加上关键字 const,则变量的值在程序运行期间不能改变,这种变量称为常变量(constant variable).常变量具有变量的基本属性,有类型,占存储单元,只是不允许改变其值.其语法格式为：

const 数据类型 常变量=数值;

例如：

const double PI= 3.1415926;              //将 PI 定义为一个双精度浮点型的常变量

**请思考**：常变量与符号常量有什么不同？如：

```
#define Pi 3.1415926                //定义符号常量
const float pi=3.1415926;          //定义常变量
```

符号常量 Pi 和常变量 pi 都代表 3.1415926，在程序中都能使用．但两者性质不同：定义符号常量用♯define 指令，它是预编译指令，用符号常量代表一个字符串，在预编译时仅进行字符替换，在预编译后，符号常量就不存在了，全置换成 3.1415926，对符号常量的名字是不分配存储单元的．而常变量要占用存储单元，有变量值，只是该值不改变而已．从使用的角度看，常变量具有符号常量的优点，而且使用更方便．有了常变量以后，可以不必多用符号常量．

**3. 变量**

变量代表了一个存储单元，在程序运行过程中，其值是可以改变的，因此称为变量．一个程序中可能要使用到若干个变量，为了区别不同的变量，必须给每个变量（存储单元）取一个名（称为变量名），该变量（存储单元）存储的值称为变量的值，变量中能够存储值的类型为变量的类型．

(1) 变量名

用一个合法的标识符代表一个变量．如 n,m,rot,total 等都是合法变量名．在程序中用到的变量要"先定义后使用"，变量名应遵循自定义标识符的命名规则，并建议使用"见名知义"的原则，即用一些有意义的单词作为变量名，见到该变量名后就知道其代表的含义．在 C 语言中，变量名大小写有区别．

定义变量的语法格式为：

数据类型 变量名;

例如：

```
int i=5,j,k=5;            //定义 i,j,k 为整型变量,i,k 初值为 5,j 未有初值
char a,b,c;               //定义 a,b,c 为字符型变量
float x,y,z;              //定义 x,y,z 为单精度浮点型变量
```

C 语言允许在定义变量的同时为变量赋初值，可以在任意位置定义变量，在变量第一次使用时定义变量可以提高程序的可读性，不需要返回到代码的开始位置去寻找某一特殊变量的定义，而且在使用时定义变量，更容易对它赋予有意义的初值．

用来标识变量名、符号常量名、函数名、数组名、类型名、文件名的有效字符序列称为标识符．C 语言规定标识符只能由字母（包含下划线"_"）开头，后面的字符可以是字

母或数字.对于标识符的长度,不同的 C 语言编译器有不同的规定,考虑到系统的可移植性,建议变量名的长度不要超过 8 个字符.例如,month、_age、s2 为合法的标识符;m.k.jack、a<=b、9y 为不合法的标识符.系统保留的标识符,如 int,float,double 等,不能用作变量名.

(2) 变量的类型

变量是有类型的数据.如整型变量用来存储整数,实型变量用来存储实数.变量的类型,可以是标准数据类型 int,short,long,float,double 和 char 等,也可以是自定义的各种类型.变量一经定义,系统就在计算机内存中为其分配一个存储空间.在程序中使用到变量时,就在相应的内存中存入数据或取出数据,这种操作称为变量的访问.

## 四、基本数据类型

在定义变量时需要指定变量的类型.如例 1.10 中变量 r、c 和 s 被定义为单精度浮点型(float 型),C 语言要求在定义所有的变量时都要指定变量的类型.常量也是区分类型的.

所谓类型,就是对数据分配存储单元的安排,包括存储单元的长度(占多少字节)以及数据的存储形式.不同类型的数据在内存中占用的存储单元长度是不同的,例如,Dev-C++5.11 编译系统为 char 型(字符型)数据分配 1 个字节,为 int 型(基本整型)数据分配 4 个字节,存储不同类型数据的方法也是不同的.因此,不同类型数据的取值范围也不相同.C 语言常用的基本数据类型见图 1.26.

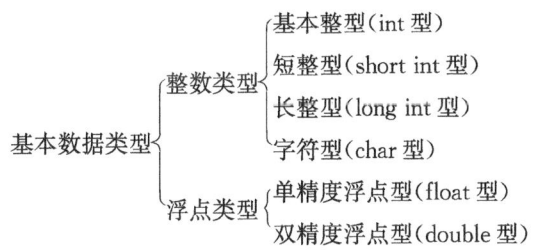

**图 1.26 常用的基本数据类型**

本书后面将结合程序编写介绍怎样使用各种数据类型.

**1. 整型数据**

(1) 基本整型(int 型)

整型是不带小数点的数值.编译系统分配给 int 型数据 2 个字节或 4 个字节(由具体的 C 语言编译系统决定).如 Turbo C 2.0 为每一个整型数据分配 2 个字节(16 位),而 Dev-C++5.11 为每一个整型数据分配 4 个字节(32 位).一个字节为 8 位,一个位就代表一个 0 或 1 的二进制数.

如果给整型变量分配 2 个字节,则存储单元中能存放的最大值为 0111111111111111,第 1 位为 0 代表正数,为 1 代表负数,后面 15 位全为 1,此数值是 $(2^{15}-1)$,即十进制数 32767.最小值为 1000000000000000,此数是 $-2^{15}$,即 $-32768$.因此一个整型变量的值的范围是 $-32768 \sim 32767$.超过此范围,就出现数值的"溢出",输出的结果显然不正确.如果给整型变量分配 4 个字节(Dev-C++),其能容纳的数值范围为 $-2^{31} \sim (2^{31}-1)$,即 $-2147483648 \sim 2147483647$.

(2) 短整型(short int 型)

短整型的类型名为 short int 或简写为 short. 如用 Dev-C++,编译系统分配给 int 型数据 4 个字节,短整型 2 个字节. 存储方式与 int 型相同. 一个短整型变量的值的范围是 $-32768 \sim 32767$.

(3) 长整型(long int 型)

长整型类型名为 long int 或简写为 long. Dev-C++对一个 long 型数据分配 4 个字节(即 32 位),因此 long int 型变量的值的范围是 $-2^{31} \sim (2^{31}-1)$,即 $-2147483648 \sim 2147483647$.

**说明**:C 语言标准没有具体规定各种类型数据所占用存储单元的长度,这是由各编译系统自行决定的. C 语言标准只要求 long 型数据长度不短于 int 型,short 型不长于 int 型,即

sizeof(short)≤sizeof(int)≤sizeof(long)≤sizeof(long long)

其中,sizeof()是测量类型或变量长度的运算符. 在 Dev-C++中,short 型数据的长度为 2 字节,int 型数据的长度为 4 字节,long 型数据的长度为 4 字节. 通常的做法是:把 long 定为 32 位,把 short 定为 16 位,而 int 可以是 16 位,也可以是 32 位,由编译系统决定,因此应了解所用系统的规定. 在将一个程序从 A 系统移到 B 系统时,需要注意这个区别. 例如,在 A 系统,基本整型数据占 4 个字节,程序中将整数 50000 赋给基本整型变量 price 是合法的、可行的. 但在 B 系统,基本整型数据占 2 个字节,将整数 50000 赋给基本整型变量 price 就超过基本整型变量的值的范围,出现"溢出".

**2. 字符型数据**

由于字符是按其代码(整数)形式存储的,C99 把字符型数据作为整数类型的一种. 但是,字符型数据在使用上有自己的特点,因此把它单独列为一节来介绍.

(1) 字符与字符代码

字符与字符代码并不是任意写一个字符,程序都能识别的,例如代表圆周率的 π 在程序中是不能被识别的. 只能使用系统的字符集中的字符,目前大多数系统采用 ASCII 字符集. 各种字符集(包括 ASCII 字符集)的基本集都包括了 127 个字符. 其中包括:

- 字母:大写英文字母 A~Z,小写英文字母 a~z.
- 数字:0~9.
- 专门符号:29 个,包括! " # & ' ( ) * + , - . / : ; < = > ? [ \ ] ^ _ ` { | } ~ .
- 空格符:空格、水平制表符(tab)、垂直制表符、换行、换页(form feed).
- 不能显示的字符:空(null)字符(以 '\0' 表示)、警告(以 '\a' 表示)、退格(以 '\b' 表示)、回车(以 '\r' 表示)等.

字符是以整数形式(字符的 ASCII 码)存放在内存单元中,例如:

大写字母 'A' 的 ASCII 代码是十进制数 65,二进制形式为 1000001.

小写字母 'a' 的 ASCII 代码是十进制数 97,二进制形式为 1100001.

数字字符'1'的 ASCII 代码是十进制数 49,二进制形式为 0110001.

专用字符'%'的 ASCII 代码是十进制数 37,二进制形式为 0100101.

转义字符'\n'的 ASCII 代码是十进制数 10,二进制形式为 0001010.

可以看到,以上字符的 ASCII 代码最多用 7 个二进制数就可以表示.所有 127 个字符都可以用 7 个二进制数表示(ASCII 代码为 127 时,二进制形式为 1111111,7 位全为 1).所以在 C 语言中,指定用一个字节(8 位)存储一个字符(所有系统都不例外).此时,字节中的第 1 位为 0.

**注意**:字符'1'和整数 1 是不同的概念.字符'1'只是代表一个形状为'1'的符号,在需要时按原样输出,在内存中以 ASCII 码形式存储,占 1 个字节;而整数 1 是以整数存储方式(二进制补码方式)存储的,占 2 个或 4 个字节.整数运算 1+1 等于整数 2,而字符'1'+'1'并不等于整数 2 或字符'2'.

(2) 字符型变量

用类型符 char 定义字符型变量. char 是英文 character(字符)的缩写,见名即可知义.如:

```
char c='?';
```

定义 c 为字符型变量并使初值为字符'?'.'?'的 ASCII 代码是 63,系统把整数 63 赋给变量 c.

c 是字符型变量,实质上是一个字节的整型变量,由于它常用来存放字符,所以称为字符型变量.也可以直接把 0~127 之间的整数赋给一个字符型变量.在输出字符型变量的值时,可以选择以十进制整数形式输出,或以字符形式输出.如:

```
printf("%d %c\n",c,c);
```

输出结果是:

```
63 ?
```

其中,用"%d"格式输出十进制整数,用"%c"格式输出字符.

### 3. 浮点型数据

浮点型数据是用来表示具有小数点的实数.在 C 语言中,实数是以指数形式存放在存储单元中的.一个实数表示为指数可以有不止一种形式,如 3.14159 可以表示为 $3.14159 \times 10^0$、$0.314159 \times 10^1$、$0.0314159 \times 10^2$、$31.4159 \times 10^{-1}$、$314.159 \times 10^{-2}$ 等,它们代表同一个值.可以看到:小数点的位置是可以在 314159 之间、之前(加 0)或之后浮动的,只要在小数点位置浮动的同时改变指数的值,就可以保证它的值不会改变.由于小数点位置可以浮动,所以实数的指数形式称为浮点数.

浮点数类型包括 float 型(单精度浮点型)和 double 型(双精度浮点型).

(1) 单精度浮点型(float 型)

编译系统为每一个 float 型变量分配 4 个字节,数值以规范化的二进制数指数形式存放在存储单元中.在存储时,系统将实型数据分成小数部分和指数部分两个部分存放.用二进制形式表示一个实数以及存储单元的长度是有限的,因此不可能得到完全精确的值,只能存储成有限的精确度.小数部分占的位(bit)数愈多,数的有效数字愈多,精度也就愈高.指数部分占的位数愈多,则能表示的数值范围愈大.float 型数据能得到 6 位有效数字,数值范围为 $-3.4 \times 10^{-38} \sim 3.4 \times 10^{38}$.

(2) 双精度浮点型(double 型)

为了扩大能表示的数值范围,用 8 个字节存储一个 double 型数据,可以得到 15 位有效数字,数值范围为 $-1.7 \times 10^{-308} \sim 1.7 \times 10^{308}$.为了提高运算精度,编译系统默认把浮点型数据都按双精度处理,分配 8 个字节,在进行浮点数的算术运算时,会将 float 型数据都自动转换为 double 型.因此,在编写程序时,建议将实数定义为 double 型.如果将实数定义为 float 型,则容易出现数据类型不一致的情况,有的编译系统会提示警告信息,不过这两种实数类型的不一致一般不会对计算结果产生影响.

## 五、标准化输入和输出

### 1. C 语言的数据标准化输入和输出

输入和输出是程序中最基本的操作之一.所谓输入和输出是以计算机主机为主体而言的,从计算机向输出设备(如显示器、打印机等)输出数据称为输出,从输入设备(如键盘、光盘、扫描仪等)向计算机输入数据称为输入,如图 1.27 所示.

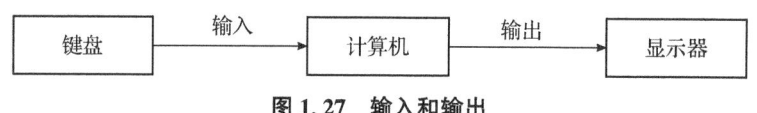

**图 1.27　输入和输出**

C 语言本身不提供输入和输出语句,输入和输出操作是通过 C 语言标准函数库中自带的函数来实现的.C 语言标准函数库中有一批标准输入和输出函数,它是以标准的输入和输出设备(一般为终端设备)为输入和输出对象的,其中常用的有 printf(格式输出)、scanf(格式输入),putchar(输出字符)、getchar(输入字符).

标准输入和输出函数不是 C 语言的关键字,而只是库函数的名字.如果程序需要使用标准输入和输出函数,就必须在本程序的开头用 #include 指令把 stdio.h 头文件包含到程序中. #include 指令放在程序的开头,所以把 stdio.h 称为"头文件",文件后缀为".h".在 stdio.h 头文件中存放了调用标准输入和输出函数时所需要的信息,在对程序进行编译预处理时,系统会把在该头文件中存放的内容调出来,取代本行的 #include 指令.这些内容就成为程序中的一部分.新手在编程时,应养成习惯,只要在本程序文件中使用标准输入和输出库函数时,一律加上 #include <stdio.h>指令.

### 2. 格式化输出函数 printf

(1) printf 函数的格式

printf 函数的一般格式为:

```
printf(格式控制,输出表列);
```

例如：

```
printf("The results are: %d,%c\n",i,c);
```

括号内包括两部分：

① 格式控制是用双撇号括起来的一个字符串，称为格式控制字符串，简称格式字符串．它包括两个信息：

• 格式声明．格式声明由"%"和格式字符组成，如%d、%f 等．它的作用是将输出的数据转换为指定的格式后输出．格式声明总是由"%"字符开始的．

• 普通字符．普通字符即需要按原样输出的字符．例如上面 printf 函数中双撇号内的逗号、空格和换行符，也可以包括其他字符．

② 输出表列是程序需要输出的一些数据，可以是常量、变量或表达式．

下面是 printf 函数的具体例子：

```
printf("%d %d\n",a,b);
printf("a=%d b=%d\n",a,b);
```

在第 2 个 printf 函数中的双撇号内的字符除了两个"%d"以外，还有非格式声明的普通字符(如 a=、b= 和'\n')，它们全部按原样输出．如果 a 和 b 的值分别为 3 和 4，则输出结果为：

```
a=3 b=4
```

(2) 格式字符

前面已介绍过，在输出时，对不同类型的数据要指定不同的格式声明，而格式声明中最重要的内容是格式字符．常用的有以下几种格式字符．

① d 格式符．用来输出一个有符号的十进制整数．

在输出时，按十进制整型数据的实际长度输出，正数的符号不输出．可以在格式声明中指定输出数据的域宽(所占的列数)，如用"%5d"，指定输出数据占 5 列，输出的数据显示在此 5 列区域的右侧．如：

```
printf("%5d\n%5d\n",12,-345);
```

输出结果为：

```
   12
 -345
```

若输出 long int 型(长整型)数据，在格式符前加字母 l(代表 long)，即使用%ld．

② c 格式符．用来输出一个字符．例如：

```
char ch='a';
printf("%c",ch);
```

运行时输出

a

也可以指定域宽,如：

```
printf("%5c",ch);
```

运行时输出

    a

③ s 格式符.用来输出一个字符串.如：

```
printf("%s","CHINA");
```

执行此函数时在显示屏上输出字符串"CHINA"(不包括双撇号).

④ f 格式符.用来输出实数(包括单精度和双精度),以小数形式输出,有几种用法：

- 基本型,用%f.

不指定输出数据的宽度和保留的小数位数,由系统根据数据的实际情况决定数据所占的列数.系统处理的方法一般是：实数中的整数部分全部输出,小数部分输出 6 位.由于数据的大小不同,不指定数据的宽度在数组表示时数据容易对不齐,效果不美观.

**【例 1.11】** 用%f 输出实数,只能得到 6 位小数.

**程序编写：**

```c
#include<stdio.h>
int main() {
    double a=1.0;
    printf("%f\n",a/3);
    return 0;
}
```

运行结果：

0.333333

%f 格式声明可以用于单精度型和双精度型实数.虽然 a 是双精度型,a/3 的结果也是双精度型,但是用%f 格式声明只能输出 6 位小数.

- 指定数据宽度和小数位数,用%m.nf.

用%m.nf 输出数据时,m 为指定的输出字段的宽度,n 定义为小数点后保留 n 位.m>0 时为右对齐,根据 n 的大小,不足在左边补空格；m<0 时为左对齐,根据 n 的大小,不足在右边补空格.如果实数本身长度大于 m,则突破 m 的限制,将实数全部输出.若实数本身长度小于 m,则左补空格.

**【例 1.12】** 输出 1000 除以 3 的结果. 用"%9.3f"的格式声明.

程序编写：

```
#include <stdio.h>
int main() {
    float a;
    a=10000/3.0;
    printf("%9.3f\n",a);
    printf("%-9.3f\n",a);
    printf("%f\n",a);
    return 0;
}
```

运行结果：

```
 3333.333
3333.333
3333.333252
```

n 为小数点后位数,若原数据小数点后位数不够则补零,若超出则四舍五入. 如果把小数部分指定为 0,则不仅不输出小数,而且也不输出小数点. 如果把例 1.12 的 a 改为:a=1/3.0,printf 函数中指定"%7.0f"格式声明,则会得出以下结果：

```
      0
```

其整数部分为 0,因此输出结果为 0. 所以不要轻易指定实数的小数位数为 0.

### 3. 格式化输入函数 scanf

scanf 函数的一般格式为：

```
scanf(格式控制,地址表列);
```

格式控制的含义同 printf 函数. 地址表列是由若干个地址组成的表列,可以是变量的地址,或字符串的首地址. scanf 函数中的格式声明与 printf 函数中的格式声明相似,由%和格式符组成,作用是将要输入的字符按指定的格式输入,如%d、%c 等. 例如：

```
scanf("a=%f,b=%f,c=%f",&a,&b,&c);
```

在格式字符串中除了有格式声明%f 以外,还可以有一些普通字符(有"a=""b=""c="和",").

在使用 scanf 函数时应注意 scanf 函数中的格式控制后面应当是变量地址,而不是变量名. 例如,若 a 和 b 为整型变量,如果写成

```
scanf("%f%f%f",a,b,c);
```

是不对的. 应将"a,b,c"改为"&a, &b, &c". 如果在格式控制字符串中除了格式声明以外还有其他字符,则在输入数据时在对应的位置上输入与这些字符相同的字符. 如果有

```
scanf("a=%f,b=%f,c=%f",&a,&b,&c);
```

在输入数据时,应在对应的位置上输入同样的字符,即输入

```
a=1,b=3,c=2(注意输入的内容)
```

如果输入

```
1 3 2
```

就错了. 因为系统会把它和 scanf 函数中的格式字符串逐个字符对照检查的,只是在%f 的位置上代以一个实数. 对于初学者而言,一般应该避免在格式控制中使用普通字符(包括空格和逗号),以避免不能正确输入. 对于高级读者,使用普通字符能使输入信息更加清晰. 在输入数值数据时,如输入空格、回车、Tab 键或遇非法字符(不属于数值的字符),认为该数据结束.

**注意**:scanf 函数中的格式声明与 printf 函数中的格式声明相似但不完全相同. 区别在于,scanf 函数中单精度浮点型(float 型)使用的是%f,双精度浮点型(double 型)使用的是%lf,对于双精度浮点型变量,如果定义输入格式为%f 是不能正确输入的. 然而,在 printf 函数中单精度浮点型(float 型)和双精度浮点型(double 型)都是采用的%f.

在前面中已经利用 printf 函数进行了数据的输出,现在再介绍一个包含输入和输出的程序.

**【例 1.13】** 求 $ax^2+bx+c=0$ 方程的根. $a,b,c$ 的值由键盘输入,设 $b^2-4ac>0$.

**算法设计**:首先要知道求方程式的根的方法. 由数学知识可知:如果 $b^2-4ac\geqslant 0$,则一元二次方程有两个实根:

$$x_1=\frac{-b+\sqrt{b^2-4ac}}{2a}, x_2=\frac{-b-\sqrt{b^2-4ac}}{2a}.$$

可以将上面的分式分为两项:

$$p=\frac{-b}{2a}, q=\frac{\sqrt{b^2-4ac}}{2a}.$$

则

$$x_1=p+q, x_2=p-q.$$

有了这些式子,只要知道 $a,b,c$ 的值,就能顺利地求出方程的两个根. 接下来需要用 scanf 函数输入 $a,b,c$ 的值,用 printf 函数输出两个实根的值.

**程序编写**:

```
#include <stdio.h>
#include <math.h>                        //程序中要调用求平方根函数 sqrt
int main() {
```

```
    double a,b,c,disc,x1,x2,p,q;        //disc用来存放判别式(b*b-4ac)的值
    scanf("%lf%lf%lf",&a,&b,&c);        //输入双精度型变量的值要用格式声明"%lf"
    disc=b*b-4*a*c;
    p=-b/(2.0*a);
    q=sqrt(disc)/(2.0*a);
    x1=p+q;x2=p-q;                      //求出方程的两个根
    printf("x1=%7.2f\nx2=%7.2f\n",x1,x2); //输出方程的两个根
    return 0;
}
```

运行结果：

```
1 3 2
x1=  -1.00
x2=  -2.00
```

**注意**：在输入数据时，scanf函数中只有格式说明符，没有任何普通字符，因此1、3、2这3个数之间可以用空格分隔，最后按回车键．

## 六、顺序结构示例

算法的实现过程是由一系列操作组成的，这些操作之间的执行次序就是程序的控制结构．任何简单或复杂的算法都可以由顺序结构、选择结构、循环结构这三种基本结构组合而成，所以这三种结构就是程序设计的基本结构．

顺序结构表示程序中的各操作是按照它们在代码中的排列顺序依次执行的；选择结构表示程序的处理需要根据某个特定的条件选择其中的一个分支执行；循环结构表示程序反复执行某个或某些操作，直到某条件为假(或为真)时才停止循环．本小节重点介绍顺序结构，选择结构和循环结构的有关内容会在之后的小节中详细介绍．

整个顺序结构只有一个入口点和一个出口点．这种结构的特点是：程序从入口点开始执行，按顺序执行所有操作，直到出口点，所以称为顺序结构．其运算流程如图1.28所示．

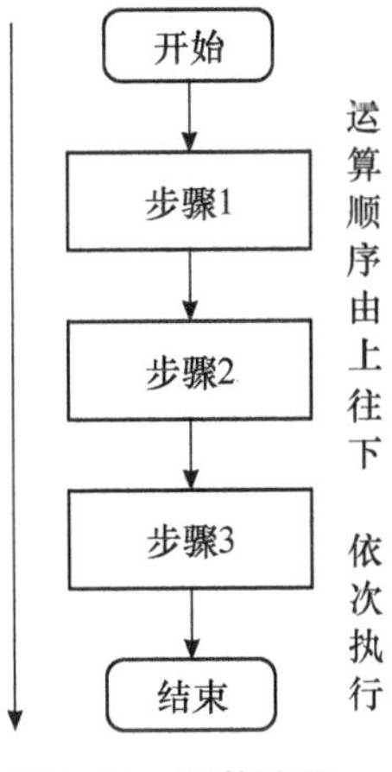

下面是几个顺序结构的例子．

**【例1.14】** 有人用温度计测量出用华氏法表示的温度(如64 °F)，今要求把它转换为以摄氏法表示的温度(如17.8 ℃).

**图1.28 运算流程**

**算法设计**：这个问题的算法关键在于找到二者间的转换公式．根据物理学知识，知道以下转换公式：

$$c = \frac{5}{9}(f - 32)$$

其中$f$代表华氏温度，$c$代表摄氏温度．据此可以用算法输出$c$的值．算法由3个步骤组成，这是一个简单的顺序结构．

**程序编写：**

```c
#include <stdio.h>
int main() {
    float f,c;
    f=64.0;
    c=(5.0/9)*(f-32);            //利用公式计算 c 的值
    printf("f=%.1f\n",f);
    printf("c=%.1f\n",c);
    return 0;
}
```

**运行结果：**

```
f=64.0
c=17.8
```

【例 1.15】 计算存款利息。假设某人有 1000 元，想存一年。有 3 种方法可选：(1) 存活期，年利率为 $r_1$；(2) 存一年定期，年利率为 $r_2$；(3) 存两次半年定期，年利率为 $r_3$。请分别计算出一年后按 3 种方法存钱所得到的本息和结果保留两位小数。

**算法设计：** 问题的关键是确定计算本息和的公式。由数学知识可知，若存款额为 $p_0$，则：

存活期，一年后本息和为 $p_1 = p_0(1+r_1)$。

存一年定期，一年后本息和为 $p_2 = p_0(1+r_2)$。

存两次半年定期，一年后本息和为 $p_3 = p_0\left(1+\dfrac{r_3}{2}\right)\left(1+\dfrac{r_3}{2}\right)$。

**程序编写：**

```c
#include <stdio.h>
int main() {
    float p0=1000,r1=0.0036,r2=0.0225,r3=0.0198;
    float p1,p2,p3;
    p1=p0*(1+r1);                     //计算存活期本息和
    p2=p0*(1+r2);                     //计算存一年定期本息和
    p3=p0*(1+r3/2)*(1+r3/2);          //计算存两次半年定期的本息和
    printf("p1=%.2f\n",p1);
    printf("p2=%.2f\n",p2);
    printf("p3=%.2f\n",p3);
    return 0;
}
```

**运行结果：**

```
p1=1003.60
p2=1022.50
p3=1019.90
```

## 第四节

# 选择结构

在顺序结构中,各语句是按自上而下的顺序执行的,执行完上一个语句就自动执行下一个语句,是无条件的,不必作任何判断. 实际上,在大多数程序中,需要根据是否满足某个条件来决定是否执行指定的操作任务,或者从给定的两种或多种操作中选择其一执行. 这就是选择结构.

C语言有两种选择语句:(1) if 语句,用来实现两个分支的选择结构;(2) switch 语句,用来实现多分支的选择结构.

## 一、if 语句

在 C 语言中选择结构主要是用 if 语句实现的. if 语句的一般形式如下:

```
if(表达式) 语句1
[else 语句2]
```

if 语句中的"表达式"可以是关系表达式、逻辑表达式,甚至是数值表达式. 在上面 if 语句的一般形式中,方括号内的部分(即 else 子句)为可选部分,根据需要可以有也可以没有. 语句 1 和语句 2 可以是一个简单的语句,也可以是一个复合语句,还可以是另一个 if 语句(即在一个 if 语句中又包括另一个或多个内嵌的 if 语句). 但是要注意:复合语句应当用花括号括起来,简单语句可以省略花括号.

根据 if 语句的一般形式,if 语句可以写成不同的形式,最常用的有以下 3 种形式:

(1) if(表达式)语句 1(没有 else 子句部分)

(2) if(表达式)(有 else 子句部分)

  语句 1

 else

  语句 2

(3) if(表达式 1)语句 1(在 else 部分又嵌套了多层的 if 语句)

 else if(表达式 2)

  语句 2

 else if(表达式 3)

  语句 3

   ⋮

 else if(表达式 $m$)

　　　　　　语句 m
　　else　　　语句 m+1

例如：

```
if (number>500)
    cost=0.15;
    else if (number>300)  //在if语句的else部分内嵌了一个if语句
            cost=0.10;
    else if (number>100)  //在内嵌的if语句的else部分又内嵌了一个if语句
            cost=0.075;
    else if (number>50)   //在第2层内嵌的if语句的else部分又内嵌了一个if语句
            cost=0.05;
    else                  //第3层内嵌的if语句中的else子句
        cost=0
```

**注意：**

(1) 整个 if 语句可以写在多行上，也可以写在一行上，如：

```
if (x>0) y=1; else y=-1;
```

但是，为了程序的清晰，提倡写成锯齿形式. 关键词 if 和小括号之间可以有空格也可以没有空格，但同样为了程序的清晰，提倡保留一个空格.

(2) 一般形式(3)中"语句1""语句2""语句 m"等是 if 语句中的内嵌语句. 它们是 if 语句中的一部分. 每个内嵌语句的末尾都应当有分号，因为分号是语句中的必要成分. 如：

```
if (x>0)
    y=1;                          //语句末尾必须有分号
else
    y=-1;                         //语句末尾必须有分号
```

不能写成：

```
if (x>0) y=1 else y=-1;           //"y=1"的末尾缺少分号
```

如果无此分号，则出现语法错误.

(3) if 语句无论写在几行上，都是一个整体，属于同一个语句. 不要误认为 if 部分是一个语句，else 部分是另一个语句. 不要一看见分号，就以为 if 语句结束了. 在系统对 if 语句编译时，若发现内嵌语句结束（出现分号），还要检查其后有无 else，如果无 else，就认为整个 if 语句结束；如果有 else，则把 else 子句作为 if 语句的一部分. 注意 else 子句不能作为语句单独使用，它必须是 if 语句的一部分，与 if 配对使用.

(4) 在 if 语句中要对给定的条件进行检查，判定所给定的条件是否成立. 判断的结果是一个逻辑值"是"或"否". 在计算机语言中用"真"和"假"来表示"是"或"否". 例如：判断是否满足"$a>b$"条件，当 $a>b$ 时，就称条件"$a>b$"为"真"，如果 $a \leqslant b$，则不满足"$a>b$"条件，就称此时条件"$a>b$"为假. 对于数值表达式，结果为零表示"假"，结果为非零表示"真".

(5) 在一个程序设计中,往往需要多次使用选择结构,选择结构之间可以是顺序关系,也可以是嵌套关系.

**【例 1.16】** 在例 1.13 的基础上对程序进行改进. 题目要求解得 $ax^2+bx+c=0$ 方程的根. 由键盘输入 $a,b,c$. 假设 $a,b,c$ 的值任意,并不保证 $b^2-4ac \geqslant 0$. 需要在程序中进行判别,如果 $b^2-4ac \geqslant 0$,就计算并输出方程的两个实根,如果 $b^2-4ac<0$,就输出"此方程无实根"的信息.

**算法设计**:画出流程图(图 1.29).

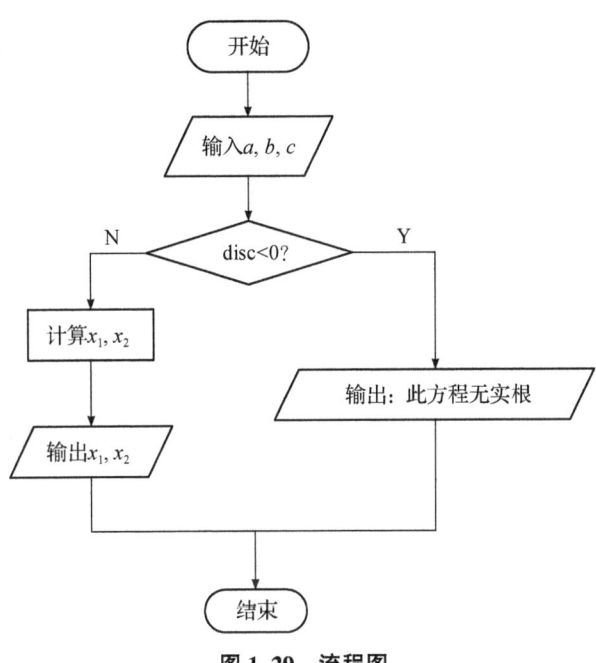

图 1.29 流程图

**程序编写**：

```
#include <stdio.h>
#include <math.h>
int main() {
    float a,b,c,disc,x1,x2;
    printf("请输入a,b,c的值:");
    scanf("%f %f %f",&a,&b,&c);
    disc=b*b-4*a*c;
    if (disc<0) {
        printf("该方程无实根\n");
        return 0;
    }
    else if (disc==0){
        x1=x2=(-b)/(2*a);
        printf("该方程有两个相等的实根:\n"); }
    else{
        x1=(-b+sqrt(disc))/(2*a);
```

```
        x2=(-b-sqrt(disc))/(2*a);
        printf("该方程有两个不等的实根:");
    }
    printf("x1=%f x2=%f\n",x1,x2);
    return 0;
}
```

**运行结果：**

输入 a,b,c 的值 6,3,1，程序输出"该方程无实根"．

```
请输入a,b,c的值: 6 3 1
该方程无实根。
```

输入 a,b,c 的值(2,4,1)，程序输出两个实根．

```
请输入a,b,c的值: 2 4 1
该方程有两个不等的实根: x1=-0.292893 x2=-1.707107
```

**程序分析：** 在本例中用 if 语句来实现选择结构．if 语句对给定条件"disc<0"进行判断后，形成三条路径，一条是执行第 9 行的输出语句，另一条是输出第 13~14 行的复合语句，还有一条是输出第 16~18 行的复合语句．

**【例 1.17】** 输入两个实数，按由小到大的顺序输出这两个数．

**算法设计：** 这个问题的算法很简单，只要做一次比较，然后进行一次交换即可．用 if 语句实现条件判断．关键是怎样实现两个变量的值的互换．不能把两个变量直接互相赋值，如不能用下面的办法将 a 和 b 对换：

```
a=b;                    //把变量b的值赋给变量a,a的值等于b的值
b=a;                    //再把变量a的值赋给变量b,变量b的值没有改变
```

为了实现互换，必须借助于第 3 个变量．可以这样考虑：将 A 和 B 两个杯子中的水互换，用两个杯子将水倒来倒去是无法实现的，必须借助于第 3 个杯子 C，先把 A 杯的水倒在 C 杯中，再把 B 杯的水倒在 A 杯中，最后把 C 杯的水倒在 B 杯中，这就实现了两个杯子中的水互换．这是在程序中实现两变量换值的算法．

**程序编写：**

```
#include <stdio.h>
int main(){
    float a,b,t;
    scanf("%f,%f",&a,&b);
    if(a>b){                        //将 a 和 b 的值互换
    t=a;a=b;b=t;}
    printf("%5.2f,%5.2f\n",a,b);
    return 0;
}
```

**运行结果:**

```
3.4,1.5
 1.50,  3.40
```

**【例 1.18】** 输入 3 个数 $a,b,c$,要求按由小到大的顺序输出.

**算法设计:** 可以先用自然语言表示算法:

S1:如果 $a>b$,将 $a$ 和 $b$ 对换(交换后,$a$ 是 $a,b$ 中的小者).

S2:如果 $a>c$,将 $a$ 和 $c$ 对换(交换后,$a$ 是 $a,c$ 中的小者,因此 $a$ 是三者中最小者).

S3:如果 $b>c$,将 $b$ 和 $c$ 对换(交换后,$b$ 是 $b,c$ 中的小者,也是三者中次小者).

S4:顺序输出 $a,b,c$.

**程序编写:**

```c
#include <stdio.h>
int main(){
    float a,b,c,t;
    scanf("%f,%f,%f",&a,&b,&c);
    if(a>b){
        t=a;                    //借助变量t,实现变量a和变量b互换值
        a=b;
        b=t;
    }
    //互换后,a小于或等于b
    if(a>c) {
        t=a;                    //借助变量t,实现变量a和变量c互换值
        a=c;
        c=t;
    }
    //互换后,a小于或等于c
    if(b>c){
        t=b;                    //借助变量t,实现变量b和变量c互换值
        b=c;
        c=t;
    }
    //互换后,b小于或等于c
    printf("%5.2f,%5.2f,%5.2f\n",a,b,c);
    return 0;
}
```

**运行结果:**

```
3,2,5
 2.00, 3.00, 5.00
```

**程序分析:** 在经过第 1 个 if 语句后,$a \leqslant b$,经过第 2 个 if 语句后 $a \leqslant c$,这样 $a$ 已是三者

中最小的(或最小者之一),但是 b 和 c 谁大还未明确,还需要进行比较和互换.经过第 3 个 if 语句后,$a \leqslant b \leqslant c$. 此时,$a,b,c$ 3 个变量已按由小到大顺序排列.顺序输出 $a,b,c$ 的值即实现了由小到大输出 3 个数.例题中多次使用了选择结构,选择结构之间又呈顺序结构关系.

## 二、条件判断中的运算符

### 1. 关系运算符

在例 1.16 程序中已看到,在 if 语句中对关系表达式 disc<0 进行判断.其中的"<"是一个比较符,用来对两个数值进行比较.在 C 语言中,比较符(或称比较运算符)称为关系运算符.所谓"关系运算"就是"比较运算",将两个数值进行比较,判断其比较的结果是否符合给定的条件.例如,$a>3$ 是一个关系表达式,">"是一个关系运算符,如果 $a$ 的值为 5,则满足给定的"$a>3$"条件,因此关系表达式的值为"真"(即"满足条件");如果 $a$ 的值为 2,不满足"$a>3$"条件,则称关系表达式的值为"假".

C 语言提供 6 种关系运算符:<(小于)、<=(小于或等于)、>(大于)、>=(大于或等于)、==(等于)、!=(不等于).

### 2. 逻辑运算符

有时要求判断的条件不是一个简单的条件,而是由几个给定简单条件组成的复合条件.如"参加少年运动会的年龄限制为 13~17 岁",这就需要检查两个条件:(1) 年龄 age≥13,(2) 年龄 age≤17.这个组合条件是不能够用一个关系表达式来表示的,要用两个关系表达式组合来表示,即 age>=13 AND age<= 17.用一个逻辑运算符 AND 连接 age>=13 和 age<=17,将两个关系表达式组成一个复合条件.AND 的含义是"与",即"二者同时满足".age>=13 AND age<=17 表示 age>=13 和 age<=17 同时满足.这个复合条件"age>=13 AND age<=17"就是一个逻辑表达式.其他逻辑表达式可以有:

x>0 AND y>0(同时满足 x>0 和 y>0)
age<12 OR age>65(表示年龄小于 12 的儿童或大于 65 的老人)

上面第 1 个逻辑表达式的含义是:只有 x>0 和 y>0 都为真时,逻辑表达式 x>0 AND y>0 才为真.上面第 2 个逻辑表达式的含义是:age<12 或 age>65 至少有一个为真时,逻辑表达式 age<12 OR age>65 为真.OR 是"或"的意思,即"有一即可",在两个条件中有一个满足即可.AND 和 OR 是逻辑运算符.

有三种逻辑运算符:与(AND),或(OR),非(NOT).在 C 语言中不能在程序中直接用 AND,OR,NOT 作为逻辑运算符,而是用其他符号代替.C 语言逻辑运算符及其含义见表 1.2.

"&&"和"||"是双目(元)运算符,它要求有两个运算对象(操作数),如(a>b)&&(x>y),(a>b)||(x>y)."!"是一目(元)运算符,只要求有一个运算对象,如!(a>b).

表 1.2　C语言逻辑运算符及其含义

| 运算符 | 含义 | 举例 | 说明 |
|---|---|---|---|
| && | 逻辑与(AND) | a&&b | 如果a和b都为真,则结果为真,否则为假 |
| \|\| | 逻辑或(OR) | a\|\|b | 如果a和b至少有一个为真,则结果为真,二者都为假时,结果为假 |
| ! | 逻辑非(NOT) | !a | 如果a为假,则!a为真;如果a为真,则!a为假 |

### 3. 条件运算符

三目(元)运算符,又称条件运算符,它是唯一有3个操作数的运算符,它的表达式如下:

<表达式1>?<表达式2>:<表达式3>;

返回值:先求表达式1的值,如果为真,则执行表达式2,并返回表达式2的结果;如果表达式1的值为假,则执行表达式3,并返回表达式3的结果.

例如:对于条件表达式 b?x:y,先判断条件b真假,如果b的值为真,计算x的值,那么返回表达式x的计算结果;否则,计算y的值,返回表达式y的计算结果.一个条件表达式绝不会既计算x,又计算y.

## 三、选择的嵌套

在if语句中又包含一个或多个if语句称为if语句的嵌套(nest).前文if语句一般形式的第3种形式就属于if语句的嵌套,其一般形式如下:

```
if ()
    if ()    语句1 ⎫
    else     语句2 ⎭ 内嵌 if 语句
else
    if ()    语句3 ⎫
    else     语句4 ⎭ 内嵌 if 语句
```

应当注意if与else的配对关系.else总是与它上面的最近的未配对的if配对.假如写成:

```
if ()
    if ()    语句1 ⎫
else                ⎬ 内嵌 if 语句
    if ()    语句2  ⎪
    else     语句3  ⎭
```

编程者在缩进时把else与第1个if写在同一列上,意图使else与第1个if对应,但实际上else是与第2个if配对,因为它们相距最近,程序编译时并不会因为编程者的书写格式而改变其内在的配对关系.为了实现程序设计者的思想,可以加花括号来确定配对关系.例如:

```
if ( )
  {
    if ( )   语句1 ⎫
  }          ⎬ 内嵌 if 语句
else  语句2   ⎭
```

这时"{ }"限定了内嵌 if 语句的范围,因此 else 与第一个 if 配对.

**【例 1.19】** 有一阶跃函数如下,编写一段程序,输入 $x$ 的值,要求输出相应的 $y$ 值.

$$y = \begin{cases} -1, & (x<0) \\ 0, & (x=0) \\ 1, & (x>0) \end{cases}$$

**算法设计**:用 if 语句检查 $x$ 的值,根据 $x$ 的值决定赋予 $y$ 的值. 由于 $y$ 的可能值不是两个而是 3 个,不可能只用一个简单的(无内嵌 if 语句)if 语句来实现. 可以有两种方法,其算法如下:

(1) 先后用 3 个独立的 if 语句处理:

```
输入 x
若 x<0,则 y=-1
若 x=0,则 y=0
若 x>0,则 y=1
输出 y
```

(2) 用一个嵌套的 if 语句处理:

```
输入 x
若 x<0,则 y=-1
否则
  若 x=0,则 y=0
  否则(即 x>0),则 y=1
输出 y
```

**程序编写**:

```c
#include <stdio.h>
int main(){
    int x,y;
    scanf("%d",&x);
    if(x<0)
        y=-1;
    else
        if(x==0) y=0;
        else y=1;
    printf(" x=%d,y=%d\n",x,y);
    return 0;
}
```

**运行结果：**

```
5
x= 5,y= 1
```

【例 1.20】 求 $ax^2+bx+c=0$ 方程的解.

**算法设计**：方程的解有以下几种情况：

① $a=0$,不是二次方程.

② $b^2-4ac=0$,有两个相等的实根.

③ $b^2-4ac>0$,有两个不等实根.

④ $b^2-4ac<0$,有两个共轭复根. 应当以 $p+qi$ 和 $p-qi$ 的形式输出复根. 其中，$p=-b/2a$，$q=\sqrt{-(b^2-4ac)}/2a$.

**程序编写：**

```c
#include <stdio.h>
#include <math.h>
int main(){
    double a,b,c,disc,x1,x2,realpart,imagpart;
    scanf("%lf,%lf,%lf",&a,&b,&c);
    printf("The equation");
    if(fabs(a)<=1e-6)
        printf("is not a quadratic\n");
    else{disc=b*b-4*a*c;
        if(fabs(disc)<=1e-6) printf("has two equal roots : %8.4f\n",-b/(2*a));
        else if(disc>1e-6){
            x1=(-b+sqrt(disc))/(2*a);
            x2=(-b-sqrt(disc))/(2*a);
            printf("has distinct real roots:%8.4f and %8.4f\n",x1,x2);
        }else{
            realpart=-b/(2*a);                    //realpart 是复根的实部
            imagpart=sqrt(-disc)/(2*a);           //imagpart 是复根的虚部
            printf(" has complex roots:\n");
            printf("%8.4f+%8.4fi\n",realpart,imagpart);  //输出一个复数
            printf("%8.4f-%8.4fi\n",realpart,imagpart);  //输出另一个复数
        }
    }
    return 0;
}
```

**运行结果(运行 3 次)：**

(1) 输入 a,b,c 的值 1,2,1,得到两个相等的实根.

```
1,2,1
The equation has two equal roots :  -1.0000
```

(2) 输入 a,b,c 的值 1,2,2,得到两个共轭的复根.

```
1,2,2
The equation  has complex roots:
 -1.0000+   1.0000i
 -1.0000-   1.0000i
```

(3) 输入 a,b,c 的值 2,6,1,得到两个不等的实根.

```
2,6,1
The equation has distinct real roots : -0.1771 and  -2.8229
```

## 四、switch 语句

if 语句只有两个分支可供选择,而实际问题常常涉及多分支的选择.虽然可以用嵌套的 if 语句来处理,但如果分支较多,则嵌套的 if 语句层数多,程序冗长且可读性降低.C 语言提供 switch 语句直接处理多分支选择.

switch 语句是多分支选择语句.其可以根据表达式的值,使流程跳转到不同的语句.switch 语句的一般形式如下:

```
switch(表达式)
{
case     常量 1:语句 1
case     常量 2:语句 2
 …        …    …
case     常量 n:语句 n
default:       语句 n+1
}
```

上面 switch 一般形式中括号内的"表达式",其值的类型应为整数类型(包括字符型). switch 下面的花括号内是一个复合语句. 这个复合语句包括若干语句,它是 switch 语句的语句体. 语句体内包含多个以关键字 case 开头的语句行和最多一个以 default 开头的语句行. case 后面跟一个常量或常量表达式(字符型需要使用单撇号),如:case 'A',它们和 default 都是起标号(label,或称标签,标记)的作用,用来标志一个位置. 执行 switch 语句时,先计算 switch 后面的"表达式"的值,然后将它与各 case 标号比较,如果与某一个 case 标号中的常量相同,流程就转到此 case 标号后面的语句,往后开始执行. 如果没有与"表达式"相匹配的 case 常量,流程转去执行 default 标号后面的语句. 可以没有 default 标号,此时如果没有与"表达式"相匹配的 case 常量,则不执行任何语句,流程转到 switch 语句的下一个语句.

每一个 case 常量必须互不相同,否则就会出现互相矛盾的现象(对"表达式"的同一个值,有两种或多种执行方案). case 标号只起标记的作用. 在执行 switch 语句时,根据"表达式"的值找到匹配的入口标号,在执行完一个 case 标号后面的语句后,就从此标号开始执行下去,不再进行判断.

**注意**:一般情况下,在执行一个 case 子句后,应当用 break 语句使流程跳出 switch 结构,即终止 switch 语句的执行. 如果 case 子句中没有 break 语句,将会继续执行下一个 case 子句. 最后一个 case 子句(或 default 子句)中可不必加 break 语句,因为流程已到了 switch 结构的结束处.

因此,多个 case 标号可以共用一组执行语句,例如:

```
case 'A':
case 'B':
case 'C': printf(">60\n");break;
```

当 switch 后面"表达式"的值为'A','B','C'时都执行同一组语句,输出">60",然后换行.

**【例 1.21】** 要求按照考试成绩的等级输出百分制分数段,A 等为 85~100 分,B 等为 70~84 分,C 等为 60~69 分,D 等为 60 分以下. 成绩的等级由键盘输入.

**算法设计**:这是一个多分支选择问题,根据百分制分数将学生成绩分为 4 个等级,如果用 if 语句来处理至少要用 3 层嵌套的 if,进行 3 次检查判断. 用 switch 语句,进行一次检查即可得到结果.

**程序编写:**

```c
#include <stdio.h>
int main(){
    char grade;
    scanf("%c",&grade);
    printf("Your score:");
    switch(grade){
        case 'A': printf("85~100\n"); break;
        case 'B': printf("70~84\n"); break;
        case 'C': printf("60~69\n"); break;
        case 'D' : printf("<60\n"); break ;
        default: printf("enter data error!\n");
        }
    return 0;
}
```

**运行结果:**

从键盘输入大写字母 A,按回车键,程序输出对应的分数段.

```
A
Your score:85~100
```

**程序分析**:等级 grade 定义为字符变量,从键盘输入一个大写字母,赋给变量 grade, switch 得到 grade 的值并把它和各 case 中给定的值('A','B','C','D'之一)相比较,如果和其中之一相同(称为匹配),则执行该 case 后面的语句(即 printf 语句). 输出相应的信息. 如果输入的字符与'A','B','C','D'都不相同,就执行 default 后面的语句,输出 enter data error! (输入数据有错!)的信息. 注意在每个 case 后面的语句中,最后都有一个 break 语句,它的作用是使流程转到 switch 语句的末尾.

**【例 1.22】** 运输公司对用户计算运输费用. 路程越远,运费越低. 标准如下:

| | |
|---|---|
| $s<250$ km | 没有折扣 |
| 250 km$\leq s<$500 km | 2%折扣 |
| 500 km$\leq s<$1000 km | 5%折扣 |
| 1000 km$\leq s<$2000 km | 8%折扣 |
| 2000 km$\leq s<$3000 km | 10%折扣 |
| 3000 km$\leq s$ | 15%折扣 |

**算法设计**:设每千米每吨货物的基本运费为 $p$(price 的缩写),货物重为 $w$(weight 的缩写),距离为 $s$,折扣为 $d$(discount 的缩写),则总运费 $f$(freight 的缩写)的计算公式为
$$f = p \times w \times s \times (1-d).$$

经过仔细分析发现,折扣的变化是有规律的:折扣的变化点都是 250 的倍数(250,500, 1000,2000,3000). 利用这一特点,可以用 $c$ 代表 250 的倍数,$c=s/250$. 当 $c<1$ 时,表示 $s<250$,无折扣;$1\leq c<2$ 时,表示 $250\leq s<500$,折扣 $d=2\%$;$2\leq c<4$ 时,$d=5\%$;$4\leq c<8$ 时,$d=8\%$;$8\leq c<12$ 时,$d=10\%$;$c\geq 12$ 时,$d=15\%$.

**程序编写**:

```c
#include<stdio.h>
int main(){
    int c,s; float p,w,d,f;
    printf("please enter price,weight,discount:");  //提示输入的数据
    scanf("%f,%f,%d",&p,&w,&s);         //输入单价、重量、距离
    if(s>=3000) c=12;                   //3000km 以上为同一折扣
    else c=s/250;                       //3000km 以下各段折扣不同,c 的值不相同
    switch(c){
        case 0:d=0;break;               //c=0,代表 s<250km,折扣 d=0
        case 1:d=2;break;               //c=1,代表 250km≤s<500km,折扣 d=2%
        case 2:
        case 3:d=5;break;               //c=2 和 3,代表 500km≤s<1000km,折扣 d=5%
        case 4:
        case 5:
        case 6:
        case 7:d=8;break;               //c=4~7,代表 1000km≤s<2000km,折扣 d=8%
        case 8:
        case 9:
        case 10:
        case 11:d=10;break;             //c=8~11,代表 2000km≤s<3000km,折扣 d=10%
        case 12:d=15;break;             //c12,代表 s≥3000km,折扣 d=15%
    }
    f=p*w*s*(1-d);                      //计算总运费
    printf("freight=%10.2f\n",f);       //输出总运费,取两位小数
    return 0;
}
```

运行结果:

```
please enter price, weight, discount:120,32,200
freight=  768000.00
```

## 第五节 循环结构

前面介绍了程序中常用到的顺序结构和选择结构,但是只有这两种结构是不够的,还需要用到循环结构(或称重复结构),因为程序所处理的问题常常为需要重复处理的问题.凡遇重复操作,应该考虑使用循环结构,不应该重复编写,以避免程序冗长、重复,难以阅读和维护.实际上,每一种计算机高级语言都提供了循环控制,用来处理需要进行的重复操作.C语言提供了三种实现循环结构的方式,分别是 for 循环、while 循环和 do…while 循环.

绝大多数的应用程序都会包含循环结构.顺序结构、选择结构、循环结构是结构化程序设计的三种基本结构,它们是各种复杂程序的基本构成单元.因此熟练掌握顺序结构选择结构和循环结构的概念及使用是进行程序设计最基本的要求.

### 一、for 语句

for 语句是 C 语言中最常用、最严格、功能最强的循环语句,不仅可以用于循环次数已经确定的情况,还可以用于循环次数不确定而只给出循环结束条件的情况.

例如:

```
for (i=1;i<=100;i++)        //控制循环次数,i 由 1 变到 100,共循环 100 次
    printf("%d",i);         //执行循环体,输出 i 的当前值
```

它的执行过程见流程图 1.30.

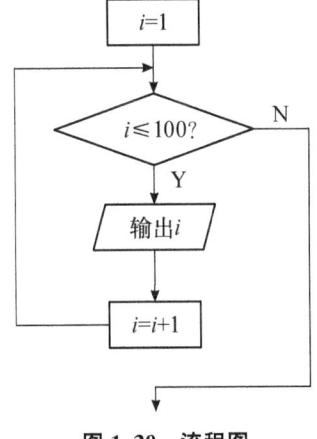

**图 1.30 流程图**

它的作用是：输出 1~100，共 100 个整数．

for 语句的一般形式为：

```
for(表达式 1;表达式 2;表达式 3)
    语句
```

括号中 3 个表达式的主要作用是：

表达式 1：设置初始条件，只执行一次．可以为零个、一个或多个变量设置初值（如 $i=1$）．对多个变量设计初值时用逗号分隔开．

表达式 2：循环条件表达式，用来判定是否继续循环．在每次执行循环体前先执行此表达式，以决定是否继续执行循环．

表达式 3：作为循环的调整，例如使循环变量增值，它是在执行完循环体后才进行的．

语句：循环执行的语句，可以是简单语句或者复合语句，简单语句可以省略花括号，复合语句必须使用花括号．

最常用的 for 语句形式是：

```
for(循环变量赋初值;循环条件;循环变量增值)
    语句
```

例如：

```
for(i=1;i<=100;i++)
    sum=sum+i;
```

其中的"i=1"是设置循环变量 i 的初值为 1，"i<=100"是指定的循环条件：当循环变量 i 的值小于或等于 100 时，循环继续执行；反之，当 i 大于 100 时就会结束循环．"i++"的作用是使循环控制变量 i 的值不断变化，以便最终满足终止循环的条件，使循环结束．也就是说，循环变量 i 的初值为 1，循环变量增量为 1，循环变量终值为 100，每执行一次循环，i 的值加 1，直到 i 的值大于 100，就不再执行了．

for 语句的执行过程如下：

（1）执行表达式 1．本例中把整数 1 赋给变量 i．

（2）执行表达式 2．若此条件表达式的值为真（非 0），则执行 for 语句中的循环体，然后执行第（3）步；若为假（0），则结束循环，转到第（5）步．

上例中，循环条件表达式"i<=100"是一个关系表达式，当 i=1 时，表达式 i<=100 的值为真（非 0），故执行循环体中的语句，即 printf 语句，输出 i 的当前值 1．然后执行第（3）步．

（3）执行表达式 3．在本例中，执行 i++，使 i 的值加 1，i 的值变成 2．

（4）转回步骤（2）继续执行．

（5）执行 for 语句的下一句．

第一次循环后 i=2，表达式 i<=100 的值为真，再次执行循环体中的语句，printf 语句输出 i 的当前值 2，然后执行步骤（3）．如此反复，直到 i 变到 101，此时表达式 i<=100 的值为假，不再执行循环体，而转到步骤（5）．

**注意:**

(1) 表达式1可以省略,即不设置初值,但表达式1后的分号不能省略. 例如:

```
for(;i<=100;i++) sum=sum+i;        //for语句中没有表达式1
```

应当注意:由于省略了表达式1,没有对循环变量赋初值,为了能正常执行循环,应在for语句之前给循环控制变量赋以初值. 即

```
i=1;                                //对循环变量i赋初值
for(;i<=100;i++) sum=sum+i;        //for语句中没有表达式1
```

(2) 表达式2也可以省略,即不用表达式2作为循环条件表达式,但需要在循环语句中设置检查循环的条件,否则循环无法停止. 如:

```
for(i=1;;i++) {                     //没有表达式2
    sum=sum+i;
    if (i>100) break;
}
```

(3) 表达式3也可以省略,但此时程序设计者应在循环体中另外设法保证循环能正常结束. 例如:

```
for(i=1;i<=100;){                   //没有表达式3
    sum=sum+i;
    i++;
}                                   //这时可以在循环体中使循环变量增值
```

在上面的for语句中只有表达式1和表达式2,而没有表达式3,i++的操作不放在表达式3的位置,而作为循环体的一部分,效果是一样的,都能使循环正常结束. 如果在循环体中无此"i++;"语句,则循环体无止境地执行下去.

(4) 表达式1和表达式3可以是一个简单的表达式,也可以是逗号表达式,即包含一个以上的简单表达式,中间用逗号间隔. 如:

```
for(sum=0,i=1;i<=100;i++) sum=sum+i;
```

或

```
for(i=0,j=100;i<=j;i++,j--) k=i+j;
```

表达式1和表达式3都是逗号表达式,各包含两个赋值表达式,即同时设两个初值(i=0,j=100),使两个变量变化(i++,j--).

从上面的介绍可以知道,C语言的for语句十分灵活,变化多端. 但是,建议初学者不要过于追求技巧而写出别人不易看懂的程序,应该尽量按照最基本的规范写出清晰易懂的程序.

**【例1.23】** 用for循环实现火箭发射倒计时.

**算法设计**:可以使用递减运算符--在for循环中计数,而不是++.

**程序编写:**

```c
#include <stdio.h>
int main(){
int secs;
for (secs=5; secs>0 ; secs--)
    printf ("%d seconds! \n",secs );
printf ("we have ignition!\n");
return 0;
}
```

**运行结果:**

```
5 seconds!
4 seconds!
3 seconds!
2 seconds!
1 seconds!
we have ignition !
```

**【例 1.24】** A 向 B 借了 100 元,6 个月之后还. B 承诺每月给 A 10% 的利息,请问 6 个月之后 B 一共应还给 A 多少钱?

**算法设计:** B 每个月的债务应该是本金乘 1.1,使每个周期增加 10%.

**程序编写:**

```c
#include <stdio.h>
int main (){
    double debt;
    int i;
    debt=100.0;
    for (i=1;i<7;i++){
        debt=debt * 1.1;
        printf ("Your debt is now % 2.2f\n",debt) ;
    }
    return 0;
}
```

**运行结果:**

```
Your debt is now 110.00
Your debt is now 121.00
Your debt is now 133.10
Your debt is now 146.41
Your debt is now 161.05
Your debt is now 177.16
```

**【例1.25】** 求Fibonacci(斐波那契)数列的前40个数.

**算法设计**:这个数列有如下特点:第1,2个数为1,1.从第3个数开始,该数是其前面两个数之和,即该数列为1,1,2,3,5,8,13,…,用数学方式表示为

$$\begin{cases} F_1=1, & (n=1) \\ F_2=1, & (n=2) \\ F_n=F_{n-1}+F_{n-2}. & (n\geqslant 3) \end{cases}$$

**程序编写**:

```
#include <stdio.h>
int main(){
    int f1=1,f2=1,f3;
    int i;
    printf("%12d\n%12d\n",f1,f2);
    for(i=3;i<=40;i++){
        f3=f1+f2;
        printf("%12d\n",f3);
        f1=f2;
        f2=f3;
    }
    return 0;
}
```

**运行结果(截取部分结果)**:

```
           1
           1
           2
           3
           5
           8
          13
          21
          34
          55
```

**【例1.26】** 求表达式 $\sum\limits_{k=1}^{100}k+\sum\limits_{k=1}^{50}k^2+\sum\limits_{k=1}^{10}\dfrac{1}{k}$.

**算法设计**:将这个表达式分为三个部分,分别求这三部分的值,之后再相加.

**程序编写**:

```
#include <stdio.h>
int main(){
    int n1=100,n2=50,n3=10;
    double k,s1=0,s2=0,s3=0;
    for (k=1;k<=n1;k++)              //计算1~100的和
        s1= s1+k;
    for(k=1;k<=n2;k++)               //计算1~50各数的平方和
        s2=s2+k*k;
    for (k=1;k<=n3;k++)              //计算1~10的各倒数和
```

```
        s3=s3+1/k;
    printf("sum=%15.6f\n",s1+s2+s3);
    return 0;
}
```

运行结果：

```
sum=     47977.928968
```

【例 1.27】 有分数序列：$\frac{2}{1},\frac{3}{2},\frac{5}{3},\frac{8}{5},\frac{13}{8},\frac{21}{13},\cdots$，求出这个数列的前 20 项和．

**算法设计**：为了求出数列的和，首先要找出数列的规律：下一项分数的分子等于上一项分数的分子与分母之和，下一项的分母等于上一项的分子．

**程序编写**：

```
#include <stdio.h>
int main(){
    int i,n=20;
    double a=2,b=1,s=0,t;
    for(i=1;i<=n;i++){
        s=s+a/b;
        t=a;
        a=a+b;
        b=t;
        }
    printf("sum=%16.10f\n",s);
    return 0;
}
```

运行结果：

```
sum=    32.6602607986
```

## 二、while 语句

while 语句也是 C 语言中常用的循环语句，其一般形式如下：

```
while (表达式)语句
```

其中的"语句"就是循环体．循环体可以是一个简单的语句，也可以是一个复合语句（用花括号括起来的若干语句）．简单语句可以使用花括号，也可以省略花括号．为了使程序清晰、易读，建议把循环体用花括号括起来．循环的结束是由循环条件控制的，这个循环条件就是上面一般形式中的"表达式"，它也称为循环条件表达式．当此表达式的值为真（以非 0 表示）时，就执行循环体语句；为假（以 0 表示）时，就不执行循环体语句．例如"i<=50"是一个循环条件表达式，它是一个关系表达式．它的值只能是真或假．

while 语句可简单地记为:只要当循环条件表达式为真(即给定的条件成立),就执行循环体语句.

**注意**:while 循环的特点是先判断条件表达式,后执行循环体语句.通过下面的例子可以学习到怎样利用 while 语句进行循环程序设计.

**【例 1.28】** 用 while 循环求 $1+2+3+\cdots+100$,即 $\sum_{n=1}^{100} n$.

**算法设计**:这是一个累加的问题,需要先后将 100 个数相加.要重复进行 100 次加法运算,显然可以用循环结构来实现.重复执行循环体 100 次,每次加一个数.此外,每次累加的数是有规律的,后一个数是前一个数加 1.因此不需要每次用 scanf 语句从键盘临时输入数据,只需在加完上一个数后,使其加 1 就可得到下一个数.

**程序编写**:

```
#include <stdio.h>
int main(){
    int i=1,sum=0;          //定义变量 i 的初值为 1,sum 的初值为 0
    while(i<=100)           //当 i>100,条件表达式 i<=100 的值为假,不执行循环体
    {                       //循环体开始
    sum=sum+i;              //第 1 次累加后,sum 的值为 1
    i++;                    //加完后,i 的值加 1,为下次累加做准备
    }                       //循环体结束
    printf("sum=%d\n",sum); //输出 1+2+3+…+100 的累加和
    return 0;
}
```

**运行结果**:

**程序分析**:(1) 循环体如果包含一个以上的语句,应该用花括号括起来,作为复合语句出现.如果不加花括号,则 while 语句的范围只到 while 后面第 1 个分号处.例如,本例中 while 语句中如无花括号,则 while 语句范围只到"sum=sum+i;"为止.

(2) 不要忽略给 i 和 sum 赋初值(这是未进行累加前的初始情况),否则它们的值是不可预测的,结果显然不正确.

(3) 在循环体中应有使循环趋向于结束的语句.例如,在本例中循环结束的条件是"i>100",因此在循环体中应该有使 i 增值以最终导致 i>100 的语句,本例用"i++;"语句来达到此目的.如果无此语句,则 i 的值始终不改变,循环永远不结束.

### 三、do…while 语句

除了 while 语句以外,C 语言还提供了 do…while 语句来实现循环结构.do…while 语句的执行过程是:先执行循环体,然后检查循环条件是否成立,若成立,再执行循环体.这和

while 语句不同,while 语句是先判断循环条件是否成立,再决定是否执行循环体. 所以,while 语句有可能一次也没有执行过循环体,而 do…while 语句至少会执行一次循环体.

do…while 语句的一般形式为:

```
do
    语句
while(表达式);
```

其中的"语句"就是循环体,可以是简单语句也可以是复合语句. 为了使程序清晰、易读,同样建议把循环体用花括号括起来. 在执行过程中,先执行一次循环体语句,然后判别条件表达式,当条件表达式的值为非 0(真)时,返回重新执行循环体语句,如此反复,直到条件表达式的值等于 0(假)为止,此时循环结束.

用 while 和 do…while 循环时,循环控制变量初始化的操作应在 while 和 do…while 语句之前完成. 在 while 循环和 do…while 循环中,只在 while 后面的括号内指定循环条件,因此为了使循环能正常结束,应在循环体中包含使循环趋于结束的语句(如 i++或 i=i+1 等).

do…while 循环会较 while 循环语句简洁. 因为 while 循环需要先计算循环条件的表达式,这样才可以在循环开始前判断是否满足循环条件,而 do…while 循环是先执行循环体后判断循环条件是否成立,因此可以在循环体中计算循环条件的表达式. 当循环条件是简单的次数控制时,如 i<=100,这种区别并不明显,但当循环条件的表达式较复杂时,do…while 循环的优势会较为明显,程序看起来更为简洁.

【例 1.29】 用 do…while 循环求 $1+2+3+\cdots+100$,即 $\sum_{n=1}^{100} n$.

程序编写:

```c
#include <stdio.h>
int main(){
    int i=1,sum=0;
    do{
    sum=sum+i;
    i++;
    } while (i<=100);
    printf("sum=%d\n",sum);
    return 0;
}
```

运行结果:

```
sum= 5050
```

程序分析:从例 1.28 和例 1.29 可以看到:对同一个问题可以用 while 语句处理,也可以用 do…while 语句处理. do…while 语句可以转换成 while 语句. 在一般情况下,用 while 语句和用 do…while 语句处理同一问题时,若二者的循环体部分是一样的,那么结果也一样. 如例 1.28 和例 1.29 程序中的循环体是相同的,得到的结果也相同. 但是如果 while 后面的表达式一开始就为假(0),两种循环的结果是不同的.

【例 1.30】 while 和 do…while 循环的比较.

(1) 用 while 循环：

```
#include <stdio.h>
int main(){
    int i,sum=0;
    printf("please enter i,i=?");
    scanf("%d",&i);
    while(i<=10){
    sum=sum+i;
    i++;
    }
    printf("sum=%d\n",sum);
    return 0;
}
```

**运行结果(两次)：**

```
please enter i,i=?1
sum= 55

please enter i,i=?11
sum= 0
```

(2) 用 do…while 循环：

```
#include <stdio.h>
int main(){
    int i,sum=0;
    printf("please enter i,i=?");
    scanf("%d",&i);
    do
    {
        sum=sum+i;
        i++;
    } while(i<=10);
    printf("sum=%d\n",sum);
    return 0;
}
```

**运行结果(两次)：**

```
please enter i,i= ?1
sum=55
```

```
please enter i,i= ?11
sum=11
```

可以看到,当输入 i 的值小于或等于 10 时,二者得到的结果相同;而当 i>10 时,二者结果就不同了.这是因为 i>10 时,对 while 循环来说,一次也不执行循环体(表达式"i<=10"的值为假),而对 do…while 循环来说要执行一次循环体.可以得到结论:二者具有相同的循环体的情况下,当 while 后面的表达式的第 1 次的值为真时,两种循环得到的结果相同;否则,二者结果不相同.

### 四、循环的嵌套

循环语句之间可以呈顺序结构,也可以呈嵌套结构.一个循环体内又包含另一个完整的循环结构,称为循环的嵌套.内嵌的循环中还可以嵌套循环,这就是多层循环.三种循环(while 循环、do…while 循环和 for 循环)可以互相嵌套.例如,下面几种都是合法的形式:

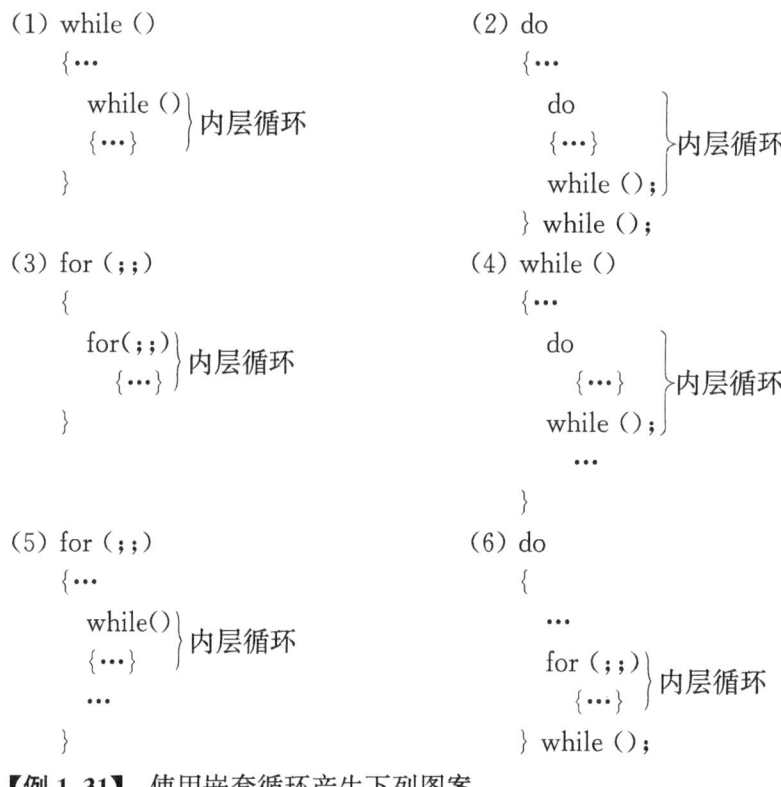

【例 1.31】 使用嵌套循环产生下列图案:

$
$$
$$$
$$$$
$$$$$

**算法设计**:首先确定行数为 i=5,因此外套循环的终止条件是 i 达到 6 时退出循环;由列数为5并且每一列元素数逐渐递增变化可知,内层循环的判定条件j受外层循环的影响,由上图可知第一行有一个元素,第二行有两个元素……所以循环条件表达式为"j<=i",换行符位于外层循环里.

**程序编写:**

```c
#include <stdio.h>
#define SIZE 5
    //使用#define处理常量就能够更改值,达到更改图案使其扩大或缩小的目的
int main(){
    int i,j;
    for(i=1;i<=SIZE;i++)
    {
        for(j=1;j<=i;j++)
            printf("$");
        printf("\n");}
    return 0;
}
```

**运行结果:**

## 五、改变循环执行的状态

以上介绍的都是根据事先指定的循环条件正常执行和终止的循环.但有时在某种情况下需要提早结束正在执行的循环操作. C语言中采用break语句和continue语句配合if语句来实现提前结束循环.

### 1. 用break语句提前终止循环

如前所述,用break语句可以使流程跳出switch结构,继续执行switch语句下面的一个语句.实际上,用break语句还可以从循环体内跳出循环体,即提前结束循环,接着执行循环后面的语句.值得注意的是,对于嵌套循环结构,break会提前终止其所在层次的循环,并不会提前终止整个嵌套循环.

break语句的一般形式为

```
if (条件表达式) break;
```

其作用是如果满足某一条件就使计算流程跳到循环体之外,接着执行循环体后面的语句.从if选择语句的角度来看,break语句是该选择语句中满足一定条件后执行的一个简单语句.但是,break语句也可以放在一个复合语句中,即在满足一定条件、执行一系列动作后再终止循环.实际上,在复杂程序设计中,break语句放在复合语句中的情况更为常见.此时,break语句的形式为

```
if (条件表达式) {
...
break;}
```

当然,break 也可以放在更为复杂的选择结构中.注意回顾前面学习的选择结构,通常循环结构都要与选择结构配合使用.

**【例 1.32】** 在全系 1000 名学生中举行慈善募捐,当募捐总数达到 10 万元时就结束,统计此时捐款的人数以及平均每人捐款的数目.

**算法设计**:实际循环的次数事先不能确定,可以设为最大值,即 1000(最多会有 1000 人捐款),在循环体中累计捐款总数,并用 if 语句检查是否达到 10 万元,如果达到就不再继续执行循环,终止累加,并计算人均捐款数.在程序中定义变量 amount 用来存放捐款数,变量 total 用来存放累加后的总捐款数,变量 aver 用来存放人均捐款数,以上 3 个变量均为单精度浮点型.定义整型变量 i 作为循环变量.定义符号常量 SUM 代表 100000.

**程序编写**:

```c
#include <stdio.h>
#define SUM 100000                    //指定符号常量SUM代表100000
int main(){
    float amount,aver,total;
    int i;
    for (i=1,total=0;i<=1000;i++){
        printf("please enter amount:");
        scanf("%f",&amount);
        total=total+amount;
        if (total>=SUM)
break;
    }
    aver=total/i;
    printf("num=%d\naver=%10.2f\n",i,aver);
    return 0;
}
```

**运行结果**:

```
please enter amount:12000
please enter amount:34600
please enter amount:2800
please enter amount:30000
please enter amount:28030
num=5
aver=     21486.00
```

**程序分析**:for 语句本来指定执行循环体 1000 次.在每一次循环中,输入一个捐款人的捐款数,然后把它累加到 total 中,如果没有 if 语句,则执行循环体 1000 次.现在设置一个 if 语句,在每一次累加了捐款数 amount 后,立即检查累加和 total 是否达到或超过 SUM(即

100000),当 total>=100000 时,就执行 break 语句,流程跳转到循环体的花括号外,即不再继续执行剩余的几次循环,提前结束循环.此时变量 i 的值是捐款人数.因此用捐款总数 total 除以捐款人数 i,得到的就是人均捐款额 aver.

**2. 用 continue 语句提前结束本次循环**

有时并不希望终止整个循环的操作,而只希望提前结束本次循环,不执行本次循环中的余下部分,而接着执行下次循环.这时可以用 continue 语句.

continue 语句的一般形式为:

```
if (条件表达式) continue;
```

其作用为满足某一条件时结束本次循环,即跳过循环体中下面尚未执行的语句,转到循环体结束点之前,接着进行下一次是否执行循环的判定.

continue 语句只结束本次循环,而不是终止整个循环的执行.而 break 语句则是结束整个循环过程,不再判断执行循环的条件是否成立.

**【例 1.33】** 要求输出 100~200 之间不能被 3 整除的整数.

**算法设计**:显然需要对 100~200 的每一个整数进行检查,如果不能被 3 整除,就将此数输出;若能被 3 整除,就不输出此数.无论是否输出此数,都要接着检查下一个数(直到 200 为止).

**程序编写**:

```c
#include <stdio.h>
int main(){
    int n;
    for(n=100;n<=200;n++)
        {if(n%3==0)
            continue;
        printf("%d",n);
        }
    printf("\n");
    return 0;
}
```

**运行结果**:

```
100 101 103 104 106 107 109 110 112 113 115 116 118 119 121 122
124 125 127 128 130 131 133 134 136 137 139 140 142 143 145 146
148 149 151 152 154 155 157 158 160 161 163 164 166 167 169 170
172 173 175 176 178 179 181 182 184 185 187 188 190 191 193 194
196 197 199 200
```

**程序分析**:当 n 能被 3 整除时,执行 continue 语句,流程跳转到表示循环体结束的右花括号的前面(注意不是右花括号的后面),流程跳过 printf 函数语句,结束本次循环,然后进行循环变量的增值(n++),只要 n<=200,就会接着执行下一次循环.如果 n 不能被 3 整除,就不会执行 continue 语句,而执行 printf 函数语句,输出不能被 3 整除的整数.

### 六、循环的应用

循环结构充分利用了计算机快速重复计算的能力.绝大部分的算法都会用到循环结构,这里介绍两种使用循环结构的经典算法,一是枚举算法(也称穷举算法、暴力算法),二是迭代算法.

**1. 枚举算法**

枚举也称作穷举,指的是从问题所有可能的解的集合中一一枚举各元素,逐个考察某个事件的所有可能情况.较为详细地说,如果已经知道一个问题的答案在什么样的范围,而且所有的可能性是可以有限列举的,那么我们可以采用一一列举的方式,然后根据条件判断此答案是否合适,保留合适的,舍弃不合适的.一一列举在实际编程中就体现为采用循环结构,是否合适就是采用条件语句进行检验.前面例1.33的求解就属于枚举算法,该算法将所有可能值逐一判断.

枚举算法的基本思路如下:

(1) 确定枚举对象、范围和判定条件.

(2) 逐一枚举可能的解并验证每个解是否是问题的解.

枚举算法是我们在日常生活中使用次数最多的一个算法,它的核心思想就是:枚举所有的可能.对于无穷多可能解的情况,如连续的取值,就需要以一定的步长将其离散化,使候选的答案有一个确定的集合.此时,得到的解为近似解,解的精确度取决于步长的大小.显然,步长越小,近似解越精确,但枚举算法的计算量也越大.编程者要根据需要选择恰当的步长,以便在精确度和计算量之间取得平衡.

枚举算法简单粗暴,暴力地枚举所有可能,尽可能地尝试所有的方法,因此也称为暴力算法.但是当问题较复杂时,枚举算法的运算量比较大,计算效率不高.如果枚举范围太大,在时间上就难以承受.当有精确算法时应该采用精确算法,枚举算法往往是一种无奈之举.枚举算法的流程图如图1.31所示.

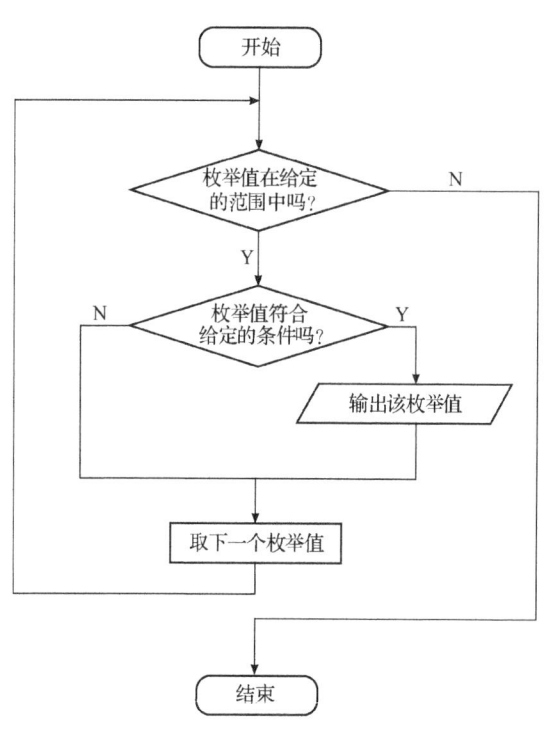

图 1.31　枚举算法的流程图

【例1.34】"水仙花数"是指一个三位数,其各位上数字的立方和恰好等于该数本身.例如,153是水仙花数,因为 $153=1^3+5^3+3^3$. 求100~999之内所有水仙花数.

程序编写:

```c
#include <stdio.h>
int main() {
  int num, a, b, c;
  printf("水仙花数有:\n");
  for (num=100;num<=999;++num) {
    a=num/100;
    b=(num/10)%10;
    c=num%10;
    if (num==a*a*a+b*b*b+c*c*c) {
      printf("%d\n",num);
    }
  }
  return 0;
}
```

运行结果:

```
水仙花数有:
153
370
371
407
```

【例1.35】 盒子里有蜘蛛、蜻蜓、蝉三种动物,共有18只,共有腿118条,翅膀20对.问蜘蛛、蜻蜓、蝉三种动物各有多少只?(蜘蛛有8条腿;蜻蜓有6条腿,两对翅膀;蝉有6条腿,一对翅膀).

**算法设计**:首先,为了确定三种动物的数量,需要对三种动物各进行一次循环,实现三次嵌套循环.其次,就是填充判断条件,判断腿的数量是否满足三种动物之间的数量关系,并输出满足这种关系的三种动物的数量.在循环的嵌套中枚举出所有的可能.

程序编写:

```c
#include<stdio.h>
int main(){
   int x,y,z;
   for (x=0;x<18;x++)              //蜘蛛的总数不能超过18只
      for (y=0;y<18;y++)           //蜻蜓的总数不能超过18只
         for (z=0;z<18;z++){       //蝉的总数不能超过18只
            if((x+y+z)==18&&(8*x+6*y+6*z)==118&&(2*y+z)==20)
                                   //判断条件
               printf("x=%d,y=%d,z=%d\n",x,y,z);
         }
   return 0;
}
```

运行结果:

```
x=5,y=7,z=6
```

**【例 1.36】** 已知函数 $f(x)=-4x^2+3x+2$，问自变量 $x$ 在 $[-1,1]$ 取何值时 $f(x)$ 能取到最大值.

**算法设计**：通过遍历给定区间内的 $x$ 值，计算出函数在该 $x$ 值处的值，然后逐一与最大值进行比较，得到最大值. 再遍历一遍区间内的 $x$ 值，找到使函数取最大值的 $x$ 值. 在这个过程中，我们需要注意计算精度和步长的设置，可以根据具体情况进行调整.

**程序编写**：

```c
#include <stdio.h>
#include <math.h>
int main() {
  double x, dx=0.05, f_max=-INFINITY, x_max;
  for (x=-1;x<=1;x+=dx) {
    double y=-4*x*x+3*x+2;
    if (y>f_max) {
      f_max=y;
    }
  }
  for (x=-1;x<=1;x+=dx) {
    double y=-4*x*x+3*x+2;
    if (y==f_max) {
      x_max=x;
      break;
    }
  }
  printf("The maximum is %g,x=%g.\n", f_max, x_max);
  return 0;
}
```

**运行结果**：

```
The maximum is 2.56, x = 0.35.
```

**程序分析**：根据运行结果看，函数在 $x=0.35$ 左右取到最大值. $f(x)$ 的图像如图 1.32 所示，最大值与运算结果相符.

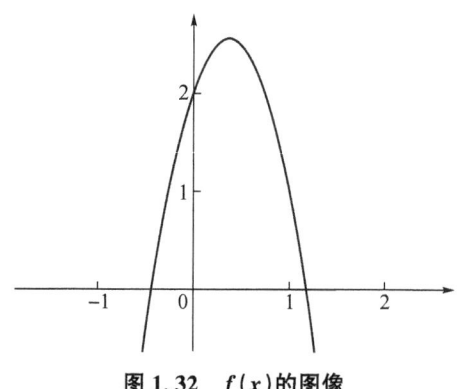

图 1.32　$f(x)$ 的图像

**【例 1.37】** 求函数 $f(x,y)=\left|\dfrac{\sin(\pi(x-3))}{\pi(x-3)}\right|\cdot\left|\dfrac{\sin(\pi(y-3))}{\pi(y-3)}\right|$ 的最大值,其中 $x$ 和 $y$ 的取值范围都是 $[0,8]$.

**算法设计:** 本题有 $x$ 和 $y$ 两个变量,属于二维搜索问题. 给 $x$ 设置一定的步长,其在 $[0,8]$ 的区间内搜索,给 $y$ 设置一定的步长,其也在 $[0,8]$ 的区间内搜索. 由于 $x$ 和 $y$ 的组合会在平面上构成一个网格结构,这种搜索算法也称为网格搜索算法.

**程序编写:**

```
#include <stdio.h>
#include <math.h>
#define m 0.01
#define pi 3.1415926
int main(){
  double max=0,x,y,f,mx,my;
  for (x=0;x<=8;x+=m) {
    for (y=0;y<=8;y+=m) {
      f=fabs(sin(pi*(x-3))/(pi*(x-3)))*fabs(sin(pi*(y-3))/(pi*(y-3)));
      if (f>max) {
        max=f;
        mx=x;
        my=y;
      }
    }
  }
  printf("The maximum value is %f\n",max);
  printf("The location is %f,%f\n",mx,my);
  return 0;
}
```

**运行结果:**

```
The maximum value is 1.000000
The location is 3.000000,3.000000
```

在数学情境中,$x=3$ 和 $y=3$ 会导致原函数的分母为零,是不能取到的. 然而,通过极限分析,函数取最大值 1 对应的 $x,y$ 取值应无限接近于 $(3,3)$,所以程序的运行结果报告的最大值位置 $(3,3)$ 意味着在极限理论上这个值是能够达到的. 但不会真正等于 $(3,3)$.

**2. 迭代算法**

迭代是反复执行一系列运算步骤,从前面的量依次求出后面的量,通过不断改进当前解而逐步接近理想解的过程. 迭代是一种典型的循环结构. 每一次迭代得到的值作为下一次迭代的初始值,反复计算,使得计算结果不断向结果值靠拢,直到计算结果不能再改进为止.

迭代算法将计算问题构造成某个迭代公式,然后利用该迭代公式进行反复迭代计算,则可得到一个迭代序列,该序列会收敛到一个稳定的解. 迭代的特点是:把一个问题复杂的求解过程转化成相对来说比较简单的迭代过程,然后只需要重复执行该过程,就能得到最终的结果.

**注意**：迭代算法必须要有终止条件，以免陷入死循环. 一般通过前后两次迭代值的绝对误差求相对误差，从而实现终止的判断.

例如，对于求解函数方程 $f(x)=0$ 的根这类问题，$f(x)$ 是单变量 $x$ 的函数，它可以是 $n$ 次方的代数多项式，也可以是三角函数、对数函数、指数函数等超越函数. 为了构造方程求根的迭代公式，通常将方程 $f(x)=0$ 改写成等价形式 $x=g(x)$，则求 $x^*$ 满足 $f(x^*)=0$ 等价于求 $x^*$ 使 $x^*=g(x^*)$，俗称 $x^*$ 为 $g(x)$ 的不动点. 若已知方程的一个近似根 $x_0$，代入 $g(x)$ 中，求得 $x_1=g(x_0)$，如此反复迭代，可得到迭代序列：

$$x_{k+1}=g(x_k)(k=0,1,2,\cdots).$$

如果对于初始近似值 $x_0$，迭代序列 $\{x_k\}$ 有极限

$$\lim_{k\to\infty}x_k=x^*.$$

则称迭代过程收敛，$x^*$ 就是 $g(x)$ 的不动点，也是方程 $f(x)=0$ 的根.

例如，方程为

$$f(x)=x^3-x-1=0.$$

可以形成如下两种迭代的 $g(x)$，前者是收敛的，而后者是发散的：

$$x=\sqrt[3]{1+x},$$
$$x=x^3-1.$$

因为前者从 1.5 开始迭代得到的收敛的序列如下：

| $x_0=1.5$ | $x_1=1.37521$ | $x_2=1.33086$ |
| $x_3=1.32588$ | $x_4=1.32494$ | $x_5=1.32476$ |
| $x_6=1.32472$ | $x_7=1.32472$ | $x_8=1.32472$ |

后者从 1.5 开始迭代得到的发散的序列如下：

| $x_0=1.5$ | $x_1=2.375$ | $x_2=12.39$ |

显然原方程化为迭代方程的形式不同，得到的迭代序列有的收敛，有的发散，只有构造出收敛的迭代方程才有意义. 所以迭代算法的关键是推导出收敛的迭代方程. 根据上述原理只要方程 $f(x)$ 能够化为收敛的迭代方程 $g(x)$，则可运用循环控制流程计算出迭代序列，其具体算法流程图如图 1.33 所示.

在图 1.33 中，计算 $x_1=g(x_0)$ 采用过程框，是因为 $g(x)$ 可能会是很复杂的函数公式，需要相当多的计算步骤. eps 表示计算精度，一般是相对较小的数值，如精确到小数点后 6 位，则是 $10^{-7}$.

设方程为 $f(x)=0$，用某种数学方法导出等价的形式 $x=g(x)$，然后按以下步骤执行：

(1) 选一个方程的近似根，赋给变量 $x_1$；

(2) 将 $x_1$ 的值保存于变量 $x_0$，然后计算 $g(x_0)$，并将结果存于变量 $x_1$；

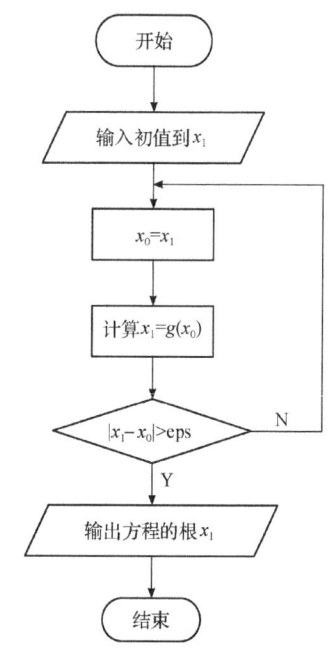

图 1.33 迭代算法流程图

(3) 当 $x_0$ 与 $x_1$ 的差的绝对值还小于指定的精度时,重复步骤(2)的计算;

(4) 若方程有根,并且用上述方法计算出来的近似根序列收敛,则认为按上述方法求得的 $x_1$ 就是方程的根.

**【例 1.38】** 用迭代法求 $x=\sqrt{a}$. 求平方根的迭代公式为

$$x_{n+1}=\frac{1}{2}\left(x_n+\frac{a}{x_n}\right),$$

要求前后两次求出的 $x$ 的差的绝对值小于 $10^{-5}$.

**程序编写:**

```
#include <stdio.h>
#include <math.h>
int main() {
  float a,x0,x1;
  printf("enter a positive number:");
  scanf("%f",&a);
  x1=a/2;
do{
  x0=x1;
  x1=(x0+a/x0)/2;
  }while(fabs(x0-x1)>=1e-5);
  printf("The square root of %5.2f is %8.5f\n",a,x1);
  return 0;
  }
```

**运行结果:**

```
enter a positive number:3
The square root of  3.00 is  1.73205
```

**【例 1.39】** 求满足 $x=e^{-x}$ 的方程的解.

**程序编写:**

```
#include <stdio.h>
#include <math.h>
#define EPSILON 1e-6              //精度
#define MAX_ITER 1000             //最大迭代次数
double f(double x) {
   return x-exp(-x);              //方程左边减去右边
}
double f_prime(double x) {
   return 1+exp(-x);              //方程的导数
}
double newton_raphson(double x0) {
   double x=x0;
   int iter=0;
```

```c
    while (iter<MAX_ITER) {
      double fx=f(x);
      double fpx=f_prime(x);
      if (fabs(fx)<EPSILON) {
        printf("迭代次数:%d\n",iter);
        return x;
      }
      x=x-fx/fpx;                       //牛顿迭代公式
      iter++;
    }
    printf("达到最大迭代次数\n");
    return x;
}
int main() {
    double initial_guess=1.0;           //初始猜测值
    double solution=newton_raphson(initial_guess);
    printf("方程的解:%.6f\n", solution);
    return 0;
}
```

**运行结果:**

```
迭代次数: 3
方程的解: 0.567143
```

**【例1.40】** 试用迭代公式 $x_{k+1}=\dfrac{20}{(x_k^2+2x_k+10)}$, $x_0=1$ 求方程 $x^3+2x^2+10x-20=0$ 的根,要求精确到 $10^{-5}$.

**程序编写:**

```c
#include <stdio.h>
#include <math.h>
#define EPSILON 1e-5                    //精度
double g(double x) {
    return 20.0/(x*x+2*x+10);
}
int main() {
    double x=1.0;                       //初始猜测值
    double x_next;
    intiter=0;
    do {
      x_next=g(x);                      //计算下一个近似根
      if (fabs(x_next-x)<EPSILON) {     //检查精度
        printf("迭代次数:%d\n",iter);
        printf("方程的根:%.6f\n",x_next);
        return 0;
      }
```

```
        x=x_next;                          //更新 x
        iter++;
    } while (iter<1000);                   //防止无限循环
    printf("达到最大迭代次数\n");
    return 0;
}
```

运行结果：

```
迭代次数: 14
方程的根: 1.368810
```

# 第六节

# 函数

通过前几节的学习,已经能够编写一些简单的 C 程序了,但是如果程序的功能比较多,规模比较大,把所有的程序代码都写在一个主函数(main 函数)中,就会使主函数变得庞杂、头绪不清,使阅读和维护程序变得困难.此外,有时程序中要多次重复实现某一功能,就需要多次重复编写实现此功能的代码,这使程序冗长,不精练.

因此,可以采用模块化的"组装"的办法来简化程序设计的过程,即事先编好一批常用的函数来实现各种不同的功能,例如用 sin 函数实现求一个数的正弦值,用 abs 函数实现求一个整数的绝对值,把它们保存在函数库中.需要用时,直接在程序中写上 sin(a)或 abs(a)就可以调用系统函数库中的函数代码,执行这些代码,就得到预期的结果.

函数是从英文 function 翻译过来的,function 在英文中的意思既是"函数",也是"功能".从本质意义上来说,函数就是用来实现一定的功能.这样,函数的概念就很好理解了,所谓函数名就是给该功能起一个名字,如果该功能是用来实现求正弦运算的,就称为正弦函数.

在设计一个较大的程序时,往往把它分为若干个程序模块,每一个模块包括一个或多个函数,每个函数实现一个特定的功能.一个 C 程序可由一个主函数和若干个其他函数构成.由主函数调用其他函数,其他函数也可以互相调用.同一个函数可以被一个或多个函数任意调用多次.

在程序设计中要善于利用函数,以减少重复编写程序段的工作量,也更便于实现模块化的程序设计.通常,一个 C 语言程序中既有可以直接使用的库函数,也有需要自定义的函数.凡是有能直接使用的库函数,一般应该直接使用,不用自己定义.

【例 1.41】 想输出以下的结果,用函数调用实现.

```
****************
How do you do!
****************
```

**算法设计**：在输出的文字上下分别有一行"*"号，显然不必重复写这段代码，用一个函数 print_star 来实现输出一行"*"号的功能. 再写一个 print_message 函数来输出中间一行文字信息，用主函数分别调用这两个函数即可.

**程序编写**：

```c
#include <stdio.h>
int main(){
    void print_star();                      //声明 print_star 函数
    void print_message();                   //声明 print_message 函数
    print_star();                           //调用 print_star 函数
    print_message();                        //调用 print_message 函数
    print_star();                           //调用 print_star 函数
    return 0;
}
void print_star(){                          //声明 print_star 函数
    printf("****************\n");           //输出一行"*"号
}
void print_message(){                       //定义 print_message 函数
    printf("How do you do!\n");             //输出一行文字信息
}
```

**运行结果**：

```
****************
How do you do!
****************
```

**程序分析**：print_star 和 print_message 都是自定义的函数名，分别用来输出一排"*"号和一行文字信息. 在定义这两个函数时指定函数的类型为 void，意为函数无类型，即无函数值，也就是说，执行这两个函数后不会把任何值返回给 main 函数.

在程序中，定义 print_star 函数和 print_message 函数的位置是在 main 函数的后面，在这种情况下，应当在 main 函数之前或 main 函数中的开头部分，对以上两个函数进行声明. 函数声明的作用是把有关函数的信息(函数名、函数类型、函数参数的个数与类型)通知编译系统，以便在编译系统对程序进行编译时，在进行到 main 函数调用 print_star()和 print_message()时知道它们是函数而不是变量或其他对象. 如果被调用函数定义在主调函数之前，则不需要在主调函数中声明，可以直接使用.

## 一、函数的定义

C 语言要求，在程序中用到的所有函数，必须"先定义，后使用". 例如想用 max 函数去求两个数中的较大者，必须事先按规范对它进行定义，指定它的名字，函数返回值类型，函数实现的功能以及参数的个数与类型，将这些信息通知编译系统. 这样，在程序执行 max 时，编译系统就会按照定义时所指定的功能执行. 如果事先不定义，编译系统不会知道 max 是什么,以及 max 要实现的功能.定义函数应包括以下几个内容：

(1) 指定函数的名字,以便以后按名调用,函数的名字应该是有意义的,最好是看到函数名就能知道函数的功能.

(2) 指定函数的类型,即函数返回值的数据类型.

(3) 指定函数的参数的名字和类型,以便在调用函数时向它们传递数据.对无参函数的定义不需要这项.

(4) 指定函数应当完成什么操作,也就是函数是做什么的,即函数的功能.这是最重要的,是在函数体中完成定义的.

C 语言编译系统提供的库函数,是由编译系统事先定义好的,库文件中包括了对各函数的定义.程序设计者不必自己定义,只需用 #include 指令把有关的头文件包含到本程序中即可.在有关的头文件中包括了对函数的声明.例如,在程序中若用到数学函数(如 sqrt, fabs, sin, cos 等),就必须在程序的开头写上：

```
#include <math.h>
```

库函数只提供了最基本和最通用的一些函数,而不可能包括人们在实际应用中所用到的所有函数.程序设计者需要在程序中自己定义想用的而库函数并没有提供的函数.

**1. 无参函数的定义**

例 1.41 中的 print_star 和 print_message 函数都是无参函数,我们可以看到：函数名后面的括号中是空的,没有任何参数.定义无参函数的一般形式为：

```
类型名 函数名 ()
 {
    函数体
 }
```

或

```
类型名 函数名 (void)
 {
    函数体
 }
```

其中,函数名后面括号内的 void 表示"空",即函数没有参数.函数体包括声明部分和语句部分.

在定义函数时要用"类型标识符"(即类型名)指定函数的类型,即指定函数返回值的数据类型.例 1.41 中的 print_star 和 print_message 函数为 void 类型,表示没有函数值.无参函数不一定没有返回值,可以根据需要设定返回值.

**2. 有参函数的定义**

以下定义的 max 函数是有参函数：

```
int max(int x,int y){
    int z;                              //声明部分
    if(x>=y)
        z=x;
    else
        z=y;                            //语句部分
    return(z);
}
```

这是一个求 x 和 y 二者中较大者的函数,第 1 行第 1 个关键字 int 表示函数值是整型的. max 为函数名.括号中有两个形式参数 x 和 y,它们都是整型的,对于每个形式参数的数据类型都要单独说明.在调用 max 函数时,主调函数把实际参数的值传递给被调用函数中的形式参数 x 和 y.花括号内是函数体,它可以包括声明部分和语句部分.声明部分包括对函数中用到的变量进行定义以及对要调用的函数进行声明等内容.利用 return()选择语句求出 z 的值(z 为 x 与 y 中较大者),return(z)的作用是指定将 z 的值作为函数值(称函数返回值)带回到主调函数.在函数定义时已指定 max 函数为整型,即指定函数返回值是整型的,今在函数体中定义 z 为整型,并将 z 的值作为函数值返回,这便保持了一致.此时,函数 max 的值等于 z.

定义有参函数的一般形式为：

```
类型名 函数名(形式参数表列)
  {
     函数体
  }
```

其中,函数体包括声明部分和语句部分.形式参数表列中,对于不同的参数要用逗号间隔开,对于每个参数的数据类型都要单独说明.

## 二、函数的调用

定义函数的目的是调用此函数,以得到预期的结果.因此,应当熟练掌握调用函数的方法和有关概念.

### 1. 函数调用的形式

调用一个函数的方法很简单,如前面已见过的：

```
print_star();                           //调用无参函数
c=max(a,b);                             //调用有参函数
```

函数调用的一般形式为：

```
函数名(实际参数表列);
```

如果是调用无参函数,则没有实际参数表列,但括号不能省略,见例 1.41.如果实际参数表列包含多个实际参数,则各参数间用逗号隔开.

按函数调用在程序中出现的形式和位置来分,可以有以下 3 种函数调用方式:

(1) 函数调用语句

把函数调用单独作为一个语句.如例 1.41 中的"printf_star();",这时不要求函数返回值,只要求函数完成一定的操作.

(2) 函数表达式

函数调用出现在另一个表达式中,如"c=max(a,b);",max(a,b)是一次函数调用,它是赋值表达式中的一部分.这时要求函数返回一个确定的值以参加表达式的运算.例如:

```
c=2*max(a,b);
```

(3) 函数参数

函数调用作为另一个函数调用时的实际参数.例如:

```
m=max(a,max(b,c));
```

其中,max(b,c)是一次函数调用,它的值是 b 和 c 二者中的较大者,把它作为 max 另一次调用的实际参数.经过赋值后,m 的值是 a,b,c 三者中的最大者.又如:

```
printf("%d",max(a,b));
```

也是把 max(a,b)作为 printf 函数的一个参数.

**2. 函数调用时的数据传递**

(1) 形式参数和实际参数

在调用有参函数时,主调函数和被调函数之间有数据传递关系.主调函数指的是需要调用函数的函数,虽然教材中的主调函数基本都是主函数,但是主调函数可以是子函数,就是子函数之间可以相互调用.在定义函数时函数名后面括号中的变量名称为"形式参数"(简称"形参")或"虚拟参数".在主调函数中调用一个函数时,函数名后面括号中的参数称为"实际参数"(简称"实参").实参可以是常量、变量或表达式.

(2) 实参和形参间的数据传递

在调用函数过程中,系统会把实参的值传递给被调用函数的形参.或者说,形参从实参得到一个值.该值在函数调用期间有效,可以参加该函数中的运算.调用结束后,形参被释放,实参仍保留并维持原值.

在调用函数过程中发生的实参与形参间的数据传递称为"虚实结合".

【例 1.42】 输入两个整数,要求输出其中较大者.要求调用函数来找到大数.

**算法设计**:对于从两个数中找出其中的较大者,算法是简单的,关键是题目要求用一个函数来实现它.在定义函数时,要确定几个内容:

① 函数名.应是见名知义,反映函数的功能,今定名为 max.

② 函数的类型.由于给定的两个数是整数,显然其中较大者也是整数,也就是说 max 函数的值(即返回主调函数的值)应该是整型.

③ max 函数的参数个数和类型. max 函数应当有两个参数,以便从主函数接收两个整

数,显然,参数的类型应当是整型.

在调用 max 函数时,应当给出两个整数作为实参,传给 max 函数中的两个形参.

**程序编写:**

① 编写 max 函数

```c
int max(int x,int y){              //定义 max 函数,有两个参数
    int z;                         //定义临时变量 z
    if(x>=y)                       //把 x 和 y 中的较大者赋给 z
        z=x;
    else
        z=y;
    return(z);                     //把 z 作为 max 函数的值返回给 main 函数
}
```

② 编写主函数

```c
#include <stdio.h>
int main(){
    int max(int x,int y);                          //对 max 函数的声明
    int a,b,c;
    printf("please enter two integer numbers:");   //提示输入数据
    scanf("%d,%d",&a,&b);                          //输入两个整数
    c=max(a,b);                                    //调用 max 函数,大数赋给变量 c
    printf("max is %d\n",c);                       //输出大数 c
    return 0;
}
```

把二者组合为一个程序文件,主函数在前面,max 函数在后面.

**运行结果:**

```
please enter two integer numbers:21,12
max is 21
```

**程序分析:** 先定义 max 函数(注意第 1 行的末尾没有分号). 第 1 行定义了一个函数,名为 max,函数类型为 int. 指定两个形参 x 和 y,形参的类型为 int.

主函数中包含了一个函数调用 max(a,b). max 后面括号内的 a 和 b 是实参. a 和 b 是在 main 函数中定义的变量,x 和 y 是函数 max 的形参. 通过函数调用,在两个函数之间发生数据传递,实参 a 和 b 的值被传递给形参 x 和 y,在 max 函数中把 x 和 y 中的较大者赋给变量 z,z 的值作为函数值返回给 main 函数,赋给变量 c.

**说明:**

(1) 实参可以是常量、变量或表达式,例如:max(3,a+b),但要求它们有确定的值. 在调用时将实参的值赋给形参.

(2) 实参与形参的类型应相同或赋值兼容. 实参和形参的类型相同,若都是 int 型,这是合法的、正确的. 如果实参为 int 型而形参为 float 型,或者相反,则按不同类型数值的赋值规

则进行转换.例如实参 a 为 float 型变量,其值为 3.5,而形参 x 为 int 型,则先将实数 3.5 转换成整数 3,然后传递到形参 x.

(3) 实参向形参的数据传递是"值传递",单向传递,只能由实参传给形参,而不能由形参传给实参.实参和形参在内存中占有不同的存储单元,实参无法得到形参的值.如果在执行一个被调用函数时,形参的值发生改变,主调函数的实参的值不会改变.

### 3. 函数返回值

通常,希望通过函数调用使主调函数能得到一个确定的值,这就是函数返回值.例如,在例 1.42 的主函数中有

```
c=max(a,b);
```

从 max 函数的定义中可以知道:函数调用 max(2,3)的值是 3,max(5,3)的值是 5,3 和 5 就是这两个函数的返回值,赋值语句把函数的返回值赋给变量 c.

下面对函数返回值作一些说明.

(1) 函数的返回值是通过函数中的 return 语句获得的. return 语句将被调用函数中的一个确定值返回到主调函数中去.如果需要从被调用函数返回一个函数值(供主调函数使用),被调用函数中必须包含 return 语句.如果不需要从被调用函数返回函数值可以不要 return 语句.

一个函数中可以有一个以上 return 语句,执行到哪一个 return 语句,哪一个 return 语句就起作用. return 语句后面的括号可以不要,如"return z;"与"return(z);"等价. return 后面的值可以是一个表达式.例如:

```
return(2+4*max(a,b));
```

这样的函数体更为简短,只用一个 return 语句就实现调用、计算和返回等操作.

(2) 函数返回值应属于某一个确定的类型,应当在定义函数时指定函数返回值的类型.例如下面是 3 个函数的首行:

```
int max (float x,float y)              //函数返回值为整型
char letter (char c1,char c2)          //函数返回值为字符型
double min (int x,int y)               //函数返回值为双精度型
```

**注意**:在定义函数时要指定函数的类型.

(3) 在定义函数时指定的函数类型一般应该和 return 语句中的表达式类型一致.例如,例 1.42 中指定 max 函数返回值为整型,而变量 z 也被指定为整型,通过 return 语句把 z 的值作为 max 的函数值,由 max 返回主调函数. z 的类型与 max 函数的类型是一致的,这是正确的.

如果函数返回值的类型和 return 语句中表达式的类型不一致,则以函数类型为准.对数值型数据,自动进行类型转换,即函数类型决定返回值的类型.

**【例 1.43】** 将例 1.42 稍作改动,将在 max 函数中定义的变量 z 改为 float 型.函数返回值的类型与指定的函数类型不同,分析其处理方法.

**算法设计**：如果函数返回值的类型与指定的函数类型不同,按照赋值规则处理.

**程序编写**：

```c
#include <stdio.h>
int main(){
    int max(float x,float y);
    float a,b;
    int c;
    scanf("%f,%f,",&a,&b);
    c=max(a,b);
    printf("max is %d\n",c);
    return 0;
}
int max(float x,float y){
    float z;                        //z 为实型变量
    if(x>=y)                        //把 x 和 y 中的较大者赋给 z
        z=x;
    else
        z=y;
    return(z);
}
```

**运行结果**：

```
1.5,2.6
max is 2
```

**程序分析**：max 函数的形参是 float 型,今实参也是 float 型,在 main 函数中输入 a 和 b 的值,分别为 1.5 和 2.6. 在调用 max(a,b)时,把 a 和 b 的值传递给形参 x 和 y. 执行函数 max 使得变量 z 得到的值为 2.6. 现在出现了矛盾：函数定义为 int 型,而 return 语句中的 z 为 float 型,要把 z 的值作为函数的返回值,二者不一致,按赋值规则处理,先将 z 的值转换为 int 型,得到 2,即函数返回值. 最后 max(x,y)将一个整型值 2 返回主调函数 main.

如果将 main 函数中的 c 改为 float 型,用%f 格式符输出,输出 2.000000. 因为调用 max 函数得到的值是 int 型,函数值为整数 2.

(4) 对于不返回值的函数,应当定义函数为"void 类型"(或称"空类型"). 这样,系统就保证不使函数返回任何值,即禁止在调用函数中使用被调用函数的返回值. 此时在函数体中不得出现 return 语句.

#### 4. 函数调用的条件

在一个函数中调用另一个函数(即被调用函数)需要具备如下条件：

(1) 首先被调用的函数必须是已经定义的函数(库函数或自定义函数).

(2) 如果使用库函数,应该在本文件开头用#include 指令将调用有关库函数时所需用到的信息包含到本文件中来. 例如,前几节中已经用过的指令：

```
#include <stdio.h>
```

其中,"stdio.h"是一个头文件. stdio.h 文件中包含了输入输出库函数的声明. 如果不包含"stdio.h"文件,就无法使用输入输出库中的函数. 同样,使用数学库中的函数,应该用 #include <math.h>.

(3) 如果使用自定义函数,而该函数的位置在调用它的函数(即主调函数)的后面(在同一个文件中),应该在主调函数中对被调用的函数作声明. 声明的作用是把函数名、函数参数的个数和类型等信息通知编译系统,以便在遇到函数调用时,编译系统能正确识别函数并检查调用是否合法. 如果被调用函数定义在主调函数之前,则可以不用在主调函数中声明.

【例 1.44】 输入两个实数,用一个函数求出它们之和.

**算法设计**：两个数相加的算法很简单. 现在用 add 函数实现它. 分别编写 add 函数和 main 函数,它们组成一个源程序文件,main 函数的位置在 add 函数之前. 在 main 函数中对 add 函数进行声明. 定义 add 函数,它为 float 型,它应有两个参数,也应为 float 型.

**程序编写：**

```
#include <stdio.h>
int main(){
    float add(float x,float y);         //对 add 函数作声明
    float a,b,c;
    printf("Please enter a and b:");    //提示输入
    scanf("%f,%f",&a,&b);               //输入两个实数
    c=add(a,b);                         //调用 add 函数
    printf("sum is %f\n",c);            //输出两数之和
    return 0;
}
float add(float x,float y){             //定义 add 函数
    float z;
    z=x+y;
    return(z);                          //把变量 z 的值作为函数值返回
}
```

**运行结果：**

```
Please enter a and b:1,2
sum is 3.000000
```

这是一个很简单的函数调用,函数 add 的作用是求两个实数之和,得到的函数值也是实型. 程序第 3 行是对被调用的 add 函数作声明：

```
float add(float x,float y);
```

从程序可以看到：main 函数的位置在 add 函数的前面,而程序进行编译时是从上到下逐行进行的,如果没有对函数 add 的声明,当编译到程序第 7 行时,编译系统无法确定 add 是不是函数名,也无法判断实参(a 和 b)的类型和个数是否正确,因而无法进行正确性检查.

应当在编译阶段尽可能多地发现错误,随之纠正错误.

现在,在函数调用之前对 add 作了函数声明. 因此编译系统记下了 add 函数的有关信息,在对"c=add(a,b);"进行编译时就有章可循了. 编译系统根据 add 函数的声明对调用 add 函数的合法性进行全面的检查. 如果发现函数调用与函数声明不匹配,就会发出出错信息,它属于语法错误. 根据屏幕显示的出错信息很容易发现和纠正错误.

函数的声明和函数定义中的第 1 行(函数首部)基本上是相同的,只差一个分号(函数声明比函数定义中的首行多一个分号). 因此写函数声明时,可以简单地照写已定义的函数的首行,再加一个分号,就成了函数的声明. 函数的首行(即函数首部)称为函数原型. 为什么要用函数首部来作为函数声明呢? 这是为了便于对函数调用的合法性进行检查. 因为函数首部包含了检查调用函数是否合法的基本信息(它包括了函数名、函数返回值类型、参数个数、参数类型和参数顺序),在检查函数调用时要求函数名、函数类型、参数个数和参数顺序必须与函数声明一致,实参类型必须与函数声明中的形参类型相同(或赋值兼容,如整型数据可以被传递给实型形参,按赋值规则进行类型转换). 否则就按出错处理. 这样就能保证函数的正确调用.

使用函数原型作声明是 C 语言的一个重要特点. 用函数原型来声明函数,能减少编写程序时可能出现的错误. 由于函数声明的位置与函数调用语句的位置比较近,在写程序时便于就近参照函数原型来书写函数调用,不易出错.

实际上,在函数声明中的形参名可以省略,而只写形参的类型,如例 1.44 程序中的声明可以写为

```
float add(float,float);                    //不写参数名,只写参数类型
```

编译系统只检查参数个数和参数类型,而不检查参数名,因为在调用函数时只要求保证实参类型与形参类型一致,而不必考虑形参名是什么. 因此在函数声明中,形参名可写可不写,形参名是什么都无所谓,如:

```
float add(float a,float b);                //参数名不用 x,y,而用 a,b 合法
```

根据以上的介绍,函数声明的一般形式有两种,分别为:

函数类型 函数名(参数类型1 参数名1,参数类型2 参数名2,…,参数类型n 参数名n);
函数类型 函数名(参数类型1,参数类型2,…,参数类型n);

**注意**:对函数的定义和声明不是同一回事. 函数的定义是指对函数功能的确立,包括指定函数名、函数返回值类型、形参个数及类型以及函数体等,它是一个完整的、独立的函数模块. 而函数的声明的作用则是把函数的名字、函数类型以及形参的类型、个数和顺序通知编译系统,以便在调用该函数时系统按此进行对照检查(例如,函数名是否正确,实参与形参的类型和个数是否一致),其不包含函数体.

如果已在文件的开头(在所有函数之前),对本文件中所调用的函数进行了全局声明,则在各函数中不必对所调用的函数再作声明. 例如:

```
char letter(char,char);              //以下3行在所有函数之前,且在函数外部
float f(float,float);
int i(float,float);
int main()                           //在main函数中要调用letter,f和i函数
    {
    …                                //不必再对所调用的这3个函数进行声明
    }
//下面定义被main函数调用的3个函数
char letter(char c1,char c2)         //定义letter函数
    {
    …
    }
float f(float x,float y)             //定义f函数
    {
    …
    }
int i(float j,float k)               //定义i函数
    {
    …
    }
```

由于在文件的开头(在函数的外部)已对要调用的函数进行了声明(称为"外部声明"),在程序编译时,编译系统已从外部声明中知道了函数的有关信息,所以不必在主调函数中再重复进行声明.写在所有函数前面的外部声明在整个文件范围中有效.

## 三、函数的嵌套调用

C语言的函数定义是互相平行、独立的,也就是说,在定义函数时,一个函数内不能再定义另一个函数,即不能嵌套定义,但可以嵌套调用函数,即在调用一个函数的过程中,被调用函数又调用另一个函数(图1.34).

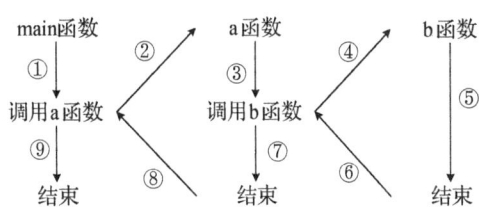

图1.34 两层嵌套

图1.34表示的是两层嵌套(连main函数共3层函数),其执行过程是:

① 执行main函数的开头部分.

② 遇函数调用语句,调用a函数,流程转去a函数.

③ 执行a函数的开头部分.

④ 遇函数调用语句,调用b函数,流程转去b函数.

⑤ 执行b函数,如果再无其他嵌套的函数,则完成b函数的全部操作.

⑥ 返回到 a 函数中调用 b 函数的位置.
⑦ 继续执行 a 函数中尚未执行的部分,直到 a 函数结束.
⑧ 返回 main 函数中调用 a 函数的位置.
⑨ 继续执行 main 函数的剩余部分直到结束.

【例 1.45】 输入 4 个整数,找出其中最大的数.用函数的嵌套调用来处理.

**算法设计**:这个问题并不复杂,只用一个主函数就可以得到结果.现在根据题目的要求,用函数的嵌套调用来处理.在 main 函数中调用 max4 函数,max4 函数的作用是找出 4 个数中的最大者.在 max4 函数中再调用另一个函数 max2.max2 函数用来找出两个数中的较大者.在 max4 中通过多次调用 max2 函数,可以找出 4 个数中的最大者,然后把它作为函数值返回 main 函数,在 main 函数中输出结果.以此例来说明函数的嵌套调用的用法.

**程序编写**:

```c
#include <stdio.h>
int main(){
    int max4(int a,int b,int c,int d);          //对 max4 的函数声明
    int a,b,c,d,max;
    printf("Please enter 4 interger numbers:"); //提示输入 4 个数
    scanf("%d %d %d %d",&a,&b,&c,&d);           //输入 4 个数
    max=max4(a,b,c,d);                          //调用 max4 函数,得到 4 个数中的最大者
    printf("max=%d\n",max);                     //输出 4 个数中的最大者
    return 0;}
int max4(int a,int b,int c,int d){              //定义 max4 函数
    int max2(int a,int b); int m;               //对 max2 函数作声明
    m=max2(a,b); //调用 max2 函数,得到 a 和 b 两个数中的较大者,放在 m 中
    m=max2(m,c); //调用 max2 函数,得到 a,b,c 3 个数中的最大者,放在 m 中
    m=max2(m,d); //调用 max2 函数,得到 a,b,c,d 4 个数中的最大者,放在 m 中
    return(m);}                                 //把 m 作为函数值返回 main 函数
int max2(int a,int b){                          //定义 max2 函数
    if(a>=b)
    return a;                                   //若 a≥b,将 a 作为函数返回值
    else
    return b;}                                  //若 a<b,将 b 作为函数返回值
```

**运行结果**:

```
Please enter 4 interger numbers:1 33 5 4
max=33
```

**程序分析**:可以清楚地看到,在主函数中要调用 max4 函数,因此在主函数的开头要对 max4 函数作声明.在 max4 函数中 3 次调用 max2 函数,因此在 max4 函数的开头要对 max2 函数作声明.由于在主函数中没有直接调用 max2 函数,不必在主函数中对 max2 函数作声明,只需在 max4 函数中作声明即可.

max4 函数执行过程是这样的:第 1 次调用 max2 函数得到的值是 a 和 b 中的较大者,把它赋给变量 m.第 2 次调用 max2 得到 m 和 c 中的较大者,也就是 a,b,c 中的最大者,再把

它赋给变量 m. 第 3 次调用 max2 得到 m 和 d 中的较大者,也就是 a,b,c,d 中的最大者,再把它赋给变量 m. 这是一种递推方法,先求出 2 个数的较大者,再以此为基础求出 3 个数的最大者,再以此为基础求出 4 个数的最大者. m 的值一次一次地变化,直到实现最终要求.

【例 1.46】 求 $a!+b!$ 的值,用一个子函数 fac($n$) 求 $n!$,用一个子函数 sum 求和. 其中 $a,b$ 的值由主函数输入,计算结果在主函数输出.

程序编写:

```c
#include <stdio.h>
//计算阶乘的函数
int fac(int n) {
  if (n==0||n==1)
    return 1;
  else
    return n * fac(n-1);
}
//计算阶乘之和的函数
int sum(int a, int b) {
  return fac(a)+fac(b);
}
int main() {
  int a,b;
  //输入 a 和 b 的值
  printf("请输入a和b的值:");
  scanf("%d %d",&a,&b);
  //计算并输出阶乘之和
  printf("%d! +%d! =%d\n",a,b,sum(a,b));
  return 0;
}
```

运行结果:

```
请输入a和b的值: 2 6
2! + 6! = 722
```

## 四、函数的递归调用

在调用一个函数的过程中又直接或间接地调用该函数本身,称为函数的递归调用. C 语言的特点之一就在于允许函数的递归调用. 例如:

```c
int f(int x)
{
  int y,z;
  z=f(y);                          //在执行 f 函数的过程中又要调用 f 函数
  return (2 * z);
}
```

在调用函数 $f$ 的过程中,又要调用 $f$ 函数(本函数),这是直接调用本函数(图 1.35). 如果在调用 $f_1$ 函数过程中要调用 $f_2$ 函数,而在调用 $f_2$ 函数过程中又要调用 $f_1$ 函数,就是间接调用本函数(图 1.36).

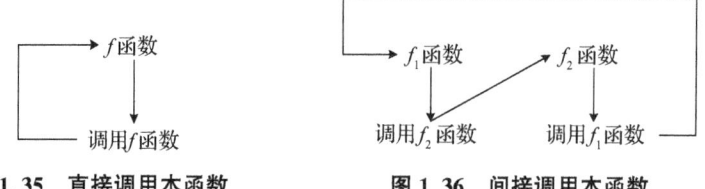

图 1.35　直接调用本函数　　　　图 1.36　间接调用本函数

可以看到,图 1.35 和图 1.36 这两种递归调用都是无终止的自身调用. 显然,程序中不应出现这种无终止的递归调用,而只应出现有限次数的、有终止的递归调用,这可以用 if 语句来控制,当某一条件成立时就停止执行递归调用.

递归是一种典型的算法,许多问题既可以用递归的方法处理,也可以用非递归的方法处理. 在实现递归时,在时间和空间上的开销比较大,但符合人们的思路,程序容易理解. 人们可以不去考虑实现递归的过程细节,只需写出递归公式和递归结束条件(即边际条件),即可很容易写出递归函数. 由于计算机的性能提升很快,人们首先考虑的不是效率问题,而是程序的可读性问题. 因此,许多人优先考虑启用递归方法编程.

**【例 1.47】** 用递归方法求 $n!$.

注意区别递归和递推.

**算法设计**:求 $n!$ 可以用递推方法,即从 1 开始,乘 2,再乘 3……一直乘到 $n$. 这种方法容易理解,也容易实现. 递推法的特点是从一个已知的事实(如 $1!=1$)出发,按一定规律推出下一个事实(如 $2!=2*1!$),再从这个新的已知的事实出发,再向下推出一个新的事实($3!=3*2!$),如此递推,$n!=n*(n-1)!$. 而一个递归的问题可以分为"回溯"和"递推"两个阶段,通过递归公式往后回溯,直到找到结束回溯的条件,然后往前递推.

求 $n!$ 也可以用递归方法,即用下面的递归公式表示:

$$n! = \begin{cases} n!=1, & (n=0,1) \\ n*(n-1)!, & (n>1) \end{cases}$$

**程序编写**:

```
#include <stdio.h>
int main(){
    int fac(int n);                      //fac 函数声明
    int n;
    int y;
    printf("input an integer number:");
    scanf("%d",&n);                      //输入要求阶乘的数
    y=fac(n);
    printf("%d!=%d\n",n,y);
    return 0;}
int fac(int n){                          //定义 fac 函数
    int f;
```

```
        if(n<0)                              //n 不能小于 0
            printf("n<0,data error!");
        else if(n==0||n==1)                  //n=0 或 1 时 n!=1
            f=1;
        else
            f=fac(n-1) * n;                  //n>1 时,n!=n * (n-1)!
        return(f);
}
```

**运行结果：**

```
input an integer number:12
12!= 479001600
```

如果输入 13,企图求 13!,是得不到预期结果的,因为求出的结果超过了 int 型数据的最大值. 可将 f、y 和 fac 函数定义为 float 型或 double 型.

**【例 1.48】** 用递归方法求 $n$ 阶勒让德多项式的值,递归公式为

$$P_n(x)=\begin{cases}1, & (n=0)\\ x, & (n=1)\\ ((2n-1)\times x\times P_{n-1}(x)-(n-1)\times P_{n-2}(x))/n. & (n\geqslant 2)\end{cases}$$

**程序编写：**

```c
#include <stdio.h>
double legendre(int n,double x);
int main() {
    int n;
    double x;
    printf("请输入 n 和 x:\n");
    scanf("%d %lf",&n,&x);
    printf("n 阶勒让德多项式的值为: %.6lf\n",legendre(n,x));
    return 0;
}
double legendre(int n,double x) {
    if (n==0) {
        return 1;
    } else if (n==1) {
        return x;
    } else {
        return ((2 * n-1) * x * legendre(n-1,x)-(n-1) * legendre(n-2,x))/n;
    }
}
```

**运行结果：**

```
请输入 n 和 x:
3 4.5
n阶勒让德多项式的值为: 221.062500
```

**【例 1.49】** 求 Fibonacci(斐波那契)数列的前 40 个数的和. 这个数列有以下特点：

$$\begin{cases} F_1=1, & (n=1) \\ F_2=1, & (n=2) \\ F_n=F_{n-1}+F_{n-2}. & (n \geqslant 3) \end{cases}$$

程序编写：

```c
#include <stdio.h>
int main() {
    int n=40;
    int sum=0;
    int fibonacci(int n);
    //计算前 40 个斐波那契数的和
    for (int i=1; i< n+1;++i) {
        sum+=fibonacci(i);
    }
    printf("前 40 个斐波那契数的和为:%d\n",sum);
    return 0;
}
//递归计算斐波那契数列的第 n 个数
int fibonacci(int n) {
    if (n<=1)
        return n;
    return fibonacci(n-1)+fibonacci(n-2);
}
```

运行结果：

前40个斐波那契数的和为：267914295

**【例 1.50】** 设数列 $\{a_n\}$ 满足

$$\begin{cases} a_1=1, \\ a_n=1+\dfrac{1}{a_{n-1}} (n>1). \end{cases}$$

编程写出这个数列的前 5 项.

程序编写：

```c
#include <stdio.h>
double calculateSeries(int n) {
    if (n<=0) {
        return 0;
    } else if (n==1) {
        return 1;
    } else {
        double prev=calculateSeries(n-1);
        return 1+1/prev;
```

```
    }
}
int main() {
    int n=5;
    printf("数列的前%d项为:\n",n);
    for (int i=1;i<=n;i++) {
        if (i>1) {
            printf("\n");
        }
        printf("%f",calculateSeries(i));
    }
    printf("\n");
    return 0;
}
```

运行结果：

```
数列的前5项为:
1.000000
2.000000
1.500000
1.666667
1.600000
```

## 五、局部变量和全局变量

在本节中见到的一些程序，包含两个或多个函数，分别在各函数中定义变量。有人自然会提出一个问题：在一个函数中定义的变量，在其他函数中能否被引用？在不同位置定义的变量，在什么范围内有效？这就是变量的作用域问题。每一个变量都有一个作用域，即它们在什么范围内有效。本节专门讨论这个重要问题。

### 1. 局部变量

定义变量可能有 3 种情况：

(1) 在函数的开头定义。

(2) 在函数内部的复合语句内定义。

(3) 在函数的外部定义。

在一个函数内部定义的变量只在本函数范围内有效，也就是说只有在本函数内才能引用它们，在此函数以外是不能使用这些变量的。在复合语句内定义的变量只在本复合语句范围内有效，只有在本复合语句内才能引用它们，在该复合语句以外是不能使用这些变量的，以上这些称为局部变量。

例如，在 fun1 函数中定义了变量 a,b，在 fun2 函数中定义了变量 a,c。fun1 函数中的变量 a 和 fun2 函数中的变量 a 不是同一个对象。它们分别有自己的有效范围。分析下面的变量的作用范围。

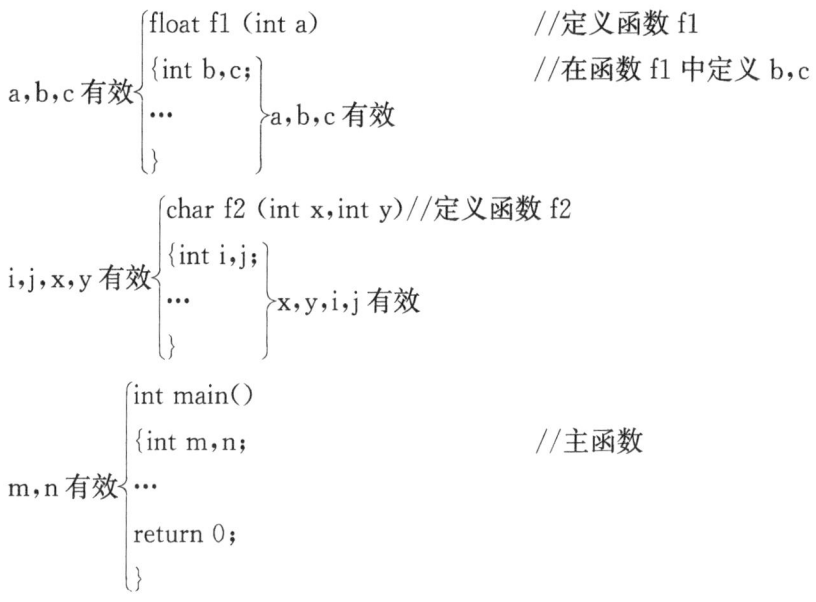

**说明：**

(1) 主函数中定义的变量(如 m,n)也只在主函数中有效，并不因为在主函数中定义而在整个文件或程序中有效。主函数不能使用其他函数中定义的变量。

(2) 不同函数中可以使用同名的变量，它们代表不同的对象，互不干扰。例如，上面在 $f_1$ 函数中定义了变量 b 和 c，倘若在 $f_2$ 函数中也定义变量 b 和 c，它们在内存中占不同的存储单元，不会混淆。

(3) 形参也是局部变量。例如，上面 $f_1$ 函数中的形参 a 只在 $f_1$ 函数中有效。其他函数可以调用 $f_1$ 函数，但不能直接引用 $f_1$ 函数的形参 a(例如，想在其他函数中输出 a 的值是不行的)。

(4) 在一个函数内部，可以在复合语句中定义变量，这些变量只在本复合语句中有效，这种复合语句也称为分程序或程序块。

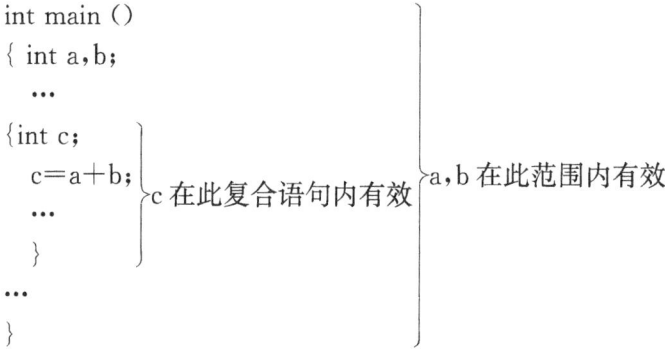

变量 c 只在复合语句(分程序)内有效，离开该复合语句该变量就无效，系统会把它占用的内存单元释放。

**2. 全局变量**

程序的编译单位是源程序文件，一个源文件可以包含一个或若干个函数。在函数内定义的变量是局部变量,而在函数之外定义的变量称为外部变量,外部变量是全局变量(也称全程变量).全局变量可以为本文件中其他函数所共用.它的有效范围为从定义变量的位置开始到本源文件结束.

**注意**:在函数内定义的变量是局部变量,在函数外定义的变量是全局变量.

分析下面的程序段:

```
int p=1,q=5;//定义外部变量
float f1(int a)//定义函数 f1
{
int b,c;//定义局部变量
…
}
char c1,c2;//定义外部变量
char f2 (int x,int y)//定义函数 f2
{
 int i,j;
 …
}
int main()//主函数
{
 int m,n;
 …
 return 0;
}
```

全局变量 p,q 的作用范围

全局变量 c1,c2 的作用范围

p,q,c1,c2 都是全局变量,但它们的作用范围不同,在 main 函数和 f2 函数中可以使用全局变量 p,q,c1,c2,但在函数 f1 中只能使用全局变量 p,q,而不能使用 c1 和 c2.

在一个函数中既可以使用本函数中的局部变量,也可以使用有效的全局变量.设置全局变量的作用是增加了函数间数据联系的渠道.由于同一文件中的所有函数都能引用全局变量的值,如果在一个函数中改变了全局变量的值,就能影响到其他函数中全局变量的值.相当于各个函数间有直接的数据传递通道.函数的调用只能返回一个函数的值,因此有时可以利用全局变量来增加函数间数据联系渠道,通过函数调用能得到一个以上的值.

**【例 1.51】** 输出变量的值.

**程序编写**:

```
#include <stdio.h>
int n=10;                          //全局变量
void func1(){
    int n=20;                      //局部变量
    printf("func1 n:%d\n",n);}
void func2(int n){
    printf("func2 n:%d\n",n);}
void func3(){
```

```
        printf("func3 n:%d\n",n);}
int main(){
    int n=30;                              //局部变量
    func1();
    func2(n);
    func3();
    //代码块由{}包围
    {   int n=40;                          //局部变量
        printf("block n:%d\n",n); }
    printf("main n:%d\n",n);
    return 0;
}
```

**运行结果：**

```
func1 n: 20
func2 n: 30
func3 n: 10
block n: 40
main n: 30
```

**程序分析**：此例程序中虽然定义了多个同名变量 n，但它们的作用域不同，所以是相互独立的变量，互不影响，不会产生重复定义的错误。对于 func1()，输出结果为 20，显然使用的是函数内部的 n，而不是外部的 n；func2() 也是相同的情况。当全局变量和局部变量同名时，在局部范围内全局变量被屏蔽，不再起作用。或者说，变量的使用遵循就近原则，如果在当前作用域中存在同名变量，就不会向更大的作用域中去寻找变量。func3() 输出 10，使用的是全局变量，因为在 func3() 函数中不存在局部变量 n，所以编译器只能到函数外部，也就是全局作用域中去寻找变量 n。由{}包围的代码块也拥有独立的作用域，printf() 使用它自己内部的变量 n，输出 40。C 语言规定，只能从小的作用域向大的作用域中去寻找变量，而不能反过来，使用更小的作用域中的变量。对于 main() 函数，即使代码块中的 n 离输出语句更近，但它仍然会使用 main() 函数开头定义的 n，所以输出结果是 30。

【例 1.52】 若外部变量与局部变量同名，分析结果。

**程序编写：**

```
#include <stdio.h>
int a=3,b=5;                               //a,b 是全局变量
int main(){
    int max(int a,int b);                  //函数声明,a,b 是形参
    int a=8;                               //a 是局部变量
    printf("max=%d\n",max(a,b));
    return 0;
}
int max(int a,int b){                      //a,b 是函数形参
    int c;
    if(a>=b)                               //把 a 和 b 中的较大者赋给 c
```

```
        c=a;
    else
        c=b;
    return(c);
}
```

运行结果：

```
max= 8
```

**程序分析**：在此例中，故意重复使用 a 和 b 作变量名，注意区别不同的 a 和 b 的含义及作用范围．程序第 2 行定义了全局变量 a 和 b，并对其初始化．第 3 行是 main 函数，在 main 函数中定义了一个局部变量 a（第 5 行）．局部变量 a 的作用范围为第 5～8 行．在此范围内全局变量 a 被局部变量 a 屏蔽，相当于全局变量 a 在此范围内不存在（即它不起作用），而全局变量 b 在此范围内有效．因此第 6 行中 max(a,b) 的实参 a 应是局部变量 a，所以 max(a,b) 相当于 max(8,5)．它的值为 8．第 9 行起定义 max 函数，形参 a 和 b 是局部变量．全局变量 a 和 b 在 max 函数范围内不起作用，所以函数 max 中的 a 和 b 不是全局变量 a 和 b，而是形参 a 和 b，它们的值是由实参传给形参的，即 8 和 5．从运行结果看，max(a,b) 的返回值为 8，而不是 5．验证了以上的分析．

**【例 1.53】** 求方程 $ax^2+bx+c=0$ 的根，用 3 个函数分别求当 $b^2-4ac$ 大于 0，等于 0 和小于 0 时的根并输出结果．从主函数输入 $a,b,c$ 的值．

**算法设计**：$b^2-4ac$ 大于 0 时，返回两个实根，$b^2-4ac$ 小于 0 时，返回两个复根．由于 return 只能返回一个值，所以将根定义为全局变量，通过输出函数调用进行输出．

**程序编写**：

```
#include <stdio.h>
#include <math.h>
float x1,x2,disc,p,q;
void greater_than_zero(float,float);
void equal_to_zero(float,float);
void smaller_than_zero(float,float);
int main() {
  float a,b,c;
  printf("input a,b,c:");
  scanf("%f %f %f",&a,&b,&c);
  printf("equation: %.2fx*x+%.2fx+%.2f=0\n",a,b,c);
  disc=b*b-4*a*c;
  printf("root:\n");
  if (disc>0) {
    greater_than_zero(a,b);
    printf("x1=%.2f\tx2=%.2f\n",x1,x2);
  }
  else if (disc==0) {
    equal_to_zero(a,b);
```

```
      printf("x1=x2=%.2f\n", x1);
    }
    else {
      smaller_than_zero(a,b);
      printf("x1=%.2f+%.2fi\t\tx2=%.2f-%.2fi\n",p,q,p,q);
    }
    return 0;
}
void greater_than_zero(float a,float b) {
    x1=(-b+sqrt(disc))/(2*a);
    x2=(-b-sqrt(disc))/(2*a);
}
void equal_to_zero(float a,float b) {
    x1=x2=(-b)/(2*a);
}
void smaller_than_zero(float a,float b) {
    p=-b/(2*a);
    q= sqrt(-disc)/(2*a);
}
```

运行结果：

```
input a, b, c:1 -5 4
equation: 1.00x*x + -5.00x + 4.00=0
root:
x1=4.00 x2=1.00
```

## 第七节

## 数组

之前的程序中使用的变量都属于基本类型，例如整型、字符型、浮点型，这些都是简单的数据类型．对于简单的问题，使用这些简单的数据类型就可以了．但是对于有些需要处理的数据，只用以上简单的数据类型是不够的，难以反映出数据的特点，也难以有效地进行处理．例如，一个班有 30 个学生，每个学生有一个成绩，现要求这 30 名学生的平均成绩．从理论上，这是很简单的：把 30 个学生成绩加起来，再除以 30 就行了．问题是怎样表示 30 个学生成绩？当然可以用 30 个 float 型变量 s1,s2,s3,…,s30．但是这里存在两个问题：一是烦琐，如果有 1000 名学生怎么办呢？二是没有反映出这些数据间的内在联系，实际上这些数据是同一个班级中学生的同一门课程的成绩，它们具有相同的属性．

人们想出这样的办法：既然它们都是同一类性质的数据（都代表一个班中学生的成绩），就可以用同一个名字（如 s）来代表它们，而在名字的右下角加一个数字来表示这是第几名学生的成绩,例如,可以用 $s_1, s_2, s_3, \cdots, s_{30}$ 代表学生 1、学生 2、学生 3……学生 30 这 30 个学生的成绩. 这个右下角的数字称为下标. 一批具有相同名字、相同属性的数据就组成一个数组(array),s 就是数组名.

由此可知:

(1) 数组是一组有序数据的集合. 数组中各数据的排列是有一定规律的,下标代表数据在数组中的序号.

(2) 用一个数组名(如 s)和下标(如 15)来唯一地确定数组中的元素,如 $s_{15}$ 就代表第 15 个学生的成绩.

(3) 数组中的每一个元素都属于同一个数据类型. 不能把不同类型的数据(如学生的成绩和学生的性别)放在同一个数组中.

由于使用计算机键盘只能输入有限的单个字符而无法表示上下标,C 语言规定用方括号中的数字来表示下标,如用 s[15] 表示 $s_{15}$,即第 15 个学生的成绩.

将数组与循环结合起来,可以有效地处理大批量的数据,大大提高工作效率,十分方便. 本小节介绍在 C 语言中怎样使用数组来处理同类型的批量数据.

## 一、一维数组

一维数组是数组中最简单的,它的元素只需要用数组名加一个下标,就能唯一确定. 如上面介绍的学生成绩数组 s 就是一维数组. 有的数组,其元素要指定两个下标才能唯一地确定,如用 $s_{2,3}$ 表示"第 2 班第 3 名学生的成绩",其中第 1 个下标代表班,第 2 个下标代表在该班中的学生序号. 此时,s 就是二维数组. 还可以有三维甚至多维数组,如用 $s_{4,2,3}$ 表示"4 年级 2 班第 3 名学生的成绩",此时,s 就是三维数组. 它们的概念和用法基本上是相同的. 熟练掌握一维数组后,对二维或多维数组,可以举一反三.

**1. 一维数组的定义**

要使用数组,必须在程序中先定义数组,即通知计算机:由哪些数据组成数组,数组中有多少元素,属于哪个数据类型. 否则计算机不会自动地把一批数据作为数组处理. 例如,下面是对数组的定义:

int a[10];

它表示定义了一个整型数组,数组名为 a,此数组包含 10 个整型元素.

定义一维数组的一般形式为

类型符 数组名[常量表达式];

说明:

(1) 数组名的命名规则和变量名相同,遵循标识符命名规则.

(2) 在定义数组时,需要指定数组中元素的个数,方括号中的常量表达式用来表示元素的个数,即数组长度. 例如,指定 a[10],表示 a 数组有 10 个元素,相当于定义了 10 个简单的整型变量.

(3) 常量表达式中可以包括常量和符号常量,不能包含变量,如"int a[3+5];"是合法的,"int a[n];"是不合法的. 也就是说,C语言不允许对数组的大小作动态定义,即数组的大小不依赖于程序运行过程中变量的值. 例如,下面这样定义数组是不行的:

```
int n;
scanf("%d",&n);                    //企图在程序中临时输入数组的大小
int a[n];
```

### 2. 一维数组的引用

在定义数组并对其中各元素赋值后,就可以引用数组中的元素. 应注意:只能引用数组元素而不能一次整体调用整个数组全部元素的值.

引用数组元素的一般形式为

数组名[下标]

例如,a[0]就是数组 a 中序号为 0 的元素,它和一个简单变量的地位和作用相似."下标"可以是整型常量或整型表达式. 例如下面的赋值表达式包含了对数组元素的引用:

a[0]=a[5]+a[7]-a[2*3]

每一个数组元素都代表一个整数值.

**注意**:定义数组时用到的"数组名[常量表达式]"和引用数组元素时用的"数组名[下标]"形式相同,但含义不同. 例如:

```
int a[10];                  //前面有 int,这是定义数组,指定数组包含 10 个元素
t=a[6];                     //这里的 a[6]表示引用 a 数组中序号为 6 的元素
```

【**例 1.54**】 对 10 个数组元素依次赋值为 0,1,2,3,4,5,6,7,8,9,要求按逆序输出.

**算法设计**:显然首先要定义一个长度为 10 的数组,赋给的值是整数,因此,数组可定义为整型,要赋的值是 0~9,有一定规律,可以用循环结构来赋值. 同样,用循环结构来输出这 10 个值,在输出时,先输出最后的元素,按下标从大到小输出这 10 个元素.

**程序编写**:

```c
#include <stdio.h>
int main(){
    int i,a[10];
    for(i=0; i<=9;i++)                //对数组元素 a[0]~a[9]赋值
        a[i]=i;
    for(i=9;i>=0;i--)                 //输出 a[9]~a[0]共 10 个数组元素
        printf("%d",a[i]);
    printf("\n");
return 0;}
```

**运行结果：**

```
9 8 7 6 5 4 3 2 1 0
```

**程序分析：** 第 1 个 for 循环使 a[0]~a[9] 的值为 0~9. 第 2 个 for 循环按 a[9]~a[0] 的顺序输出各元素的值，如表 1.3 所示.

表 1.3  a[0]~a[9] 的值

| a[0] | a[1] | a[2] | a[3] | a[4] | a[5] | a[6] | a[7] | a[8] | a[9] |
|------|------|------|------|------|------|------|------|------|------|
| 0    | 1    | 2    | 3    | 4    | 5    | 6    | 7    | 8    | 9    |

应当特别提醒的是：数组元素的下标从 0 开始，如果用"int a[10];"定义数组，则最大下标值为 9，不存在数组元素 a[10]. 下面是常见的错误.

```
for(i=0;i<=10;i++)            //循环变量从 1 开始变到 10
    a[i]=i;                   //下标从 1 开始变到 10
for(i=10;i>=0;i--)            //试图输出 a[10]~a[1]
    printf("%d",a[i]);
```

**3. 一维数组的初始化**

数组元素的值可以在定义数组的同时进行赋值，这称为数组的初始化，也可以在程序运行过程中计算求得. 这里介绍采用"初始化列表"实现数组的初始化的方法.

(1) 在定义数组时对全部数组元素赋予初值. 例如：

```
int a[10]={0,1,2,3,4,5,6,7,8,9};
```

将数组中各元素的初值顺序放在一对花括号内，数据间用逗号分隔. 花括号内的数据就称为"初始化列表". 经过上面的定义和初始化之后，a[0]=0, a[1]=1, a[2]=2, a[3]=3, a[4]=4, a[5]=5, a[6]=6, a[7]=7, a[8]=8, a[9]=9.

(2) 可以只给数组中的一部分元素赋值. 例如：

```
int a[10]={0,1,2,3,4};
```

定义 a 数组有 10 个元素，但花括号内只提供 5 个初值，这表示只给前面 5 个元素赋初值，系统自动给后 5 个元素赋初值 0.

(3) 如果想使一个数组中全部元素值为 0, 可以写成

```
int a[10]={0,0,0,0,0,0,0,0,0,0};
```

或

```
int a[10]={0};                //未赋值的部分元素自动设定为 0
```

(4) 在对全部数组元素赋初值时，由于数据的个数已经确定，可以不指定数组长度. 例如：

```
int a[5]={1,2,3,4,5};
```

可以写成

```
int a[]={1,2,3,4,5};
```

在第 2 种写法中,花括号中有 5 个数,虽然没有在方括号中指定数组的长度,但是系统会根据花括号中数据的个数确定 a 数组有 5 个元素. 但是,如果数组长度与提供初值的个数不相同,则方括号中的数组长度不能省略. 例如,想定义数组长度为 10,就不能省略数组长度的定义,而必须写成

```
int a[10]={1,2,3,4,5};
```

只初始化前 5 个元素,后 5 个元素为 0.

**说明**:如果在定义数值型数组时,指定了数组的长度并对之初始化,凡未被"初始化列表"指定初始化的数组元素,系统会自动把它们初始化为 0.

### 4. 一维数组的示例

在编程中,斐波那契数列也是一个经常使用的算法题,比如求斐波那契数列的第 $n$ 项,找到不超过某个数的最大斐波那契数等. 接下来我们用数组来处理求 Fibonacci 数列问题.

**【例 1.55】** 斐波那契数列(Fibonacci sequence)是指这样一个数列:0,1,1,2,3,5,8,13,21,34,55…在数学上,斐波那契数列是以递归的方法来定义的:

```
F(0)=1
F(1)=1
F(n)=F(n-1)+F(n-2)  (n>=2)
```

也可以用以下递推公式来计算斐波那契数列的第 $n$ 项:

```
F(0)=1
F(1)=1
F(i)=F(i-1)+F(i-2)  (i>=2)
```

请编程输出斐波那契数列前 20 个数.

**算法设计**:假如想直接输出数列中第 $n$ 个数,是很困难的. 如果用数组来处理,在概念上反而简单了:每一个数组元素代表数列中的一个数,依次求出各数并存放在相应的数组元素中即可.

**程序编写**:

```c
#include<stdio.h>
int main(){
    int i;
    int f[20]={1,1};                    //对最前面两个元素 f[0]和 f[1]赋初值 1
    for(i=2;i<20;i++)
        f[i]=f[i-2]+f[i-1];             //先后求出 f[2]～f[19]的值
    for(i=0;i<20;i++)
```

```
        {
        if(i%5==0) printf("\n");        //控制每输出 5 个数后换行
        printf("%12d",f[i]);            //输出一个数
        }
    printf("\n");
    return 0;}
```

**运行结果：**

```
           1           1           2           3           5
           8          13          21          34          55
          89         144         233         377         610
         987        1597        2584        4181        6765
```

**程序分析：** 定义数组长度为 20，对最前面两个元素 f[0] 和 f[1] 均指定初值为 1，根据数列的特点，由前面两个元素的值可计算出第 3 个元素的值，即

`f[2]=f[0]+f[1];`

在循环中可以用以下语句依次计算出 f[2]~f[19] 的值。

`f[i]=f[i-2]+f[i-1];`

if 语句用来控制换行，每行输出 5 个数据。

**【例 1.56】** 有 10 个地区的面积，要求对它们按由小到大的顺序排列。

**算法设计：** 这种问题称为数的排序(sort)。排序的规律有两种：一种是升序，从小到大；另一种是降序，从大到小。可以把这个题目抽象为一般形式"对 $n$ 个数按升序排序"。

排序方法是一种重要的、基本的算法。排序的方法很多，本例用起泡法排序。起泡法的基本思路是：每次将相邻两个数比较，将小的调到前面。若有 6 个数：9,8,5,4,2,0，第 1 次先将最前面的两个数 9 和 8 对调。第 2 次将第 2 个数和第 3 个数(9 和 5)对调……如此共进行 5 次，得到 8—5—4—2—0—9 的顺序，可以看到：最大的数 9 已"沉底"，成为最下面一个数，而小的数"上升"，最小的数 0 已向上"浮起"一个位置。经过第 1 趟比较(共 5 次比较与交换)后，已得到最大的数 9。

然后进行第 2 趟比较，对余下的前面 5 个数(8,5,4,2,0)进行新一轮的比较，以便使次大的数"沉底"。经过这一趟 4 次比较与交换，得到次大的数 8。

按此规律进行下去，可以推知，对 6 个数要比较 5 趟，才能使 6 个数按顺序排列。在第 1 趟中要进行两个数之间的比较共 5 次，在第 2 趟过程中比较 4 次……第 5 趟只需比较 1 次。如果有 $n$ 个数，则要进行 $n-1$ 趟比较。在第 1 趟比较中要进行 $n-1$ 次两两比较，在第 $j$ 趟比较中要进行 $n-j$ 次两两比较。

排序的过程分析：原来 0 是最后一个数，经过第 1 趟的比较与交换，0 上升为第 5 个数(倒数第 2 个数)。再经过第 2 趟比较与交换，0 上升为第 4 个数(倒数第 3 个数)。再经过第 3 趟比较与交换，0 上升为第 3 个数……每经过一趟的比较与交换，最小的数上升一位，最后

升到第一个数.这如同水底的气泡逐步冒出水面一样,故称为冒泡法或起泡法.

程序编写(设 $n=10$):

```
#include <stdio.h>
int main(){
    int a[10];
    int i,j,t;
    printf("input 10 numbers:\n");
    for(i=0;i<10;i++)
        scanf("%d",&a[i]);
    printf("\n");
    for(j=0;j<9;j++)                    //进行9次循环,实现9趟比较
        for(i=0;i<9-j;i++)              //在每一趟中进行9-j次比较
            if(a[i]>a[i+1]){            //相邻两个数比较
                t=a[i];a[i]=a[i+1];a[i+1]=t;}
    printf("the sorted numbers:\n");
    for(i=0;i<10;i++)
        printf("%d",a[i]);
    return 0;}
```

运行结果:

```
input 10 numbers:
34 2 77 8 55 7 98 4 31 3

the sorted numbers:
2 3 4 7 8 31 34 55 77 98
```

程序分析:程序中实现起泡法排序算法的主要是第 9~12 行.请仔细分析嵌套的 for 语句.当执行外循环第 1 次循环时,j=0,然后执行第 1 次内循环,此时 i=0,在 if 语句中将 a[i] 和 a[i+1] 比较,就是将 a[0] 和 a[1] 比较.执行第 2 次内循环时,i=1,a[i] 和 a[i+1] 比较,就是将 a[1] 和 a[2] 比较……执行最后一次内循环时,i=8,a[i] 和 a[i+1] 比较,就是将 a[8] 和 a[9] 比较.这时第 1 趟比较完成了.

当执行第 2 次外循环时,j=1,开始第 2 趟比较.内循环继续的条件是 i<9-j,由于 j=1,因此相当于 i<8,即 i 由 0 变到 7,要执行内循环 8 次.其余类推.

说明:通过此例,着重学习有关排序的算法.排序的算法有多种,本例介绍的是起泡法,常用的还有选择法.例题介绍的是升序的算法,可以自行设计降序的算法.

【例 1.57】 有 10 个地区的面积数据,分别为:100 平方公里、50 平方公里、300 平方公里、150 平方公里、200 平方公里、250 平方公里、350 平方公里、400 平方公里、80 平方公里、180 平方公里.请用选择法按照从小到大的顺序排列这些地区的面积.

程序编写:

```
#include <stdio.h>
void selectionSort(int arr[],int n);
int main() {
    int areas[]={100,50,300,150,200,250,350,400,80,180};
```

```c
    int n=sizeof(areas)/sizeof(areas[0]);
    printf("排序前的地区面积:\n");
    for (int i=0;i<n;++i) {
        printf("%d平方公里\n",areas[i]);
    }
    selectionSort(areas,n);
    printf("\n排序后的地区面积:\n");
    for (int i=0;i<n;++i) {
        printf("%d平方公里\n", areas[i]);
    }
    return 0;
}
void selectionSort(int arr[], int n) {          //选择排序算法
    int i, j, minIndex, temp;
    for (i=0;i<n-1;++i) {
        minIndex=i;
        for (j=i+1;j<n;++j) {
            if (arr[j]<arr[minIndex]) {
                minIndex=j;
            }
        }
        //交换 arr[i]和 arr[minIndex]
        temp=arr[i];
        arr[i]=arr[minIndex];
        arr[minIndex]=temp;
    }
}
```

**运行结果：**

```
排序后的地区面积:
50  平方公里
80  平方公里
100 平方公里
150 平方公里
180 平方公里
200 平方公里
250 平方公里
300 平方公里
350 平方公里
400 平方公里
```

选择排序的原理是将待排序序列分为已排序和未排序两部分,每次从未排序的部分选择一个最小(或最大)元素,将其移动到已排序部分的末尾.重复这个过程,直到未排序部分为空,排序就完成了.具体实现步骤如下：

(1) 选取最小值:从未排序的元素中选择一个最小值,将其与未排序部分的第一个元素交换位置.

(2) 继续排序:继续从未排序元素中选择最小值,将其与未排序部分的第一个元素交换

位置.如此重复,直到所有的元素都已排序完成.

```c
#include <stdio.h>
void selectionSort(int arr[],int n);
void swap(int arr[],int i,int j);
void selectionSort(int arr[],int n) {
  int i, j, minIndex;
  for (i=0;i<n-1;i++) {
    minIndex=i;                               //记录最小值的索引
    for (j=i+1;j<n;j++) {
      if (arr[j]<arr[minIndex]) {             //找到比当前最小值还小的数的下标
        minIndex=j;
      }
    }
    if (minIndex!=i) {                        //将最小值与当前位置交换
      swap(arr,i,minIndex);
    }
  }
}
void swap(int arr[],int i,int j) {
  int temp=arr[i];
  arr[i]=arr[j];
  arr[j]=temp;
}
int main(){
  int arr[]={5,3,8,6,4,1,10,2,7,9};
  int i;
  int n=sizeof(arr)/sizeof(arr[0]);
  printf("Before sorting:");
  for (i=0;i<n;i++) {
    printf("%d",arr[i]);
  }
  selectionSort(arr,n);
  printf("\nAfter sorting: ");
  for (i=0;i<n;i++) {
    printf("%d",arr[i]);
  }
  return 0;
}
```

运行结果:

```
Before sorting: 5 3 8 6 4 1 10 2 7 9
After sorting: 1 2 3 4 5 6 7 8 9 10
```

**程序分析**:在以上代码中,selectionSort 函数实现了选择排序算法,用于将包含 n 个数字的数组 arr 进行排序.它通过不断地在未排序部分找到最小的值,然后将它移动到已排序部分的末尾,直到整个数组排序完成.swap 函数用于交换两个整数,它被 selectionSort 函数调用来将最小值移动到正确的位置上.在主函数中,我们定义了一个包含 10 个数字的整型数组 arr,并通过调用 selectionSort 函数来对它进行排序.程序的运行结果包括排序前和排序后数组元素,以验证程序的正确性.

**【例 1.58】** 求一维数组中元素的中位数.

**算法设计**:首先我们可以定义一个快速排序函数,它用于对输入的数组进行排序.然后定义一个求中位数的函数,通过判断数组长度为奇数还是偶数,分别返回相应的中位数值.

**程序编写**:

```c
#include <stdio.h>
#include <stdlib.h>
void quickSort(int array[],int low,int high) {            //快速排序函数
    if (low<high) {
        int i=low,j=high,pivot=array[low];
        while (i<j) {
            while (i<j&&array[j]>=pivot){
                j--;
            }
            array[i]=array[j];
            while (i<j&&array[i]<=pivot) {
                i++;
            }
            array[j]=array[i];
        }
        array[i]=pivot;
        quickSort(array,low,i-1);
        quickSort(array,i+1,high);
    }
}
float findMedian(int array[],int length) {                 //求中位数函数
    if (length %2==0) {
        return (array[length/2-1]+array[length/2])/2.0;
    } else {
        return array[length/2];
    }
}
int main() {
    int array[10];                                          //数组长度为 10
    int length=sizeof(array)/sizeof(array[0]);
    printf("请输入数组的 10 个数:\n");                       //输入数组元素
    for (int i=0;i<length;i++) {
        scanf("%d",&array[i]);
    }
    quickSort(array,0,length-1);                            //调用快速排序函数
    printf("排序结果为:");                                   //输出排序结果
    for (int i=0;i<length;i++) {
        printf("%d",array[i]);
```

```
        }
        printf("\n");
        float median=findMedian(array,length);        //调用求中位数函数
        printf("中位数为：%.2f\n",median);            //输出中位数
        return 0;
}
```

运行结果：

```
请输入数组的10个数：
1 -2 41 33 71 -54 -22 5 14 3
排序结果为：-54 -22 -2 1 3 5 14 33 41 71
中位数为：4.00
```

## 二、二维数组

有的问题仅用一维数组是解决不了的,需要用二维数组来处理. 例如有 3 个小分队,每队有 6 名队员,要把这些队员的工资用数组保存起来以备查. 这就需要用到二维数组(图 1.37). 如果建立一个数组 pay,它应当是二维的,第一维用来表示第几分队,第二维用来表示第几个队员. 例如用 $pay_{2,3}$ 表示 2 分队队员 3 的工资,它的值是 1725.

|  | 队员1 | 队员2 | 队员3 | 队员4 | 队员5 | 队员6 |
|---|---|---|---|---|---|---|
| 1分队 | 2456 | 1847 | 1243 | 1600 | 2346 | 2757 |
| 2分队 | 3045 | 2018 | 1725 | 2020 | 2458 | 1436 |
| 3分队 | 1427 | 1175 | 1046 | 1976 | 1477 | 2018 |

**图 1.37 二维数组**

二维数组常称为矩阵(matrix). 把二维数组写成行(row)和列(column)的排列形式,可以有助于形象化地理解二维数组的逻辑结构.

### 1. 二维数组的定义

二维数组定义的基本概念与方法和一维数组相似. 如：

float pay[3][6];

以上定义了一个 float 型的二维数组,第 1 维(行)有 3 个元素,第 2 维(列)有 6 个元素. 每一维的长度分别用一对方括号括起来.

二维数组定义的一般形式为：

类型说明符 数组名[常量表达式][常量表达式];

例如：

float a[3][4],b[5][10];

定义 a 为 3×4(3 行 4 列)的数组,b 为 5×10(5 行 10 列)的数组.注意,不能写成

```
float a[3,4],b[5,10];              //在一对方括号内写两个下标,错误
```

C 语言对二维数组采用这样的定义方式,使得二维数组可被看作一种特殊的一维数组:它的元素又是一个一维数组.例如,可以把 a 看作一个一维数组,它有 3 个元素:

a[0],a[1],a[2]

每个元素又是一个包含 4 个元素的一维数组(图 1.38).

| a[0] | a[0][0] | a[0][1] | a[0][2] | a[0][3] |
| a[1] | a[1][0] | a[1][1] | a[1][2] | a[1][3] |
| a[2] | a[2][0] | a[2][1] | a[2][2] | a[2][3] |

图 1.38  包含 4 个元素的一维数组

上面定义的二维数组可以理解为定义了 3 个一维数组,即相当于

```
float a[0][4],a[1][4],a[2][4];
```

此处把 a[0],a[1],a[2]看作一维数组名.

C 语言中,二维数组中元素是按行存放的,即在内存中先顺序存放第 1 行的元素,再存放第 2 行的元素.图 1.39 表示 a[3][4]数组存放的顺序.

假设数组 a 存放在从 2000 字节开始的一段内存单元中,一个元素占 4 个字节,前 16 个字节(2000~2015)存放序号为 0 的行中的 4 个元素,接着的 16 个字节(2016~2031)存放序号为 1 的行中的 4 个元素,依此类推,如图 1.40 所示.

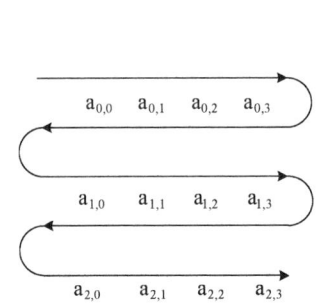

| 2000 | a[0][0] | |
| 2004 | a[0][1] | 第 0 行元素 |
| 2008 | a[0][2] | |
| 2012 | a[0][3] | |
| 2016 | a[1][0] | |
| 2020 | a[1][1] | 第 1 行元素 |
| 2024 | a[1][2] | |
| 2028 | a[1][3] | |
| 2032 | a[2][0] | |
| 2036 | a[2][1] | 第 2 行元素 |
| 2040 | a[2][2] | |
| 2044 | a[2][3] | |

图 1.39  a[3][4]数组存放的顺序          图 1.40  数组 a 存放

**注意**:用矩阵形式(如 3 行 4 列形式)表示二维数组,是逻辑上的概念,能形象地表示出行列关系.而在内存中,各元素是连续存放的,不是二维的,是线性的.这点请务必注意.

C 语言还允许使用多维数组.有了二维数组的基础,再掌握多维数组是不困难的.例如,定义三维数组的方法如下:

```
float a[2][3][4];                  //定义三维数组 a,它有 2 页,3 行,4 列
```

多维数组元素在内存中的排列顺序为:第 1 维的下标变化最慢,最后 1 维的下标变化最

快. 例如, 上述三维数组的元素排列顺序为

a[0][0][0]→a[0][0][1]→a[0][0][2]→a[0][0][3]→a[0][1][0]→a[0][1][1]→a[0][1][2]→a[0][1][3]→a[0][2][0]→a[0][2][1]→a[0][2][2]→a[0][2][3]→a[1][0][0]→a[1][0][1]→a[1][0][2]→a[1][0][3]→a[1][1][0]→a[1][1][1]→a[1][1][2]→a[1][1][3]→a[1][2][0]→a[1][2][1]→a[1][2][2]→a[1][2][3]

### 2. 二维数组的引用

二维数组元素的表示形式为

数组名[下标][下标]

例如, a[2][3]表示 a 数组中序号为 2 的行中序号为 3 的列的元素. 下标应是整型或整型表达式, 如 a[2-1][2*2-1]. 不要写成 a[2,3], a[2-1,2*2-1]形式.

数组元素可以出现在表达式中, 也可以被赋值, 例如:

b[1][2]=a1[2][3]/2

**注意**: 在引用数组元素时, 下标值应在已定义的数组大小的范围内. 在这个问题上常出现错误. 与一维数组相同, 二维数组的行序号和列序号也都是从 0 开始起算的. 例如:

```
int a[3][4];                    //定义 a 为 3×4 的二维数组
⋮
a[3][4]=3;                      //不存在 a[3][4]元素
```

按以上的定义, 数组 a 可用的行下标的范围为 0~2, 列下标的范围为 0~3. 用 a[3][4]表示元素显然超过了数组的范围.

**注意**: 请严格区分在定义数组时用的 a[3][4]和引用元素时的 a[3][4]的区别. 前者用 a[3][4]来定义数组的维数和各维的大小, 后者 a[3][4]中的 3 和 4 是数组元素的下标值, a[3][4]代表行序号为 3、列序号为 4 的元素(行序号和列序号均从 0 起算).

### 3. 二维数组的初始化

可以用"初始化列表"对二维数组初始化.

(1) 分行给二维数组赋初值. 例如:

```
int a[3][4]={{1,2,3,4},{5,6,7,8},{9,10,11,12}};
```

这种赋初值方法比较直观, 把第 1 个花括号内的数据给第 1 行的元素, 把第 2 个花括号内的数据赋给第 2 行的元素……即按行赋初值.

(2) 可以将所有数据写在一个花括号内, 按数组元素在内存中的排列顺序对各元素赋初值. 例如:

```
int a[3][4]={1,2,3,4,5,6,7,8,9,10,11,12};
```

效果与第(1)种方法相同. 但以第(1) 种方法为好, 一行对一行, 界限清楚. 用第(2)种方法, 如果数据多, 则写得太多, 容易遗漏, 也不易检查.

(3) 可以对部分元素赋初值. 例如:

```
int a[3][4]={{1},{5},{9}};
```

它的作用是只对各行第 1 列(即序号为 0 的列)的元素赋初值,其余元素值自动为 0. 赋初值后数组各元素为

$$
\begin{matrix}
1 & 0 & 0 & 0 \\
5 & 0 & 0 & 0 \\
9 & 0 & 0 & 0
\end{matrix}
$$

也可以对各行中的某一元素赋初值,例如:

```
int a[3][4]={{1},{0,6},{0,0,11}};
```

初始化后的数组元素如下:

$$
\begin{matrix}
1 & 0 & 0 & 0 \\
0 & 6 & 0 & 0 \\
0 & 0 & 11 & 0
\end{matrix}
$$

这种方法在非 0 元素少时比较方便,不必将所有的 0 都写出来,只需输入少量数据.

也可以只对某几行元素赋初值:

```
int a[3][4]={{1},{5,6}};
```

数组元素为

$$
\begin{matrix}
1 & 0 & 0 & 0 \\
5 & 6 & 0 & 0 \\
0 & 0 & 0 & 0
\end{matrix}
$$

第 3 行不赋初值,默认为 0.

也可以对第 2 行不赋初值,但第 2 行的大括号不可省略,例如:

```
int a[3][4]={{1},{},{9}};
```

(4) 如果对全部元素都赋初值(即提供全部初始数据),则定义数组时对第 1 维的长度可以不指定,但第 2 维的长度不能省. 例如:

```
int a[3][4]={1,2,3,4,5,6,7,8,9,10,11,12};
```

与下面的定义等价:

```
int a[][4]={1,2,3,4,5,6,7,8,9,10,11,12};
```

系统会根据数据总个数和第 2 维的长度算出第 1 维的长度. 数组一共有 12 个元素,每行 4 列,显然可以确定行数为 3.

在定义时也可以只对部分元素赋初值而省略第 1 维的长度,但应分行赋初值. 例如:

```
int a[][4]={{0,0,3},{},{0,10}};
```

这样的写法,能通知编译系统:数组共有 3 行. 数组各元素为

$$
\begin{array}{cccc}
0 & 0 & 3 & 0 \\
0 & 0 & 0 & 0 \\
0 & 10 & 0 & 0
\end{array}
$$

从本节的介绍中可以看到:C 语言在定义数组和表示数组元素时采用 a[][]这种有两个方括号的方式,对数组初始化十分有用,它使概念清楚,使用方便,不易出错.

**4. 二维数组的示例**

由于二维数组有行和列两个维度,对其操作需要使用嵌套的 for 循环.

**【例 1.59】** 有一个 3×4 的矩阵,要求编写程序求出其中值最大的那个元素的值,以及其所在的行号和列号.

**算法设计**:先思考一下在打擂台时怎样确定最后的优胜者. 先找出任意一人站在台上,让第 2 个人上去与之比武,胜者留在台上. 再让第 3 个人上去与台上的人(即刚才的得胜者)比武,胜者留台上,败者下台. 以后每一个人都要与当时留在台上的人比武,直到所有人都上台比过为止,最后留在台上的就是冠军. 这就是"打擂台算法".

解本题也是用"打擂台算法". 先让 a[0][0]作"擂主",把它的值赋给变量 max,max 用来存放当前已知的最大值,在开始时还未进行比较,暂时认为最前面的元素是当前值最大的. 然后让下一个元素 a[0][1]与 max 比较,如果 a[0][1]>max,则表示 a[0][1]是已经比过的数据中值最大的,把它的值赋给 max,以取代 max 的原值. 以后依此处理,值大的赋给 max. 全部比完后,max 就是最大的值.

**程序编写**:

```
#include<stdio.h>
int main(){
    int i,j,row=0,colum=0,max;
    int a[3][4]={{1,2,3,4},{9,8,7,6},{-10,10,-5,2}};  //定义数组并赋初值
    max=a[0][0];                                       //先认为 a[0][0]最大
    for (i=0;i<=2;i++)
        for (j=0;j<=3;j++)
            if (a[i][j]>max){          //如果某元素大于 max,就取代 max 的原值
                max=a[i][j];
                row=i;                 //记下此元素的行号
                colum=j;               //记下此元素的列号
            }
    printf("max=%d\nrow=%d\ncolum=%d\n",max,row,colum);
    return 0;
}
```

**运行结果**:

```
max=10
row=2
colum=1
```

**程序分析**:通过程序运行,可知数组中元素的最大值为 10,此元素为 a[2][1].

## 三、数组作为函数参数

调用有参函数时,需要提供实参.例如 sin(x),sqrt(2.0),max(a,b)等.实参可以是常量、变量或表达式.数组元素的作用与变量相当,一般来说,凡是变量可以出现的地方,都可以用数组元素代替.因此,数组元素也可以用作函数实参,其用法与变量相同,向形参传递数组元素的值.此外,数组名也可以作实参和形参,传递的是数组第一个元素的地址.

### 1. 数组元素作函数实参

数组元素可以用作函数实参,但是不能用作形参.因为形参是在函数被调用时临时分配存储单元的,不可能为一个数组元素单独分配存储单元(数组是一个整体,在内存中占连续的一段存储单元).在用数组元素作函数实参时,把实参的值传给形参,是"值传递"方式.数据传递的方向是从实参传到形参,单向传递.

**【例 1.60】** 输入 10 个数,要求输出其中值最大的元素和该数是第几个数.

**算法设计**:可以定义一个数组 a,长度为 10,用来存放 10 个数.设计一个函数 max,用来求两个数中的较大者.在主函数中定义一个变量 m,m 的初值为 a[0],每次调用 max 函数后将返回值存放在 m 中.用"打擂台算法",依次将数组元素 a[1]~a[9]与 m 比较,最后得到的 m 值就是 10 个数中的最大者.

**程序编写**:

```
#include <stdio.h>
int main(){
    int max(int x,int y);                  //函数声明
    int a[10],m,n,i;
    printf("enter 10 integer numbers:");
    for(i=0;i<10;i++)                      //输入 10 个数给 a[0]~a[9]
        scanf("%d",&a[i]);
    printf("\n");
    for(i=1,m=a[0],n=0;i<10;i++){
        if(max(m,a[i])>m){                 //若 max 函数返回值大于 m
            m=max(m,a[i]);                 //max 函数返回值取代 m 原值
            n=i;                           //把此数组元素的序号记下来,放在 n 中
        }
    }
    printf("The largest number is %d\nit is the %dth number.\n",m,n+1);
}
int max(int x,int y){                      //定义 max 函数
    if(x>=y)
        return(x);
    else
        return(y);                         //返回 x 和 y 中的较大者
}
```

运行结果：

```
enter 10 integer numbers:2 44 2 -6 4 5 8 70 -63 3
The largest number is 70
it is the 8th number.
```

**程序分析**：从键盘输入10个数给a[0]～a[9]．变量m用来存放当前已比较过的各数中的最大者．开始时设m的值为a[0]，然后将m与a[1]比，如果a[1]大于m，就以a[1]的值（此时也就是max(m,a[1])的值）取代m的原值．下一次以m的新值与a[2]比较，max(m,a[2])的值是a[0],a[1],a[2]中最大者，其余类推．经过9轮循环的比较，最后得到的m的值就是10个数的最大数．

请注意分析怎样得到最大数是10个数中第几个数．当每次以max(m,a[i])的值取代m的原值时，就把i的值保存在变量n中．最后得到的n的值就是最大数的序号（注意序号从0开始），如果要输出"最大数是10个数中第几个数"，应为n+1．例如n=6时表示数组元素a[6]是最大数，由于序号从0开始，因此它是10数中第7个数，故应输出的是n+1．

当然，本题可以不用max函数求两个数中的较大数，而在主函数中直接用if(m>a[i])来判断和处理．本题的目的是介绍如何用数组元素作为函数实参．

### 2. 一维数组名作函数参数

除了可以用数组元素作为函数参数外，还可以用数组名作函数参数（包括实参和形参）．用数组元素作实参时，向形参变量传递的是数组元素的值，而用数组名作函数实参时，向形参（数组名或指针变量）传递的是数组首元素的地址．

**【例1.61】** 有一个一维数组score，其中存放10个学生成绩，求平均成绩．

**算法设计**：用一个函数average来求平均成绩，不用数组元素作为函数实参，而是用数组名作为函数实参，形参也用数组名，在average函数中引用各数组元素，求平均成绩并返回main函数．

**程序编写**：

```
#include <stdio.h>
int main(){
    float average(float array[10]);    //函数声明
    float score[10],aver;
    int i;
    printf("input 10 scores:\n");
    for(i=0;i<10;i++)
        scanf("%f",&score[i]);
    printf("\n");
    aver=average(score);               //调用average函数
    printf("average score is %5.2f\n",aver);
    return 0;
}
float average(float array[10]){        //定义average函数
```

```
    int i;
    float aver,sum=array[0];for(i=1;i<10;i++)
    sum=sum+array[i];                    //累加学生成绩
    aver=sum/10;
    return(aver);
}
```

运行结果：

```
input 10 scores :
100 94 83 87 92 79 68 74 62 53

average score is 79.20
```

**程序分析：**

(1) 用数组名作函数参数，应该在主调函数和被调用函数分别定义数组，例 1.61 中 array 是形参数组名，score 是实参数组名，分别在其所在函数中定义，不能只在一方定义.

(2) 实参数组与形参数组类型应一致(今都为 float 型)，如不一致，结果将出错.

(3) 在定义 average 函数时，声明形参数组的大小为 10，但在实际上，指定其大小是不起任何作用的，因为 C 语言编译系统并不检查形参数组大小，只是将实参数组的首元素的地址传给形参数组名. 形参数组名获得了实参数组的首元素的地址，前面已说明，数组名代表数组的首元素的地址. 因此，可以认为，形参数组首元素(array[0])和实参数组首元素(score[0])具有同一地址，它们共占同一存储单元，score[i] 和 array[i] 指的是同一单元. score[i] 和 array[i] 具有相同的值.

(4) 形参数组可以不指定大小，在定义数组时数组名后面是一个空的方括号，如：

```
float average(float array[])            //定义 average 函数,形参数组不指定大小
```

效果是相同的. 这在程序设计中常常使用，因为此时被调函数可以适用于不同长度的实参.

【例 1.62】 有两个班级，分别有 35 名和 30 名学生，调用一个 average 函数，分别求这两个班的学生的平均成绩.

**算法设计：**现在需要解决的是怎样用同一个函数求两个不同长度的数组的平均值的问题. 在定义 average 函数时不必指定数组的长度，在形参表中增加一个整型变量 i，从主函数把数组的实际长度分别从实参传递给形参 i. 这个 i 用来在 average 函数中控制循环的次数. 这就解决了用同一个函数求两个不同长度的数组的平均值问题.

为简化，设两个班的学生数分别为 5 和 10.

**程序编写：**

```
#include <stdio.h>
int main(){
    float average(float array[],int n);
    float score1[5]={98.5,97,91.5,60,55};              //定义长度为 5 的数组
    float score2[10]={67.5,89.5,99,69.5,77,89.5,76.5,54,60,99.5};
                                                        //定义长度为 10 的数组
```

```
    printf("The average of class A is %6.2f\n",average(score1,5));
                            //用数组名 score1 和 5 作实参
    printf("The average of class B is %6.2f\n",average(score2,10));
                            //用数组名 score2 和 10 作实参
    return 0;
}
float average(float array[],int n){    //定义 average 函数,未指定形参数组长度
    int i;
    float aver,sum=array[0];
    for(i=1;i<n;i++)
        sum=sum+array[i];              //累加 n 个学生成绩
    aver=sum/n;
    return(aver);
}
```

运行结果：

```
The average of class A is  80.40
The average of class B is  78.20
```

**程序分析**：程序的作用是分别求出数组 score1(有 5 个元素)和数组 score2(有 10 个元素)各元素的平均值.两次调用 average 函数时需要处理的数组元素个数是不同的,在第 1 次调用时将实参(值为 5)传递给形参 n,表示求 5 个学生的平均分.第 2 次调用时,求 10 个学生的平均分.

**注意**：用数组名作函数实参时,不是把数组元素的值传递给形参,而是把实参数组的首元素的地址传递给形参数组,这样两个数组就占同一段内存单元.实参数组为 a,形参数组为 b 时,若 a 的首元素的地址为 1000,则 b 数组首元素的地址也是 1000,显然,a[0]与 b[0]同占一个单元……假如 b[0]的值改变了,也就意味着 a[0]的值也改变了.也就是说,形参数组中各元素的值如发生变化会使实参数组元素的值同时发生变化.这一点是与变量作函数参数的情况不同的,需要特别注意.在程序设计中常有意识地利用这一特点改变实参数组元素的值(如排序).

**【例 1.63】** 用选择法对数组中 10 个整数按由小到大的顺序排序.

**算法设计**：所谓选择法就是先将 10 个数中最小的数与 a[0]对换;再将 a[1]~a[9]中最小的数与 a[1]对换……每比较一轮,找出一个未经排序的数中最小的一个.共比较 9 轮.下面以 5 个数为例说明选择法的步骤.

| a[0] | a[1] | a[2] | a[3] | a[4] | |
|---|---|---|---|---|---|
| 3 | 6 | 1 | 9 | 4 | 未排序时的情况 |
| 1 | 6 | 3 | 9 | 4 | 将 5 个数中最小的数 1 与 a[0]对换 |
| 1 | 3 | 6 | 9 | 4 | 将余下的后面 4 个数中最小的数 3 与 a[1]对换 |
| 1 | 3 | 4 | 9 | 6 | 将余下的 3 个数中最小的数 4 与 a[2]对换 |
| 1 | 3 | 4 | 6 | 9 | 将余下的 2 个数中较小的数 6 与 a[3]对换 |

至此排序完成.
**程序编写:**

```c
#include <stdio.h>
int main(){
    void sort(int array[],int n);
    int a[10],i;
    printf("enter array:\n");
    for(i=0;i<10;i++)
        scanf("%d",&a[i]);
    sort(a,10);                          //调用 sort 函数,a 为数组名,大小为 10
    printf("The sorted array:\n");
    for(i=0;i<10;i++)
        printf("%d ",a[i]);
    printf("\n");
    return 0; }
void sort(int array[],int n){
    int i,j,k,t;
    for(i=0;i<n-1;i++){
        k=i;
        for(j=i+1;j<n;j++)
            if(array[j]<array[k]) k=j;
        t=array[k];array[k]=array[i];array[i]=t;
    }
}
```

**运行结果:**

```
enter array:
1 2 3 4 5 11 43 3 2 6
The sorted array:
1 2 2 3 3 4 5 6 11 43
```

**程序分析:** 可以看到在执行函数调用语句"sort(a,10);"之前和之后,a 数组中各元素的值是不同的. 原来是无序的,执行"sort(a,10);"后,a 数组已经排好序了,这是由于形参数组 array 已用选择法进行排序了,形参数组改变也使实参数组随之改变.

在执行 sort 函数中的 for 循环时,当 i 为 0 时,将 array[0]与 array[1]~array[9]比较,只要发现某一个数组元素 array[j]的值小于 array[0],就将它的下标 j 存放在变量 k 中,执行完内循环(j 循环)后,k 中存放的是 array[0]~array[9]中最小数的下标,然后将该元素与 array[0]对换. 当执行第 2 次外循环时,i 等于 1,将 array[1]与 array[2]~array[9]比较,最后将 array[1]~array[9]中最小数与 array[1]对换,其余类推.

### 3. 多维数组名作函数参数

多维数组元素可以作函数参数,这点与前述的情况类似.

可以用多维数组名作为函数的实参和形参,在被调用函数中对形参数组定义时可以指定每一维的大小,也可以省略第一维的大小说明. 例如:

```
int array[3][10];
```

或

```
int array[][10];
```

二者都合法而且等价.但是不能把第2维以及其他高维的大小说明省略.如下面的定义是不合法的:

```
int array[][];
```

因为二维数组是由若干个一维数组组成的,在内存中,数组是按行存放的,因此,在定义二维数组时,必须指定列数(即一行中包含几个元素),由于形参数组与实参数组类型相同,所以它们是由具有相同长度的一维数组所组成的.不能只指定第1维(行数)而省略第2维(列数),下面的写法是错误的:

```
int array[3][];
```

在第2维大小相同的前提下,形参数组的第1维可以与实参数组不同.例如,实参数组定义为

```
int score[5][10];
```

而形参数组定义为

```
int array[][10];
```

或

```
int array[8][10];
```

以上均可以.这时形参数组和实参数组都是由相同类型和大小的一维数组组成的.C语言编译系统不检查第1维的大小.

**【例 1.64】** 有一个 3×4 的矩阵,求所有元素中的最大值.

**算法设计**:先使变量 max 的初值等于矩阵中第1个元素的值,然后将矩阵中各个元素的值与 max 相比,每次比较后都把大者存放在 max 中,全部元素比较完后,max 的值就是所有元素的最大值.

**程序编写**:

```
#include<stdio.h>
int main(){
    int max_value(int array[][4]);                          //函数声明
    int a[3][4]={{1,3,5,7},{2,4,6,8},{15,17,34,12}};        //对数组元素赋初值
    printf("Max value is %d\n",max_value(a));               //max_value(a)为函数调用
    return 0;
```

```
}
int max_value(int array[][4]){                    //函数定义
    int i,j,max;
    max=array[0][0];for(i=0;i<3;i++)
    for(j=0;j<4;j++)
        if(array[i][j]>max) max=array[i][j];       //把大者放在max中
    return(max);
}
```

运行结果：

```
Max value is 34
```

**程序分析**：形参数组 array 第 1 维的大小省略，第 2 维大小不能省略，而且要和实参数组 a 的第 2 维的大小相同.在主函数调用 max_value 函数时，把实参二维数组 a 的第 1 行的起始地址传递给形参数组 array，因此 array 数组第 1 行的起始地址与 a 数组的第 1 行的起始地址相同.由于两个数组的列数相同，因此 array 数组第 2 行的起始地址与 a 数组的第 2 行的起始地址相同.a[i][j]与 array[i][j]同占一个存储单元，它们具有同一个值.实际上，array[i][j]就是 a[i][j]，在函数中对 array[i][j]的操作就是对 a[i][j]的操作.

## 第八节

## 指针

指针是 C 语言中的一个重要概念，也是 C 语言的一个重要特色.正确而灵活地运用它，可以使程序简洁、紧凑、高效.

为了说清楚什么是指针，必须先弄清楚数据在内存中是如何存储的，又是如何读取的.如果在程序中定义了一个变量，在对程序进行编译时，系统就会给这个变量分配内存单元.编译系统根据程序中定义的变量类型，分配一定长度的空间.例如，Dev-C++为整型变量分配 4 个字节，为单精度浮点型变量分配 4 个字节，为字符型变量分配 1 个字节.内存区的每一个字节有一个编号，这就是"地址"，它相当于旅馆中的房间号.在地址所标识的内存单元中存放的数据则相当于旅馆房间中居住的旅客.

由于通过地址能找到所需的变量单元，可以说，地址指向该变量单元.打个比方，一个房间的门口挂了一个房间号 2008，这个 2008 就是房间的地址，或者说，2008"指向"该房间.因此，将地址形象化地称为"指针".意思是通过它能找到以它为地址的内存单元.

## 一、指针变量

请务必弄清楚"存储单元的地址"和"存储单元的内容"这两个概念的区别,假设程序已定义了3个整型变量i,j,k,在程序编译时,系统可能分配地址为2000~2003的4个字节给变量i,2004~2007的4个字节给j,2008~2011的4个字节给k(不同的编译系统在不同次的编译中,分配给变量的存储单元的地址是不相同的)(图1.41).在程序中一般通过变量名来引用变量的值,例如:

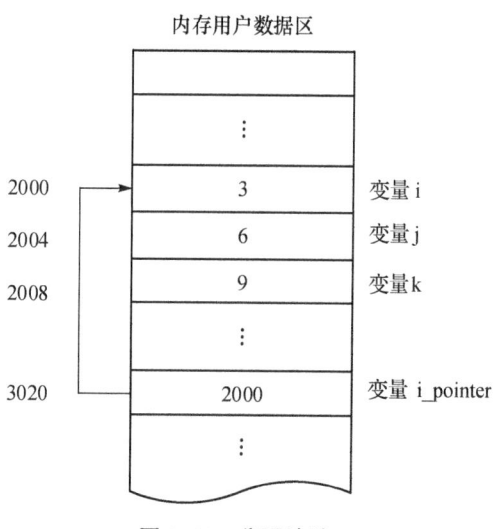

图1.41 分配地址

```
printf("%d\n",i);
```

在编译时,系统已为变量i分配了按整型存储的4个字节,并建立了变量名和地址的对应表,因此在执行上面语句时,首先通过变量名找到相应的地址,从该4个字节中按照整型数据的存储方式读出整型变量i的值,然后按十进制整数格式输出.

**注意**:对变量的访问都是通过地址进行的.

假如有输入语句

```
scanf("%d",&i);
```

在执行时,通过地址符 & 把从键盘输入的值送到地址为2000开始的整型存储单元中.如果有语句

```
k=i+j;
```

则从2000~2003字节取出i的值(3),再从2004~2007字节取出j的值(6),将它们相加后再将其和(9)送到k所占用的2008~2011字节单元中.

这种直接按变量名进行的访问,称为"直接访问"方式.

还可以采用另一种称为"间接访问"的方式,即将变量i的地址存放在另一变量中,然后通过该变量来找到变量i的地址,从而访问i变量.

在C语言程序中,可以定义整型变量、浮点型变量、字符型变量等,也可以定义一种特殊的变量,用它存放地址.假设定义了一个变量i_pointer,用来存放整型变量的地址.可以通过下面语句将i的地址(2000)存放到i_pointer中.

```
i_pointer=&i;                    //将i的地址存放到i_pointer中
```

这时,i_pointer的值就是2000(即变量i所占用单元的起始地址).

要存取变量i的值,既可以用"直接访问"的方式,也可以采用"间接访问"的方式:先找到

存放变量i的地址的变量i_pointer,从中取出i的地址(2000),然后在该地址对应的存储单元中取出i的值(3)(图1.41).

为了将数值3送到变量中,可以有两种表示方法:

(1) 将3直接送到变量i所标识的单元中,例如"i=3;".

(2) 将3送到变量i_pointer所指向的单元(即变量i的存储单元),例如"*i_pointer=3;",其中*i_pointer表示i_pointer指向的对象.

指向就是通过地址来体现的.假设i_pointer中的值是变量i的地址(2000),这样就在i_pointer和变量i之间建立起一种联系,即通过i_pointer能知道i的地址,从而找到变量i的内存单元.

如果有一个变量专门用来存放另一变量的地址(即指针),则将它称为"指针变量".上述的i_pointer就是一个指针变量.指针变量就是地址变量,用来存放地址,指针变量的值是地址(即指针).

**注意**:区分"指针"和"指针变量"这两个概念.例如,可以说变量i的指针是2000,而不能说i的指针变量是2000.指针是一个地址,而指针变量是存放地址的变量.

### 1. 指针变量的示例

存放地址的变量是指针变量,它用来指向另一个对象(如变量、数组、函数等).那么,怎样定义和使用指针变量呢?

先分析一个例子.

**【例1.65】** 通过指针变量访问整型变量.

**算法设计**:先定义2个整型变量,再定义2个指针变量,分别指向这两个整型变量,通过访问指针变量,可以找到它们所指向的变量,从而得到这些变量的值.

**程序编写**:

```
#include <stdio.h>
int main(){
    int a=100,b=10;                      //定义整型变量a,b,并初始化
    int * pointer_1, * pointer_2;        //定义指向整型数据的指针变量pointer_1,
                                         //  pointer_2
    pointer_1=&a;                        //把变量a的地址赋给指针变量pointer_1
    pointer_2=&b;                        //把变量b的地址赋给指针变量pointer_2
    printf(" a=%d,b=%d\n",a,b);          //输出变量a和b的值
    printf("*pointer_1=%d, *pointer_2=%d\n",*pointer_1,*pointer_2);
                                         //输出变量a和b的值
    return 0;
}
```

**运行结果**:

```
 a= 100,b=10
*pointer_1=100,*pointer_2= 10
```

(1) 在开头处定义了两个指针变量 pointer_1 和 pointer_2. 但此时它们并未指向任何一个变量,只是提供两个指针变量,规定它们可以指向整型变量,至于指向哪一个整型变量,要在程序语句中指定. 程序第 5、第 6 两行的作用就是使 pointer_1 指向 a, pointer_2 指向 b, 此时 pointer_1 的值为 &a(即 a 的地址), pointer_2 的值为 &b(即 b 的地址).

(2) 第 7 行输出变量 a 和 b 的值 100 和 10. 第 8 行输出 *pointer_1 和 *pointer_2 的值. 其中的"*"表示"指向". *pointer_1 表示"指针变量 pointer_1 所指向的变量",也就是变量 a. *pointer_2 表示"指针变量 pointer_2 所指向的变量",也就是变量 b. 从运行结果看到,它们的值也是 100 和 10.

(3) 程序中有两处出现 *pointer_1 和 *pointer_2, 二者的含义不同. 程序第 4 行的 *pointer_1 和 *pointer_2 表示定义两个指针变量 pointer_1 和 pointer_2. 它们前面的"*"只是表示该变量是指针变量. 程序第 8 行 printf 函数中的 *pointer_1 和 *pointer_2 则代表指针变量 pointer_1 和 pointer_2 所指向的变量.

**注意**:定义指针变量时,左侧应有类型名,否则就不是定义指针变量. 例如:

```
*pointer_1;                    //错误,企图定义 pointer_1 为指针变量
int *pointer_1;                //正确,必须指定指针变量的基类型
```

### 2. 指针变量的定义

在例 1.65 中已看到怎样定义指针变量,定义指针变量的一般形式为

类型名 * 指针变量名;

如:

```
int *pointer_1, *pointer_2;
```

左端的 int 是在定义指针变量时必须指定的基类型. 指针变量的基类型用来指定此指针变量可以指向的变量的类型. 例如,上面定义的基类型为 int 的指针变量 pointer_1 和 pointer_2, 可以用来指向整型变量 i 和 j, 但不能指向浮点型变量 a 和 b.

**说明**:前面介绍过基本的数据类型(如 int, char, float 等),既然有这些类型的变量,就可以有指向这些类型变量的指针,因此,指针变量是基本数据类型派生出来的类型,它不能离开基本类型而独立存在.

下面都是合法的定义:

```
float *pointer_3;     //pointer_3 是指向 float 型变量的指针变量,简称 float 指针
char *pointer_4;      //pointer_4 是指向字符型变量的指针变量,简称 char 指针
```

可以在定义指针变量时,同时对它初始化,如:

```
int *pointer_1=&a, *pointer_2=&b;
            //定义分别指向 a,b 的指针变量 pointer_1,pointcr_2
```

**说明：**

在定义指针变量时要注意：

(1) 指针变量前面的"*"表示该变量为指针变量. 指针变量名是 pointer_1 和 pointer_2, 而不是 *pointer_1 和 *pointer_2. 这是与定义整型或实型变量的形式不同的. 例 1.65 程序第 5、第 6 行不应写成"*pointer_1=&a;"和"*pointer_2=&b;". 因为 a 的地址是赋给指针变量 pointer_1, 而不是赋给 *pointer_1(即变量 a).

(2) 在定义指针变量时必须指定基类型. 因为不同类型的数据在内存中所占的字节数和存放方式是不同的. 指向一个整型变量和指向一个实型变量, 其物理上的含义是不同的.

从另一角度分析, 指针变量是用来存放地址的, 前面已介绍, C 语言的地址信息包括存储单元的位置(内存编号)和类型信息. 指针变量的属性应与之匹配. 例如：

```
int a, *p;
p=&a;
```

&a 不仅包含变量 a 的位置(如编号为 2000 的存储单元), 还包括"存储的数据是整型"的信息. 现在定义指针变量 p 的基类型为 int, 即它所指向的只能是整型数据. 这时 p 能接受 &a 的信息. 如果改为

```
float *p;
p=&a;
```

&a 是"整型变量 a 的地址". 在用 Dev-C++6.0 编译时就会出现一个警告(warning)："把一个 int* 型数据转换为 float* 数据". 在赋值时, 系统会把 &a 的基类型自动改为 float 型, 然后赋给 p. 但是 p 不能用这个地址指向整型变量. *p 的值为一个实数, 是整数 a 自动变换以后的实数, 将整数自动变换为实数一般不会影响计算结果, 但将实数自动变换为整数就会产生误差, 应予重视.

从以上可以知道指针或地址是包含有类型信息的. 应该使赋值号两侧的类型一致, 以避免出现意外结果. 一个指针变量只能指向同一个类型的变量, 不能忽而指向一个整型变量, 忽而又指向一个实型变量. 在前面定义的 pointer_1 和 pointer_2 只能指向整型数据.

一个变量的指针的含义包括两个方面, 一是以存储单元编号表示的纯地址(如编号为 2000 的字节), 二是它指向的存储单元数据的数据类型(如 int, char, float 等).

在说明变量类型时不能一般地说"a 是一个指针变量", 而应完整地说"a 是指向整型数据的指针变量, b 是指向单精度型数据的指针变量, c 是指向字符型数据的指针变量".

(3) 指向整型数据的指针类型表示为"int*", 读作"指向 int 的指针"或简称"int 指针". 可以有 int*, char*, float* 等指针类型, 如上面定义的指针变量 pointer_3 的类型是"float*", pointer_4 的类型是"char*". int*, float*, chat* 是 3 种不同的类型, 不能混淆.

(4) 指针变量中只能存放地址(指针), 不要将一个整数直接赋给一个指针变量. 如：

```
int *pointer_1=100;        //由于尚未给 pointer_1 赋值, 因此 pointer_1 中并无
                             确定的值, 其所指向单元也是不可预见的
```

以上语句原意是想将地址 100 赋给指针变量 pointer_1,但是系统无法辨别它是地址,从形式上看 100 是整常数,而整常数只能赋给整型变量,而不能赋给指针变量,否则判为非法. 在程序中是不能用一个数值代表地址的,地址只能用地址符"&"得到并赋给一个指针变量,如"pointer_1=&a;".

### 3. 指针变量的引用

在引用指针变量时,可能有 3 种情况:

(1) 给指针变量赋值. 如:

```
p=&a;                              //把 a 的地址赋给指针变量 p
```

指针变量 p 的值是变量 a 的地址,p 指向 a.

(2) 引用指针变量指向的变量.

如果已执行"p=&a;",即指针变量 p 指向了整型变量 a,则

```
printf("%d", *p);
```

其作用是以整数形式输出指针变量 p 所指向的变量的值,即变量 a 的值.

此时,可以执行以下赋值语句:

```
*p=1;
```

表示将整数 1 赋给 p 当前所指向的变量,如果 p 指向变量 a,则相当于把 1 赋给 a,即"a=1;".

(3) 引用指针变量的值. 如:

```
printf("%o",p);
```

作用是以八进制数形式输出指针变量 p 的值,如果 p 指向了 a,就是输出了 a 的地址,即 &a.

**注意**:要熟练掌握两个有关的运算符.

(1) 取地址运算符 &. &a 是变量 a 的地址.

(2) 指针运算符(或称"间接访问"运算符) *,*p 代表指针变量 p 指向的对象,* 后面可以有空格也可以没有空格.

下面是一个指针变量应用的例子.

**【例 1.66】** 输入 a 和 b 两个整数,按先大后小的顺序输出 a 和 b.

**算法设计**:用指针方法来处理这个问题. 不交换整型变量的值,而是交换两个指针变量的值.

**程序编写**:

```
#include<stdio.h>
int main(){
    int *p1,*p2,*p,a,b;              //p1,p2 的类型是 int * 类型
    printf("please enter two integer numbers:");
```

```
        scanf("%d,%d",&a,&b);              //输入两个整数
        p1=&a;                              //使 p1 指向变量 a
        p2=&b;                              //使 p2 指向变量 b
        if(a<b){                            //如果 a< b,使 p1 与 p2 的值互换
            p=p1;p1=p2;p2=p;
        printf("a=%d,b=%d\n" ,a,b);         //输出 a,b
        printf("max=%d,min=%d\n", * p1, * p2); //输出 p1 和 p2 所指向的变量的值
        return 0;
        }
}
```

运行结果:

```
please enter two integer numbers :5,9
a=5,b=9
max=9,min=5
```

**程序分析**:输入 a=5,b=9,由于 a<b,将 p1 和 p2 交换. 注意 a 和 b 的值并未交换,它们仍保持原值,但 p1 和 p2 的值改变了. p1 的值原为 &a,后来变成 &b,p2 原值为 &b,后来变成 &a. 这样在输出 * p1 和 * p2 时,实际上是输出变量 b 和 a 的值,所以先输出 9,然后输出 5. 程序第 9 行采用的是以前介绍过的方法:两个变量的值交换要利用第 3 个变量. 实际上,第 9 行可以改为

```
{p1=&b;p2=&a;}
```

即直接对 p1 和 p2 赋以新值,这样可以不必定义中间变量 p,使程序更加简练.

### 4. 指针变量作为函数参数

函数的参数不仅可以是整型、浮点型、字符型等数据,还可以是指针类型. 它的作用是将一个变量的地址传送到另一个函数中. 下面通过一个例子来说明.

**【例 1.67】** 对输入的两个整数按先大后小顺序输出. 现用函数处理,而且用指针类型的数据作函数参数.

**算法设计**:通过定义一个函数 swap,将指向两个整型变量的指针变量(内放两个变量的地址)作为实参传递给 swap 函数的形参指针变量,在函数中通过指针实现交换两个变量的值.

**程序编写**:

```
#include <stdio.h>
int main(){
    void swap(int * p1,int * p2);       //对 swap 函数的声明
    int a,b;
    int * pointer_1, * pointer_2;       //定义两个 int * 型的指针变量
    printf("please enter a and b:");
    scanf("%d,%d",&a,&b);                //输入两个整数
    pointer_1=&a;                        //使 pointer_1 指向 a
```

```
        pointer_2=&b;                              //使 pointer_2 指向 b
        if (a<b) swap(pointer_1,pointer_2);        //如果 a<b,调用 swap 函数
        printf("max=%d,min=%d\n",a,b);             //输出结果
        return 0;
}
void swap(int * p1,int * p2){                      //定义 swap 函数
        int temp;
        temp= * p1;                                //使 * p1 和 * p2 的值互换
        * p1= * p2;
        * p2=temp;
}
```

运行结果：

```
please enter a and b:2,3
max= 3,min=2
```

**程序分析**：swap 是自定义函数，它的作用是交换两个变量(a 和 b)的值. swap 函数的两个形参 p1 和 p2 是指针变量. 程序运行时，先执行 main 函数，输入 a 和 b 的值(现输入 2 和 3). 然后将 a 和 b 的地址分别赋给 int * 型变量 pointer_1 和 pointer_2，使 pointer_1 指向 a，pointer_2 指向 b. 接着执行 if 语句，由于 a＜b，执行 swap 函数. 注意实参 pointer_1 和 pointer_2 是指针变量，在函数调用时，将实参变量的值传送给形参变量，采取的依然是"值传递"方式. 因此虚实结合后形参 p1 的值为 &a，p2 的值为 &b. 这时 p1 和 pointer_1 都指向变量 a，p2 和 pointer_2 都指向 b. 接着执行 swap 函数的函数体，使 * p1 和 * p2 的值互换，也就是使 a 和 b 的值互换. 函数调用结束后，形参 p1 和 p2 不复存在(已释放). 最后在 main 函数中输出的 a 和 b 的值已是经过交换的值(a=9,b=5). 请注意交换 * p1 和 * p2 的值是如何实现的. 如果写成以下这样就有问题了：

```
void swap(int * p1,int * p2){
int * temp;
 * temp= * p1;                    //此语句有问题
p1= * p2;
p2= * temp;
```

* p1 就是 a，是整型变量. 而 * temp 是指针变量 temp 所指向的变量. 但由于未给 temp 赋值，因此 temp 中并无确定的值(它的值是不可预见的)，所以 temp 所指向的单元也是不可预见的. 所以对 * temp 赋值就是向一个未知的存储单元赋值，而这个未知的存储单元中可能存储着一个有用的数据，这样就有可能破坏系统的正常工作状况. 应该将 * p1 的值赋给与 * p1 相同类型的变量，在本例中用整型变量 temp 作为临时辅助变量实现 * p1 和 * p2 的交换.

**注意**：本例采取的方法是交换 a 和 b 的值，而 p1 和 p2 的值不变. 可以看到，在执行 swap 函数后，变量 a 和 b 的值改变了，这个改变不是通过将形参值传回实参来实现的. 请考虑一下能否通过下面的函数实现 a 和 b 互换.

```
void swap(int x,int y){
int temp;
temp=x;
x=y;
y=temp;}
```

如果在 main 函数中调用 swap 函数:

```
swap(a,b);
```

会有什么结果呢? 在函数调用时,a 的值传送给 x,b 的值传送给 y. 执行完 swap 函数后,x 和 y 的值是互换了,但并未影响到 a 和 b 的值. 在函数结束时,变量 x 和 y 释放了,main 函数中的 a 和 b 并未互换. 也就是说,由于单向传送的"值传递"方式,形参值的改变不能使实参的值随之改变.

为了使在函数中改变了的变量值能被主调函数 main 使用,不能采取上述把要改变值的变量作为参数的办法,而应该用指针变量作为函数参数,在函数执行过程中使指针变量所指向的变量值发生变化,函数调用结束后,这些变量值的变化依然保留下来,这样就实现了"通过调用函数使变量的值发生变化,在主调函数(如 main 函数)中可以使用这些改变了的值"的目的.

如果想通过函数调用得到 $n$ 个要改变的值,可以这样做:

① 在主调函数中设 $n$ 个变量,用 $n$ 个指针变量指向它们.

② 设计一个函数,有 $n$ 个指针形参. 在这个函数中改变这 $n$ 个形参的值.

③ 在主调函数中调用这个函数,在调用时将这 $n$ 个指针变量作实参,将它们的值,也就是相关变量的地址传给该函数的形参.

④ 在执行该函数的过程中,通过形参指针变量,改变它们所指向的 $n$ 个变量的值.

⑤ 主调函数中就可以使用这些改变了值的变量.

**注意**:不能企图通过改变指针形参的值而使指针实参的值改变. 请看下面的程序.

**【例 1.68】** 对输入的两个整数按先大后小顺序输出.

**算法设计**:尝试调用 swap 函数来实现题目要求. 在函数中改变形参(指针变量)的值,希望能由此改变实参(指针变量)的值.

**程序编写**:

```
#include <stdio.h>
int main(){
    void swap(int * p1,int * p2);
    int a,b;
    int * pointer_1, * pointer_2;          //pointer_1,pointer_2 是 int * 型变量
    printf("please enter two integer numbers:");
    scanf("%d,%d",&a,&b);
    pointer_1=&a;
    pointer_2=&b;
    if (a<b) swap(pointer_1,pointer_2);     //调用 swap 函数,用指针变量作实参
    printf("max=%d,min=%d\n", * pointer_1, * pointer_2);
```

```
    return 0;
}
void swap(int * p1,int * p2){               //形参是指针变量
    int * p;
    p=p1;                                    //下面3行交换p1和p2的值
    p1=p2;
    p2=p;
}
```

**运行结果：**

```
please enter two integer numbers :2,3
max= 2,min=3
```

**程序分析：** 从运行结果看，显然与题目要求不符．程序编写者的意图是：交换指针变量 pointer_1 和 pointer_2 的值，使 pointer_1 指向值大的变量．其设想是：

① 先使 pointer_1 指向 a，pointer_2 指向 b．

② 调用 swap 函数，将 pointer_1 的值传给 p1，pointer_2 的值传给 p2．

③ 在 swap 函数中使 p1 与 p2 的值交换．

④ 形参 p1 与 p2 将它们的值(地址)传回实参 pointer_1 和 pointer_2，使 pointer_1 指向 b，pointer_2 指向 a．然后输出 * pointer_1 和 * pointer_2，想得到输出"max=3，min=2"．

但是，这是办不到的，在输入"2,3"之后程序实际输出为"max=2，min=3"．问题出在第 ④步．C语言中实参变量和形参变量之间的数据传递是单向的"值传递"方式．用指针变量作函数参数时同样要遵循这一规则．不可能通过调用函数来改变实参指针变量的值，但是可以改变实参指针变量所指变量的值．

**注意：** 函数的调用可以(而且只可以)得到一个返回值(即函数值)，而使用指针变量作参数，可以得到多个变化了的值．如果不用指针变量是难以做到这一点的．要善于利用指针法．

【**例1.69**】 输入 3 个整数 a，b，c，要求按由大到小的顺序将它们输出．用函数实现．

**算法设计：** 采用例 1.67 的方法在函数中改变这 3 个变量的值．用 swap 函数交换两个变量的值，用 exchange 函数改变这 3 个变量的值．

**程序编写：**

```
#include <stdio.h>
int main(){
void exchange(int * q1,int * q2,int * q3);        //函数声明
int a,b,c, * p1, * p2, * p3;
    printf("please enter three numbers:" );
    scanf("%d,%d,%d",&a,&b,&c);
    p1=&a;p2=&b;p3=&c;
    exchange(p1,p2,p3);
    printf("The order is: %d,%d,%d\n",a,b,c);
    return 0;}
void exchange(int * q1,int * q2,int * q3){        //定义改变3个变量的值的函数
```

```
    void swap(int * pt1,int * pt2);      //函数声明
    if( * q1< * q2) swap(q1,q2);         //如果 a<b,交换 a 和 b 的值
    if( * q1< * q3) swap(q1,q3);         //如果 a<c,交换 a 和 c 的值
    if( * q2< * q3) swap(q2,q3);}        //如果 b<c,交换 b 和 c 的值
void swap(int * pt1,int * pt2){          //定义交换 2 个变量的值的函数
    int temp;
    temp= * pt1;                         //交换 * pt1 和 * pt2 变量的值
    * pt1= * pt2;
    * pt2=temp;}
```

运行结果:

```
please enter three numbers :20,-4,12
The order is: 20,12,-4
```

**程序分析**:exchange 函数的作用是对 3 个数按大小排序,在执行 exchange 函数过程中,要嵌套调用 swap 函数,swap 函数的作用是对两个数按大小排序.

## 二、指针与数组

### 1. 数组元素的指针

一个变量有地址,一个数组包含若干元素,每个数组元素都在内存中占用存储单元,它们都有相应的地址.指针变量既然可以指向变量,当然也可以指向数组元素(把某一元素的地址放到一个指针变量中).所谓数组元素的指针就是数组元素的地址.

可以用一个指针变量指向一个数组元素.例如:

```
int a[10]= {1,3,5,7,9,11,13,15,17,19};   //定义 a 为包含 10 个整型数据的数组
int * p;                                 //定义 p 为指向整型变量的指针变量
p= &a[0];                                //把 a[0]元素的地址赋给指针变量 p
```

以上是使指针变量 p 指向 a 数组的序号为 0 的元素(图 1.42).

引用数组元素可以用下标法(如 a[3]),也可以用指针法,即通过指向数组元素的指针找到所需的元素.使用指针法能使目标程序质量高(占内存少,运行速度快).

在 C 语言中,数组名(不包括形参数组名)代表数组中首元素(即序号为 0 的元素)的地址.因此,下面两个语句等价:

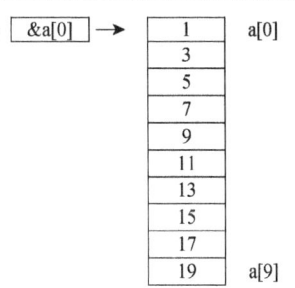

图 1.42 指针变量 p 指向 a 数组的序号为 0 的元素

```
p=&a[0];         //p 的值是 a[0]的地址
p=a;             //p 的值是数组 a 首元素(即 a[0])的地址
```

**注意**:程序中的数组名不代表整个数组,只代表数组首元素的地址.上述"p=a;"的作用是"把 a 数组的首元素的地址赋给指针变量 p",而不是"把数组 a 各元素的值赋给 p".

在定义指针变量时可以对它初始化,如:

```
int * p=&a[0];
```

它等效于下面两行:

```
int * p;
p=&a[0];                              //不应写成 * p=&a[0];
```

当然定义时也可以写成

```
int * p=a;
```

它的作用是将 a 数组首元素(即 a[0])的地址赋给指针变量 p(而不是赋给 * p)。

**2. 引用数组元素时指针的运算**

在引用数组元素时常常会遇到指针的算术运算. 前面已反复说明指针就是地址. 对地址进行赋值运算是没有问题的,在一定条件下允许对指针进行加和减的运算,但是对地址进行乘和除的运算是没有意义的. 当指针指向数组元素的时候,需要而且可以对指针进行加和减的运算. 譬如,指针变量 p 指向数组元素 a[0],我们希望用 p+1 表示指向下一个元素 a[1]. 如果能实现这样的运算,就会为引用数组元素提供很大的方便.

在指针已指向一个数组元素时,可以对指针进行以下运算:

加一个整数(用+或+=),如 p+1.

减一个整数(用-或-=),如 p-1.

自加运算,如 p++,++p.

自减运算,如 p--,--p.

两个指针相减,如 p1-p2(只有 p1 和 p2 都指向同一数组中的元素时才有意义).

分别说明如下:

(1) 如果指针变量 p 已指向数组中的一个元素,则 p+1 指向同一数组中的下一个元素,p-1 指向同一数组中的上一个元素.

**注意**:执行 p+1 时并不是将 p 的值(地址)简单地加 1,而是加上一个数组元素所占用的字节数. 例如,数组元素是 float 型,每个元素占 4 个字节,则 p+1 意味着使 p 的值(地址)加 4 个字节,以使它指向下一元素. p+1 所代表的地址实际上是 $p+1 \times d$,$d$ 是一个数组元素所占的字节数(在 Dev-C++中,对 int 型,$d=4$;对 float 型,$d=4$;对 char 型,$d=1$). 若 p 的值是 2000,则 p+1 的值不是 2001,而是 2004.

在定义指针变量时必须指定基类型,如:

```
float * p;                            //指针变量 p 的基类型为 float
```

现在 p 指向 float 型的数组元素,在执行++p 时,系统会根据 p 的基类型为 float 型而将其值加 4,这样 p 就指向 float 型数组的下一个元素.

如果 p 原来指向 a[0],执行++p 后 p 的值改变了,在 p 的原值基础上加 $d$,这样 p 就指向数组的下一个元素 a[1].

(2) 如果 p 的初值为 &a[0],则 p+i 和 a+i 就是数组元素 a[i] 的地址,或者说,它们指向 a 数组序号为 i 的元素. 这里需要注意的是 a 代表数组首元素的地址,a+1 也是地址,它的计算方法同 p+1,即它的实际地址为 $a+1\times d$. 例如,p+9 和 a+9 的值是 &a[9],它指向 a[9].

(3) *(p+i) 或 *(a+i) 是 p+i 或 a+i 所指向的数组元素,即 a[i]. 例如,*(p+5) 或 *(a+5) 就是 a[5]. 即:*(p+5),*(a+5) 和 a[5] 三者等价. 实际上,在编译时,对数组元素 a[i] 就是按 *(a+i) 处理的,即按数组首元素的地址加上相对位移量得到要找的元素的地址,然后找出该单元中的内容. 若数组 a 的首元素的地址为 1000,设数组为 float 型,则 a[3] 的地址是这样计算的:$1000+3\times 4=1012$,然后从 1012 地址所指向的 float 型单元取出元素的值,即 a[3] 的值.

说明:[]实际上是变址运算符,即将 a[i] 按 a+i 计算地址,然后找出此地址单元中的值.

(4) 如果指针变量 p1 和 p2 都指向同一数组中的元素,那么执行 p2-p1 的结果是 p2-p1 的值(两个地址之差)除以数组元素的长度. 假设,p2 指向实型数组元素 a[5],p2 的值为 2020,p1 指向 a[3],其值为 2012,则 p2-p1 的结果是 $(2020-2012)/4=2$. 这个结果是有意义的,表示 p2 所指的元素与 p1 所指的元素之间差 2 个元素. 这样,人们就不需要具体地知道 p1 和 p2 的值,然后去计算它们的相对位置,而是直接用 p2-p1 就可知道它们所指元素的相对距离.

注意:两个地址不能相加,如 p1+p2 是无实际意义的.

### 3. 通过指针引用数组元素

根据以上叙述,引用一个数组元素,可以用下面两种方法:

(1) 下标法,如 a[i] 形式;

(2) 指针法,如 *(a+i) 或 *(p+i). 其中 a 是数组名,p 是指向数组元素的指针变量,其初值 p=a.

【例 1.70】 有一个整型数组 a,有 10 个元素,要求输出数组中的全部元素.

**算法设计**:引用数组中各元素的值有三种方法:

(1) 下标法,如 a[3];

(2) 通过数组名计算数组元素地址,找出元素的值;

(3) 用指针变量指向数组元素.

分别写出程序并比较分析.

(1) 下标法.

**程序编写:**

```
#include <stdio.h>
int main(){
    int a[10];
    int i;
    printf("please enter 10 integer numbers:");
```

```
    for(i=0;i<10;i++)
        scanf("%d",&a[i]);
    for(i=0;i<10;i++)
        printf("%d",a[i]);                    //数组元素用数组名和下标表示
    printf("%\n");
    return 0; }
```

**运行结果:**

```
please enter 10 integer numbers:1 2 3 4 5 6 7 8 9 10
1 2 3 4 5 6 7 8 9 10
```

(2) 通过数组名计算数组元素地址,找出元素的值.

**程序编写:**

```
#include<stdio.h>
int main(){
    int a[10];
    int i;
    printf("please enter 10 integer numbers:");
    for(i=0;i<10;i++)
        scanf("%d",&a[i]);
    for(i=0;i<10;i++)
        printf("%d",*(a+i));      //通过数组名和元素序号计算元素地址,再找到该元素
    printf("\n");
    return 0;}
```

**运行结果:**

与(1)相同.

**程序分析:** 以上程序第 9 行中(a+i)是 a 数组中序号为 i 的元素的地址,*(a+i)是该元素的值. 第 7 行中用 &a[i]表示 a[i]元素的地址,也可以改用(a+i)表示,即:

```
scanf("%d",a+i);
```

(3) 用指针变量指向数组元素.

**程序编写:**

```
#include <stdio.h>
int main(){
    int a[10];
    int *p,i;
    printf("please cnter 10 integer numbers:");
    for(i=0;i<10;i++)
        scanf("%d",&a[i]);
    for(p=a;p<(a+10);p++)
        printf("%d",*p);                       //用指针指向当前的数组元素
```

```
    printf("\n");
    return 0;
}
```

**运行结果：**

与(1)相同.

**程序分析：** 以上程序第 8 行先使指针变量 p 指向 a 数组的首元素(序号为 0 的元素,即 a[0]),接着在第 9 行输出 *p, *p 就是 p 当前指向的元素(即 a[0])的值.然后执行 p++, 使 p 指向下一个元素 a[1],再输出 *p,此时 *p 是 a[1]的值,依此类推,直到 p=a+10,此时停止执行循环体.

第 6、第 7 行可以改为

```
for (p=a;p<(a+10);p++)
    scanf("%d",p);
```

用指针变量表示当前元素的地址.

三种方法的比较：

- 例 1.70 的第(1)和第(2)种方法执行效率是相同的.C 语言编译系统是将 a[i]转换为 *(a+i)处理的,即先计算元素地址.因此用第(1)和第(2)种方法找数组元素费时较多.

- 第(3)种方法比第(1)、第(2)种方法快,用指针变量直接指向元素,不必每次都重新计算地址,像 p++这样的自加操作是比较快的.这种有规律地改变地址值(p++)能大大提高执行效率.

- 用下标法比较直观,能直接知道是第几个元素.例如,a[5]是数组中序号为 5 的元素(注意序号从 0 算起).用地址法或指针变量的方法不直观,难以很快地判断出当前处理的是哪一个元素.例如,例 1.70 第(3)种方法所用的程序,要仔细分析指针变量 p 的当前指向,才能判断当前输出的是第几个元素.有经验的专业人员往往喜欢用第(3)种方法,用 p++进行控制,使程序简洁、高效.初学者在开始时可用第(1)种方法,直观、不易出错.

在使用指针变量指向数组元素时,有以下几个问题要注意：

(1) 可以通过改变指针变量的值指向不同的元素.例如,上述第(3)种方法是用指针变量 p 来指向元素,用 p++使 p 的值不断改变从而指向不同的元素.

如果不用 p 变化的方法而用数组名 a 变化的方法(例如,用 a++)行不行呢?假如将上述第(3)种方法中的程序的第 8、第 9 两行改为

```
for(p=a;a<(p+10);a++)
    printf("%d",*a);
```

这是不行的.因为数组名 a 代表数组首元素的地址,它是一个指针型常量,它的值在程序运行期间是固定不变的.既然 a 是常量,所以 a++是无法实现的.

(2) 要注意指针变量的当前值.请看下面的例子.

**【例 1.71】** 通过指针变量输出整型数组 a 的 10 个元素.

**算法设计**：用指针变量 p 指向数组元素，通过改变指针变量的值，使 p 先后指向 a[0]～a[9] 各元素．

**程序编写**：

```c
#include <stdio.h>
int main(){
    int *p,i,a[10];
    p=a;                                  //p指向a[0]
    printf("please enter 10 integer numbers:");
    for(i=0;i<10;i++)
        scanf("%d",p++);                  //输入10个整数给a[0]～a[9]
    for(i=0;i<10;i++,p++)
        printf("%d",*p);                  //想输出a[0]～a[9]
    printf("\n");
    return 0;
}
```

**运行结果**：

```
please enter 10 integer numbers:0 1 2 3 4 5 6 7 8 9
27 0 0 3 6487576 0 12344448 0 4199400 0
```

（在不同的环境中运行时显示的数据可能与上面的有所不同）.

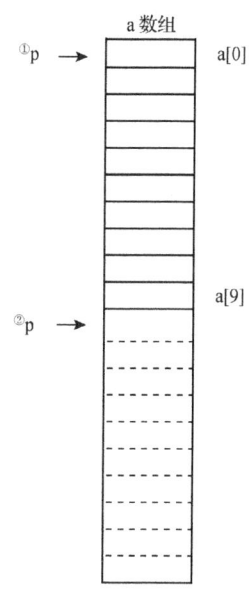

**程序分析**：显然输出的数值并不是 a 数组中各元素的值．需要检查和分析程序．程序问题出在指针变量 p 的指向．仔细分析 p 的值的变化过程可知，指针变量 p 的初始值为 a 数组首元素（即 a[0]）的地址（图 1.43 中的①），经过第 1 个 for 循环读入数据后，p 已指向 a 数组的末尾（图 1.43 中②）．因此，在执行第 2 个 for 循环时，p 的起始值不是 &a[0] 了，而是 a+10．执行第 2 个 for 循环时，每次要执行 p++，因此 p 指向的是 a 数组下面的 10 个存储单元，而这些存储单元中的值是不可预料的．

解决这个问题的办法是，在第 2 个 for 循环之前加一个赋值语句：

`p= a;`

使 p 的初始值重新等于 &a[0]，这样结果就对了．

图 1.43  p 的指向

**程序修改**：

```c
#include <stdio.h>
int main(){
    int i,a[10], *p=a;                    //p的初值是a,p指向a[0]
    printf("please enter 10 integer numbers:");
    for(i=0;i<10;i++)
        scanf("%d",p++);
```

```
        p=a;                        //重新使p指向a[0]
        for(i=0;i<10;i++,p++)
            printf("%d",*p);
        printf("\n");
        return 0;
    }
```

运行结果:

```
please enter 10 integer numbers :0 1 2 3 4 5 6 7 8 9
0 1 2 3 4 5 6 7 8 9
```

显然结果正确.

(1) 从例1.71可以看到,虽然定义数组时指定它包含10个元素,并用指针变量p指向某一数组元素,但是实际上指针变量p可以指向数组以后的存储单元. 如果在程序中引用数组元素a[10],虽然并不存在这个元素(最后一个元素是a[9]),但C语言编译系统并不认为它非法. 系统把它按*(a+10)处理,即先找出(a+10)的值(一个地址),然后找出它指向的单元[*(a+10)]的内容. 这样做虽然在编译时不出错,没有语法错误,但运行结果不是预期的,应避免出现这样的情况. 这是程序逻辑上的错误,这种错误比较隐蔽,初学者往往难以发现. 在使用指针变量指向数组元素时,应切实保证指向数组中有效的元素.

(2) 指向数组元素的指针变量也可以带下标,如p[i]. 有些人可能想不通,认为只有数组才能带下标,表示数组某一元素. 但是当指针变量指向数组元素时,指针变量也可以带下标. 因为在程序编译时,对下标的处理方法是转换为地址,将p[i]处理成*(p+i),如果p是指向一个整型数组元素a[0],则p[i]代表a[i]. 但是必须弄清楚p的当前值是什么. 如果当前p指向a[3],则p[2]并不代表a[2],而是a[3+2],即a[5]. 建议少用这种容易出错的方法.

**4. 数组名和指针变量作函数参数**

可以用数组名作函数的参数. 例如:

```
int main(){
    void fun(int arr[],int n);      //对fun函数的声明
    int array[10];                  //定义array数组
        ⋮
    fun(array,10);                  //用数组名作函数的参数
    return 0;
}
void fun(int arr[],int n){          //定义fun函数
    ⋮
}
```

array是实参数组名,arr为形参数组名. 当用数组名作参数时,如果形参数组中各元素的值发生变化,实参数组元素的值随之变化. 这究竟是什么原因呢? 在学习指针以后,对此

问题就容易理解了.

先看数组元素作实参时的情况.如果已定义一个函数,其原型为

```
void swap(int x,int y);
```

假设函数的作用是将两个形参(x,y)的值交换,今有以下的函数调用:

```
swap(a[1],a[2]);
```

用数组元素 a[1]和 a[2]作实参的情况,与用变量作实参时一样,是"值传递"方式,将 a[1]和 a[2]的值单向传递给 x 和 y.当 x 和 y 的值改变时,a[1]和 a[2]的值并不改变.

再看用数组名作函数参数的情况.前已介绍,实参数组名代表该数组首元素的地址,而形参是用来接收从实参传递过来的数组首元素地址的.因此,形参应该是一个指针变量(只有指针变量才能存放地址).实际上,C语言编译系统都是将形参数组名作为指针变量来处理的.例如,本小节开头给出的函数 fun 的形参是写成数组形式的:

```
fun(int arr[],int n);
```

但在程序编译时是将 arr 按指针变量处理的,相当于将函数 fun 的首部写成

```
fun(int * arr,int n);
```

以上两种写法是等价的.在该函数被调用时,系统会在 fun 函数中建立一个指针变量 arr,用来存放从主调函数传递过来的实参数组首元素的地址.

arr 接收了实参数组的首元素地址后,就指向实参数组首元素,也就是指向 array[0].因此,*arr 就是 array[0].arr+1 指向 array[1],arr+2 指向 array[2],arr+3 指向 array[3].也就是说,*(arr+1),*(arr+2),*(arr+3)分别是 array[1],array[2],array[3].根据前面介绍过的知识,*(arr+i)和 arr[i]是无条件等价的.因此,在调用函数期间,arr[0]和 *arr 以及 array[0]都代表数组 array 序号为 0 的元素,依此类推,arr[3],*(arr+3),array[3]都代表 array 数组序号为 3 的元素.

常通过调用一个函数来改变实参数组的值.

用变量名数组名作为函数参数的比较见表1.4.

表1.4 以变量名和数组名作为函数参数的比较

| 函数实参 | 变量名 | 数组名 |
| --- | --- | --- |
| 要求的函数形参 | 变量名 | 数组名或指针变量 |
| 传递的信息 | 变量的值 | 实参数组首元素的地址 |
| 通过函数调用能否改变实参的值 | 不能改变实参变量的值 | 能改变实参数组的值 |

**说明**:C语言中调用函数时虚实结合的方法都是"值传递"方式,当用变量名作为函数参数时传递的是变量的值,当用数组名作为函数参数时,由于数组名代表的是数组首元素地址,传递的是首元素地址的值,所以要求形参为指针变量.

在用数组名作为函数实参时,既然实际上相应的形参是指针变量,为什么还允许使用形

参数组的形式呢？这是因为在 C 语言中用下标法和指针法都可以访问一个数组(如果有一个数组 a,则 a[i]和*(a+i)无条件等价),用下标法表示比较直观,便于理解.因此许多人愿意用数组名作形参,以便与实参数组对应.从应用的角度看,我们可以认为有一个形参数组,它从实参数组那里得到起始地址,因此形参数组与实参数组指向同一段内存单元,在调用函数期间,如果改变了形参数组的值,也就是改变了实参数组的值.在主调函数中就可以利用这些已改变的值.对 C 语言比较熟练的专业人员往往喜欢用指针变量作形参.

**注意**:实参数组名代表一个固定的地址,或者说是指针常量,但形参数组名并不是一个固定的地址,而是按指针变量处理.

在调用函数进行虚实结合后,形参的值就是实参数组首元素的地址.在函数执行期间,它可以再被赋值.例如：

```
void fun(arr[],int n){printf("%d\n",x arr);      //输出 array[0]的值
arr=arr+3;                                        //形参数组名可以被赋值
printf("%d\n",*arr);                              //输出 array[3]的值
```

【**例 1.72**】 将数组 a 中 n 个整数按相反顺序存放.

**算法设计**:将 a[0]与 a[n−1]对换,再将 a[1]与 a[n−2]对换……直到将 a[int(n−1)/2]与 a[n−int((n−1)/2)−1]对换.今用循环处理此问题,设两个"位置指示变量"i 和 j,i 的初值为 0,j 的初值为 n−1.将 a[i]与 a[j]交换,然后使 i 的值加 1,j 的值减 1,再将 a[i]与 a[j]对换,直到 i=(n−1)/2 为止.

用一个函数 inv 来实现交换.实参用数组名 a,形参可用数组名,也可用指针变量名.

**程序编写**:

```
#include <stdio.h>
int main(){
    void inv(int x[],int n);                     //inv 函数声明
    int i,a[10]={3,7,9,11,0,6,7,5,4,2};
    printf("The original array :\n");
    for(i=0;i<10;i++)
        printf("%d",a[i]);                       //输出未交换时数组各元素的值
    printf("\n");
    inv(a,10);                                   //调用 inv 函数,进行交换
    printf("The array has been inverted:\n");
    for(i=0;i<10;i++)
        printf("%d",a[i]);                       //输出交换后数组各元素的值
    printf("\n");
    return 0; }
void inv(int x[],int n){                         //形参 x 是数组名
    int temp,i,j,m=(n-1)/2;
    for(i=0;i<=m;i++){
        j=n-1-i;
        temp=x[i];x[i]=x[j];x[j]=temp;           //把 x[i]和 x[j]交换
        }
    return; }
```

**运行结果:**

```
The original array :
3 7 9 11 0 6 7 5 4 2
The array has been inverted:
2 4 5 7 6 0 11 9 7 3
```

**程序分析**:在 main 函数中定义整型数组 a,并赋予初值.函数 inv 的形参数组名为 x.在定义 inv 函数时,可以不指定形参组 x 的大小(元素的个数).因为形参数组名实际上是一个指针变量,并不是真正地开辟一个数组空间(定义实参数组时必须指定数组大小,因为要开辟相应的存储空间).inv 函数的形参 n 用来接收需要处理的元素的个数.在 main 函数中有函数调用语句"inv(a,10);",表示对 a 数组的 10 个元素实行题目要求的颠倒排列.如果改为"inv(a,5);",则表示将 a 数组的前 5 个元素实行颠倒排列,此时,函数 inv 只处理 5 个数组元素.函数 inv 中的 m 是 i 值的上限,当 i≤m 时,循环继续执行;当 i>m 时,则结束循环过程.例如,若 n=10,则 m=4,最后一次 a[i]与 a[j]的交换是 a[4]与 a[5]交换(注意数组元素序号从 0 开始).

运行结果表明程序是正确的.

对这个程序可以作一些改动.将函数 inv 中的形参 x 改成指针变量.相应的实参仍为数组名 a,即数组 a 首元素的地址,将它传给形参指针变量 x,这时 x 就指向 a[0].x+m 是 a[m]元素的地址.设 i 和 j 以及 p 都是指针变量,用它们指向有关元素.i 的初值为 x,j 的初值为 x+n−1.使 *i 与 *j 交换就是使 a[i]与 a[j]交换.

**程序修改:**

```c
#include <stdio.h>
int main(){
    void inv(int * x,int n);
    int i,a[10]={3,7,9,11,0,6,7,5,4,2};
    printf("The original array:\n");
    for(i=0;i<10;i++)
        printf("%d",a[i]);
    printf("\n");
    inv(a,10);
    printf("The array has been inverted:\n");
    for(i=0;i<10;i++)
        printf("%d",a[i]);
    printf("\n");
    return 0;
}
void inv(int * x,int n){                    //形参 x 是指针变量
    int * p,temp, * i, * j,m=(n-1)/2;
    i=x;j=x+n-1;p=x+m;
    for(;i<=p;i++,j--)
        {temp= * i; * i= * j; * j=temp;}    // *i 与 *j 交换
```

```
        return;
}
```

运行结果：

```
The original array :
3 7 9 11 0 6 7 5 4 2
The array has been inverted:
2 4 5 7 6 0 11 9 7 3
```

**【例 1.73】** 改写例 1.72,用指针变量作实参.

程序编写：

```
#include <stdio.h>
int main(){
    void inv(int * x,int n);        //inv 函数声明
    int i,arr[10], * p=arr;         //指针变量 p 指向 arr[0]
    printf("The original array:\n");
    for(i=0;i<10;i++,p++)
        scanf("%d",p);              //输入 arr 数组的元素
    printf("\n");
    p=arr;                          //指针变量 p 重新指向 arr[0]
    inv(p,10);                      //调用 inv 函数,实参 p 是指针变量
    printf("The array has been inverted:\n");
    for(p=arr;p<arr+10;p++)
        printf("%d", * p);
    printf("\n");
    return 0; }
void inv(int * x,int n){            //定义 inv 函数,形参 x 是指针变量
    int * p,m,temp, * i, * j;
    m=(n-1)/2;
    i=x;j=x+n-1;p=x+m;
    for(;i<p;i++,j--)
        {temp= * i; * i= * j; * j=temp;}
    return; }
```

**注意**：上面的 main 函数中的指针变量 p 是有确定值的. 如果在 main 函数中不设数组,只设指针变量,就会出错,假如把主函数修改如下：

```
#include <stdio.h>
int main(){
    void inv(int * x,int n);        //inv 函数声明
    int i, * arr;                   //指针变量 arr 未指向数组元素
    printf("The original array:\n") ;
    for(i=0;i<=10;i++)
        scanf("%d",arr+i);
    printf("\n");
```

```
        inv(arr,10);                       //调用 inv 函数,实参 arr 是指针变量,但无指向
        printf("The array has been inverted :\n");
        for(i=0;i<10;i++)
            printf("%d",*(arr+i));
        printf("\n");
        return 0;
}
```

编译时出错,原因是指针变量 arr 没有确定值,无指向.

**注意**:如果用指针变量作实参,必须先使指针变量有确定值,指向一个已定义的对象.

**【例 1.74】** 用指针法对 10 个整数按由大到小的顺序排序.

**算法设计**:在主函数中定义数组 a 存放 10 个整数,定义 int * 型指针变量 p 并指向 a[0]. 定义函数 sort 使数组 a 中的元素按由大到小的顺序排列. 在主函数中调用 sort 函数,用指针变量 p 作实参. sort 函数的形参用数组名. 用选择法进行排序,选择法的算法前面已介绍过.

**程序编写**:

```
#include<stdio.h>
int main(){
    void sort(int x[],int n);             //sort 函数声明
    int i,*p,a[10];
    p=a;                                  //指针变量 p 指向 a[0]
    printf("please enter 10 integer numbers:");
    for(i=0;i<10;i++)
    scanf("%d",p++);                      //输入 10 个整数
    p=a;                                  //指针变量 p 重新指向 a[0]
    sort(p,10);                           //调用 sort 函数
    for(p=a,i=0;i<10;i++){
    printf("%d",*p);                      //输出排序后的 10 个数组元素
    p++;}
    printf("\n");
    return 0;}
void sort(int x[],int n){                 //定义 sort 函数,x 是形参数组名
    int i,j,k,t;
    for(i=0;i<n-1;i++){
        k=i;
        for(j=i+1;j<n;j++)
            if(x[j]>x[k]) k=j;
            if(k!=i)
                {t=x[i];x[i]=x[k];x[k]=t;}
            }
        }
```

**运行结果**:

```
please enter 10 integer numbers :1 -2 3 -4 5 -6 7 -8 9 -10
9 7 5 3 1 -2 -4 -6 -8 -10
```

**程序分析**：为了便于理解，函数 sort 中用数组名作为形参，用下标法引用形参数组元素，这样的程序很容易看懂. 当然也可以改用指针变量，这时 sort 函数的首部可以改为

```
sort(int * x,int n)
```

其他不改，程序运行结果不变.

可以看到，即使在函数 sort 中将 x 定义为指针变量，在函数中仍可用 x[i] 和 x[j] 这样的形式表示数组元素，它就是 x+i 和 x+j 所指的数组元素.

上面的 sort 函数等价于

```
void sort(int * x,int n) {                    //形参 x 是指针变量
    int i,j,k,t;
    for(i=0;i<n-1;i++){
        k=i;
        for(j=i+1;j<n;j++)
        if ( * (x+j)> * (x+k)) k=j;           // * (x+j)就是 x[j],其他亦然
        if (k!=i)
        {t= * (x+i); * (x+i)= * (x+k); * (x+k)=t;}
    }
}
```

指针的概念比较复杂，使用也比较灵活，初学时常会出错，因此在学习本小节内容时需多思考、多比较、多上机，在实践中掌握它.

## 第九节 结构体

C语言提供了一些由系统已定义好的数据类型，如 int，float，char 等，可以在程序中用它们定义变量，解决一般的问题，但是人们要处理的问题往往比较复杂，只有系统提供的类型还不能满足应用的要求，C语言允许根据需要自己建立一些数据类型，并用它来定义变量.

### 一、建立结构体类型

在前面所见到的程序中，所用的变量大多数是互相独立、无内在联系的. 例如定义了整型变量 a,b,c，它们都是单独存在的变量，在内存中的地址也是互不相干的，但在实际生活和工作中，有些数据是有内在联系的，是成组出现的. 例如，一个学生的学号、姓名、性别、年龄、成绩、家庭地址等项，是属于同一个学生的(图1.44).

| num | name | sex | age | score | addr |
|---|---|---|---|---|---|
| 10010 | Li Fang | M | 18 | 87.5 | Beijing |

**图 1.44　成组出现的数据**

可以看到性别(sex)、年龄(age)、成绩(score)、地址(addr)是属于学号为10010和名为Li Fang的学生的.如果将num,name,sex,age,score和addr分别定义为互相独立的简单变量,难以反映它们之间的内在联系.人们希望把这些数据组成一个组合数据,例如定义一个名为student_1的变量,在这个变量中包括学号、姓名、性别、年龄、成绩、地址等项.这样,使用起来就方便多了.

能否用一个数组来存放这些数据呢？显然不行,因为一个数组中只能存放同一类型的数据.例如整型数组可以存放学号或成绩,但不能存放姓名、性别、地址等字符型的数据.C语言允许自己建立由不同类型数据组成的组合型的数据结构,它称为结构体(structure).在其他一些高级语言中称为记录(record).

如果程序中要用到图1.44所表示的数据结构,可以在程序中自己建立一个结构体类型.例如:

```
struct Student
    {int num;                //学号为整型
    char name[20];           //姓名为字符串
    char sex;                //性别为字符型
    int age;                 //年龄为整型
    float score;             //成绩为实型
    char addr[30];           //地址为字符串
};                           //注意最后有一个分号
```

上面由程序设计者指定了一个结构体类型struct Student(struct是声明结构体类型时必须使用的关键字,不能省略),经过上面的指定,struct Student就是一个在本程序中可以使用的合法类型名,它向编译系统声明:这是一个结构体类型,它包括num,name,sex,age,score,addr等不同类型的成员.它和系统提供的标准类型(如int,char,float,double等)具有相似的作用,都可以用来定义变量,只不过int等类型是系统已声明的,而结构体类型是程序设计者根据需要在程序中指定的.

声明一个结构体类型的一般形式为

```
struct 结构体名
{成员表列};
```

**注意:** 结构体类型的名字是由一个关键字struct和结构体名组合而成的(例如struct Student).结构体名是自己指定的,又称结构体标记(structure tag),以区别于其他结构体类型.上面的结构体声明中Student就是结构体名(结构体标记).

花括号内是该结构体所包括的子项,称为结构体的成员(member).上例中的num,name,sex等都是成员.对各成员都应进行类型声明,即

```
类型名 成员名;
```

成员表列(member list)也称为域表(field list),每一个成员是结构体中的一个域.成员名命名规则与变量名相同.

**说明:**

(1) 结构体类型并非只有一种,而是可以设计出许多种结构体类型,例如除了可以建立上面的 struct Student 结构体类型外,还可以根据需要建立名为 struct Teacher, struct Worker 和 struct Date 等结构体类型,各自包含不同的成员.

(2) 结构体可以作为成员属于另一个结构体类型. 例如:

```
struct Date                         //声明一个结构体类型 struct Date
    {int month;                     //月
    int day;                        //日
    int year;                       //年
    };
struct Student                      //声明一个结构体类型 struct Student
    {int num;
    char name[20];
    char sex;
    int age;
    struct Date birthday;           //成员 birthday 属于 struct Date 类型
    char addr[30];
    };
```

先声明一个 struct Date 类型,它代表日期,包括 3 个成员:month(月),day(日),year(年). 然后在声明 struct Student 类型时,将成员 birthday 指定为 struct Date 类型. struct Student 的结构如图 1.45 所示. 已声明的类型 struct Date 与其他类型(如 int,char)一样可以用来声明成员的类型.

| num | name | sex | age | birthday | | | addr |
|---|---|---|---|---|---|---|---|
| | | | | month | day | year | |

图 1.45  struct Student 结构图

## 二、定义结构体类型变量

前面只是建立了一个结构体类型,它相当于一个模型,并没有定义变量,其中并无具体数据,系统对之也不分配存储单元. 相当于设计好了图纸,但并未建成具体的房屋. 为了能在程序中使用结构体类型的数据,应当定义结构体类型的变量,并在其中存放具体的数据. 可以采取以下两种方法定义结构体类型变量.

**1. 先声明结构体类型,再定义该类型的变量**

前面已声明了一个结构体类型 struct Student,可以用它来定义变量. 例如:

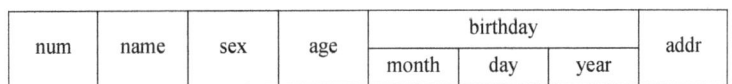

这种形式和定义其他类型的变量形式(如 int a,b;)是相似的. 上面定义了 student1 和 student2 为 struct Student 类型的变量,这样 student1 和 student2 就具有 struct Student 类

型的结构,如图 1.46 所示.

| student1 | Zhang Xin | 10001 | M | 19 | 90.5 | Shanghai |
| student2 | Wang Li | 10002 | F | 20 | 98 | Beijing |

**图 1.46　student1 和 student2 的 struct Student 类型结构**

在定义了结构体变量后,系统会为之分配内存单元.根据结构体类型中包含的成员情况,分离声明类型和定义变量,在声明类型后可以随时定义变量,比较灵活.

**2. 在声明类型的同时定义变量**

例如:

```
struct Student
{int num;
    char name[20];
    char sex;
    int age;
    float score;
    char addr[30];
}student1,student2;
```

它的作用与第一种方法相同,但是在定义 struct Student 类型的同时定义两个 struct Student 类型的变量 student1 和 student2.这种定义方法的一般形式为

```
struct 结构体名
{成员表列
}变量名表列;
```

声明类型和定义变量放在一起进行,能直接看到结构体的结构,比较直观,在写小程序时用此方式比较方便,但写大程序时,往往要求将对类型的声明和对变量的定义分别放在不同的地方,以使程序结构清晰,便于维护.

说明:

(1) 结构体类型与结构体变量是不同的概念,不要混淆.只能对变量赋值、存取或运算,而不能对一个类型赋值、存取或运算.在编译时,对类型是不分配空间的,只对变量分配空间.

(2) 结构体类型中的成员名可以与程序中的变量名相同,但二者不代表同一对象.例如,程序中可以另定义一个变量 num,它与 struct Student 中的 num 是两回事,互不干扰.

(3) 对结构体变量中的成员(即域),可以单独使用,它的作用与地位相当于普通变量.

## 三、结构体类型变量的初始化和引用

在定义结构体变量时,可以对它初始化,即赋予初始值.然后可以引用这个变量,例如输出它的成员的值.

【例1.75】 把一个学生的信息(包括学号、姓名、性别、住址)放在一个结构体变量中,然后输出这个学生的信息.

**算法设计**:先在程序中自己建立一个结构体类型,包括有关学生信息的各成员.然后用它来定义结构体变量,同时赋予初值(学生的信息).最后输出该结构体变量的各成员(即该学生的信息).

**程序编写**:

```
#include <stdio.h>
int main(){
    struct Student                          //声明结构体类型 struct Student
    {long int num;                          //以下4行为结构体的成员
    char name[20];
    char sex;
    char addr[20];
    }a={10101,"Li Lin",'M',"123 Beijing Road"}; //定义结构体变量a并初始化
    printf("NO.:% ld\nname: % s\nsex:% c\naddress:% s\n",a.num,a.name,a.sex,a.addr);
    return 0;
}
```

**运行结果**:

```
NO.:10101
name: Li Lin
sex: M
address:123 Beijing Road
```

**程序分析**:程序中声明了一个结构体名为 Student 的结构体类型,有4个成员.在声明类型的同时定义了结构体变量a,这个变量具有struct Student类型所规定的结构.在定义变量的同时,进行初始化.在变量名a后面的花括号中提供了各成员的值,将10101,"Li Lin",'M',"123 Beijing Road"按顺序分别赋给a变量中的成员 num,name 数组,sex,addr 数组.最后用 printf 函数输出变量中各成员的值.a.num 表示变量 a 中的 num 成员,同理,a.name 代表变量 a 中的 name 成员.

**说明**:

(1) 在定义结构体变量时可以对它的成员初始化.初始化列表是用花括号括起来的一些常量,这些常量依次赋给结构体变量中的各成员.注意:是对结构体变量初始化,而不是对结构体类型初始化.

(2) 可以引用结构体变量中成员的值,引用方式为

结构体变量名.成员名

例如,已定义了 student1 为 Student 类型的结构体变量,则 student1.num 表示 student1 变量中的 num 成员.

在程序中可以对变量的成员赋值,例如:

```
student1.num=10010;
```

"."是成员运算符,它在所有的运算符中优先级最高,因此可以把 student1.num 作为一个整体来看待,相当于一个变量.上面赋值语句的作用是将整数 10010 赋给 student1 变量中的成员 num.

(3) 不能企图通过输出结构体变量名来输出结构体变量所有成员的值.下面用法不正确:

```
printf("%s\n",student1);              //企图用结构体变量名输出所有成员的值
```

只能对结构体变量中的各个成员分别进行输入和输出.

(4) 如果成员本身又属一个结构体类型,则要用若干个成员运算符,一级一级地找到最低级的成员.只能对最低级的成员进行赋值或存取以及运算.如果在结构体 struct Student 类型的成员中包含另一个结构体 struct Date 类型的成员 birthday,则引用成员的方式为

```
student1.num(结构体变量 student1 中的成员 num)
student1.birthday.month(结构体变量 student1 中的成员 birthday 中的成员 month)
```

不能用 student1.birthday 来访问 student1 变量中的成员 birthday,因为 birthday 本身是一个结构体成员.

(5) 对结构体变量的成员可以像普通变量一样进行各种运算(根据其类型决定可以进行的运算).例如:

```
student2.score=student1.score;        //赋值运算
sum=student1.score+student2.score;    //加法运算
student1.age++;                       //自加运算
```

由于"."运算符的优先级最高,student1.age++是对 student1.age 进行自加运算,而不是先对 age 进行自加运算.

(6) 同类的结构体变量可以互相赋值,如:

```
student1=student2;    //假设 student1 和 student2 已定义为同类型的结构体变量
```

(7) 可以引用结构体变量成员的地址,也可以引用结构体变量的地址.例如:

```
scanf("%d",&student1.num);            //输入 student1.num 的值
printf("%o",&student1);               //输出结构体变量 student1 的起始地址
```

但不能用以下语句整体读入结构体变量,例如:

```
scanf("%d,%s,%c,%d,%f,%sin",&student1);
```

结构体变量的地址主要用作函数参数,传递结构体变量的地址.

【例 1.76】 输入两个学生的学号、姓名和成绩,输出成绩较高的学生的学号、姓名和成绩.

**算法设计:**

(1) 定义两个结构相同的结构体变量 student1 和 student2.

(2) 分别输入两个学生的学号、姓名和成绩.

(3) 比较两个学生的成绩,如果学生 1 的成绩高于学生 2 的成绩,就输出学生 1 的全部信息,如果学生 2 的成绩高于学生 1 的成绩,就输出学生 2 的全部信息. 如果两者相等,输出两个学生的全部信息.

**程序编写:**

```c
#include <stdio.h>
int main(){
    struct Student                          //声明结构体类型 struct Student
    {int num;
    char name[20];
    float score;
    }student1,student2;                     //定义两个结构体变量 student1,student2
    scanf("%d%s%f",&student1.num,student1.name,&student1.score);
                                            //输入学生 1 的数据
    scanf("%d%s%f",&student2.num,student2.name,&student2.score);
                                            //输入学生 2 的数据
    printf("The higher score is :\n");
    if (student1.score> student2.score)
        printf("%d %s %6.2f\n",student1.num,student1.name,student1.score);
    else if (student1.score<student2.score)
        printf("%d %s %6.2f\n",student2.num,student2.name,student2.score);
    else{
        printf("%d %s %6.2f\n",student1.num,student1.name,student1.score);
        printf("%d %s %6.2f\n",student2.num,student2.name,student2.score);
        }
return 0;
}
```

**运行结果:**

```
10101 wang 90
10103 li 89
The higher score is :
10101 wang   90.00
```

(1) student1 和 student2 是 struct Student 类型的变量. 在 3 个成员中分别存放学号、姓名和成绩.

(2) 用 scanf 函数输入结构体变量时,必须分别输入它们的成员的值,不能在 scanf 函数中使用结构体变量名一揽子输入全部成员的值. 注意在 scanf 函数中在成员 student1. num 和 student1. score 的前面都有地址符 &,而在 student1. name 前面没有 &,这是因为 name 是数组名,本身就代表地址,故不能画蛇添足地再加一个 &.

(3) 根据 student1. score 和 student2. score 的比较结果,输出不同学生的信息. 从这里

可以看到利用结构体变量的好处:由于 student1 是一个"组合项",内放有关联的一组数据,student1.score 是属于 student1 变量的一部分,如果确定了 student1.score 是成绩较高的,则输出 student1 的全部信息是轻而易举的,因为它们本来是互相关联、捆绑在一起的. 如果用普通变量则难以方便地实现这一目的.

### 四、 使用结构体数组

一个结构体变量中可以存放一组有关联的数据(如一个学生的学号、姓名、成绩等数据). 如果有 10 个学生的数据需要参加运算,显然应该用数组,这就是结构体数组. 结构体数组与以前介绍过的数值型数组的不同之处在于每个数组元素都是一个结构体类型的数据,它们都分别包括各个成员项. 工作和生活中使用的大部分表格都可以看作结构体数组.

**1. 定义和引用结构体数组**

下面举一个简单的例子来说明怎样定义和引用结构体数组.

【例 1.77】 有 3 个候选人,10 个选民,每个选民只能投票选一人,要求编写一个统计选票的程序,先后输入被选人的名字,最后输出各人得票结果.

**算法设计**:显然,需要定义一个结构体数组,数组中包含 3 个元素,每个元素中的信息应包括候选人的姓名(字符型)和得票数(整型). 输入被选人的姓名,然后与数组元素中的"姓名"成员比较,如果相同,就给这个元素中的"得票数"成员的值加 1. 最后输出所有元素的信息.

**程序编写**:

```c
#include<string.h>
#include<stdio.h>
struct Person                                    //声明结构体类型 struct Person
    {char name[20];                              //候选人姓名
     int count;                                  //候选人得票数
     }leader[3]={"li",0,"zhang",0,"sun",0};      //定义结构体数组并初始化
int main(){
    int i,j;
    char leader_name[20];                        //定义字符数组
    for(i=1;i<=10;i++){
        scanf("%s",leader_name);                 //输入被选人姓名
    for(j=0;j<3;j++)
        if(strcmp(leader_name,leader[j].name)==0)
            leader[j].count++;}
    printf("\n Result:\n");
    for(i=0;i<3;i++)
        printf("%5s:%d\n",leader[i].name,leader[i].count);
    return 0;
}
```

**运行结果:**

```
li
li
zhang
sun
sun
li
sun
zhang
sun
sun

 Result:
    li:3
 zhang:2
   sun:5
```

(先输入 10 张选票上所写的被选人的名字,然后由系统输出各人得票数)

**程序分析:** 定义一个全局的结构体数组 leader,它有 3 个元素,每一个元素包含两个成员 name(姓名)和 count(票数).在定义数组时使之初始化,

将"li"赋给 leader[0].name,0 赋给 leader[0].count,"zhang"赋给 leader[1].name,0 赋给 leader[1].count,"sun"赋给 leader[2].name,0 赋给 leader[2].count.这样,3 位候选人的票数全部先置零(图 1.47).

| name | count |
|---|---|
| li | 0 |
| zhang | 0 |
| sun | 0 |

**图 1.47  3 位候选人票数全部先置零**

在主函数中定义字符数组 leader_name,用它存放被选人的姓名.在每次循环中输入一个被选人姓名,然后把它与结构体数组中 3 个候选人姓名相比,看它和哪一个候选人的名字相同.其中,strcmp 是字符串比较函数,是 string compare 的缩写,作用是比较两个字符串,如两个字符串全部字符相同,则认为两个字符串相等,函数值为 0,否则为非 0.注意 leader_name 是和 leader 数组第 j 个元素的 name 成员相比,若输入的姓名与 leader[j].name 相等,就执行 leader[j].count++,由于成员运算符"."优先于自增运算符"++",它相当于(leader[j].count)++,使 leader[j]成员 count 的值加 1.在输入和统计结束之后,将 3 人的名字和得票数输出.

**说明:**

(1) 定义结构体数组一般形式时需注意:

① 在声明结构体类型的同时定义结构体数组:

struct 结构体名
  {成员表列} 数组名 [数组长度];

② 先声明一个结构体类型(如 struct Person),再用此类型定义结构体数组:

结构体类型 数组名 [数组长度];

如:

```
struct Person leader[3];                    //leader 是结构体数组名
```

（2）对结构体数组初始化的形式是在定义数组的后面加上

={初值表列};

如：

```
struct Person leader[3]={"Li",0,"Zhang",0,"Sun",0};
```

**2. 结构体数组的应用**

【**例 1.78**】 有 $n$ 个学生的信息（包括学号、姓名、成绩），要求按照成绩的高低顺序输出各学生的信息.

**算法设计**：用结构体数组存放 $n$ 个学生信息，采用选择法对各元素进行排序（进行比较的是各元素中的成绩）.

**程序编写**：

```
#include <stdio.h>
struct Student                              //声明结构体类型 struct Student
    {int num;
     char name[20];
     float score; };
int main(){
    struct Student stu[5]={{10101,"Zhang",78},
    {10103,"Wang",98.5},{10106,"L",86},
    {10108,"1ing",73.5},{10110,"Sun",100}}; //定义结构体数组并初始化
    struct Student temp;                    //定义结构体变量temp,用作交换时的临时变量
    const int n=5;                          //定义常变量n
    int i,j,k;
    printf("The order is:\n");
    for(i=0;i<n-1;i++)
        {k=i;
        for(j=i+1;j<n;j++)
            if(stu[j].score>stu[k].score) k=j;   //进行成绩的比较
            temp=stu[k];stu[k]=stu[i];stu[i]=temp;} //stu[k]和 stu[i]元素互换
    for(i=0;i<n;i++)
        printf("%6d %8s %6.2f\n",stu[i].num,stu[i].name,stu[i].score);
    printf("\n");
    return 0; }
```

**运行结果**：

```
The order is:
10110       Sun 100.00
10103      Wang  98.50
10106         L  86.00
10101     Zhang  78.00
10108      1ing  73.50
```

**程序分析:**

(1) 程序中定义了常变量 n,在程序运行期间它的值不能改变.如果学生数改为 30 人,只需把第 11 行改为"const int n=30;"即可,其余各行不必修改.也可以不用常变量,而用符号常量♯define N 5.

(2) 在定义结构体数组时进行初始化,为清晰起见,将每个学生的信息用一对花括号包起来,这样做比较方便阅读和检查,尤其是当数据量多时,这样是有好处的.

(3) 在执行第 1 次外循环时 i 的值为 0,经过比较找出 5 个成绩中最高成绩所在的元素的序号为 k,然后将 stu[k]与 stu[i]对换(对换时借助临时变量 temp).执行第 2 次外循环时 i 的值为 1,参加比较的只有 4 个成绩了,然后将这 4 个成绩中最高成绩所在的元素与 stu[1]对换.其余类推.注意临时变量 temp 也应定义为 struct Student 类型,只有同类型的结构体变量才能互相赋值.程序是将 stu[k]元素中所有成员和 stu[i]元素中所有成员整体互换(而不必人为地指定每个成员的互换).从这点也可以看到使用结构体类型的好处.

## 第十节

## 文件

### 一、文件的基本知识

文件有不同的类型,在程序设计中,主要用到两种文件:

(1) 程序文件.包括源程序文件(后缀为.c)、目标文件(后缀为.obj)、可执行文件(后缀为.exe)等.这种文件的内容是程序代码.

(2) 数据文件.文件的内容不是程序,而是供程序运行时读写的数据,如在程序运行过程中输出到磁盘(或其他外部设备)的数据,或在程序运行过程中供读入的数据,如一批学生的成绩数据、货物交易的数据等.

在前面所处理的数据的输入和输出,都是以终端为对象的,即从终端的键盘输入数据,运行结果输出到终端的显示器上.实际上,常常需要从数据文件读取数据,或将一些数据(运行的最终结果或中间数据)输出到磁盘上保存起来,以后需要时再从磁盘中输入计算机内存.

为了简化对输入和输出设备的操作,操作系统把各种设备都统一作为文件来处理,不必去区分各种输入和输出设备之间的区别.从操作系统的角度看,将每一个与主机相连的输入和输出设备看作一个文件.例如,终端键盘是输入文件,显示屏和打印机是输出文件.

文件(file)是程序设计中一个重要的概念.所谓"文件"一般指存储在外部介质上数据的集合.一批数据是以文件的形式存放在外部介质(如磁盘)上的.操作系统是以文件为单位对数据进行管理的,也就是说,如果想找存放在外部介质上的数据,必须先按文件名找到所指定的文件,然后从该文件中读取数据.要在外部介质上存储数据也必须先建立一个文件(以文件名作为标志),才能向它输出数据.

一个文件要有一个唯一的文件标识,以便识别和引用.文件标识包括 3 部分:(1) 文件路径;(2) 文件名主干;(3) 文件后缀.

文件路径表示文件在外部存储设备中的位置.如:

```
D:\\CC\\temp\\    file1   .  dat
  文件路径        文件名主干   文件后缀
```

表示 file1.dat 文件存放在 D 盘中的 CC 目录下的 temp 子目录下面.

C 语言从指定的路径中读取文件,将数据输出到指定地址下的文件.文件名中不包含路径信息时,文件将会保存在源程序所在的同一目录下.

为方便起见,文件标识常被称为文件名,但应了解此时所称的文件名,实际上包括以上 3 部分内容,而不仅是文件名主干.文件名主干的命名规则遵循标识符的命名规则.后缀用来表示文件的性质,如:doc(Word 生成的文件),txt(文本文件),dat(数据文件),c(C 语言源程序文件),cpp(C++源程序文件),for(Fortran 语言源程序文件),pas(Pascal 语言源程序文件),obj(目标文件),exe(可执行文件),ppt(电子幻灯片文件),bmp(图形文件)等.

根据数据的组织形式,数据文件可分为 ASCII 文件和二进制文件.数据在内存中是以二进制形式存储的,如果不加转换地输出到外存,就是二进制文件,可以认为它就是存储在内存的数据的映像,所以也称之为映像文件(image file).如果要求在外存上以 ASCII 代码形式存储,则需要在存储前进行转换.ASCII 文件又称文本文件(text file),每一个字节存放一个字符的 ASCII 代码.

文件这一节的内容在实际应用中是很重要的,许多可供实际使用的 C 语言程序(尤其是有关事务管理的程序)都包含了文件处理.通常将大批数据存放在磁盘上,在运行应用程序的过程中,内存与磁盘之间频繁地交换数据,从磁盘中读入数据到计算机内存,程序对这些数据进行检查、分析、修改和其他处理,把修改过的数据再保存在磁盘上.这就牵涉到许多文件操作.本节只介绍了一些最基本的概念,并通过一些简单的例子初步介绍怎样进行文件操作,为今后进一步的学习和应用打下必要的基础.

## 二、打开与关闭文件

对文件读写之前应该"打开"该文件,在使用结束之后应"关闭"该文件."打开"和"关闭"是形象的说法,好像打开门才能进入房子,门关闭就无法进入一样.实际上,所谓"打开"是指为建立相应的文件信息区(用来存放有关文件的信息)和文件缓冲区(用来暂时存放输入和输出的数据).

在编写程序时,在打开文件的同时,一般都指定一个指针变量指向该文件,也就是建立起指针变量与文件之间的联系,这样,就可以通过该指针变量对文件进行读写.所谓"关闭"是指撤销文件信息区和文件缓冲区,使文件指针变量不再指向该文件,显然就无法进行对文件的读写了.

## 1. 用 fopen 函数打开数据文件

ANSI C 规定了用标准输入和输出函数 fopen 来打开文件. 如果文件名包含地址信息，则根据指定的地址寻找文件并打开；如果文件名不包含地址信息，则在源程序所在的目录下寻找文件并打开.

fopen 函数的调用方式为

```
fopen(文件名,文件使用方式);
```

例如：

```
fopen("a1","r");
```

表示要打开名字为 a1 的文件,文件使用方式为"读"(r 代表 read,即读). fopen 函数的返回值是指向 a1 文件的指针（即 a1 文件信息区的起始地址）. 通常将 fopen 函数的返回值赋给一个指向文件的指针变量. 如：

```
FILE * fp;                    //定义一个指向文件的指针变量 fp
fp=fopen("a1","r");           //将 fopen 函数的返回值赋给指针变量 fp
```

这样 fp 就和文件 a1 相联系了,或者说,fp 指向了 a1 文件. 可以看出,在打开一个文件时,通知编译系统以下 3 个信息：① 需要打开文件的名字,也就是准备访问的文件的名字；② 文件使用方式（"读"还是"写"等）；③ 让哪一个指针变量指向被打开的文件.

文件使用方式见表 1.5.

**表 1.5　文件使用方式**

| 文件使用方式 | 含义 | 如果指定的文件不存在 |
| --- | --- | --- |
| r（只读） | 为了输入数据,打开一个已存在的文本文件 | 出错 |
| w（只写） | 为了输出数据,打开一个文本文件 | 建立新文件 |
| a（追加） | 向文本文件尾添加数据 | 出错 |
| rb（只读） | 为了输入数据,打开一个二进制文件 | 出错 |
| wb（只写） | 为了输出数据,打开一个二进制文件 | 建立新文件 |
| ab（追加） | 向二进制文件尾添加数据 | 出错 |
| r+（读写） | 为了读和写,打开一个文本文件 | 出错 |
| w+（读写） | 为了读和写,建立一个新的文本文件 | 建立新文件 |
| a+（读写） | 为了读和写,打开一个文本文件 | 出错 |
| rb+（读写） | 为了读和写,打开一个二进制文件 | 出错 |
| wb+（读写） | 为了读和写,建立一个新的二进制文件 | 建立新文件 |
| ab+（读写） | 为读写打开一个二进制文件 | 出错 |

（1）用 r 方式打开的文件只能用于向计算机输入而不能用作向该文件输出数据,而且该文件应该已经存在,并存有数据,这样程序才能从文件中读数据. 不能用 r 方式打开一个并

不存在的文件,否则出错.

(2) 用 w 方式打开的文件只能用于向该文件写数据(即输出数据),而不能用来向计算机输入. 如果原来不存在该文件,则在打开文件前新建立一个以指定的名字命名的文件. 如果原来已存在一个以该文件名命名的文件,则在打开文件前先将该文件删去,然后重新建立一个新文件.

(3) 如果希望向文件末尾添加新的数据(不希望删除原有数据),则应该用 a 方式打开. 但此时应保证该文件已存在;否则将得到出错信息. 打开文件时,文件读写位置标记移到文件末尾.

(4) 用 r+,w+,a+ 方式打开的文件既可用来输入数据,也可用来输出数据. 用 r+ 方式时该文件应该已经存在,以便计算机从中读数据. 用 "w+" 方式则新建立一个文件,先向此文件写数据,然后可以读此文件中的数据. 用 "a+" 方式打开的文件,原来的文件不被删去,文件读写位置标记移到文件末尾,可以添加,也可以读.

(5) 如果不能实现"打开"的任务,fopen 函数将会带回一个出错信息. 出错的原因可能是:用 r 方式打开一个并不存在的文件;磁盘出故障;磁盘已满无法建立新文件;等等. 此时 fopen 函数将带回一个空指针值 NULL(在 stdio.h 头文件中,NULL 已被定义为 0).

常用下面的方法打开一个文件并判断是否成功:

```
if ((fp=fopen("file1","r"))==NULL){
    printf("cannot open this file\n");
    exit(0);}
```

即先检查打开文件的操作是否出错,如果出错就在终端上输出 "cannot open this file". exit 函数的作用是关闭所有文件,终止正在执行的程序,待检查出错误并修改后重新运行.

(6) C 语言标准建议用表 1.5 列出的文件使用方式打开文本文件或二进制文件,但目前使用的有些 C 语言编译系统可能不完全提供所有这些功能(例如,有的只能用 r,w,a 方式),有的版本不用 r+,w+,a+,而用 rw,wr,ar 等,请注意所用系统的规定.

(7) 在表 1.5 中有 12 种文件使用方式,其中有 6 种是在第一个字母后面加了字母 b 的(如 rb,wb,ab,rb+,wb+,ab+),b 表示二进制方式. 其实,带 b 和不带 b 只有一个区别,即对换行的处理. 在 C 语言用一个 '\n' 即可实现换行,而在 Windows 系统中为实现换行必须要用 '\r'(回车)和 '\n'(换行)两个字符. 因此,如果使用的是文本文件并且用 w 方式打开,在向文件输出时,遇到换行符 '\n' 时,系统就把它转换为 '\r' 和 '\n' 两个字符,否则在 Windows 系统中查看文件时,各行连成一片,无法阅读. 同样,如果有文本文件且用 r 方式打开,从文件读入时,遇到 '\r' 和 '\n' 两个连续的字符,就把它们转换为 '\n' 一个字符. 如果使用的是二进制文件,在向文件读写时,不需要这种转换. 加 b 表示使用的是二进制文件,系统就不进行转换.

(8) 如果用 wb 的文件使用方式,并不意味着在文件输出时把内存中按 ASCII 形式保存的数据自动转换成二进制形式存储. 输出的数据形式是由程序中采用什么读写语句决定的. 例如,用 fscanf 和 fprintf 函数是按 ASCII 形式进行输入、输出,而 fread 和 fwrite 函数是按二进制形式进行输入、输出.

在打开一个输出文件时,是选 w 还是 wb 方式,完全根据需要,如果需要对回车符进行转换的,就用 w;如果不需要转换的,就用 wb. 带 b 只是通知编译系统:不必进行回车符的转换. 如果是文本文件(例如一篇文章),显然需要转换,应该用 w 方式. 如果是用二进制形式保存的一批数据,并不准备供人阅读,只是为了保存数据,就不必进行上述转换. 可以用 wb 方式. 一般情况下,带 b 的用于二进制文件,常称为二进制方式,不带 b 的用于文本文件,常称为文本方式,从理论上说,文本文件也可以 wb 方式打开,但无必要.

### 2. 用 fclose 函数关闭数据文件

在使用完一个文件后应该关闭它,以防止它再被误用."关闭"就是撤销文件信息区和文件缓冲区,使文件指针变量不再指向该文件,也就是文件指针变量与文件"脱钩",此后不能再通过该指针对原来与其相联系的文件进行读写操作,除非再次打开,使该指针变量重新指向该文件.

关闭文件用 fclose 函数. fclose 函数调用的一般形式为

```
fclose(文件指针);
```

例如:

```
fclose (fp);
```

前面曾把打开文件(用 fopen 函数)时函数返回的指针赋给了 fp,现在把 fp 指向的文件关闭,此后 fp 不再指向该文件.

如果不关闭文件就结束程序运行将会丢失数据. 因为,在向文件写数据时,是先将数据输出到缓冲区,待数据充满缓冲区后才正式输出给文件. 如果当数据未充满缓冲区时程序结束运行,就有可能使缓冲区中的数据丢失. 用 fclose 函数关闭文件时,先把缓冲区中的数据输出到磁盘文件,然后才撤销文件信息区. 有的编译系统在程序结束前会自动先将缓冲区中的数据写到文件,从而避免了这个问题,但还是应当养成在程序终止之前关闭所有文件的习惯.

fclose 函数也带回一个值,当成功地执行了关闭操作,则返回值为 0;否则返回 EOF(−1).

## 三、顺序读写数据文件

文件打开之后,就可以对它进行读写了. 在顺序写时,先写入的数据存放在文件中前面的位置,后写入的数据存放在文件中后面的位置. 在顺序读时,先读文件中前面的数据,后读文件中后面的数据. 也就是说,对顺序读写来说,对文件读写数据的顺序和数据在文件中的物理顺序是一致的. 顺序读写需要用库函数实现.

### 1. 用格式化的方式读写文本文件

在计算机中,所有的数据在存储和运算时都要使用二进制数表示,例如,像 a、b、c、d 这样的 52 个字母(包括大写)以及 0、1 等数字,还有一些常用的符号(例如 *、#、@等)在计算机中存储时也要使用二进制数来表示. 美国国家标准协会出台了 ASCII(American Standard Code for Information Interchange)编码, 统一规定了上述常用符号用哪些二进制数来表示.

用 printf 函数和 scanf 函数可以向终端进行格式化的输入和输出, 即用各种不同的格式以终端为对象输入和输出数据. 其实也可以对文件进行格式化输入和输出, 这时就要用 fprintf 函数和 fscanf 函数, 从函数名可以看到, 它们只是在 printf 和 scanf 的前面加了一个字母 f. 它们的作用与 printf 函数和 scanf 函数相仿, 都是格式化读写函数. 只有一点不同: fprintf 和 fscanf 函数的读写对象不是终端而是文件. 它们的一般调用方式为

```
fprintf(文件指针,格式字符串,输出表列);
fscanf(文件指针,格式字符串,输入表列);
```

例如:

```
fprintf(fp,"%d,%6.2f",i,f);
```

它的作用是将 int 型变量 i 和 float 型变量 f 的值按%d 和%6.2f 的格式输出到 fp 指向的文件中. 若 i=3,f=4.5,则输出到磁盘文件上的是以下字符:

```
3, 4.50
```

这是和输出到屏幕的情况相似的, 只是它没有输出到屏幕而是输出到文件而已. fprintf 输出成功时, 返回值为输出字符的个数, 如本例返回值为 8. fprintf 输出失败时返回值为 −1.

同样, 用以下 fscanf 函数可以从磁盘文件上读入 ASCII 字符:

```
fscanf(fp,"%d,%f",&i,&f);
```

磁盘文件上如果有字符"3,4.5", 则从磁盘文件中读取整数 3 送给整型变量 i, 读取实数 4.5 送给 float 型变量 f. fscanf 读取成功时, 返回值为读取变量的个数, 如本例返回值为 2. fscanf 输出失败时返回值为 −1.

【例 1.79】 创建文件 file1.txt, 写入 we are in 2024.

**程序编写:**

```
#include <stdio.h>
int main(){
    int r;
    FILE *fp;
    fp=fopen("file1.txt","w+");
    r=fprintf(fp,"%s %s %s %d","we","are","in",2024);
    printf("%d",r);
    fclose(fp);
    return 0;
}
```

**运行结果:**

```
14
```

**程序分析**:程序运行后,在源程序所在目录下,生成了一个文件 file1.txt,打开后里面写有 we are in 2024.屏幕上的输出结果为 14,表示 fprintf 运行成功后的返回值为输出字符的个数,包括 we are in 2024 和其中的空格.原数据文件中字符串之间以及字符串与数字之间通过空格、换行符或制表符分割开. fscanf 对空格、换行符和制表符是一视同仁、不加区分的,%s 会跳过开头的空格符,但不会跳过中间和后面的空格符,而是将其当作两个不同的字符串.

**【例 1.80】** 创建文件 file2.txt,将 i=3,f=4.5 写入.

**程序编写**:

```c
#include <stdio.h>
int main(){
    int r,i=3;
    float f=4.5;
    FILE * fp;
    fp=fopen("file2.txt","w+");
    r=fprintf(fp,"%d,%6.2f",i,f);
    printf("%d",r);
    fclose(fp);
    return 0;
}
```

**运行结果**:

```
8
```

**程序分析**:程序运行后,在源程序所在目录生成了一个文件 file2.txt,其中保存的信息为"3, 4.50",屏幕上的输出结果为 8 成功输入的字符个数为 8,包括一个整数 3、一个逗号和一个宽度为 6 的浮点型数据.

**【例 1.81】** 假设在 D 盘根目录下,有一个文件 file3.txt,文件内有字符"3,4.5",从文件中读取整数 3 送给变量 i,读取实数 4.5 送给 float 型变量 f.

**程序编写**:

```c
#include <stdio.h>
int main() {
  int i;
  float f;
  FILE * fp;
  int r;
  fp=fopen("D:\\file3.txt", "r");
  r=fscanf(fp,"%d,%f",&i,&f);
  printf("%d,%f,%d\n",i,f,r);
  fclose(fp);
  return 0;
}
```

运行结果：

```
3,4.500000,2
```

**程序分析**：程序正确读入结果，浮点型数据默认保留六位小数。fscanf 函数运行成功返回值为读取变量的个数 2。

【**例 1.82**】 假设在 D 盘根目录下有一个文件 file4.txt，文件内有 5 个实数"1.5, 2.5, 3.5, 4.5, 5.5"，试从文件中读取数据，将其保存在数组 a 中。

程序编写：

```c
#include <stdio.h>
#define M 5
int main() {
  int i;
  float f;
  float a[M];
  FILE * fp;
  int r;
  fp=fopen("D:\\file4.txt", "r");
  for(i=0;i<M;i++) {
    r=fscanf(fp, "%f", &a[i]);
      printf("%f,%d\n",a[i],r);
    }
  fclose(fp);
  return 0;
}
```

运行结果：

```
1.500000,1
2.500000,1
3.500000,1
4.500000,1
5.500000,1
```

**程序分析**：该程序适用于已知文件中数据的个数，在实际的应用中，我们常常不知道数据的个数，对此应使用 while 循环。

【**例 1.83**】 假设在 D 盘根目录下有一个文件 file5.txt，文件内有若干个以空格间隔的实数"1.3 2.3 3.3 4.3 5.3"，试计算其平均值。

程序编写：

```c
#include <stdio.h>
#define M 100
  int main() {
  int i;
  float f;
  float a[M];
```

```
    float sum=0;
    FILE * fp;
    int r;
    fp=fopen("D:\\file5.txt", "r");
    while(fscanf(fp,"%f", &a[i])==1) {
      printf("%f ",a[i]);
      sum+=a[i];
      i++;
    }
    printf("\nThe mean is %f\n", sum/i);
    fclose(fp);
    return 0;
}
```

运行结果:

```
1.300000 2.300000 3.300000 4.300000 5.300000
The mean is 3.300000
```

**程序分析**:本题由于不知道文件中存有多少数据,所以不宜使用 for 循环,例题采用 while 循环,当读取成功时就继续读取下一个,当读取失败时就停止循环。fscanf 函数中只读入一个变量,读取成功时的返回值为 1,例题定义的数组 a 长度为 M,M 应足够大,以保存数据文件中的数据.

【例 1.84】 假设在 D 盘根目录下有一个文件 file6.txt,文件内有实验中获取的两组数据,如下所示:

$$
\begin{array}{cc}
1.2 & 3.4 \\
2.2 & 4.4 \\
3.2 & 5.4 \\
4.2 & 6.4 \\
5.2 & 7.4
\end{array}
$$

试将第一列数据保存在数组 x 中,将第二列数据保存在数组 y 中,并输出行数.

**程序编写**:

```
#include <stdio.h>
#define M 100
int main(){
  int i=0;
  float x[M],y[M];
  FILE * fp;
  fp=fopen ("D:\\file6.txt", "r+ ");
  while (fscanf(fp,"%f %f",&x[i],&y[i])==2) //如果读取成功则执行以下操作
  {
    printf("%f %f\n",x[i],y[i]);
    i++;
```

```
    }
    printf("\nThe row number is %d\n",i);
    fclose(fp);
    return(0);
}
```

运行结果：

```
1.200000  3.400000
2.200000  4.400000
3.200000  5.400000
4.200000  6.400000
5.200000  7.400000

The row number is 5
```

**程序分析**：本例题中 fscanf 函数在每次循环中读入两个数值，读取成功时，其返回值为 2，因此以其返回值是否等于 2 来判断是否读取成功。数组元素的下标 i 是从 0 开始的，当读取数据到最后一行时执行了 i++ 再返回判断循环条件，此时循环条件不成立，循环停止。由于 i 已经执行了加一的操作，在输出行数时就不需要再加一了，直接输出就可以了。

**【例 1.85】** 假设在 D 盘根目录下有一个文件 file7.txt，文件内有 5 行 2 列的数据，如下所示：

$$
\begin{array}{cc}
1.2 & 3.4 \\
2.2 & 4.4 \\
3.2 & 5.4 \\
4.2 & 6.4 \\
5.2 & 7.4 \\
\end{array}
$$

试读入该数据，将其保存在一个二维数组 a 中，并输出在屏幕上。

**程序编写**：

```
#include <stdio.h>
#define M 5
#define N 2
int main() {
    int i,j;
    float a[M][N];
    FILE * fp;
    fp=fopen ("D:\\file7.txt", "r+");
    for (i=0;i<M;i++)
    {
        for (j=0;j<N;j++)
        {
            fscanf(fp,"%f",&a[i][j]);
            printf("%f",a[i][j]);
        }
```

```
        printf("\n");
        }
    fclose(fp);
    return(0);
}
```

运行结果:

```
1.200000  3.400000
2.200000  4.400000
3.200000  5.400000
4.200000  6.400000
5.200000  7.400000
```

程序分析:本例题中 fscanf 函数按行逐个读入数据,将其保存在二维数组中.

【例 1.86】 假设在 D 盘根目录下有一个文件 file8.txt,文件内有 2 列的数据,第一列数据为学生的姓名,第二列为学生的成绩.如下所示:

    zhang  83
    lin    87
    huang  90
    zhao   78
    wang   66

试读入数据文件,将其保存在一个结构体数组中,并输出行数.

程序编写:

```
#include <stdio.h>
#define M 100
struct Student{
    char name[20];
    int score;
}stud[M];
int main(){
    int i=0;
    FILE *fp;
    fp=fopen ("D:\\file8.txt", "r+");
    while(fscanf(fp,"%s %d",stud[i].name,&stud[i].score)==2)
    {
        printf("%s %d\n",stud[i].name,stud[i].score);
        i++;
    }
    printf("\nThe row number is %d.\n",i);
    fclose(fp);
    return(0);
}
```

运行结果：

```
zhang 83
lin 87
huang 90
zhao 78
wang 66

The row number is 5.
```

**程序分析**：程序首先定义了一个结构体数组，由于事先不知道有多少行数据，使用了 while 循环读入数据，每次循环读入一行数据保存在结构体数组中，当没有可读入的数据时就停止循环. fscanf 函数每次读入两个数据，当读入成功时，返回值为 2，因此以返回值是否等于 2 来判断是否成功读入数据，当读取字符串时，字符数组前面的地址可以省略. 注意结构体数组元素下标也是从 0 开始的，在最后一次读取数据时执行 i++，因此在最后计算函数时就不用再加一了.

**【例 1.87】** 已知 3 个学生的期末成绩存放在计算机的 scores.txt 文件中，文件内容如下：

zhang　80

lin　　90

huang　70

要求从该文件中读取学生成绩，计算平均分并将结果写回文件中.

**算法设计**：首先打开与文件相关联的文件指针，然后检查文件是否成功打开. 如果文件打开成功，则使用 fscanf 函数从文件中读取学生成绩并计算成绩之和以及学生人数. 最后计算平均分并使用 fprintf 将其写回文件中.

**程序编写**：

```c
#include <stdio.h>
#include <stdlib.h>
int main() {
  int score, sum=0, count=0;
  FILE * fp=fopen("scores.txt", "a+");      //打开文件(追加模式)
  if (fp==NULL) {                            //检查文件是否成功打开
    printf("Failed to open file.\n");
    return 1;
  }
  //从文件中读取成绩并计算平均分
  while (fscanf(fp, "% * s %d", &score)==1) {//读取学生成绩，*表示读取一个
  域，但是不赋值给变量，这里仅读取成绩将其赋值给变量 score,读取成功时返回值为 1
    sum+=score;                              //计算成绩之和
    count++;                                 //计算学生人数
  }
  double avg=(double) sum/count;             //计算平均分
  //将文件指针重新定位到文件末尾
  fseek(fp,0,SEEK_END);
  //将平均分写入文件末尾
```

```
    if (fprintf(fp,"平均分:%.2lf\n", avg)<0) {   //检查写入是否成功
      printf("Failed to write average score to file.\n");
      fclose(fp);
      return 1;
    }
    fclose(fp);
    return 0;
}
```

**运行结果:**

```
*scores.txt - 记事本
文件(F) 编辑(E) 格式(O) 查看(V) 帮助(H)
zhang 80
lin 90
huang 70
平均分: 80.00
```

**程序分析:** 如果要读取指定路径 txt 文件,并输出文件内容,可以将

```
FILE * fp=fopen("scores.txt","a+ ");
```

一句改为

```
FILE * fp=fopen("D:\\study\\scores.txt","r");
```

将文件的完整路径放在 fopen() 中。注意编写路径时使用"\\"而不是"\",否则程序会出错。

CSV(逗号分隔值,comma-separated values)是一种常用的文本文件格式,用于在电子表格和数据库之间交换数据。它的设计目的是提供一种简单、易于读取和处理的数据存储格式。在 CSV 文件中,每一行代表数据表中的一行记录,而每一列代表数据表的一个字段。不同的字段之间使用逗号进行分隔。每一行的字段数量可以不同,但是相对应的数据表中的记录必须保持一致。CSV 文件是一种纯文本格式,可以使用文本编辑器打开和编辑。由于其简单和广泛的应用,CSV 文件成为数据导入、导出和交换的常见标准格式。CSV 文件非常方便,因为它易于生成和解析,并且与各种编程语言和应用程序兼容。因此,在许多应用中,CSV 文件已成为数据交换和共享的常用格式。下面是一个用 C 语言调用 CSV 文件,对其中的数据进行处理,并将处理好的数据存入文件的例子。

**【例 1.88】** 已知学生的期末成绩存放在计算机的 scores.csv 文件中,文件部分内容如下:

A  85
B  96
C  75

要求从该文件中读取学生成绩,计算平均分并将学生的成绩从高到低进行排序,并将结果写回原文件中。

**算法设计**：首先使用 C 语言标准库中的 fopen 函数来打开 CSV 文件，并使用 fscanf 函数逐行读取数据，保存在结构体数组中，使用冒泡排序算法将数据从大到小排序．用 fprintf 函数将排序后的数据写入新文件．

**程序编写：**

```c
#include <stdio.h>
#include <stdlib.h>
#include <string.h>
void bubbleSort(double arr[],char * names[],int n) {
    int i,j;
    for (i=0; i<n-1;i++) {
        for (j=0;j<n-i-1;j++) {
            if (arr[j]<arr[j+1]) {
                double temp=arr[j];
                arr[j]=arr[j+1];
                arr[j+1]=temp;
                //对应的姓名也要交换
                char * tempName=names[j];
                names[j]=names[j+1];
                names[j+1]=tempName;
            }
        }
    }
}
double calculateMean(double scores[],int count) {
    if (count==0) {
        return 0.0;
    }
    double sum=0.0;
    inti;
    for( i=0; i<count; i++) {
        sum +=scores[i];
    }
    return sum/count;
}
int main() {
    char filename[]="D:\\scores.csv";        //替换为实际的 CSV 文件路径
    FILE * file=fopen(filename,"r");
    if (file==NULL) {
        printf("无法打开文件 '%s'\n",filename);
        return 0;
    }
    char line[1024];
    double scores[1024];
    char * names[1024];
    int count=0;
    while (fgets(line,sizeof(line),file)) {
```

```c
        char * token=strtok(line,",");
        int columnCount=0;
        double score;
        char * name;
        while (token! =NULL) {
            if (columnCount==0) {              //学生姓名在第一列
                name=strdup(token);
            }
            else if (columnCount==1) {         //成绩在第二列
                score=atof(token);
                scores[count]=score;
            }
            columnCount++;
            token=strtok(NULL,",");
        }
        names[count]=name;
        count++;
    }
    fclose(file);
    double mean=calculateMean(scores,count);
    printf("成绩的均值为: %.2f\n",mean);
    bubbleSort(scores,names,count);
    file=fopen(filename,"w");
    if (file==NULL) {
        printf("无法打开文件 '%s'\n",filename);
        return 0;
    }
    int i;
    for( i=0; i < count; i++) {
        fprintf(file,"%s,%.2f\n",names[i],scores[i]);
        free(names[i]);
    }
    fclose(file);
    printf("排序后的数据已写回原CSV文件.\n");
    return 0;
}
```

**运行结果：**

```
成绩的均值为: 85.33
排序后的数据已写回原CSV文件。
```

运行成功后的文件内容为：

```
B,96.00
A,85.00
C,75.00
```

用 fprint 和 fscanf 函数对磁盘文件读写，使用方便，容易理解，但在输入时要将文件中的 ASCII 码转换为二进制形式再保存在内存变量中,在输出时又要将内存中的二进制形式转换成字符,需要花费较多时间,因此,在内存与磁盘频繁交换数据的情况下,最好不用 fprintf 和 fscanf 函数,而用下面介绍的 fread 和 fwrite 函数进行二进制的读写。

**2. 用二进制方式向文件读写一组数据**

在程序中不仅需要一次输入、输出一个数据,而且常常需要一次输入、输出一组数据(如数组或结构体变量的值),C 语言允许用 fread 函数从文件中读一个数据块,用 fwrite 函数向文件写一个数据块。在读写时是以二进制形式进行的。在向磁盘写数据时,直接将内存中一组数据原封不动、不加转换地复制到磁盘文件上,在读入时也是将磁盘文件中若干字节的内容一起读入内存。

它们的一般调用形式为

```
fread(buffer,size,count,fp);
fwrite(buffer,size,count,fp);
```

其中:

buffer:一个地址。对 fread 来说,它是用来存放从文件读入的数据的存储区的地址。对 fwrite 来说,是要把此地址开始的存储区中的数据向文件输出(以上指的是起始地址)。

size:要读写的字节数。

count:要读写的数据项个数(每个数据项长度为 size)。

fp:FILE 类型指针。

在打开文件时指定用二进制文件,这样就可以用 fread 和 fwrite 函数读写任何类型的信息,例如:

```
fread(f,4,10,fp);
```

其中,f 是一个 float 型数组名(代表数组首元素地址)。这个函数从 fp 所指向的文件读入 10 个 4 个字节的数据,存储到数组 f 中。

如果有一个 struct Student_type 结构体类型:

```
struct Student_type
{   char name[10];
    int num;
    int age;
    char addr[30];
}stud[40];
```

定义了一个结构体数组 stud,有 40 个元素,每一个元素用来存放一个学生的数据(包括姓名、学号、年龄、地址)。假设学生的数据已存放在磁盘文件中,可以用下面的 for 语句和 fread 函数读入 40 个学生的数据:

```
for(i=0;i<40;i++)
    fread(&stud[i],sizeof(struct Student_type),1,fp);
```

执行 40 次循环,每次从 fp 指向的文件中读入结构体数组 stud 的一个元素。

同样,以下 for 语句和 fwrite 函数可以将内存中的学生数据输出到磁盘文件中去:

```
for(i=0;i<40;i++)
    fwrite(&stud[i],sizeof(struct Student_type),1,fp);
```

fread 或 fwrite 函数的类型为 int 型,如果 fread 或 fwrite 函数执行成功,则函数返回值为形参 count 的值(一个整数),即输入或输出数据项的个数(示范程序为 1).

**【例 1.89】** 从键盘输入 5 个学生的有关数据,然后把它们转存到磁盘文件上去.

**算法设计**:定义一个有 5 个元素的结构体数组,用来存放 5 个学生的数据. 从 main 函数输入 5 个学生的数据. 用自定义的 save 函数实现向磁盘输出学生数据. 其中,用 fwrite 函数一次输出一个学生的数据.

**程序编写**:

```
#include <stdio.h>
#include <stdlib.h>
#define MAX_NAME_LEN 50
#define MAX_ADDR_LEN 50
#define M 5
struct Student{
    char name[MAX_NAME_LEN];
    int id;
    int age;
    char address[MAX_ADDR_LEN];
};
void save(Student students[],int n) {
    FILE * fp=fopen("students.txt", "wb");
    if (fp==NULL) {
        printf("Failed to open file.\n");
        return; }
    int i;
    for (i=0;i<n;i++) {
        fwrite(&students[i], sizeof(Student), 1, fp);//写入一个学生的数据
    }
    fclose(fp);
}
int main(void) {
    Student students[M];
    printf("Please input students' information:\n");
    int i;
    for(i=0;i<M;i++) {
        printf("Student %d:\n", i+1);
        printf("Name, ID, Age, Address: ");
        scanf("%s %d %d %s", students[i].name, &students[i].id, &students[i].age, students[i].address);
    }
    save(students,M);                            //将学生数据保存到文件中
```

```
        printf("Data saved successfully.\n");
        return 0;
    }
```

**运行结果**(输入 5 个学生的姓名、学号、年龄和地址):

```
Please input students' information:
Student 1:
Name, ID, Age, Address: zhang 1 18 room1
Student 2:
Name, ID, Age, Address: lin 2 19 room2
Student 3:
Name, ID, Age, Address: huang 3 18 room1
Student 4:
Name, ID, Age, Address: zhao 4 18 room2
Student 5:
Name, ID, Age, Address: wang 5 19 room3
Data saved successfully.
```

**程序分析**:以上代码定义了一个结构体 Student,用来存放学生的姓名、学号、年龄和地址;还定义了一个函数 save,用来将学生数据保存到文件中. 在 main 函数中,我们首先定义了一个大小为 5 的 students 数组,然后从键盘输入 5 个学生的信息,并将其保存到数组中. 最后,我们调用 save 函数将学生数据保存到"students. txt"文件中.

在 save 函数中,我们先新建"students. txt"文件,然后对于每个学生,使用 fwrite 函数将其数据写入文件中. 最后,我们关闭文件并结束函数. 需要注意的是,写入文件时使用的是二进制模式,因为 fwrite 函数是以二进制模式写入文件的.

在本程序中,用 fopen 函数打开文件时没有指定路径,只写了文件名 students. txt,系统默认其路径为当前所使用的子目录(即源文件所在的目录),在此目录下建立一个新文件 students. txt,输出的数据存放在此文件中. 程序运行时,屏幕上并无输出任何信息,只是将从键盘输入的数据存到磁盘文件上. 为了验证在磁盘文件 students. txt 中是否已存在此数据,可以用以下程序从 students. txt 文件中读入数据,然后在屏幕上输出.

```
#include <stdio.h>
#include <stdlib.h>
# define MAX_NAME_LEN 50
# define MAX_ADDR_LEN 50
# define M 5
struct Student {
    charname[MAX_NAME_LEN];
    int id;
    int age;
    charaddress[MAX_ADDR_LEN];
};
void load(struct Student students[],int n) {
    FILE * fp=fopen("D://students.txt","r");          //以文本模式打开文件
    if (fp==NULL) {
        printf("无法打开文件.\n");
        return;
    }
```

```
    for (inti=0; i < n; i++) {
        if (fscanf (fp," %s %d %d %s ", students [i]. name, &students [i]. id,
&students[i].age,students[i].address) ! =4) {
            printf("读取学生 %d 数据时出错.\n",i+1);
        }
    }
    fclose(fp);
}
int main(void) {
    struct Student students[M];
    //从文件读取学生信息
    load(students,M);
    //显示学生信息
    printf("学生的信息如下:\n");
        printf("Name\tID\tAge\tAddress\n");
    for (inti=0; i < M; i++) {
        printf("%s\t%d\t%d\t%s\n",students[i].name,students[i].id,students
[i].age,students[i].address);
    }
    return 0;
}
```

运行结果:

```
学生的信息如下:
Name    ID    Age    Address
zhang   1     18     room1
lin     2     19     room2
huang   3     18     room1
zhao    4     18     room2
wang    5     19     room3
```

## 课后习题

1. 编写一个 C 语言程序,运行时输入 $a,b,c$ 三个值,输出其中值最大者.

2. 编写一个 C 语言程序,求 $1+2+3+\cdots+100$ 的值.

3. 编写一个 C 语言程序,判断一个数 $n$ 能否同时被 3 和 5 整除.

4. 从键盘输入三个点的坐标,$A(2,-3),B(4,7),C(-3,5)$,其中 $AB$ 两点构成一条直线,计算 $C$ 点到该直线的距离,要求保留三位小数.

5. 编写一个 C 语言程序,将 100~200 之间的素数输出,要求每 6 个换一行.

6. 假如我国国民生产总值的年增长率为 7%,计算 10 年后我国国民生产总值与现在相比增长多少. 计算公式为

$$p=(1+r)^n.$$

$r$ 为年增长率,$n$ 为年数,$p$ 为与现在相比的倍数.

7. 购房从银行贷了一笔款 $d$, 准备每月还款额为 $p$, 月利率为 $r$, 计算多少月能还清. 设 $d$ 为 300000 元, $p$ 为 6000 元, $r$ 为 1%. 对求得的月份取小数点后一位, 对小数点后第 2 位按四舍五入处理.

   **提示**: 计算还清月数 $m$ 的公式如下:
   $$m=\frac{\log p-\log(p-d\times r)}{\log(1+r)}.$$

   可以将公式改写为
   $$m=\frac{\log\left(\dfrac{p}{p-d\times r}\right)}{\log(1+r)}.$$

   C 语言库函数中有求以 10 为底的对数的函数 log10, log($p$) 表示 $\log p$.

8. 有一个函数:
   $$y=\begin{cases} x, & (x<0) \\ 2x-1, & (x=0) \\ 3x-11. & (x>0) \end{cases}$$

   编写程序, 输入 $x$ 的值, 输出 $y$ 相应的值.

9. 给出一百分制成绩, 要求输出成绩等级 'A'、'B'、'C'、'D'、'E'. 90 分以上为 'A', 80~89 分为 'B', 70~79 分为 'C', 60~69 分为 'D', 60 分以下为 'E'.

10. 求以下公式中当 $x$ 和 $y$ 取何值时 $z$ 取到最大值, 其中 $x$ 和 $y$ 的取值范围都为 $[-10,20]$, 要求输出 $x,y,z$ 的值并都保留两位小数.
    $$z=\frac{\sin\sqrt{(x-5)^2+(y-5)^2}}{\sqrt{(x-5)^2+(y-5)^2}}.$$

11. 从键盘输入两个平面向量, $a=(3,5),b=(4,-2)$, 要求采用枚举算法计算这两个向量的夹角的角度, 并保留两位小数.

12. 将一个数组中的值按逆序重新存放. 例如, 原来顺序为 8,6,5,4,1, 要求改为 1,4,5,6,8.

13. 输入 10 个学生 5 门课的成绩, 分别用函数实现下列功能:
    ① 计算每个学生的平均分.
    ② 计算每门课的平均分.
    ③ 找出所有 50 个分数中最高的分数所对应的学生和课程.
    ④ 计算平均分方差:
    $$\sigma=\frac{1}{n}\sum x_i^2-\left(\frac{\sum x_i}{n}\right)^2.$$

    其中 $x_i$ 为某一学生的平均分.

14. 通过键盘输入一个含有 8 个元素的数组 $a, a=\{9.6,5.8,12.3,15.4,7.5,2.1,3.7,10.2\}$, 要求调用选择法子函数进行从小到大的排序, 然后调用中位数子函数求中位数, 输出排序后的数组和中位数, 中位数保留三位小数.

15. 使用结构体,编写一个函数 print,打印一个学生的成绩数组,该数组中有 5 个学生的数据记录,每个记录包括 num、name、score,用主函数输入这些记录,用 print 函数输出这些记录.

16. 定义一个结构体类型,包括 num、name、score,用键盘输入以下 5 位同学的信息,存放在结构体数组中.要求调用冒泡法子函数按 score 从高到低进行排序,输出排序后的学生信息,信息靠右对齐.

| num | name | score |
| --- | --- | --- |
| 10101 | Zhang | 78.3 |
| 10102 | Huang | 92.5 |
| 10103 | Lin | 86.7 |
| 10104 | Wang | 100 |
| 10105 | Sun | 66.8 |

17. 有 5 个学生,每个学生有 3 门课程的成绩,从键盘输入学生数据(包括学号、姓名、各门课程成绩),计算出每个学生的平均成绩,将原有数据和计算出的平均成绩存放在磁盘文件 stud.txt 中.

18. 在 C 盘根目录下新建一个名字为 file 的 txt 文件,里面存有以空格间隔的 8 个数"9.6  5.8  12.3  15.4  7.5  2.1  3.7  10.2",试读入该 txt 文件,保存在一维数组中,要求调用平均数子函数和标准差子函数计算平均数和标准差,并保留三位小数.

# 第二章
## 初等数学程序设计

## 第一节

## 函数

### 一、函数的概念与性质

#### 1. 函数的定义

现实世界中的许多现象都表现出变量之间的依赖关系,函数就是刻画变量之间依赖关系的数学模型和工具.变量之间的关系可以描述为:对于数集 $A$ 中的每一个 $x$,按照某种对应关系 $f$,在数集 $B$ 中都有唯一确定的 $y$ 和它对应,记作 $f:A \to B$.一般地,设 $A$、$B$ 是非空的实数集,如果对于集合 $A$ 中的任意一个数 $x$,按照某种确定的对应关系 $f$,在集合 $B$ 中都有唯一确定的数 $y$ 和它对应,那么就称 $f:A \to B$ 为从集合 $A$ 到集合 $B$ 的一个函数(function),记作

$$y = f(x), x \in A.$$

其中,$x$ 叫作自变量,$x$ 的取值范围 $A$ 叫作函数的定义域(domain);与 $x$ 的值相对应的 $y$ 值叫作函数值,函数值的集合 $\{f(x) | x \in A\}$ 叫作函数的值域(range).花括号表示集合,竖线之前是这个集合元素的一般符号及取值范围,竖线之后为这个集合中元素所具有的共同特征.

由函数的定义可知,一个函数的构成要素为:定义域、对应关系和值域.因为值域是由定义域和对应关系决定的,所以,如果两个函数的定义域相同,并且对应关系完全一致,即相同的自变量对应的函数值也相同,那么这两个函数是同一个函数.两个函数如果仅是对应关系相同,但定义域不相同,那么它们不是同一个函数.

函数有三种表示方法:一是解析法,就是使用数学表达式表示两个变量之间的对应关系;二是图像法,就是用图像表示两个变量之间的对应关系;三是列表法,就是列出表格表示两个变量之间的对应关系.对于一个具体的问题,应当选择恰当的表示方法.

对于函数 $y=f(x)$,其定义域内的每一个 $x$,都有唯一确定的函数值 $y$ 和它对应.反之,如果对于每一个函数值 $y$,都有唯一确定的 $x$ 和它对应,则该函数存在反函数(inverse function).也就是说,可以把 $y$ 作为自变量,$x$ 作为 $y$ 的函数,记作 $x = f^{-1}(y)$.反函数 $x = f^{-1}(y)$ 的定义域、值域分别是原函数 $y=f(x)$ 的值域、定义域.习惯上也记作 $y = f^{-1}(x)$,此时 $x$ 对应原函数的值域,$y$ 对应原函数的定义域.

设函数 $y=f(u)$ 的定义域为 $D$,函数 $u=g(x)$ 的定义域为 $A$,且其值域 $R \subset D$,则由下式确定的函数:

$$y = f[g(x)], x \in A.$$

称为由函数 $u=g(x)$ 与函数 $y=f(u)$ 构成的复合函数,它的自变量为 $x$,定义域为 $A$,变量 $u$ 称为中间变量,$y$ 为因变量(即函数值).

## 2. 函数的基本性质

函数是描述事物变化规律的数学模型.如果了解了函数的变化规律,那么也就基本把握了相应事物的变化规律.因此,研究函数的性质,如单调性、最大(小)值等,是认识客观规律的重要方法.

(1) 单调性

一般地,设函数 $f(x)$ 的定义域为 $I$：

如果对于定义域 $I$ 内某个区间 $D$ 上的任意两个自变量的值 $x_1$、$x_2$,当 $x_1 < x_2$ 时,都有 $f(x_1) < f(x_2)$,那么就说函数 $f(x)$ 在区间 $D$ 上是增函数(increasing function)[图 2.1(1)];

如果对于定义域 $I$ 内某个区间 $D$ 上的任意两个自变量的值 $x_1$、$x_2$,当 $x_1 < x_2$ 时,都有 $f(x_1) > f(x_2)$,那么就说函数 $f(x)$ 在区间 $D$ 上是减函数(decreasing function)[图 2.1(2)].

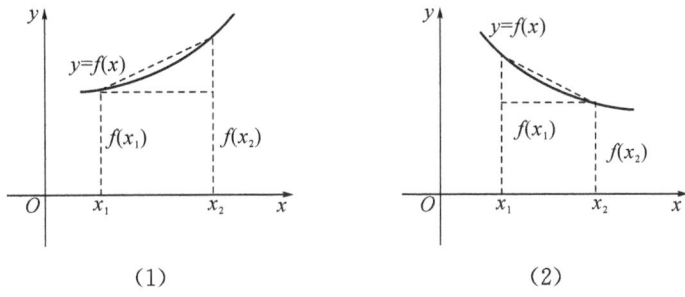

**图 2.1** $f(x)$ 的单调性

如果函数 $y = f(x)$ 在区间 $D$ 上是增函数或减函数,那么就说函数 $y = f(x)$ 在这一区间具有(严格的)单调性,区间 $D$ 叫作 $y = f(x)$ 的单调区间.

(2) 最大(小)值

一般地,设函数 $y = f(x)$ 的定义域为 $I$,如果存在实数 $M$ 满足：

① 对于任意的 $x \in I$,都有 $f(x) \leqslant M$.

② 存在 $x_0 \in I$,使得 $f(x_0) = M$.

那么,我们称 $M$ 是函数 $y = f(x)$ 的最大值(maximum value).

同理,设函数 $y = f(x)$ 的定义域为 $I$,如果存在实数 $M$ 满足：

① 对于任意的 $x \in I$,都有 $f(x) \geqslant M$.

② 存在 $x_0 \in I$,使得 $f(x_0) = M$.

那么,我们称 $M$ 是函数 $y = f(x)$ 的最小值(minimum value).

当使用 C 语言时,我们可以通过枚举法求解最大(小)值的问题.以下是一个用 C 语言找到最大值的例子.

**【例 2.1】** 使用枚举法求下列函数在定义域内的某一区间的最大值和最小值.

$$y = -2x^3 + 5x^2 + 1, \ x \in [-1, 2].$$

**算法设计**：枚举法通过枚举函数的定义域内的所有可能取值,计算函数在每个取值点上的函数值,并比较它们之间的大小来确定极值.由于本问题自变量 $x$ 位于实数区间,理论上有无穷多个取值点,可以选取步长将连续的问题离散化,进而可以求得近似最优解.具体步骤如下:

① 定义函数:首先,需要定义待求解极值的函数及其定义域范围.

② 选取步长:选择一个适当的步长,即确定函数自变量的取值间隔.步长的选择取决于所求解函数的特点以及对结果精度的要求.

③ 枚举取值:设定自变量的取值范围,通过循环或迭代逐个枚举自变量的取值点.

④ 计算函数值:对于每个取值点,用该值作为自变量输入函数中,计算函数在该点上的函数值.

⑤ 比较大小:记录下每个函数值,并与之前已记录的函数值进行比较,以确定最大值或最小值.

⑥ 输出结果:找到极值后,输出相应的自变量取值点及其对应的函数值,即为所求函数的极值点.

需要注意的是,枚举法求解函数极值的原理适用于一些简单的函数,特别是在函数定义域较小且函数曲线相对简单的情况下.对于复杂的函数,枚举法可能会需要大量的计算,迭代次数多,效率较低.此时,应该考虑使用更高效的数值优化算法,如梯度下降法或牛顿法等.

**程序编写:**

```c
#include <stdio.h>
#include <math.h>
double func(double x) {                    //要求解最大值或最小值的函数
    return -2*pow(x,3)+5*pow(x,2)+1;
}
void findExtremes(double start,double end,double step,double *max,double *min) {
    double x=start;
    *max=func(x);                          //初始化最大值为函数起始点的值
    *min=func(x);                          //初始化最小值为函数起始点的值
    while (x<=end) {
        double y=func(x);
        if (y>*max) {
            *max=y;                        //更新最大值
        }
        if (y<*min) {
            *min=y;                        //更新最小值
        }
        x+=step;                           //增加步长
    }
}
int main() {
    double start=-1.0;                     //函数起始点
    double end=2.0;                        //函数结束点
    double step=0.1;                       //步长
```

```
    double max_value,min_value;
    findExtremes(start,end,step,&max_value,&min_value); //调用函数求解最大(小)值
    printf("最大值:%lf\n",max_value);
    printf("最小值:%lf\n",min_value);
    return 0;
}
```

**运行结果:**

```
最大值: 8.000000
最小值: 1.000000
```

**程序分析:** 在这个例子中,我们定义了一个函数 func,它表示要求解最大值或最小值的函数.使用该函数,我们可以计算给定 $x$ 值处的函数值.然后,我们定义了一个函数 findExtremes,它接收起始点、结束点、步长以及指向最大值和最小值的指针作为参数.函数通过枚举法遍历从起始点到结束点之间的所有点,计算函数值,并更新最大值和最小值.在 main 函数中,我们声明了起始点、结束点和步长,并调用 findExtremes 函数来求解函数的最大值和最小值.最后,我们使用 printf 函数打印结果.

(3) 奇偶性

对于实数集 **R** 内任意的一个 $x$,都有 $f(-x)=f(x)$,那么函数 $f(x)$ 就叫作偶函数(even function).

同理,对于 **R** 内任意的一个 $x$,都有 $f(-x)=-f(x)$,那么函数 $f(x)$ 就叫作奇函数(odd function).

根据函数的表达式,我们可以利用计算机软件便捷地绘制函数图像.不同的计算机软件绘制函数图像的具体操作不尽相同,但都是基于我们熟悉的描点作图,即给自变量赋值,用函数关系算出相应的函数值,再由这些对应值生成一系列的点,最后连接这些点描绘出函数图像.

(4) 凹凸性

函数的单调性反映在图形上,就是曲线的上升或下降.但是,曲线在上升或下降的过程中,还有一个弯曲方向的问题,有的是向上凸的曲线弧,有的是向上凹的曲线弧,它们的凹凸性不同.

设 $f(x)$ 在区间 $I$ 上连续,如果对 $I$ 上任意两点 $x_1,x_2$,恒有

$$f\left(\frac{x_1+x_2}{2}\right)<\frac{f(x_1)+f(x_2)}{2},$$

那么称 $f(x)$ 在 $I$ 上的图形是(向上)凹的(或凹弧);如果恒有

$$f\left(\frac{x_1+x_2}{2}\right)>\frac{f(x_1)+f(x_2)}{2},$$

那么称 $f(x)$ 在 $I$ 上的图形是(向上)凸的(或凸弧).如图 2.2 所示.

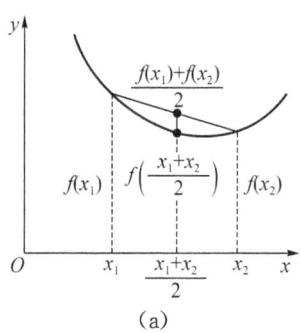
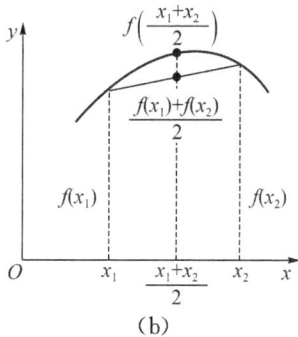

图 2.2 凹凸性

前面主要介绍了函数的定义和一些基本性质,下面我们主要介绍几种常见的初等函数.

## 二、基本初等函数

### 1. 指数函数

一般地,函数 $y=a^x(a>0,$ 且 $a\neq 1)$ 叫作指数函数(exponential function),其中指数 $x$ 是自变量,定义域是实数集 **R**.

一般地,指数函数 $y=a^x(a>0,$ 且 $a\neq 1)$ 的图像和性质如表 2.1 所示.

表 2.1　$y=a^x(a>0,$ 且 $a\neq 1)$ 的图像和性质

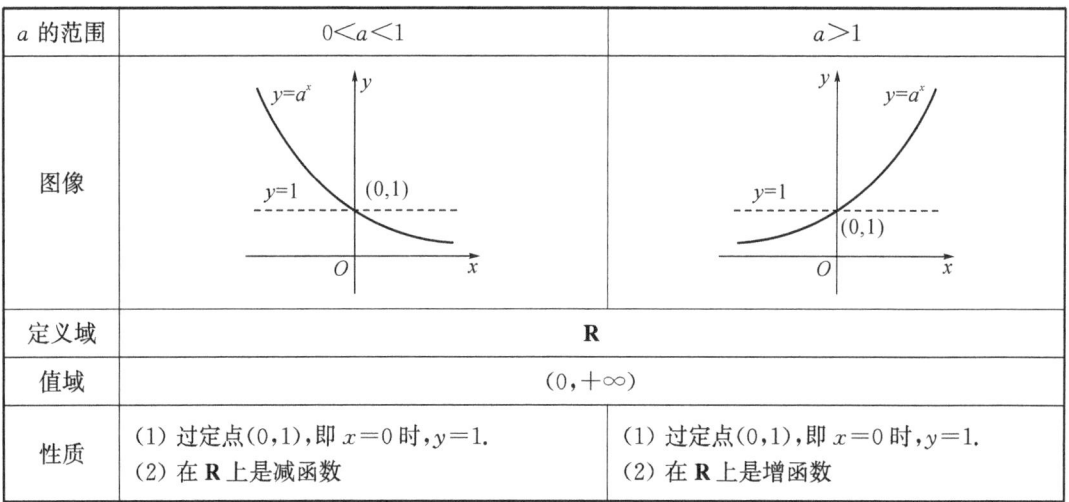

| $a$ 的范围 | $0<a<1$ | $a>1$ |
| --- | --- | --- |
| 图像 | | |
| 定义域 | **R** | |
| 值域 | $(0,+\infty)$ | |
| 性质 | (1) 过定点 $(0,1)$,即 $x=0$ 时,$y=1$.<br>(2) 在 **R** 上是减函数 | (1) 过定点 $(0,1)$,即 $x=0$ 时,$y=1$.<br>(2) 在 **R** 上是增函数 |

指数具有以下重要的运算性质:设 $a,b\in\mathbf{R},m,n\in\mathbf{N}^+$,我们有

(1) $a^m \cdot a^n = a^{m+n}$.

(2) $a^m \div a^n = a^{m-n}$.

(3) $(a^m)^n = a^{mn}$.

(4) $(ab)^n = a^n b^n$.

以 e 为底的指数函数是一个非常重要的数学函数,常被记作 $\exp(x)$ 或者 e^x. 它在数学、工程和自然科学中有广泛的应用,具有许多特殊的性质和应用. 在 C 语言中,可以使用数

学库中的 exp 函数来计算以 e 为底的指数函数的值.

**【例 2.2】** 复利是一种利息按照一定的周期(如每年、每季度、每月等)计算并累加到本金上的计算方式. 相对于简单利息, 复利能够使本金和每次计算得到的利息不断增加, 从而使得后续计算的利息也随之增加. 假设银行存款采用复利的方式, 存款为 10 万元, 年利率为 3.5%, 问 20 年以后的本息是多少?

**算法设计**: 复利方式每年的利息都是基于本金和累计前一年的利息计算得到的. 计算公式为

$$终值 = 本金 * (1+利率)\char`\^年数,$$

其中, 终值是最终的本息总额, 本金是初始的存款金额, 利率是年利率, 年数表示存款的年限. 我们可以使用循环实现对每一年本息的计算.

**程序编写**:

```c
#include <stdio.h>
int main(){
  double principal=100000.0;        //初始本金,单位为元
  double rate=0.035;                //年利率
  int years=20;                     //存款年限
  double balance=principal;         //当前余额
  int i;
  for (i=0;i<years;++i) {
    balance+=balance * rate;        //计算每年的利息并累加到余额上
  }
  printf("经过%d年,存款的本息总额为:%.2f万元\n",years,balance);
  return 0;
}
```

**运行结果**:

经过20年,存款的本息总额为: 198978.89元

**程序分析**: 在这个例子中, 我们首先定义了初始本金 principal, 年利率 rate 和存款年限 years. 然后, 我们使用一个循环来计算每年的利息并累加到当前余额 balance 上. 循环执行 years 次, 每年的利息是当前余额乘年利率. 最后, 我们输出存款的本息总额.

在实际问题中, 经常会遇到类似例 2.2 的指数增长模型: 设原有量为 $N$, 每次的增长率为 $p$, 经过 $x$ 次增长, 该量增长到 $y$, 则 $y=N(1+p)^x (x \in \mathbf{N})$. 我们把形如 $y=ka^x (k \in \mathbf{R}, a>0,$ 且 $a \neq 1)$ 的函数称为指数型函数, 这是非常有用的函数模型.

**【例 2.3】** 据国务院发展研究中心于 2000 年的判断, 未来 20 年, 我国 GDP(国内生产总值)年平均增长率可望达到 7.3%. 那么, 到 2020 年 GDP 可望为 2000 年的多少倍?

**算法设计**: 设 $x$ 年后我国的 GDP 为 2000 年的 $y$ 倍, 那么

$$y=(1+7.3\%)^x=1.073^x (x \in \mathbf{N}^+, x \leq 20).$$

即从 2000 年起, $x$ 年后我国的 GDP 为 2000 年的 $1.073^x$ 倍. 当 $x=20$ 时, 就是 2020 年的预

计 GDP 总量.

**程序编写:**

```c
#include<stdio.h>
#include<math.h>
int main(){
  int x;
    float y;
    x=20;
    y=pow(1.073,x);            //善于利用 pow 函数,pow(a,b)表示 a^b
  printf("result: %lf\n",y);   //输出结果
    return 0;
}
```

**运行结果:**

```
result: 4.092554
```

**【例 2.4】** 按照惯例,人们将生物体死亡时,每克组织的碳 14 含量作为 1 个单位. 生物死亡后,它机体内原有的碳 14 会按确定的规律衰减,大约每经过 5730 年衰减为原来的一半,这个时间称为半衰期. 根据此规律,人们获得了生物体内碳 14 含量 $P$ 与死亡年数 $t$ 之间的关系:

$$P=\left(\frac{1}{2}\right)^{\frac{t}{5730}},$$

考古学家根据上式可以知道,生物死亡 $t$ 年后,体内碳 14 含量 $P$ 的值,那么 10000 年前死亡的生物体内的碳 14 含量是多少?

**程序编写:**

```c
#include<stdio.h>
#include< math.h>
int main(){
    float x;
    float y;
    x=10000;
    y=pow(0.5,x/5730);
     printf("result:%f\n",y);      //输出结果
     return 0;
}
```

**运行结果:**

```
result: 0.298292
```

### 2. 对数函数

一般地,如果 $a^x=N(a>0,$ 且 $a\neq 1)$,那么数 $x$ 叫作以 $a$ 为底 $N$ 的对数(logarithm),记作

$$x = \log_a N,$$

其中 $a$ 叫作对数的底数，$N$ 叫真数. 通常我们将以 10 为底的对数叫作常用对数 (common logarithm)，并把 $\log_{10} N$ 记为 $\lg N$.

一般地，对数函数 $y = \log_a x (a > 0, 且 a \neq 1)$ 的图像和性质如表 2.2 所示：

表 2.2 $y = \log_a x (a > 0, 且 a \neq 1)$ 的图像和性质

| $a$ 的范围 | $0 < a < 1$ | $a > 1$ |
| --- | --- | --- |
| 图像 | 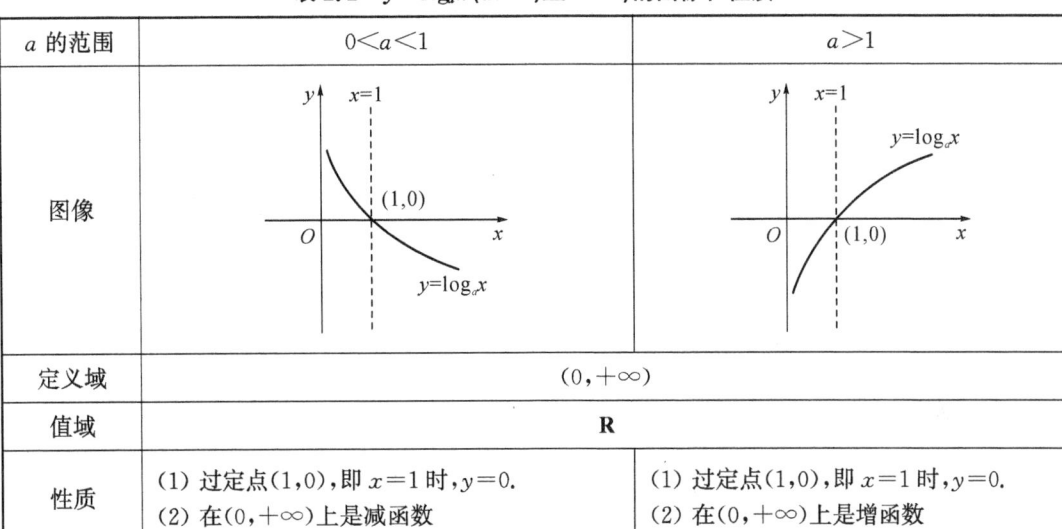 | |
| 定义域 | $(0, +\infty)$ | |
| 值域 | $\mathbf{R}$ | |
| 性质 | (1) 过定点 $(1,0)$，即 $x = 1$ 时，$y = 0$.<br>(2) 在 $(0, +\infty)$ 上是减函数 | (1) 过定点 $(1,0)$，即 $x = 1$ 时，$y = 0$.<br>(2) 在 $(0, +\infty)$ 上是增函数 |

在 C 语言中，我们通常使用 log10 函数计算以 10 为底的对数值. 其函数原型为：

```
double log10(double x);
```

另外，在科技、经济以及社会生活中经常使用以无理数 $e = 2.71828\cdots$ 为底数的对数，以 e 为底的对数称为自然对数 (natural logarithm)，并把 $\log_e N$ 记为 $\ln N$. log 函数用于计算以自然对数为底的对数值. 其函数原型为：

```
double log(double x);
```

根据对数的定义，可以得到对数与指数间的关系：

当 $a > 0, a \neq 1$ 时，$a^x = N \Leftrightarrow x = \log_a N$.

由指数与对数的这个关系，可以得到关于对数的如下结论：

(1) 负数和 0 没有对数.

(2) $\log_a 1 = 0, \log_a a = 1$.

(3) 指数函数和对数函数互为反函数.

一般地，函数 $y = \log_a x (a > 0, 且 a \neq 1)$ 叫作对数函数 (logarithmic function)，其中 $x$ 是自变量，定义域是 $(0, +\infty)$. 在现实生活、社会、经济及其学科中，很多变量都不会取负值，如收入、GDP 等，因此经常使用对数函数进行变换，以确保其定义域为非负. 变量 $x$ 经过对数变换后，其取值范围就为实数集 $\mathbf{R}$.

对数的运算性质：如果 $a > 0$，且 $a \neq 1, M > 0, N > 0$，那么

(1) $\log_a(M \cdot N) = \log_a M + \log_a N$.

(2) $\log_a \dfrac{M}{N} = \log_a M - \log_a N$.

(3) $\log_a M^n = n\log_a M \, (n \in \mathbf{R})$.

从对数的定义可以知道,任意不等于 1 的正数都可作为对数的底. 数学史上,人们经过大量的努力,制作了常用对数表、自然对数表,通过查表就能求出任意正数的常用对数或自然对数. 这样,如果能将其他底的对数转换为以 10 或 e 为底的对数,就能方便地求出任意不为 1 的正数为底的对数. 对数的换底公式如下,当 $a>0, a \neq 1, c>0, c \neq 1$ 且 $b>0$ 时:

$$\log_a b = \dfrac{\log_c b}{\log_c a}.$$

【例 2.5】 用换底公式计算并输出下列表达式的值.

$$\log_2 8 = \dfrac{\log_{10} 8}{\log_{10} 2}, \log_2 8 = \dfrac{\log_e 8}{\log_e 2}.$$

**程序编写:**

```
#include <stdio.h>
#include <math.h>
int main() {
  printf("计算 log2^8,运用常用对数换底公式 \n");
    printf("%f\n",log10(8)/log10(2));
  printf("计算 log2^8,运用自然对数换底公式 \n");
    printf("%f\n",log(8)/log(2));
  return 0;
}
```

**运行结果:**

```
计算log2^8,运用常用对数换底公式
3.000000
计算log2^8,运用自然对数换底公式
3.000000
```

【例 2.6】 我们可以考虑一个与声音强度相关的实际问题:分贝计算器. 根据输入的声音强度(以参考强度为基准)和参考强度,计算出对应的分贝值.

**算法设计:** 分贝是一种常用的声音强度测量单位,而计算分贝值涉及对数运算. 具体公式如下:

$$N_{dB} = 10\log_{10} \dfrac{P_2}{P_1}.$$

其中, $N_{dB}$ 表示分贝值,单位为 dB; $P_1$ 表示声音的实际强度大小,单位为 $W/m^2$; $P_2$ 表示正常耳朵可以听到的最小声音强度,在此示例中,我们将其设置为 $1 \times 10^{-12}$ $W/m^2$,以对应常用的参考强度值.

**程序编写:**

```
#include <stdio.h>
#include <math.h>
```

```
double calculateDecibel(double intensity) {
    double ref_intensity=1e-12;
        //参考强度(正常耳朵可以听到的最小声音)为 1e-12 瓦每平方米
    double dB=10 * log10(intensity/ref_intensity);   //分贝计算公式
    return dB;
}
int main(){
    double intensity;
    printf("请输入声音强度(单位为瓦每平方米):");
    scanf("%lf",&intensity);
    double decibel= calculateDecibel(intensity);
    printf("声音分贝:%.2f dB\n",decibel);
    return 0;
}
```

**运行结果：**

```
请输入声音强度（单位为瓦每平方米）: 1e-6
声音分贝: 60.00 dB
```

**程序分析**：在这个程序中，我们定义了一个名为 calculateDecibel 的函数，它接收声音强度（单位为 $W/m^2$）作为参数，并返回对应的声音分贝值.

### 3. 幂函数

一般地，函数 $y=x^a$ 叫作幂函数(power function)，其中 $x$ 是自变量，$a$ 是常数. 幂的指数除了可以取整数之外，还可以根据需要取其他实数，当取其他实数时，幂也具有不同的含义. 当 $a=2$ 时，就是常见的二次函数.

幂函数用于求任意给定数的幂. 在 C 语言中，幂函数 pow 是 math.h 头文件的预定义库函数，我们在使用 pow 函数时需要在程序中导入 math.h 头文件. $pow(x,y)$ 函数有两个整数参数，用于通过指数($y$)提高基值($x$)的幂.

$x$：$x$ 变量代表基值，要计算其幂.

$y$：$y$ 变量表示幂或指数值.

例如，我们以 2 为底数，以 5 为幂指数，使用 pow(2,5) 函数返回一个值作为 32 的数字的幂. 类似地，我们将 3 作为底数，将 4 作为指数，使用 pow(3,4) 提高基值的幂，它返回的结果为 81. 指数 $a$ 可以为小于 1 的数，如 pow(2,0.5)，就表示求 2 的平方根.

在 C 语言中，$pow(a,b)$ 函数可以用来实现指数函数和幂函数的计算.

指数函数的定义为 $y=a^x$，其中 $a$ 为底数，$x$ 为指数. 可以使用 $pow(a,x)$ 函数来计算指数函数的值. 幂函数的定义为 $y=x^b$，其中 $x$ 为底数，$b$ 为幂指数. 同样，可以使用 $pow(x,b)$ 函数来计算幂函数的值.

**【例 2.7】** 使用两种方法求 2 的 10 次幂，一种使用 pow() 函数，另一种使用循环结构.

**算法设计**：求 2 的 10 次幂有两种方法，一是调用 pow() 函数，直接输入底数和幂指数进行计算；另一种是采用循环，多次相乘求幂.

① 使用 pow() 函数

**程序编写：**

```c
#include <stdio.h>
#include <math.h>
int main (){
    int base,ex;                          //声明基数 x 和指数变量 a
    int result;                           //储存结果
    printf ("Enter the base value from the user:");
    scanf ("%d",&base);                   //用户输入 x
    printf ("Enter the power value for raising the power of base:");
    scanf ("%d",&ex);                     //用户输入幂指数
    result= pow (base,ex);                //调用 pow() 函数
    printf ("%d to the power of %d is= %d",base,ex,result);
    return 0;
}
```

**运行结果：**

```
Enter the base value from the user: 2
Enter the power value for raising the power of base: 4
2 to the power of 4 is = 16
```

② 不使用 pow() 函数

**程序编写：**

```c
#include <stdio.h>
#include <math.h>
int main(){
    int num,i=0,ret=1,i_max;
    printf("Please input the integer:\n");
    scanf("%d",&num);
    printf("Please input the i_max:\n");
    scanf("%d",&i_max);
    for (i=0;i<i_max;i++)
        ret=ret * num;
    printf ("%d to the power of %d is=%d",num,i_max,ret);
    return 0;
}
```

**运行结果：**

```
Please input the integer:
2
Please input the i_max:
10
 2 to the power of 10 is = 1024
```

**程序分析**：使用 pow($a$,$b$) 可以同时计算出指数函数和幂函数的函数值，只需要指定 $a$ 或 $b$ 为函数的自变量即可.

**【例 2.8】** 对于以下指数函数、对数函数、幂函数,输入自变量 $x$ 的值,求函数值 $y$.

$$y = 3^x,$$
$$y = x^4,$$
$$y = 6^x + \sqrt{1 - \left(\frac{1}{2}\right)^x} - x^2.$$

**程序编写:**

```
#include <stdio.h>
#include <math.h>
int main(){
  int x,y1,y2,y3;
    printf("请输入一个自变量 x \n");
  scanf("%d",&x);                               //获取用户输入的数值
  printf("计算 3^x \n");
    y1=pow(3,x);
  printf("result:%d\n",y1);                     //输出结果
    printf("计算 x^4 \n");
    y2=pow(x,4);
    printf("result:%d\n",y2);                   //输出结果
    printf("计算 6^x+(1-0.5^x)^0.5-x^2 \n");
    y3=pow(6,x)+pow(1-pow(0.5,x),0.5)-pow(x,2); //pow 函数的嵌套使用
  printf("result:%d\n",y3);                     //输出结果
    return 0;
}
```

**运行结果:**

```
请输入一个自变量x
3
计算3^x
result: 27
计算x^4
result: 81
计算6^x+(1-0.5^x)^0.5-x^2
result: 207
_____
```

### 4. 三角函数

我们知道,函数是刻画客观世界变化规律的数学模型. 指数函数、对数函数、幂函数等可以用来刻画现实问题中不同类型的变化规律. 然而,现实世界中的许多运动、变化都有着循环往复、周而复始的现象,这种变化规律称为周期性. 在数学中,三角函数是刻画现实世界中存在的那些具有周期性变化现象的数学模型. 三角函数是一类基本的、重要的函数,在数学、电子、信息等学科中有广泛的应用.

**(1) 任意角和弧度制**

我们知道,角可以看成平面内一条射线绕着端点从一个位置旋转到另一个位置所成的图形. 一条射线的端点是 $O$,它从起始位置 $OA$ 按逆时针方向旋转到终止位置 $OB$,形成一个角 $\alpha$,射线 $OA$、$OB$ 分别是角 $\alpha$ 的始边和终边. 我们规定,按逆时针方向旋转形成的角叫作正

角(positive angle),按顺时针方向旋转形成的角叫作负角(negative angle).如果一条射线没有作任何旋转,我们称它形成了一个零角(zero angle).这样,零角的始边与终边重合.如果 $\alpha$ 是零角,那么 $\alpha=0°$.这样,我们就把角的概念推广到了任意角(any angle),包括正角、负角和零角.

在直角坐标系中,为了讨论问题的方便,我们使角的顶点与原点重合,角的始边与 $x$ 轴的非负半轴重合.角的终边绕原点旋转360°后回到原来的位置.因此,角可以很好地表现"周而复始"的变化规律.

我们知道,角可以用度为单位进行度量,1度的角等于周角的1/360.这种用度作为单位度量角的单位制叫作角度制(degree measure),为了使用方便,数学上还采用另一种度量角的单位制——弧度制(radian measure).

把长度等于半径长的弧所对的圆心角叫作1弧度(radian)的角,用符号 rad 表示,读作弧度.如图2.3所示,圆 $O$ 的半径为 $r$,$\overset{\frown}{AB}$ 的长等于 $r$,$\angle AOB$ 就是1弧度的角.可以证明,一定大小的圆心角所对应的弧长与半径的比值是唯一确定的,与半径大小无关.

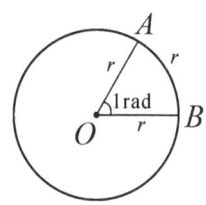

图2.3 弧度

容易证明,角度和弧度的转换关系如下:

$$180°=\pi \text{ rad},$$
$$1 \text{ rad}=\left(\frac{180}{\pi}\right)°,$$
$$1°=\frac{\pi}{180} \text{ rad}.$$

今后用弧度表示角时,"弧度"二字或"rad"通常略去不写,而只写该角所对应的弧度数.例如,角 $\alpha=2$ 就表示 $\alpha$ 是 2 rad 的角,$\sin\frac{\pi}{3}$ 就表示 $\frac{\pi}{3}$ rad 的角的正弦,即 $\sin\frac{\pi}{3}=\sin60°=\frac{\sqrt{3}}{2}$.

角可以周而复始地旋转,可以用于表现周期性的运动规律.在弧度制下,角的集合与实数集 **R** 之间建立起一一对应的关系:每一个角都有唯一的一个实数(即这个角的弧度数)与它对应;反过来,每一个实数也都有唯一的一个角(即弧度数等于这个实数的角)与它对应(图2.4).

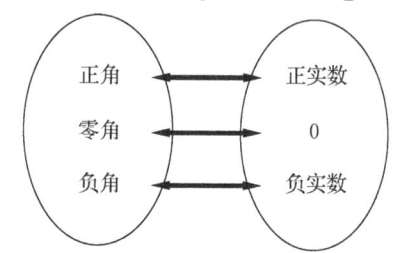

图2.4 一一对应

(2) 任意角的三角函数

如图2.5所示,设锐角 $\alpha$ 的顶点与原点 $O$ 重合,圆半径为 $r$,始边与 $x$ 轴的非负半轴重合,那么它的终边在第一象限.在 $\alpha$ 的终边上任取一点 $P(a,b)$,它与原点的距离 $r=\sqrt{a^2+b^2}>0$.过 $P$ 作 $x$ 轴的垂线,垂足为 $M$,则线段 $OM$ 的长度为 $a$,线段 $MP$ 的长度为 $b$.根据三角函数的定义,我们有:

正弦 $\sin\alpha=\frac{MP}{OP}=\frac{b}{r}$,余弦 $\cos\alpha=\frac{OM}{OP}=\frac{a}{r}$,正切 $\tan\alpha=\frac{MP}{OM}=\frac{b}{a}$.

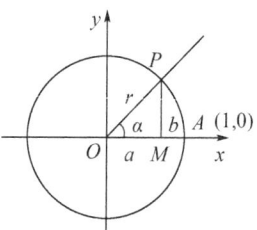

图2.5 三角函数

可以看出,当 $\alpha = \dfrac{\pi}{2} + k\pi (k \in \mathbf{Z}, \mathbf{Z}$ 表示整数集合)时,$\alpha$ 的终边在 $y$ 轴上,这时点 $P$ 的横坐标 $a$ 等于 0,所以 $\tan\alpha = \dfrac{b}{a}$ 无意义,除此之外,对于确定的角 $\alpha$,上述三个值都是唯一确定的. 所以,正弦、余弦、正切都是以角为自变量,以单位圆上点的坐标或坐标的比值为函数值的函数,我们将它们统称为三角函数(trigonometric function). 由于角的集合与实数集之间可以建立一一对应关系,三角函数可以看作自变量为实数的函数. 注意三角函数的自变量为弧度而不是角度,这使用了弧度与实数的一一对应关系.

由三角函数的定义,可以知道:终边相同的角的同一三角函数的值相等,与点在终边上的位置无关. 由此得到一组公式:

$$\sin(\alpha + 2\pi k) = \sin\alpha, \cos(\alpha + 2\pi k) = \cos\alpha, \tan(\alpha + 2\pi k) = \tan\alpha.$$

其中,$k \in \mathbf{Z}$. 利用该公式可以把求任意角的三角函数值,转化为求 0 到 $2\pi$(或 $0° \sim 360°$)角的三角函数值.

如图 2.5 所示,以正弦线 $MP$、余弦线 $OM$ 和半径 $OP$ 三者的长构成直角三角形,若 $OP = 1$ 由勾股定理有

$$OM^2 + MP^2 = 1,$$

因此 $a^2 + b^2 = 1$,即

$$\sin^2\alpha + \cos^2\alpha = 1.$$

显然,当 $\alpha$ 的终边与坐标轴重合时,这个公式也成立.

根据三角函数的定义,当 $\alpha \ne \dfrac{\pi}{2} + k\pi (k \in \mathbf{Z})$ 时,有

$$\tan\alpha = \dfrac{\sin\alpha}{\cos\alpha}.$$

这就是说,同一个角 $\alpha$ 的正弦、余弦的平方和等于 1,商等于角 $\alpha$ 的正切.

我们知道,实数集与角的集合之间可以建立一一对应关系,而一个确定的角又对应着唯一确定的正弦(或余弦)值. 这样,任意给定一个实数 $x$,有唯一确定的值 $\sin x$(或 $\cos x$)与之对应. 由这个对应法则所确定的函数 $y = \sin x$(或 $y = \cos x$)叫作正弦函数(或余弦函数),其定义域是实数集 $\mathbf{R}$.

反三角函数是一种基本初等函数. 它是反正弦 $\arcsin\alpha$,反余弦 $\arccos\alpha$,反正切 $\arctan\alpha$ 等函数的统称,各自表示其正弦、余弦、正切为 $\alpha$ 的角. C 语言中有预定义的三角函数和反三角函数可以直接调用,不过首先要执行预处理指令 #include <math.h>. C 语言中的三角函数与数学上的三角函数写法一致,分别为 $\sin(x)$、$\cos(x)$、$\tan(x)$,对应的反三角函数分别为 asin($x$)、acos($x$)、atan($x$).

**【例 2.9】** 输入任意一个角度,将其转化成弧度,然后计算出对应的正弦值、余弦值和正切值,并输出弧度值和三个三角函数的值.

**算法设计**:对于输入的任意一个角度值,可以通过下面的公式换算成对应的弧度:

$$1° = \dfrac{\pi}{180} \text{ rad}.$$

然后调用 C 语言自带的 sin、cos、tan 函数求解.

**程序编写:**

```c
#include <stdio.h>
#include <math.h>
#define PI 3.14159265
int main() {
    double angle_degrees;
    printf("请输入角度:");
    scanf("%lf",&angle_degrees);
    double angle_radians=angle_degrees * PI/180.0;        //将角度转换为弧度
    double sin_value=sin(angle_radians);                  //计算三角函数值
    double cos_value=cos(angle_radians);
    double tan_value=tan(angle_radians);
    printf("角度%.2f 的弧度值为:%.4f\n",angle_degrees,angle_radians);
    printf("角度%.2f 的三角函数值如下:\n",angle_degrees);
    printf("正弦值:%.4f\n",sin_value);
    printf("余弦值:%.4f\n",cos_value);
    printf("正切值:%.4f\n",tan_value);
    return 0;
}
```

**运行结果:**

```
请输入角度: 45
角度 45.00 的弧度值为: 0.7854
角度 45.00 的三角函数值如下:
正弦值: 0.7071
余弦值: 0.7071
正切值: 1.0000
```

**【例 2.10】** 用反三角函数求向量 $v_1=(3,4)$ 和 $v_2=(1,2)$ 之间的夹角.

**算法设计:** 已知两向量之间的夹角公式为

$$\cos\langle a,b\rangle = \frac{a \cdot b}{|a||b|} = \frac{|x_1x_2+y_1y_2|}{\sqrt{x_1^2+y_1^2}\sqrt{x_2^2+y_2^2}},$$

调用反三角函数求解两向量之间的夹角.

**程序编写:**

```c
#include <stdio.h>
#include <math.h>
double norm(double x,double y) {      //计算向量的模长
    return sqrt(x * x+y * y);
}
//计算两个向量的内积
double dotProduct(double x1, double y1, double x2, double y2) {
    return x1 * x2+y1 * y2;
}
//计算夹角(弧度制)
```

```
double angleBetween(double x1, double y1, double x2, double y2) {
    double dot=dotProduct(x1,y1,x2,y2);
    double v1Norm=norm(x1, y1);
    double v2Norm=norm(x2, y2);
    double cosTheta=dot/(v1Norm * v2Norm);
    return acos(cosTheta);
}
int main() {
    double x1=3,y1=4;                    //向量 v1=(3,4)
    double x2=1,y2=2;                    //向量 v2=(1,2)
    //计算两个向量的夹角(弧度制)
    double theta=angleBetween(x1,y1,x2,y2);
    //将弧度制的夹角转换为度数
    double degree=theta * 180/M_PI;
    printf("The angle between v1 and v2 is %.2f degrees.\n", degree);
    return 0;
}
```

运行结果：

```
The angle between v1 and v2 is 10.30 degree.
```

### 三、函数的应用

**1. 函数与方程**

先观察几个具体的一元二次方程及其相应的二次函数，如：

(1) 方程 $x^2-2x-3=0$ 与函数 $y=x^2-2x-3$.

(2) 方程 $x^2-2x+1=0$ 与函数 $y=x^2-2x+1$.

(3) 方程 $x^2-2x+3=0$ 与函数 $y=x^2-2x+3$.

容易知道，方程 $x^2-2x-3=0$ 有两个实数根 $x_1=-1,x_2=3$；函数 $y=x^2-2x-3$ 的图像与 $x$ 轴有两个交点 $(-1,0),(3,0)$. 这样，方程 $x^2-2x-3=0$ 的两个实数根就是函数 $y=x^2-2x-3$ 的图像与 $x$ 轴交点的横坐标.

方程 $x^2-2x+1=0$ 有两个相等的实数根 $x_1=x_2=1$；函数 $y=x^2-2x+1$ 的图像与 $x$ 轴有唯一的交点 $(1,0)$. 这样，方程 $x^2-2x+1=0$ 的实数根就是函数 $y=x^2-2x+1$ 的图像与 $x$ 轴交点的横坐标.

方程 $x^2-2x+3=0$ 无实数根. 函数 $x^2-2x+3=0$ 的图像与 $x$ 轴没有交点.

上述关系对一般的一元二次方程 $ax^2+bx+c=0(a\neq 0)$ 及其相应的二次函数 $y=ax^2+bx+c(a\neq 0)$ 也成立.

设判别式 $\Delta=b^2-4ac$，我们有：

(1) 当 $\Delta>0$ 时，一元二次方程有两个不等的实数根 $x_1$、$x_2$，相应的二次函数的图像与 $x$ 轴有两个交点 $(x_1,0),(x_2,0)$；

(2) 当 $\Delta=0$ 时,一元二次方程有两个相等实数根 $x_1=x_2$,相应的二次函数的图像与 $x$ 轴有唯一的交点 $(x_1,0)$;

(3) 当 $\Delta<0$ 时,一元二次方程没有实数根,相应的二次函数的图像与 $x$ 轴没有交点.

二次函数的图像与 $x$ 轴的交点和相应的一元二次方程根的关系,可以推广到一般情形. 为此,先给出函数零点的概念:

对于函数 $y=f(x)$,我们把使 $f(x)=0$ 的实数 $x$ 叫作函数 $y=f(x)$ 的零点(zero point). 这样,函数 $y=f(x)$ 的零点就是方程 $f(x)=0$ 的实数根,也就是函数 $y=f(x)$ 的图像与 $x$ 轴的交点的横坐标. 所以:

方程 $f(x)=0$ 有实数根

⇔ 函数 $y=f(x)$ 的图像与 $x$ 轴有交点

⇔ 函数 $y=f(x)$ 有零点.

由此可知,求方程 $f(x)=0$ 的实数根,就是确定函数 $y=f(x)$ 的零点. 一般地,对于不能用公式法求根的方程 $f(x)=0$ 来说,我们可以将它与函数 $y=f(x)$ 联系起来,利用函数的性质找出零点,从而求出方程的根.

【例 2.11】 求一元二次方程 $ax^2+bx+c=0$ 的根,其中 $a,b,c$ 的值自行输入.

**程序编写:**

```
#include <stdio.h>
#include <math.h>
int main() {
    double a,b,c;                                          //输入方程的系数
    printf("Enter the coefficients (a,b,c) of the quadratic equation:");
    scanf("%lf %lf %lf", &a, &b, &c);
    double discriminant=b*b-4*a*c;                         //判别式
    if (discriminant>0) {                                  //有两个实根
        double root1=(-b+sqrt(discriminant))/(2*a);
        double root2=(-b-sqrt(discriminant))/(2*a);
        printf("The roots are: %.2f and %.2f\n", root1, root2);
    } else if (discriminant ==0) {                         //有一个重根
        double root=-b/(2*a);
        printf("The root is: %.2f\n", root);
    } else {                                               //没有实根
        printf("No real roots\n");
    }
    return 0;
}
```

**运行结果:**

```
Enter the coefficients (a, b, c) of the quadratic equation: 1 3 2
The roots are: -1.00 and -2.00
```

**2. 函数模型及其应用**

函数是描述客观世界变化规律的数学模型,不同的变化规律需要用不同的函数模型来刻画. 那么,面对一个实际问题,应当如何选择恰当的函数模型来刻画它呢?

用函数建立数学模型解决实际问题的基本过程如图 2.6 所示.

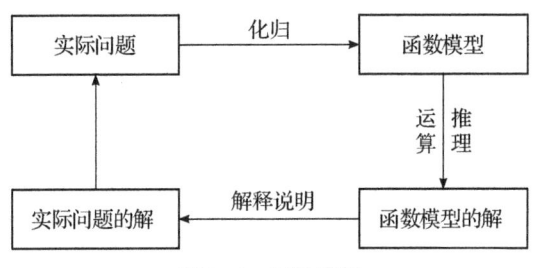

**图 2.6　函数模型**

这一过程包括分析和理解实际问题的增长情况(是"对数增长""直线上升"还是"指数爆炸");根据增长情况选择函数类型构建数学模型,将实际问题化归为数学问题;通过运算、推理求解函数模型;用得到的函数模型描述实际问题的变化规律,解决有关问题. 在这一过程中,往往需要利用信息技术帮助画图、运算等.

【例 2.12】　人口问题是当今世界各国普遍关注的问题. 认识人口数量的变化规律,可以为有效控制人口增长提供依据. 早在 1798 年,英国经济学家马尔萨斯(Thomas Robert Malthus,1766—1834)就提出了自然状态下的人口增长模型:

$$y = y_0 \mathrm{e}^{rt},$$

其中,$t$ 表示经过的时间,$y_0$ 表示 $t=0$ 时的人口数(单位:万人),$r$ 表示人口的年平均增长率. 根据我国 1951—1959 年的人口数据资料计算,可以得出在此期间我国的人口增长模型为

$$y = 55196 \mathrm{e}^{0.0221t}.$$

请使用循环结构计算哪一年人口达到 13 亿,$t$ 从 1 开始,当人口数超过 13 亿时退出循环.

**程序编写:**

```
#include <stdio.h>
#include <math.h>
int main() {
    double population=5.5196;            //初始人口数(单位:亿人)
    double growth_rate=0.0221;           //人口年平均增长率
    int year=0;
    int year0=1;                         //初始年份
    while (population<=13.0) {
        population*=exp(growth_rate);    //人口增长
        year0++;                         //年份加一
    }
    year=1950+year0;
    printf("人口达到 13 亿的年份为:%d\n",year);
    return 0;
}
```

**运行结果:**

人口达到13亿的年份为: 1990

**程序分析**：将程序运行的结果与实际情况相结合可以发现,我国 1990 年的实际人口数量大概为 11.6 亿,并非程序中计算出的 13 亿,结合时代背景可知,由于我国 1982 年实行了计划生育的政策,此后人口增长率降低.

## 第二节 几何与代数

### 一、空间几何体

几何学是研究物体的形状、大小与位置关系的数学学科.如果我们只考虑物体的形状和大小,而不考虑其他因素,那么这些由物体抽象出来的空间图形就叫作空间几何体.空间几何体是几何学的重要组成部分,它在土木建筑、机械设计、航海测绘等领域都有广泛的应用.

一般地,我们把由若干个平面多边形围成的几何体叫多面体(图 2.7).围成多面体的各个平面多边形叫作多面体的面,如面 $ABCD$;相邻两个面的公共边叫作多面体的棱,如棱 $AB$;棱与棱的公共点叫作多面体的顶点,如顶点 $A$.我们把由一个平面图形绕它所在平面内的一条定直线旋转所形成的封闭几何体叫作旋转体(图 2.8).这条定直线叫作旋转体的轴,而不垂直于轴的边都叫作母线.

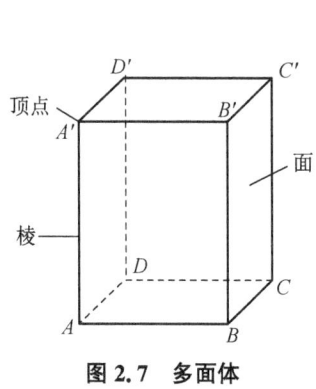

图 2.7　多面体

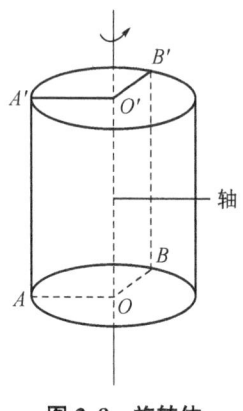

图 2.8　旋转体

如图 2.9 所示,以直角三角形的一条直角边所在直线为旋转轴,其余两边旋转形成的面所围成的旋转体叫作圆锥(circular cone).圆锥也有轴、底面、侧面和母线.

下面,我们来学习几种常见空间几何体的表面积和体积.表面积是几何体表面的面积,体积是几何体所占空间的大小.

棱长为 $a$ 的正方体的表面积:$S=6\times a^2=6a^2$.

棱长为 $a$ 的正方体的体积:$V=a^3$.

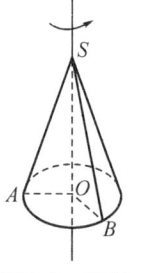

图 2.9　圆锥

底面半径为 $r$、母线长为 $l$ 的圆柱体表面积: $S=2\pi r(r+l)$.

底面半径为 $r$、母线长为 $l$ 的圆柱体体积: $V=\pi r^2 l$.

底面半径为 $r$、母线长为 $l$ 的圆锥体表面积: $S=\pi r(r+l)$.

底面半径为 $r$、母线长为 $l$ 的圆锥体体积: $V=\dfrac{1}{3}\pi r^2 \sqrt{l^2-r^2}$.

半径为 $R$ 的球体的表面积: $S=4\pi R^2$.

半径为 $R$ 的球体的体积: $V=\dfrac{4}{3}\pi R^3$.

**【例 2.13】** 根据以上空间几何体的表面积和体积公式,输入相应半径、棱长和母线,输出对应的表面积和体积.

**程序编写:**

```
#include <stdio.h>
#include <math.h>                               //引入数学函数库
#define PI 3.1415927                            //定义π值,根据需要确定精度
int main(){
    double r1,v1,s1,r2,l2,v2,s2,double r3,l3,v3,s3 r4,v4,s4;
    printf("请输入圆柱体的半径和母线 r2 和 l2:\n");
    scanf_s("%lf %lf",&r2,&l2);                 //输入半径和母线
    s2=2.0 * PI * r2 * (r2+ l2);
    v2=PI * r2 * r2 * l2;                       //计算表面积和体积
    printf("表面积为%lf,体积为%lf\n",s2,v2);    //输出结果
    printf("请输入圆锥体的半径和母线 r3 和 l3:\n");
    scanf_s("%lf %lf",&r3,&l3);                 //输入半径和母线
    s3=PI * r3 * (r3+ l3);
    v3=PI * r3 * r3 * sqrt(l3 * l3- r3 * r3) /3; //计算表面积和体积
    printf("表面积为%lf,体积为%lf\n",s3,v3);    //输出结果
    printf("请输入球的半径:\n");
    scanf_s("%lf",&r4);                         //输入半径
    s4=4 * PI * r4 * r4;
    v4=4 * PI * r4 * r4 * r4/ 3;                //计算表面积和体积
    printf("表面积为%lf,体积为%lf\n",s4,v4);    //输出结果
    return 0; }
```

**运行结果:**

```
请输入圆柱体的半径和母线r2和l2:
2 3
表面积为62.831854, 体积为37.699112
请输入圆锥体的半径和母线r3和l3:
3 4
表面积为65.973447, 体积为24.935619
请输入球的半径:
7
表面积为615.752169, 体积为1436.755061
```

## 二、直线与方程

### 1. 直线、平面之间的位置关系

直线和平面内有无数个点,可以看成具有某种特征的点的集合.

空间两条直线的位置关系:

(1) 共面:

① 相交:同一平面内,有且只有一个公共点.

② 平行:同一平面内,没有公共点.

(2) 异面:不同在任何一个平面内,不相交且不平行. 我们把不同在任何一个平面内的两条直线叫作异面直线(skew lines).

我们知道,平面内两条直线相交形成 4 个角,其中不大于 90°的角(锐角或直角)称为它们的夹角. 夹角刻画了一条直线相对于另一条直线的倾斜程度. 两条异面直线的夹角需要通过做辅助平行线,将其放在一个平面上观察. 如果两条异面直线所成的角是直角,那么我们就说这两条直线互相垂直. 两条互相垂直的异面直线 $a$ 和 $b$,记作 $a \perp b$.

直线与平面的位置关系有且只有三种:

(1) 直线在平面内:有无数个公共点;如果一条直线上的两点在同一个平面内,那么这条直线在此平面内.

(2) 直线与平面相交:有且只有一个公共点.

(3) 直线与平面平行:没有公共点.

直线与平面相交或平行的情况统称为直线在平面外.

两个平面之间的位置关系有且只有以下两种:

(1) 两个平面平行:没有公共点.

(2) 两个平面相交:有一条公共直线.

直线与平面的位置关系中,垂直是一种非常重要的关系,它在算法中应用较多,是著名的投影算法的基础. 如果直线 $l$ 与平面 $\alpha$ 内的任意一条直线都垂直,我们就说直线 $l$ 与平面 $\alpha$ 互相垂直,记作 $l \perp \alpha$. 直线 $l$ 叫作平面 $\alpha$ 的垂线,平面 $\alpha$ 叫作直线 $l$ 的垂面. 直线与平面垂直时,它们唯一的公共点叫作垂足. 在平面 $\alpha$ 外的一点 $P$,向该平面引垂线,其垂足称为 $P$ 点在平面 $\alpha$ 的投影.

如图 2.10 所示,一条直线和一个平面 $\alpha$ 相交于 $A$ 点,但不和这个平面垂直,这条直线叫作这个平面的斜线,斜线和平面的交点 $A$ 叫作斜足. 过斜线上斜足以外的一点向平面引垂线 $PO$,过垂足 $O$ 和斜足 $A$ 的直线 $AO$ 叫作斜线在这个平面上的投影. 平面的一条斜线和它在平面上的投影所成的锐角,叫作这条直线和这个平面所成的角. 一条直线垂直于平面,我们说它们所成的角是直角;一条直线和平面平行,或者平面内,我们说它们所成的角是 0°的角.

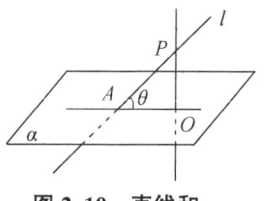

图 2.10 直线和平面相交

## 2. 直线的倾斜角与斜率

在几何问题研究中,除了直接依据几何图形中的点、直线、平面的关系外,还可以采用坐标法.坐标法是以坐标系为桥梁,把几何问题转化为代数问题,通过代数运算研究几何问题的方法,是解析几何中最基本的研究方法.

当平面直线 $l$ 与 $x$ 轴相交时,我们将 $x$ 轴作为基准, $x$ 轴正向与直线 $l$ 向上方向之间所成的角 $\alpha$ 叫作直线 $l$ 的倾斜角(angle of inclination).直线的倾斜角 $\alpha$ 的取值范围为
$$0° \leqslant \alpha < 180°.$$
这样,平面直角坐标系内每一条直线都有一个确定的倾斜角 $\alpha$,且倾斜程度相同的直线,其倾斜角相等;倾斜程度不同的直线,其倾斜角不相等.因此,我们可用倾斜角 $\alpha$ 表示平面直角坐标系内一条直线的倾斜程度.

我们把一条直线的倾斜角 $\alpha$ 的正切值叫作这条直线的斜率(slope).斜率常用小写字母 $k$ 表示,即
$$k = \tan\alpha.$$
例如,倾斜角 $\alpha = \dfrac{\pi}{4}$ 时,这条直线的斜率
$$k = \tan\dfrac{\pi}{4} = 1.$$
倾斜角 $\alpha = \dfrac{3\pi}{4}$ 时,由 $\tan\left(\pi - \dfrac{\pi}{4}\right) = -\tan\dfrac{\pi}{4} = -1$,得
$$k = \tan\dfrac{3\pi}{4} = -\tan\dfrac{\pi}{4} = -1,$$
即这条直线的斜率为 $-1$.

倾斜角是 90° 的直线没有斜率;倾斜角不是 90° 的直线都有斜率,倾斜角不同,直线的斜率也不同.因此,我们一般用斜率表示直线的倾斜程度.

下面我们探究如何由直线上两点的坐标计算直线的斜率.直线经过两点 $P_1(x_1, y_1)$, $P_2(x_2, y_2)$, $x_1 \neq x_2$,其斜率公式为
$$k = \dfrac{y_2 - y_1}{x_2 - x_1}.$$

**【例 2.14】** 已知三个点 $A$、$B$、$C$,求直线 $AB$、$AC$、$BC$ 的斜率,并判断直线的倾斜角是锐角、直角还是钝角.

**算法设计**:这里需要先求出三条直线的斜率,然后计算三个角的角度大小,最后通过判断三个角的大小来确定角度的类型.计算斜率的方法很简单,只需要将两点的纵向距离除以其横向距离即可.

**程序编写**:

```
#include <stdio.h>
#include <math.h>
double slope(double p1[],double p2[]) {
    return (p2[1]-p1[1])/(p2[0]-p1[0]);}
```

```c
double angle(double s1,double s2) {
    double a=atan((s1-s2)/(1+s1*s2)) * 180.0/M_PI;
    if (a<0) a+=180.0;
    return a; }
int main() {
    double a[3],b[3],c[3],sab,sac,sbc,a1,a2,a3;
    printf("Enter point A (x,y,z): ");                    //从键盘读取输入
    scanf("%lf %lf %lf",&a[0],&a[1],&a[2]);
    printf("Enter point B (x,y,z): ");
    scanf("%lf %lf %lf",&b[0],&b[1],&b[2]);
    printf("Enter point C (x,y,z): ");
    scanf("%lf %lf %lf",&c[0],&c[1],&c[2]);
    sab=slope(a,b);sac=slope(a,c);sbc=slope(b,c);          //计算斜率和角度
    a1=angle(sab,sac);a2=angle(sab,sbc);a3=angle(sac,sbc);
    if (a1<90.0) { printf("AB is steep.\n");               //判断角度类型
    } else if (a1==90.0) {printf("AB is perpendicular.\n");
    } else {printf("AB is gentle.\n"); }
    if (a2<90.0) {printf("AC is steep.\n");
    } else if (a2==90.0) {printf("AC is perpendicular.\n");
    } else {printf("AC is obtuse.\n");}
    if (a3<90.0) {printf("BC is steep.\n");
    } else if (a3==90.0) {printf("BC is perpendicular.\n");
    } else {printf("BC is gentle.\n");}
    return 0;
}
```

**运行结果:**

```
Enter point A (x,y,z): 0 0 0
Enter point B (x,y,z): 1 0 1
Enter point C (x,y,z): 2 0 4
AB is steep.
AC is steep.
BC is steep.
```

我们可以通过直线的斜率来判断两条直线的位置关系. 设两条直线 $l_1, l_2$ 的斜率分别为 $k_1, k_2$, 若 $l_1 /\!/ l_2$, 则 $l_1$ 与 $l_2$ 的倾斜角 $\alpha_1$ 与 $\alpha_2$ 相等, 由 $\alpha_1 = \alpha_2$, 可得 $\tan\alpha_1 = \tan\alpha_2$, 即斜率 $k_1 = k_2$, 因此, 若 $l_1 /\!/ l_2$, 则 $k_1 = k_2$. 反之, 若 $k_1 = k_2$, 则 $l_1 /\!/ l_2$.

于是我们得到, 对于两条直线 $l_1, l_2$, 其斜率分别为 $k_1, k_2$, 有

$$l_1 /\!/ l_2 \Leftrightarrow k_1 = k_2$$

设两条直线 $l_1$ 与 $l_2$ 的倾斜角分别为 $\alpha_1$ 与 $\alpha_2 (\alpha_1, \alpha_2 \neq 90°)$, 如果两条直线都有斜率, 且它们互相垂直, 那么它们的斜率之积等于 $-1$; 反之, 如果它们的斜率之积等于 $-1$, 那么它们互相垂直. 即

$$l_1 \perp l_2 \Leftrightarrow k_1 k_2 = -1.$$

**【例 2.15】** 输入四个点 $ABCD$ 的坐标, 判断直线 $AB$、$CD$ 是否平行.

**算法设计:** 算法实现很简单, 只需要计算两条直线的斜率, 然后判断其是否相等即可. 由

于样例中只给出了二维平面上的点,这里只计算了 $x$ 和 $y$ 两个维度. 如果需要计算更高维度的点,相应地增加维度即可.

**程序编写:**

```
#include <stdio.h>
int is_parallel(double p1[],double p2[],double p3[],double p4[]) {
    double dx1,dy1,dx2,dy2;
    dx1=p2[0]-p1[0];dy1=p2[1]-p1[1];
    dx2=p4[0]-p3[0];dy2=p4[1]-p3[1];
    return (dx1 * dy2==dx2 * dy1); }
int main(){
    double a[2],b[2],c[2],d[2];
    printf("Enter point A (x,y): ");      //从键盘读取输入
    scanf("%lf %lf",&a[0],&a[1]);
    printf("Enter point B (x,y): ");
    scanf("%lf %lf",&b[0],&b[1]);
    printf("Enter point C (x,y):");
    scanf("%lf %lf",&c[0],&c[1]);
    printf("Enter point D (x,y):");
    scanf("%lf %lf",&d[0],&d[1]);
    if (is_parallel(a,b,c,d)) {           //判断直线是否平行
        printf("The two lines are parallel.\n");
    } else {       printf("The two lines are not parallel.\n");}
    return 0;
}
```

**运行结果:**

```
Enter point A (x,y): 2 3
Enter point B (x,y): -4 0
Enter point C (x,y): -3 1
Enter point D (x,y): -1 2
The two lines are parallel.
```

### 3. 直线的方程

已知直线上的一点和直线的倾斜角(斜率)可以确定一条直线,已知两点也可以确定一条直线. 这样,在直角坐标系中,给定一个点 $P_0(x_0,y_0)$ 和斜率 $k$,或给定两点 $P_1(x_1,y_1)$,$P_2(x_2,y_2)$,就能唯一确定一条直线,将直线上所有点的坐标 $(x,y)$ 满足的关系表示出来.

假设直线 $l$ 经过点 $P_0(x_0,y_0)$,且斜率为 $k$,设点 $P(x,y)$ 是直线 $l$ 上不同于点 $P_0$ 的任意一点,因为直线 $l$ 的斜率为 $k$,由斜率公式得

$$k=\frac{y-y_0}{x-x_0}.$$

即

$$y-y_0=k(x-x_0). \tag{2.1}$$

方程(2.1)为过点 $P_0(x_0,y_0)$,斜率为 $k$ 的直线 $l$ 上的任一点的坐标所满足的关系式,我们

称方程(2.1)为过点 $P_0(x_0,y_0)$，斜率为 $k$ 的直线 $l$ 的方程. 方程(2.1)由直线上一定点及其斜率确定，我们把方程(2.1)叫作直线的点斜式方程，简称点斜式(point slope form).

当直线 $l$ 的倾斜角为 $0°$ 时，直线与 $x$ 轴平行或重合；当直线 $l$ 的倾斜角为 $90°$ 时，直线没有斜率. 如果直线 $l$ 的斜率为 $k$，且与 $y$ 轴的交点为 $(0,b)$，代入直线的点斜式方程，得
$$y-b=k(x-0),$$
即
$$y=kx+b. \tag{2.2}$$
我们把直线 $l$ 与 $y$ 轴交点 $(0,b)$ 的纵坐标 $b$ 叫作直线 $l$ 在 $y$ 轴上的截距(intercept). 方程(2.2)由直线的斜率 $k$ 与它在 $y$ 轴上的截距 $b$ 确定，所以方程(2.2)叫作直线的斜截式方程，简称斜截式(slope intercept form).

当 $x_1 \neq x_2$ 时，所求直线的斜率 $k=\dfrac{y_2-y_1}{x_2-x_1}$. 任取 $P_1, P_2$ 中的一点，例如，取 $P_1(x_1,y_1)$，由点斜式方程，得
$$y-y_1=\dfrac{y_2-y_1}{x_2-x_1}(x-x_1),$$
当 $y_2 \neq y_1$ 时，可写为
$$\dfrac{y-y_1}{y_2-y_1}=\dfrac{x-x_1}{x_2-x_1}, \tag{2.3}$$
这就是经过两点 $P_1(x_1,y_1), P_2(x_2,y_2)$（其中 $x_1 \neq x_2, y_1 \neq y_2$）的直线方程，我们把它叫作直线的两点式方程，简称两点式(two-point form).

若 $P_1(x_1,y_1), P_2(x_2,y_2)$ 中有 $x_1=x_2$ 或 $y_1=y_2$ 时，直线 $P_1P_2$ 没有两点式方程. 当 $x_1=x_2$ 时，直线 $P_1P_2$ 平行于 $y$ 轴，直线方程为 $x-x_1=0$，或 $x=x_1$；当 $y_1=y_2$ 时，直线 $P_1P_2$ 平行于 $x$ 轴，直线方程为 $y-y_1=0$，或 $y=y_1$.

如果已知直线 $l$ 与 $x$ 轴的交点为 $A(a,0)$，与 $y$ 轴的交点为 $B(0,b)$，其中 $a \neq 0, b \neq 0$，则代入两点式，可得
$$\dfrac{x}{a}+\dfrac{y}{b}=1. \tag{2.4}$$
我们把直线与 $x$ 轴交点 $(a,0)$ 的横坐标 $a$ 叫作直线在 $x$ 轴上的截距，此时直线在 $y$ 轴上的截距是 $b$. 方程(2.4)由直线 $l$ 在两个坐标轴上的截距 $a$ 与 $b$ 确定，所以叫作直线的截距式方程.

综上所述，平面上任意一条直线都可以用一个关于 $x,y$ 的二元一次方程表示. 反之，一个二元一次方程就是直角坐标平面上的一条确定的直线. 我们把关于 $x,y$ 的二元一次方程
$$Ax+By+C=0$$
（其中 $A,B$ 不同时为 $0$）叫作直线的一般式方程，简称一般式(general form).

方向向量是一个重要的数学概念，直线的方向用一个与该直线平行的非零向量来表示，该向量称为这条直线的一个方向向量. 直线可以由其经过的一点和它的一个方向向量完全确定，由于方向向量只用于确定方向，对模长没有要求，所以每条直线的方向向量有无数个，且都平行于该直线的方向. 只要给定直线便可构造两个以原点为起点的方向向量：

(1) 已知直线 $Ax+By+C=0$，则直线的方向向量为 $(-b,a)$ 或 $(b,-a)$。

(2) 若直线斜率为 $k$，则直线的一个方向向量为 $(1,k)$。

(3) 若 $A(x_1,y_1)$，$B(x_2,y_2)$，则 $AB$ 所在直线的方向向量为 $(x_2-x_1,y_2-y_1)$。

**【例 2.16】** 给出任意两点，输出对应的直线方程的斜截式、两点式和一般式，再输入第三个点，判断该点是否在这条直线上。

**算法设计**：首先计算出给定的两个点对应的直线方程，然后计算第三个点是否在该直线上。直线方程采用了斜截式、两点式和一般式，计算时只需要分别计算出斜率和截距，代入相关公式即可。判断点是否在直线上的方法就是判断点的横纵坐标是否满足直线方程的条件。

**程序编写**：

```c
#include <stdio.h>
#include <math.h>
void findLineEquation(double x1,double y1,double x2,double y2) {
  double slope,intercept,A,B,C;
  //计算斜率 (slope)
  if (x2-x1!=0) {
      slope=(y2-y1)/(x2-x1);
      intercept=y1-slope*x1;
      //斜截式: y=mx+b
      printf("斜截式: y=%.2fx+(%.2f)\n",slope,intercept);
  } else {
      printf("斜截式: x=%.2f\n",x1);
  }
  //两点式: (y-y1)=((y2-y1)/(x2-x1))*(x-x1)
  if (x2-x1!=0) {
      printf("两点式: (y-%.2f)=%.2f*(x-%.2f)\n",y1,slope,x1);
  }
  //一般式: Ax+By+C=0
  //A=y2-y1,B=x1-x2,C=x2*y1-x1*y2
  A=y2-y1;
  B=x1-x2;
  C=x2*y1-x1*y2;
  printf("一般式: %.2fx+%.2fy+%.2f=0\n",A,B,C);
}
int isPointOnLine(double x1,double y1,double x2,double y2,double x3,double y3)
{
  double A=y2-y1;
  double B=x1-x2;
  double C=x2*y1-x1*y2;
  //检查第三个点是否满足一般式方程 Ax+By+C=0
  if (fabs(A*x3+B*y3+C)<1e-6) {
      return 1;                  //点在直线上
  } else {
      return 0;                  //点不在直线上
  }
```

```c
}
int main() {
  double x1,y1,x2,y2,x3,y3;
  printf("输入点 1 (x1,y1): ");
  scanf("%lf %lf",&x1,&y1);
  printf("输入点 2 (x2,y2): ");
  scanf("%lf %lf",&x2,&y2);
  findLineEquation(x1,y1,x2,y2);
  printf("输入待检查的点 (x3,y3): ");
  scanf("%lf %lf",&x3,&y3);
  if (isPointOnLine(x1,y1,x2,y2,x3,y3)) {
      printf("点 (%.2f,%.2f)在直线上.\n",x3,y3);
  } else {
      printf("点 (%.2f,%.2f)不在直线上.\n",x3,y3);
  }
  return 0;
}
```

运行结果：

```
输入点1 (x1, y1): 4 2
输入点2 (x2, y2): 1 0
斜截式: y = 0.67x + (-0.67)
两点式: (y - 2.00) = 0.67 * (x - 4.00)
一般式: -2.00x + 3.00y + 2.00 = 0
输入待检查的点 (x3, y3): 7 3
点 (7.00, 3.00) 不在直线上。
```

### 4. 直线的交点坐标与距离公式

(1) 直线的交点坐标

在平面直角坐标系中建立了直线的方程后，就可以通过代数方法解决直线的有关问题，包括求两条直线的交点，判断两条直线的位置关系，求两点间的距离、点到直线的距离以及两条平行线间的距离等.

用代数方法求两条直线的交点坐标，只需写出这两条直线的方程，然后联立求解. 一般地，将两条直线的方程联立，得方程组

$$\begin{cases} A_1x+B_1y+C_1=0, \\ A_2x+B_2y+C_2=0. \end{cases}$$

若方程组有唯一解，则两条直线相交，此解就是交点的坐标；若方程组无解，则两条直线无公共点，此时两条直线平行.

【例 2.17】 求下列两条直线的交点坐标.

$$\begin{cases} 2x-y+1=0, \\ 3x+y-5=0. \end{cases}$$

**算法设计**：我们可以定义两个函数 f1 和 f2 分别表示两条直线的函数表达式. 然后使用枚举算法来从左边往右边搜索交点, 当两条直线的差小于给定的误差时, 认为找到了交点, 并退出循环. 最后, 我们打印出交点坐标 $(x, y)$.

**程序编写**：

```c
#include <stdio.h>
#include <math.h>
#define ERROR 0.001
double f1(double x) {
    return 2 * x+1;                    //第一条直线的函数表达式
}
double f2(double x) {
    return -3 * x+5;                   //第二条直线的函数表达式
}
double calculateIntersection() {
    double x=0;
    double y1,y2,diff;
    while (1) {
        y1=f1(x);
        y2=f2(x);
        diff=fabs(y1-y2);
        if (diff<ERROR) {
            break;
        }
        x+=0.001;                      //步长可以根据需要进行调整
    }
    return x;
}
int main() {
    double intersection=calculateIntersection();
    double y=f1(intersection);
    printf("Intersection point: (%f,%f)\n",intersection,y);
    return 0;
}
```

**运行结果**：

```
Intersection point: (0.800000, 2.600000)
```

(2) 点与直线的距离

若已知平面上两点 $P_1(x_1, y_1)$ 和 $P_2(x_2, y_2)$, 如何求 $P_1$ 和 $P_2$ 的距离 $|P_1P_2|$？

如图 2.11 所示, 从点 $P_1(x_1, y_1), P_2(x_2, y_2)$ 分别向 $y$ 轴和 $x$ 轴作垂线, 相交于点 $Q$, 在直角三角形 $P_1QP_2$ 中,
$$|P_1P_2|^2 = |P_1Q|^2 + |QP_2|^2.$$
为了计算 $|P_1Q|$ 和 $|QP_2|$, 过点 $P_1$ 向 $x$ 轴作垂线, 过点 $P_2$ 向

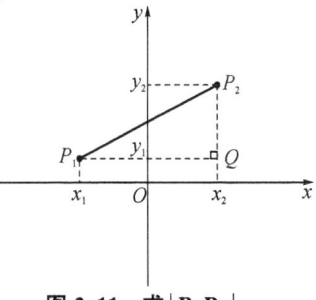

图 2.11　求 $|P_1P_2|$

$y$ 轴作垂线,于是有
$$|P_1Q|=|x_2-x_1|,|QP_2|=|y_2-y_1|.$$
所以,$|P_1P_2|^2=|x_2-x_1|^2+|y_2-y_1|^2.$
由此得到两点 $P_1(x_1,y_1),P_2(x_2,y_2)$ 间的距离公式:
$$|P_1P_2|=\sqrt{(x_2-x_1)^2+(y_2-y_1)^2}.$$
特别地,原点 $O(0,0)$ 与任一点 $P(x,y)$ 的距离:
$$|OP|=\sqrt{x^2+y^2}.$$

若已知点 $P_0(x_0,y_0)$,直线 $l:Ax+By+C=0$,如何求点 $P_0$ 到直线 $l$ 的距离?

点 $P_0$ 到直线 $l$ 的距离,是指从点 $P_0$ 到直线 $l$ 的垂线段 $P_0Q$ 的长度,其中 $Q$ 是垂足(图 2.12). 由 $P_0Q\perp l$,以及直线 $l$ 的斜率为 $-\dfrac{A}{B}$,可得 $l$ 的垂线 $P_0Q$ 的斜率为 $\dfrac{B}{A}$,因此,垂线 $P_0Q$ 的方程可以求出.

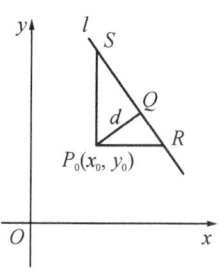

图 2.12 求点 $P_0$ 到直线 $l$ 的距离

如图 2.12 所示,设 $A\neq 0,B\neq 0$,则直线 $l$ 与 $x$ 轴和 $y$ 轴都相交,过点 $P_0$ 分别作 $x$ 轴和 $y$ 轴的平行线,交直线 $l$ 于 $R$ 和 $S$,则直线 $P_0R$ 的方程为 $y=y_0$,$R$ 的坐标为 $\left(-\dfrac{By_0+C}{A},y_0\right)$;直线 $P_0S$ 的方程为 $x=x_0$,$S$ 的坐标为 $\left(x_0,-\dfrac{Ax_0+C}{B}\right)$.

于是有
$$|P_0R|=\left|-\dfrac{By_0+C}{A}-x_0\right|=\dfrac{|Ax_0+By_0+C|}{|A|},$$
$$|P_0S|=\left|-\dfrac{Ax_0+C}{B}-y_0\right|=\dfrac{|Ax_0+By_0+C|}{|B|},$$
$$|RS|=\sqrt{|P_0R|^2+|P_0S|^2}=\dfrac{\sqrt{A^2+B^2}}{|A||B|}|Ax_0+By_0+C|.$$

设 $|P_0Q|=d$,由三角形面积公式可得
$$d\cdot|RS|=|P_0R|\cdot|P_0S|,$$
于是得
$$d=\dfrac{|P_0R|\cdot|P_0S|}{|RS|}=\dfrac{|Ax_0+By_0+C|}{\sqrt{A^2+B^2}}.$$

因此,点到直线的距离,即过这一点作目标直线的垂线,由这一点至垂足的距离 $d$ 的公式为
$$d=\dfrac{|Ax_0+By_0+C|}{\sqrt{A^2+B^2}}.$$

两条平行直线之间的距离指的是夹在两条平行直线间公垂线段的长. 可以在任一条直线上任取一点,为方便计算,通常取与 $x$ 轴或 $y$ 轴的交点,代入上面的距离公式,计算该点到另一条直线的距离.

**【例 2.18】** 给出任意两点 $A$ 和 $B$,输出两点之间的距离,再输入第三个点 $C$,求该点到 $AB$ 这条直线的距离.

**算法设计**:根据两点之间的距离公式可以求出距离,再根据上一节中求直线方程的公式计算出 $AB$ 直线的表达式,最后调用点到直线的距离公式可以直接求出相应的距离.

**程序编写**:

```c
#include <stdio.h>
#include <math.h>
double distance(double p1[],double p2[]) {
    double dx=p2[0]-p1[0];
    double dy=p2[1]-p1[1];
    return sqrt(dx*dx+dy*dy);
}
double distance_point_to_line(double px,double py,double a,double b,double c) {
    double d=fabs(a*px+b*py+ c)/sqrt(a*a+b*b);
    return d;
}
int main(){
    double p1[2],p2[2],p3[2],d,d_line,a,b,c;
    double d,d_line,a,b,c;
    printf("Enter point 1 (x,y):");                          //从键盘读取输入
    scanf("%lf %lf",&p1[0],&p1[1]);
    printf("Enter point 2 (x,y):");
    scanf("%lf %lf",&p2[0],&p2[1]);
    printf("Enter point 3 (x,y):");
    scanf("%lf %lf",&p3[0],&p3[1]);
    d=distance(p1,p2);                                       //计算两点之间的距离
    printf("The distance between the two points is: %g\n",d);
    //计算直线方程
    a=p2[1]-p1[1];b=p1[0]-p2[0];c=p2[0]*p1[1]-p1[0]*p2[1];
    d_line= distance_point_to_line(p3[0],p3[1],a,b,c);       //计算点到直线的距离
    printf("The distance from point 3 to the line is: %g\n",d_line);
    return 0;
}
```

**运行结果:**

```
Enter point 1 (x,y): 2 4
Enter point 2 (x,y): -4 1
Enter point 3 (x,y): 6 1
The distance between the two points is: 6.7082
The distance from point 3 to the line is: 4.47214
```

(3) 直线的位置关系

平面上两直线之间的位置关系包括平行和相交.两平行直线之间的距离指的是夹在两条平行直线间公垂线段的长.设直线 $l_1$ 的方程为 $Ax+By+C_1=0$,直线 $l_2$ 的方程为 $Ax+By+C_2=0$,则两条平行线之间的距离公式为

$$d = \frac{|C_1 - C_2|}{\sqrt{A^2 + B^2}}.$$

若两条直线是相交关系,则可以计算两直线的夹角. 设直线 $l_1$ 的方程为 $A_1 x + B_1 y + C_1 = 0$,直线 $l_2$ 的方程为 $A_2 x + B_2 y + C_2 = 0$,则两条直线夹角的余弦值为 $\cos\theta = \frac{|A_1 A_2 + B_1 B_2|}{\sqrt{A_1^2 + B_1^2}\sqrt{A_2^2 + B_2^2}}$,且 $\theta \in \left[0, \frac{\pi}{2}\right]$,可以通过反三角函数求该夹角的弧度. 若两直线的夹角为 $\frac{\pi}{2}$,表示两直线垂直;若两直线的夹角为零,表示两直线平行.

**【例 2.19】** 假设在一个平面上有任意两条直线,求这两条直线之间的夹角并用弧度制和角度值分别输出结果.

**程序编写:**

```c
#include <stdio.h>
#include <math.h>
int main() {
    double a1, b1, c1;                              //输入直线的方程系数
    printf("请输入第一条直线的方程系数(ax+by+c=0):");
    scanf("%lf %lf %lf", &a1, &b1, &c1);
    double a2, b2, c2;
    printf("请输入第二条直线的方程系数(ax+by+c=0):");
    scanf("%lf %lf %lf", &a2, &b2, &c2);
    double v1_x=-b1;                                //计算第一条直线的向量
    double v1_y=a1;
    double v2_x=-b2;                                //计算第二条直线的向量
    double v2_y=a2;
    double len_v1=sqrt(v1_x*v1_x+v1_y*v1_y);        //计算两个向量的模
    double len_v2=sqrt(v2_x*v2_x+v2_y*v2_y);
    double dot_product=v1_x*v2_x+v1_y*v2_y;         //计算两个向量的点积
    double cos_angle=dot_product/(len_v1*len_v2);   //计算夹角的余弦值
    double angle_rad=acos(cos_angle);               //计算夹角(弧度)
    double angle_deg=angle_rad*180.0/M_PI;          //将弧度转换为角度
    printf("两条直线之间的夹角为:\n");                //输出结果
    printf("夹角的弧度为:%lf\n", angle_rad);
    printf("夹角的角度为:%lf\n", angle_deg);
    return 0;
}
```

**运行结果:**

```
请输入第一条直线的方程系数(ax + by + c = 0):1 2 4
请输入第二条直线的方程系数(ax + by + c = 0):-2 3 4
两条直线之间的夹角为:
夹角的弧度为: 1.051650
夹角的角度为: 60.255119
```

### 5. 投影变换

如图 2.13 所示,设 $l$ 是平面内一条给定的直线,对平面内的任意一点 $P$ 作直线 $l$ 的垂线,垂足为点 $P'$,则称点 $P'$ 为点 $P$ 在直线 $l$ 上的投影.将点 $P$ 对应到它在直线 $l$ 上的投影 $P'$,这个变换称为关于直线 $l$ 的投影(projection)变换.

特别地,在直角坐标系 $xOy$ 内,过任意一点 $P$ 作 $x$ 轴的垂线,垂足为点 $P'$,我们称点 $P'$ 为点 $P$ 在 $x$ 轴上的(正)投影. 如果一个变换把直角坐标系内的每一点对应到它在 $x$ 轴上的(正)投影,那么称这个变换为关于 $x$ 轴的(正)投影变换.

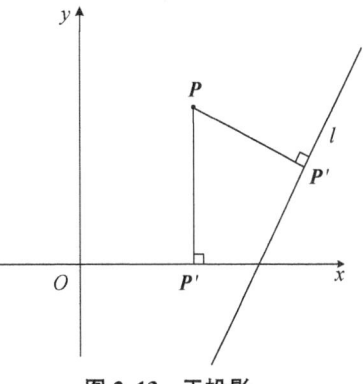

**图 2.13 正投影**

设在关于 $x$ 轴的(正)投影变换的作用下,点 $P(x,y)$ 对应到投影点 $P'(x',y')$,则
$$x'=x, y'=0.$$
因此,该变换的坐标变换公式为
$$\begin{cases} x'=x, \\ y'=0. \end{cases}$$

如果以直线 $l$ 为 $x$ 轴建立直角坐标系 $xOy$,则所有的投影变换都可以看成关于 $x$ 轴的投影变换.

(1) 点到直线的投影

假设空间某点 $O$ 的坐标为 $(x_0, y_0, z_0)$,空间某条直线上两点 $A$ 和 $B$ 的坐标为:$(x_1, y_1, z_1)$ 与 $(x_2, y_2, z_2)$,设点 $O$ 在直线 $AB$ 上的垂足为点 $N$,坐标为 $(x_N, y_N, z_N)$,点 $N$ 坐标解算过程如下:

首先根据坐标求出如下向量:
$$\overrightarrow{ON}=(x_N-x_0, y_N-y_0, z_N-z_0),$$
$$\overrightarrow{AB}=(x_2-x_1, y_2-y_1, z_2-z_1),$$
$$\overrightarrow{AN}=(x_N-x_1, y_N-y_1, z_N-z_1),$$

由向量 $\overrightarrow{ON}$ 和 $\overrightarrow{AB}$ 的垂直关系,得到如下公式:
$$(x_N-x_0)(x_2-x_1)+(y_N-y_0)(y_2-y_1)+(z_N-z_0)(z_2-z_1)=0, \quad (2.5)$$

点 $N$ 在直线 $AB$ 上,根据向量 $\overrightarrow{AN}$ 与 $\overrightarrow{AB}$ 共线得:
$$\frac{x_N-x_1}{x_2-x_1}=\frac{y_N-y_1}{y_2-y_1}=\frac{z_N-z_1}{z_2-z_1}=k, \quad (2.6)$$

由(2.6)得:
$$\begin{cases} x_N=k(x_2-x_1)+x_1, \\ y_N=k(y_2-y_1)+y_1, \\ z_N=k(z_2-z_1)+z_1, \end{cases} \quad (2.7)$$

由(2.5)(2.6)联立得:

$$k = \frac{(x_1-x_0)(x_2-x_1)+(y_1-y_0)(y_2-y_1)+(z_1-z_0)(z_2-z_1)}{(x_2-x_1)^2+(y_2-y_1)^2+(z_2-z_1)^2}$$

最后将解出的 $k$ 代入(2.7)中得到垂足 $N$ 的坐标.

**【例 2.20】** 用上述方法求点 $A(8,-4,9)$ 到点 $M(-3,2,6),N(5,-2,-5)$ 构成的直线的投影坐标.

**程序编写:**

```c
#include <stdio.h>
int main() {
double x0=1,y0=2,z0=3;                          //点 A 的坐标
double x1=2,y1=-1,z1=5;                         //直线上的两点 M 和 N 的坐标
double x2=5,y2=1,z2=6;
//计算 k 的值
double numerator=(x1-x0) * (x2-x1)+(y1-y0) * (y2-y1)+(z1-z0) * (z2-z1);
double denominator=(x2-x1) * (x2-x1)+(y2-y1) * (y2-y1)+(z2-z1) * (z2-z1);
double k=numerator/denominator;
//计算投影点 N 的坐标
double xN=k * (x2-x1)+x1;
double yN=k * (y2-y1)+y1;
double zN=k * (z2-z1)+z1
//输出投影点的坐标
  printf("The projection point N(%0.2f,%0.2f,%0.2f) \n",xN,yN,zN);
  return 0;
}
```

**运行结果:**

```
The projection point N(-13.77, 7.38, 7.35)
```

**【例 2.21】** 用上述方法求点 $A(1,2,3)$ 在直线 $\frac{x-2}{3}=\frac{y+1}{2}=\frac{z-5}{1}$ 的投影.

**算法设计:** 首先取直线上的两点 $M(2,-1,5),N(5,1,6)$,之后利用前面介绍的方法求得 $k$,并带入投影点的坐标即可.

**程序编写:**

```c
#include <stdio.h>
int main() {
double x0=1,y0=2,z0=3;//点 A 的坐标
double x1=2,y1=-1,z1=5;//直线上的两点 M 和 N 的坐标
  double x2=5,y2=1,z2=6;
  //计算 k 的值
  double numerator=(x1-x0) * (x2-x1)+(y1-y0) * (y2-y1)+(z1-z0) * (z2-z1);
  double denominator=(x2-x1) * (x2-x1)+(y2-y1) * (y2-y1)+(z2-z1) * (z2-z1);
  double k=numerator/denominator;
```

```
    //计算投影点 N 的坐标
    double xN=k*(x2-x1)+x1;
    double yN=k*(y2-y1)+y1;
    double zN=k*(z2-z1)+z1;
    //输出投影点的坐标
printf("The projection point N(%0.2f,%0.2f,%0.2f) \n",xN,yN,zN);
    return 0;
}
```

**运行结果：**

```
The projection point N(1.79, -1.14, 4.93)
```

（2）点到平面的投影

假设有一点 $(x_0,y_0,z_0)$，平面 $Ax+By+Cz+D=0$，则可以通过下面的方法求点到平面的投影．首先求过点 $(x_0,y_0,z_0)$ 且与平面垂直的直线方程为 $\dfrac{x-x_0}{A}=\dfrac{y-y_0}{B}=\dfrac{z-z_0}{C}$，点到平面的投影就是上述直线与平面的交点，注意到直线的参数方程为：

$$x=At+x_0, y=Bt+y_0, z=Ct+z_0,$$

代入平面的方程，有

$$A(At+x_0)+B(Bt+y_0)+C(Ct+Z_0)+D=0,$$

化简得

$$t=-\frac{Ax_0+By_0+Cz_0+D}{A^2+B^2+C^2},$$

代入直线的参数方程，就能得出投影点的坐标：

$$x=-\frac{A^2x_0+ABy_0+ACz_0+AD}{A^2+B^2+C^2}+x_0,$$

$$y=-\frac{ABx_0+B^2y_0+BCz_0+BD}{A^2+B^2+C^2}+y_0,$$

$$z=-\frac{ACx_0+BCy_0+C^2z_0+CD}{A^2+B^2+C^2}+z_0.$$

**【例 2.22】** 求点 $P(a,b,c)$ 关于平面 $x_1+x_2+x_3=0$ 的距离和 $P$ 关于该平面的投影点 $A$ 的坐标．

**解题思路：** 为了求点 $P(a,b,c)$ 关于平面 $x_1+x_2+x_3=0$ 的距离，我们可以根据点到平面的距离公式直接得出

$$d=\frac{|Ax_0+By_0+Cz_0+D|}{\sqrt{A^2+B^2+C^2}},$$

本例中，我们假设 $P(a,b,c)=(3,-2,6)$，代码设计如下：

**程序编写：**

```c
#include <stdio.h>
#include <math.h>
int main() {
    double x0=3, y0=-2, z0=6;                               //点 P 的坐标
    double A=1,B=1,C=1,D=0;
    double x,y,z;
double dis=sqrt(1.0/3.0) * (x0+y0+z0);                      //计算距离
//投影点
    double t=-(A*x0+B*y0+C*z0+D)/(A*A+B*B+C*C);
    x=-(A*A*x0+A*B*y0+A*C*z0+A*D)/(A*A+B*B+C*C)+x0;
    y=-(A*B*x0+B*B*y0+B*C*z0+B*D)/(A*A+B*B+C*C)+y0;
    z=-(A*C*x0+B*C*y0+C*C*z0+C*D)/(A*A+B*B+C*C)+z0;
    //输出距离和投影点的坐标
    printf("The distance is %0.2f\n",dis);
    printf("Projection of point (%.2f,%.2f,%.2f) onto the plane is (%.2f,%.2f,%.2f)\n",x0,y0,z0,x,y,z);
    return 0;
}
```

**运行结果：**

```
The distance is 4.04
Projection of point (3.00, -2.00, 6.00) onto the plane is (0.67, -4.33, 3.67)
```

### 6. 线性插值

插值是根据已知的数据序列找到其中的规律，来对其中尚未有数据记录的点进行数值估计的方法．线性插值是一种较为简单的插值方法，通过一些已知的数据点来确定函数 $f(x)$，对不属于原始数据集的 $x$ 进行估计．对有序和无序的数据集，线性插值都可以进行求解．

如图 2.14 所示，设函数 $y=f(x)$ 上任意两点 $a,c$ 上的值分别为 $f(a),f(c)$，如果假设两点之间的函数可以用直线来估计，那么直线方程为

$$f(x)=f(a)+\frac{x-a}{c-a}[f(c)-f(a)],$$

即可求得直线上任意一点 $b$ 处的函数值为

$$f(b)=f(a)+\frac{b-a}{c-a}[f(c)-f(a)].$$

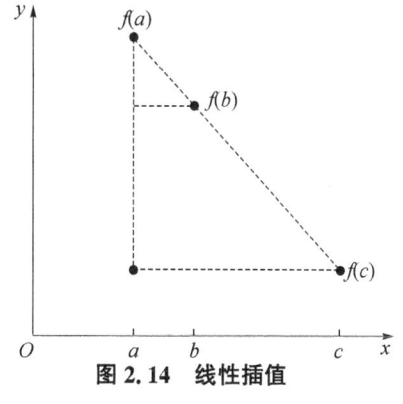

图 2.14 线性插值

**【例 2.23】** 已知

| | | | |
|---|---|---|---|
| $x_1$ | 2.0 | $y_1$ | 60.0 |
| $x$ | 2.6 | $y$ | ? |
| $x_2$ | 3.0 | $y_2$ | 68.0 |

确定一个数来对应 2.6 s 的插值．

**算法设计**:根据已知的两个点确定直线方程,再调用此线性插值方程确定需要插值的函数值.
**程序编写**:

```c
#include <stdio.h>
float linearinterpolation(float x1,float y1,float x2,float y2,float x){
                                                //线性插值函数
    return y1+((y2-y1)/(x2-x1) * (x-x1));
}
int main(){
    float x1,y1,x2,y2,x;
    printf("请输入已知点 1 的坐标(x1,y1):");
    scanf("%f %f",&x1,&y1);              //输入已知点 1 的坐标
    printf("请输入已知点 2 的坐标(x2,y2):");
    scanf("%f %f",&x2,&y2);              //输入已知点 2 的坐标
    printf("请输入需要插值的 x 坐标:");
    scanf("%f",&x);
    float y=linearinterpolation(x1,y1,x2,y2,x);
    printf("插值结果为:(%f,%f)\n",x,y);
    return 0;
}
```

**运行结果**:

```
请输入已知点1的坐标（x1,y1）:2 60
请输入已知点2的坐标（x2,y2）:3 68
请输入需要插值的x坐标:2.6
插值结果为: (2.600000,64.800003)
```

**【例 2.24】** 在一台新发动机的气缸盖上测得,在时间为 $0.0, 1.0, 2.0, 3.0, 4.0$ 和 $5.0$ s 时的温度分别为 $0.0, 20.0, 60.0, 68.0, 77.0, 110.0$ F($1$ F$=-17.2$ ℃).该发动机正在测试,求某一时间点的预估温度.

**算法设计**:通过输入有序的点的坐标和一个待插值的 $x$,计算并输出对应的插值 $y$.如果插值的 $x$ 不在输入点的范围内,则提示重新输入.
**程序编写**:

```c
#include <stdio.h>
#define M 6                       //平面上的 M 个点,通常是实验数据
int main()
{
    double x[M], y[M],xp, yp;     //数组 x 和 y 存储点的坐标,xp 和 yp 分别表示
                                    插值的 x 和 y
    int i;
    printf("请输入平面上有序的 M 个坐标.\n");
    for (i=0;i<M;i++) {
        scanf("%lf %lf",&x[i],&y[i]);
        printf("%.2f %.2f\n", x[i], y[i]);
    }
    /*为了保证正确输入坐标信息,输入后就显示出来,同一个点的数据以空格区分,不同的点以回车区分 */
```

```c
    printf("请输入一个要插入的数字:\n");
    scanf("%lf", &xp);
    for (i=0;i<M;i++) {
        if (xp<x[i]) break;          //找到第一个比xp大的数据,x在i-1与i之间
    }
    if (i==0||i==M) {
        printf("要插入的数据不在取值范围内,请重新输入.\n");
        return 0;
    }
    yp=y[i-1]+(xp-x[i-1]) * (y[i]-y[i-1])/(x[i]-x[i-1]);
    printf("预测插值为%.2f\n",yp);
    return 0;
}
```

**运行结果：**

```
请输入平面上有序的M个坐标。
0 0
0.00  0.00
1 20
1.00  20.00
2 60
2.00  60.00
3 68
3.00  68.00
4 77
4.00  77.00
5 110
5.00  110.00
请输入一个要插入的数字:
4.5
预测插值为93.50
```

【例2.25】 某实验测得6组无序数据,分别为(0.0,0.0),(3.0,68.0),(1.0,20.0),(5.0,110.0),(4.0,77.0)和(2.0,60.0).要求从键盘输入 $x$ 和 $y$ 的值,调用排序子函数（冒泡法或选择法）,计算3.8对应的插值.

**算法设计**：首先定义一个结构体来存储数据点,然后使用冒泡排序对数据进行排序,最后通过线性插值计算给定 $x$ 值的插值,再输出结果.

**程序编写：**

```c
#include <stdio.h>
typedef struct {                                    //定义结构体存储x和y值
    float x;
    float y;
}DataPoint;
void bubbleSort(DataPoint arr[], int n) {           //冒泡排序函数
    int i, j;
    DataPoint temp;
    for (i=0;i<n-1;i++) {
        for (j=0;j< n-i-1;j++) {
            if (arr[j].x>arr[j+1].x) {
                temp=arr[j];
                arr[j]=arr[j+1];
```

```c
            arr[j+1]=temp;
        }
    }
}
float linearInterpolation(DataPoint arr[], int n, float x) {  //线性插值函数
    int i;
    for (i=0;i<n-1;i++) {
        if (x>=arr[i].x && x<=arr[i+1].x) {
            float x0=arr[i].x, y0=arr[i].y;
            float x1=arr[i+1].x, y1=arr[i+1].y;
            return y0+(y1-y0) * (x-x0)/(x1-x0);
        }
    }
    return 0;                                     //如果 x 不在范围内,返回 0
}
int main() {
    int n,i;
    printf("请输入数据点的数量：");
    scanf("%d", &n);
    DataPoint data[n];
    for (i=0;i<n;i++) {                           //输入无序数据的 x 和 y 值
        printf("请输入第%d个数据点的 x 值:",i+1);
        scanf("%f", &data[i].x);
        printf("请输入第%d个数据点的 y 值:",i+1);
        scanf("%f", &data[i].y);
    }
    bubbleSort(data,n);                           //对数据进行排序
    float x;
    printf("请输入要插值的 x 值: ");               //输入要插值的 x 值
    scanf("%f", &x);
    float y=linearInterpolation(data, n, x);      //计算插值
    printf("插值结果: y= %.2f\n", y);
    return 0;
}
```

**运行结果：**

```
请输入数据点的数量: 6
请输入第1个数据点的x值: 0
请输入第1个数据点的y值: 0
请输入第2个数据点的x值: 3
请输入第2个数据点的y值: 68
请输入第3个数据点的x值: 1
请输入第3个数据点的y值: 20
请输入第4个数据点的x值: 5
请输入第4个数据点的y值: 110
请输入第5个数据点的x值: 4
请输入第5个数据点的y值: 77
请输入第6个数据点的x值: 2
请输入第6个数据点的y值: 60
请输入要插值的x值: 3.8
插值结果: y = 75.20
```

## 三、曲线与方程

一般地，在直角坐标系中，如果某曲线 $C$（看作点的集合或适合某种条件的点的轨迹）上的点与一个二元方程的实数解建立了如下的关系：

(1) 曲线上点的坐标都是这个方程的解.

(2) 以这个方程的解为坐标的点都是曲线上的点.

那么，这个方程叫作曲线的方程，这条曲线叫作方程的曲线(curve). 利用这两个重要概念，就可以借助于坐标系，用坐标表示点，把曲线看成满足某种条件的点的集合或轨迹，用曲线上点的坐标 $(x,y)$ 所满足的方程 $f(x,y)=0$ 表示曲线，通过研究方程的性质间接地来研究曲线的性质.

### 1. 圆的方程

在平面直角坐标系中，如何确定一个圆呢？显然，圆心位置与半径大小确定后，圆就唯一确定了. 因此，确定一个圆最基本要素是圆心和半径. 在直角坐标系中，圆心（点）$A$ 的位置用坐标 $(a,b)$ 表示，半径 $r$ 的大小等于圆上任意点 $M(x,y)$ 与圆心 $A(a,b)$ 的距离，圆心为 $A$ 的圆就是集合

$$P=\{M\,|\,|MA|=r\}.$$

由两点间的距离公式，点 $M$ 的坐标适合的条件可以表示为

$$\sqrt{(x-a)^2+(y-b)^2}=r,$$

该式两边平方，得

$$(x-a)^2+(y-b)^2=r^2. \tag{2.8}$$

若点 $M(x,y)$ 在圆上，由上述讨论可知，点 $M$ 的坐标适合方程(2.8)；反之，若点 $M(x,y)$ 的坐标适合方程(2.8)，这就说明点 $M$ 与圆心 $A$ 的距离为 $r$，即点 $M$ 在圆心为 $A$ 的圆上. 我们把方程(2.8)称为圆心为 $A(a,b)$，半径长为 $r$ 的圆的方程，把它叫作圆的标准方程(standard equation of circle).

不在同一条直线上的三个点可以确定一个圆，三角形有唯一的外接圆. 通过将三个点的坐标分别代入圆的标准方程，联立方程组求解，就可以求出三个未知的参数 $a,b,r$，从而可以确定一个圆. 平面直角坐标系上，圆心为原点，半径为单位长度的圆叫作单位圆.

我们来研究方程

$$x^2+y^2+Dx+Ey+F=0, \tag{2.9}$$

将方程(2.9)的左边配方，并把常数项移到右边，得

$$\left(x+\frac{D}{2}\right)^2+\left(y+\frac{E}{2}\right)^2=\frac{D^2+E^2-4F}{4}. \tag{2.10}$$

（Ⅰ）当 $D^2+E^2-4F>0$ 时，比较方程(2.10)和圆的标准方程，可以看出方程(2.9)表示以 $\left(-\dfrac{D}{2},-\dfrac{E}{2}\right)$ 为圆心，$\dfrac{1}{2}\sqrt{D^2+E^2-4F}$ 为半径长的圆；

（Ⅱ）当 $D^2+E^2-4F=0$ 时，方程(2.9)只有实数解 $x=-\dfrac{D}{2}$，$y=-\dfrac{E}{2}$，它表示一个点 $\left(-\dfrac{D}{2},-\dfrac{E}{2}\right)$；

（Ⅲ）当 $D^2+E^2-4F<0$ 时，方程(2.9)没有实数解，它不表示任何图形．

因此，当 $D^2+E^2-4F>0$ 时，方程(2.9)表示一个圆．方程(2.9)叫作圆的一般方程 (general equation of circle)．

【例 2.26】 由键盘输入一个点的坐标，要求编程判断该点是在圆上还是在圆内，或是在圆外．圆的方程为 $(x-3)^2+(y-3)^2=5$．

**算法设计：** 先计算点到圆心的距离，再比较距离和圆的半径．距离小于半径即表示点在圆的内部，等于表示点在圆的边上，大于表示点在圆的外部．

**程序编写：**

```
#include <stdio.h>
#include <math.h>
int main() {
  //定义圆心坐标和半径
  float centerX=3.0, centerY=3.0, radius=sqrt(5.0); //根号5即圆的半径
  float pointX, pointY;
  printf("请输入点的坐标(x y):");
  scanf("%f %f", &pointX, &pointY);
  //计算点到圆心的距离
  float distance=sqrt(pow(pointX-centerX,2)+pow(pointY-centerY,2));
  //判断点的位置关系
  if (fabs(distance-radius)<0.0001) {          //判断距离和半径是否相等
    printf("点在圆上\n");
  } else if (distance<radius) {
    printf("点在圆内\n");
  } else {
    printf("点在圆外\n");
  }
  return 0;
}
```

**运行结果：**

```
请输入点的坐标(x y): 4 2
点在圆内
```

### 2. 直线、圆的位置关系

由平面几何知，直线与圆有三种位置关系：

(1) 直线与圆相交，有两个公共点．

(2) 直线与圆相切,只有一个公共点.

(3) 直线与圆相离,没有公共点.

判断直线 $l$ 与圆 $C$ 的位置关系有两种方法. 一种方法是,判断直线 $l$ 与圆 $C$ 的方程组成的方程组是否有解. 如果有解,直线 $l$ 与圆 $C$ 有公共点. 有两组实数解时,直线 $l$ 与圆 $C$ 相交;有一组实数解时,直线 $l$ 与圆 $C$ 相切;无实数解时,直线 $l$ 与圆 $C$ 相离. 另一种方法是,判断圆 $C$ 的圆心到直线 $l$ 的距离 $d$ 与圆的半径 $r$ 的关系. 如果 $d<r$,直线 $l$ 与圆 $C$ 相交;如果 $d=r$,直线 $l$ 与圆 $C$ 相切;如果 $d>r$,直线 $l$ 与圆 $C$ 相离.

**【例 2.27】** 由键盘输入一条直线和一个圆的信息,判断它们之间的位置关系.

**算法设计**:假设直线方程为 $Ax+By+C=0$,圆的中心坐标为 $(x_0,y_0)$,半径为 $r$,之后计算圆心到直线的距离,并根据距离与半径的关系判断圆与直线的位置关系. 如果圆在直线内部,则直接输出圆在直线内部;如果圆与直线相切,则输出圆与直线相切;如果圆在直线外部,则需要求出圆心到直线的垂直交点距离,然后根据距离判断直线与圆的位置关系.

**程序编写**:

```c
#include <stdio.h>
#include <math.h>
int main() {
    double A, B, C, x0, y0, r;
    printf("Enter the coefficients of the line equation (A,B,C):");  //从键盘读取输入
    scanf("%lf %lf %lf", &A, &B, &C);
    printf("Enter the center coordinates and radius of the circle (x0,y0,r): ");
    scanf("%lf %lf %lf", &x0, &y0, &r);
    //计算圆心到直线的距离
    double d=fabs(A * x0+B * y0+C)/sqrt(A * A+B * B);
    //判断直线和圆的位置关系
    if (d< r) {                                      //圆与直线相交
        printf("The line intersects the circle.\n");
    } else if (d==r) {                               //圆与直线相切
        printf("The line is tangent to the circle.\n");
    } else {                                         //圆与直线不相交(外部)
        printf("The line is outside of the circle.\n");
    }
    return 0;
}
```

**运行结果**:

```
Enter the coefficients of the line equation (A,B,C): 1 2 3
Enter the center coordinates and radius of the circle (x0,y0,r): 4 1 2
The line is outside of the circle.
```

### 3. 抛物线

如图 2.15 所示,我们把平面内与一个顶点 $F$ 和一条定直线 $l$($l$ 不经过点 $F$)距离相等的点的轨迹叫作抛物线(parabola). 点 $F$ 叫作抛物线的焦点,直线 $l$ 叫作抛物线的准线. 抛物线的对称轴叫作抛物线的轴. 抛物线和它的轴的交点叫作抛物线的顶点.

抛物线的标准方程为
$$y^2 = 2px, p > 0.$$

它表示的抛物线的焦点坐标是 $\left(\dfrac{p}{2}, 0\right)$,准线方程是 $x = -\dfrac{p}{2}$.

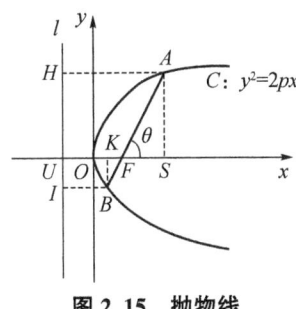 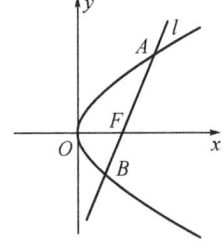

图 2.15　抛物线　　　　　图 2.16　求线段 $AB$ 长

【例 2.28】 如图 2.16 所示,斜率为 1 的直线 $l$ 经过抛物线 $y^2 = 4x$ 的焦点 $F$,且与抛物线相交于 $A$、$B$ 两点,求线段 $AB$ 的长.

算法设计:根据题目中给出的条件,可以得到直线的方程,将直线的方程代入抛物线方程,找到交点 $A$ 和 $B$ 的坐标. 最后,我们可以根据交点 $A$ 和 $B$ 的坐标来计算线段 $AB$ 的长度. 使用两点间的距离公式来计算两点之间的距离.

程序编写:

```
#include <stdio.h>
#include <math.h>
double lineFunction(double x) {
    return x-1;
}
double parabolaFunction(double x) {
    return sqrt(4 * x);
}
double distance(double x1,double y1,double x2,double y2) { //计算两点之间的距离
    return sqrt(pow(x2-x1,2)+pow(y2-y1,2));
}
int main() {
    double xA,yA,xB,yB;
    //找到交点的x坐标,解方程:(x-1)^2=4x,整理得:x^2-6x+1=0
    double a=1,b=-6,c=1;
    double discriminant=pow(b,2)-4*a*c;
```

```
            if (discriminant>0) {                    //有两个交点
                xA=(-b-sqrt(discriminant))/(2*a);
                xB=(-b+sqrt(discriminant))/(2*a);
            } else if (discriminant==0) {            //有一个交点
                xA=xB=-b/(2*a);
            } else {
                printf("未找到交点.\n");             //没有交点
                return 0;
            }
            yA=lineFunction(xA);                     //计算交点的 y 坐标
            yB=lineFunction(xB);
            double segmentLength=distance(xA,yA,xB,yB);  //计算线段 AB 的长度
            printf("A的坐标为:(%.2f,%.2f)\n",xA,yA);
            printf("B的坐标为:(%.2f,%.2f)\n",xB,yB);
            printf("线段AB的长度为:%.2f\n",segmentLength);
            return 0;
        }
```

**运行结果：**

```
A 的坐标为：(0.17,-0.83)
B 的坐标为：(5.83,4.83)
线段AB的长度为：8.00
```

众所周知，二次函数 $y=ax^2+bx+c(a\neq 0)$ 的图像是抛物线. 由本节的学习我们知道，平面内与一个定点 $F$ 和一条定直线 $l$ 距离相等的点的轨迹是抛物线，这是抛物线的几何特征. 因此，只要能说明二次函数的图像具有抛物线的几何特征，就解决了为什么二次函数 $y=ax^2+bx+c$ 的图像是抛物线的问题. 进一步讲，由抛物线与其方程之间的关系可知，如果能用适当的方式将 $y=ax^2+bx+c$ 转化为抛物线标准方程的形式，那么就可以断定二次函数 $y=ax^2+bx+c(a\neq 0)$ 的图像是抛物线.

对 $y=ax^2+bx+c(a\neq 0)$ 的右边配方得

$$y=a\left(x+\frac{b}{2a}\right)^2+\frac{4ac-b^2}{4a}.$$

由函数图像平移的性质可以知道，沿向量 $m=\left(\frac{b}{2a},-\frac{4ac-b^2}{4a}\right)$ 平移函数 $y=a\left(x+\frac{b}{2a}\right)^2+\frac{4ac-b^2}{4a}$ 的图像，函数图像不发生任何变化，平移后图像对应的函数解析式为

$$y=ax^2.$$

我们把它改写为

$$x^2=\frac{1}{a}y$$

的形式(方程)，这是顶点为坐标原点，焦点为 $\left(0,\frac{1}{4a}\right)$ 的抛物线. 因此，二次函数 $y=ax^2+bx+c$ $(a\neq 0)$ 的图像是一条抛物线.

抛物线经常用于刻画不同的规律和趋势,但在现实生活、社会、经济及其他学科中,很多变量都不会取负值,因此,我们一般较多关注抛物线在直角坐标系的正象限(即第一象限)部分.

## 第三节

## 数列

### 一、数列的基本概念

按照一定顺序排列的一列数称为数列(sequence of number),数列中的每一个数叫作这个数列的项.数列中的每一项都和它的序号有关,排在第 1 位的数称为这个数列的第 1 项(通常也叫作首项),排在第 2 位的数称为这个数列的第 2 项……排在第 $n$ 位的数称为这个数列的第 $n$ 项.所以,数列的一般形式可以写成

$$a_1, a_2, a_3, \cdots, a_n, \cdots,$$

简记为 $\{a_n\}$. 项数有限的数列叫作有穷数列,项数无限的数列叫作无穷数列. 数列是刻画离散过程的重要数学模型.

从第 2 项起,每一项都大于它的前一项的数列叫作递增数列;从第 2 项起,每一项都小于它的前一项的数列叫作递减数列;各项相等的数列叫作常数列;从第 2 项起,有些项大于它的前一项,有些项小于它的前一项的数列叫作摆动数列.

数列可以看成以正整数集 $\mathbf{N}^+$(或它的有限子集 $\{1,2,\cdots,n\}$)为定义域的函数 $a_n = f(n)$ 当自变量按照从小到大的顺序依次取值时所对应的一列函数值(图 2.17);反过来,对于函数 $y = f(x)$,如果 $f(i)(i=1,2,3,\cdots)$ 有意义,那么我们可以得到一个数列

$$f(1), f(2), f(3), \cdots, f(n), \cdots.$$

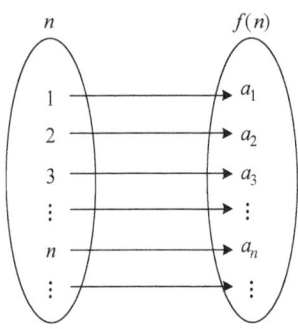

图 2.17 对应的函数值

如果数列 $\{a_n\}$ 的第 $n$ 项与序号 $n$ 之间的关系可以用一个式子来表示,那么这个公式叫作这个数列的通项公式.我们可以根据数列的通项公式算出数列的各项,进而可以计算出前 $n$ 项的和.

【**例 2.29**】 写出下面数列的通项公式,并编写程序求该数列的前 $n$ 项和.

$$1, \frac{1}{2}, \frac{1}{3}, \frac{1}{4}, \cdots$$

**算法设计**:从该数列的前四项变化规律容易得到上述数列的通项公式为: $a_n = \frac{1}{n}$. 根据数列的通项公式,通过使用 for 循环,可以得出前 $n$ 项和.

**程序编写**:

```c
#include <stdio.h>
double seriesSum(int n) {
    double sum=0.0;
    for (int i=1;i<=n;i++) {
        sum+=1.0/i;
    }
    return sum;
}
int main() {
    int n;
    printf("请输入 n 的值: ");
    scanf("%d",&n);
    double result=seriesSum(n);
    printf("数列 1/n 的前%d 项和为: %f\n",n,result);
    return 0;
}
```

**运行结果**:

```
请输入n的值: 100
数列1/n的前100项和为: 5.187378
```

如果一个数列 $\{a_n\}$ 的首项 $a_1=1$,从第 2 项起每一项等于它的前一项的 2 倍再加 1,即

$$a_n = 2a_{n-1} + 1 (n>1),$$

那么

$$a_2 = 2a_1 + 1 = 3,$$
$$a_3 = 2a_2 + 1 = 7,$$
……

像这样推导出数列的方法叫作递推法,其中

$$a_n = 2a_{n-1} + 1 (n>1)$$

是递推公式. 递推公式也是数列的一种表示方法.

1202 年,意大利数学家斐波那契(Leonardo Fibonacci,1175—1250)编写的《算盘全书》出版了,他在书中提出了一个关于兔子繁殖的问题:

如果 1 对兔子每月能生 1 对小兔子(一雄一雌),而每对小兔子在它出生后的第 3 个月里,又能生 1 对小兔子.假定在不发生死亡的情况下,由 1 对出生的小兔子开始,50 个月后会有多少对兔子?

在第 1 个月时,只有 1 对小兔子,过了 1 个月,那对兔子成熟了,在第 3 个月时便生下 1 对小兔子,这时有两对兔子,再过 1 个月,成熟的兔子再生 1 对小兔子,而另 1 对小兔子长大,有 3 对小兔子,如此推算下去,

$$1,1,2,3,5,8,13,21,34\cdots$$

如果用 $F_n$ 表示第 $n$ 个月的兔子总对数,可以看出:

$$F_n = F_{n-1} + F_{n-2}.$$

这是一个由递推关系给出的数列,称为斐波那契数列.

斐波那契数列是从动物的繁殖问题引出的,但人们在研究它的过程中,发现了许多意想不到的结果.例如,树苗在第一年长出一条新枝,新枝成长一年后变为老枝,老枝每年都长出一条新枝,每一条树枝都按照这个规律成长,则每年的分枝数正好构成了斐波那契数列.

斐波那契数列还有很多有趣的性质,在实际生活中也有广泛的应用.美国还于 1963 年以《斐波那契季刊》为名创刊了一份数学杂志,用于专门刊登关于此数列的研究论文,有兴趣的同学可以通过浏览互联网或查阅相关书籍搜集资料,进一步了解和研究斐波那契数列.

【例 2.30】 对于任意的自然数 $n$,求斐波那契数列的前 $n$ 项和.

程序编写:

```
#include <stdio.h>
//使用迭代方式计算斐波那契数列的前 n 项和
int fibonacciSum(int n) {
    if (n<=0) {
        return 0;
    } else if (n==1) {
        return 1;
    } else {
        int sum=0;
        intprev=0;
        int current=1;
        for (inti=2; i<=n; i++) {
            int temp=current;
            current=prev+current;
            prev=temp;
            sum+=current;
        }
        return sum+1;                          //加上第一项的值 1
    }
}
int main() {
    int n=50;
    int result=fibonacciSum(n);
    printf("斐波那契数列的前%d 项和为: %d\n",n,result);
    return 0;
}
```

运行结果:

斐波那契数列的前 10 项和为: 143

## 二、等差数列

一般地,如果一个数列从第 2 项起,每一项与它的前一项的差等于同一个常数,那么这个数列就叫作等差数列(arithmetic sequence),这个常数叫作等差数列的公差(common difference),公差通常用字母 $d$ 表示.

如果等差数列 $\{a_n\}$ 的首项是 $a$,公差是 $d$,我们根据等差数列的定义,可以得

$$a_2-a_1=d, a_3-a_2=d, a_4-a_3=d, \cdots.$$

所以

$$a_3=a_2+d=(a_1+d)+d=a_1+2d,$$
$$a_4=a_3+d=(a_1+2d)+d=a_1+3d,$$
$$\cdots\cdots$$

由此,等差数列的通项公式如下:

$$a_n=a_1+(n-1)d.$$

一般地,我们称

$$a_1+a_2+a_3+\cdots+a_n$$

为数列 $\{a_n\}$ 的前 $n$ 项和,用 $S_n$ 表示,即

$$S_n=a_1+a_2+a_3+\cdots+a_n.$$

对于公差为 $d$ 的等差数列,我们用两种方式表示 $S_n$:

$$S_n=a_1+(a_1+d)+(a_1+2d)+\cdots+[a_1+(n-1)d], \quad (2.11)$$
$$S_n=a_n+(a_n-d)+(a_n-2d)+\cdots+[a_n-(n-1)d]. \quad (2.12)$$

由式(2.11)+式(2.12)可以得到等差数列 $\{a_n\}$ 的前 $n$ 项和的公式:

$$S_n=\frac{n(a_1+a_n)}{2}.$$

如果代入等差数列的通项公式 $a_n=a_1+(n-1)d$,$S_n$ 也可以用首项 $a$ 与公差 $d$ 表示,即

$$S_n=na_1+\frac{n(n-1)}{2}d.$$

【例 2.31】 求等差数列 $8,5,2,\cdots$ 的第 20 项以及前 20 项的和,并输出结果.

**算法设计**:根据等差数列的特点,我们首先可以得到此数列的公差为 $-3$,之后借助等差数列的通项公式和前 $n$ 项和公式可得该数列的通项公式和前 $n$ 项和公式分别为

$$a_n=8-3(n-1)(n>1),$$
$$S_n=\frac{n[8+8-3(n-1)]}{2}(n>1).$$

程序编写：

```c
#include <stdio.h>
int main() {
    int firstTerm=8;                                              //等差数列的首项
    int commonDifference=-3;                                      //等差数列的公差
    int n=20;                                                     //要求的项数
    int nthTerm=firstTerm+(n-1) * commonDifference;               //计算第 n 项
    int sum=n * (2 * firstTerm+(n-1) * commonDifference)/2;       //计算前 n 项和
    printf("等差数列的第%d项为:%d\n",n,nthTerm);
    printf("等差数列前%d项的和为:%d\n",n,sum);
    return 0;
}
```

运行结果：

```
等差数列的第20项为：-49
等差数列前20项的和为：-410
```

## 三、等比数列

一般地,如果一个数列从第 2 项起,每一项与它的前一项的比等于同一常数,那么这个数列叫作等比数列(geometric sequence),这个常数叫作等比数列的公比(common ratio),公比通常用字母 $q$ 表示($q \neq 0$).

等比数列的通项公式为

$$a_n = a_1 q^{n-1}.$$

若 $\{a_n\}$ 和 $\{b_n\}$ 是项数相同的等比数列,那么 $\{a_n \cdot b_n\}$ 也是等比数列. 特别地,如果 $\{a_n\}$ 是等比数列,$c$ 是不等于 0 的常数,那么数列 $\{c \cdot a_n\}$ 也是等比数列.

一般地,对于等比数列

$$a_1, a_2, a_3, \cdots, a_n, \cdots,$$

它的前 $n$ 项和是

$$S_n = a_1 + a_2 + a_3 + \cdots + a_n.$$

根据等比数列的通项公式,上式可写成

$$S_n = a_1 + a_1 q + a_1 q^2 + \cdots + a_1 q^{n-1}. \tag{2.13}$$

我们发现,如果用公比 $q$ 乘式(2.13)的两边,可得

$$qS_n = a_1 q + a_1 q^2 + a_1 q^3 + \cdots + a_1 q^n. \tag{2.14}$$

式(2.13)、式(2.14)的右边有很多相同的项. 用式(2.13)的两边分别减去式(2.14)的两边,就可以消去这些相同的项,得

$$(1-q)S_n = a_1 - a_1 q^n.$$

当 $q \neq 1$ 时,等比数列的前 $n$ 项和的公式为

$$S_n = \frac{a_1(1-q^n)}{1-q}(q \neq 1).$$

因为 $a_n = a_1 q^{n-1}$，所以上面的公式还可以写成

$$S_n = \frac{a_1 - a_n q}{1-q}(q \neq 1).$$

**【例 2.32】** 求等比数列 $a_n = \frac{1}{2} \cdot 3^{(n-1)}(n>1)$ 的第 10 项以及前 10 项的和，并输出结果.

**算法设计**：根据等比数列的特点，我们首先可以得到此数列的公比为 3，之后借助等比数列的前 $n$ 项和公式可得该数列前 $n$ 项和公式为

$$S_n = \frac{1-3^n}{-4}(n>1).$$

**程序编写：**

```
#include <stdio.h>
#include <math.h>
//函数计算等比数列的第 n 项
double geometricNthTerm(double a,double r,int n) {
   return a * pow(r,n-1);
}
//函数计算等比数列的前 n 项和
double geometricSum(double a,double r,int n) {
   if (r==1) {
      return a * n;
   } else {
      return a * (pow(r,n)-1)/(r-1);
   }
}
int main() {
   double a=0.5;//等比数列的首项
   double r=3.0;//等比数列的公比
   int n=10;//计算的项数
   double nth_term=geometricNthTerm(a,r,n);
   double sum=geometricSum(a,r,n);
   printf("等比数列的第%d项为：%.2f\n",n,nth_term);
   printf("等比数列的前%d项和为：%.2f\n",n,sum);
   return 0;
}
```

**运行结果：**

```
等比数列的第 10 项为：9841.50
等比数列的前 10 项和为：14762.00
```

**【例 2.33】** 某商场今年销售计算机 5000 台,如果平均每年的销售量比上一年的销售量增加 10%,那么从今年起,大约几年可使总销售量达到 30000 台?

**算法设计**:根据题意,每年销售量比上一年增加的百分率相同,所以从今年起,每年的销售量组成一个等比数列 $\{a_n\}$,其中 $a_1=5000$,$q=1+10\%=1.1$,于是根据 $\{a_n\}$ 的前 $n$ 项和公式 $S_n=\dfrac{a_1(1-q^n)}{1-q}(q\neq 1)$ 容易编出程序.

**程序编写**:

```
#include <stdio.h>
int main() {
    int targetSales=30000;                              //目标总销售量
    int currentSales=5000;                              //当前销售量
    double annualIncrease=1.1;                          //平均每年的销售增长率
    int years=0;                                        //年数计数器
    for (;currentSales<targetSales;years++) {
        currentSales+=currentSales * annualIncrease;    //当年的销售量
    }
    printf("大约需要%d年可使总销售量达到%d台\n",years,targetSales);
    return 0;
}
```

**运行结果**:

大约需要5年可使总销量达到30000台

## 四、数列的极限

我们对数列

$$2, \frac{1}{2}, \frac{4}{3}, \cdots, \frac{n+(-1)^{n-1}}{n}, \cdots$$

进行分析. 在这数列中,$x_n = \dfrac{n+(-1)^{n-1}}{n} = 1+(-1)^{n-1}\dfrac{1}{n}$.

我们知道,两个数 $a$ 与 $b$ 之间的接近程度可以用这两个数之差的绝对值 $|b-a|$ 来度量,$|b-a|$ 越小,$a$ 与 $b$ 就越接近.

就上述数列来说,因为 $|x_n-1|=\left|(-1)^{n-1}\dfrac{1}{n}\right|=\dfrac{1}{n}$,由此可见,当 $n$ 越来越大时,$\dfrac{1}{n}$ 越来越小,从而 $x_n$ 就越来越接近于 1. 因为只要 $n$ 足够大,$\dfrac{1}{n}$ 可以小于任意给定的正数,所以说,当 $n$ 无限增大时,$x_n$ 无限接近于 1. 例如,给定 $\dfrac{1}{100}$,欲使 $\dfrac{1}{n}<\dfrac{1}{100}$,只要 $n>100$,即从第 101 项起,都能使不等式 $|x_n-1|<\dfrac{1}{100}$ 成立. 同样地,如果给定 10000,那么从第 10001 项起,

都能使不等式 $|x_n-1|<\dfrac{1}{10000}$ 成立.

一般地,不论给定的正数 $\varepsilon$ 多么小,总存在着一个正整数 $N$,使得当 $n>N$ 时,不等式
$$|x_n-1|<\varepsilon$$
都成立,这就是数列 $x_n=\dfrac{n+(-1)^{n-1}}{n}(n=1,2,\cdots)$ 当 $n\to\infty$ 时无限接近于 1 这件事的实质.

这样的一个数 1,叫作数列 $x_n=\dfrac{n+(-1)^{n-1}}{n}(n=1,2,\cdots)$ 当 $n\to\infty$ 时的极限.

一般地,有如下数列极限的定义:

**定义** 设 $\{x_n\}$ 为一数列,如果存在常数 $a$,对于任意给定的正数(不论它多小),总存在正整数 $N$,使得当 $n>N$ 时,不等式
$$|x_n-a|<\varepsilon$$
都成立,那么就称常数 $a$ 是数列 $\{x_n\}$ 的极限,或者称数列 $\{x_n\}$ 收敛于 $a$,记为
$$\lim_{n\to\infty}x_n=a$$
或
$$x_n\to a(n\to\infty)$$

如果不存在这样的常数 $a$,就说数列 $\{x_n\}$ 没有极限,或者说数列 $\{x_n\}$ 是发散的,习惯上也说 $\lim\limits_{n\to\infty}x_n$ 不存在.

上面定义中正数 $\varepsilon$ 可以任意给定是很重要的,因为只有这样,不等式 $|x_n-a|<\varepsilon$ 才能表达出 $x_n$ 与 $a$ 无限接近的意思.此外还应注意到:定义中的正整数 $N$ 是与任意给的正数 $\varepsilon$ 有关的,它随着 $\varepsilon$ 的给定而选定.

数列极限 $\lim\limits_{n\to\infty}x_n=a$ 的定义可以表达为:

$\lim\limits_{n\to\infty}x_n=a \Leftrightarrow \forall\varepsilon>0, \exists$ 正整数 $N$, 当 $n>N$ 时, 有 $|x_n-a|<\varepsilon$.

## 五、级数

级数是指将数列 $a_n$ 的项 $a_1,a_2,\cdots,a_n,\cdots$ 依次用加号连接起来的函数,是数项级数的简称.如 $a_1+a_2+\cdots+a_n+\cdots$,简写为 $\sum a_n$,$a_n$ 称为级数的通项,记 $S_n=\sum a_n$,称为级数的部分和.如果当 $n\to\infty$ 时,数列 $S_n$ 有极限,极限为 $S$,则说级数收敛,并以 $S$ 为其和,记为 $\sum a_n=S$;否则就说级数发散.

由无穷数列的各项相加而得到的数称为无穷级数.一般来说,无穷级数的形式可以表示为
$$S=a_1+a_2+a_3+\cdots,$$
其中 $a_1,a_2,a_3,\cdots$ 是无穷数列的各项.

无穷级数可以分为两类:收敛和发散.当无穷级数的部分和随着项数的增加逐渐趋近于某个有限值时,该级数被称为收敛级数.换句话说,如果级数的部分和的极限存在且是一个有限数,那么这个级数就是收敛的.相反,如果无穷级数的部分和无限增大或无界,那么该级

数被称为发散级数.

以下是几个经典的级数例子和它们的收敛性：

（1）等比级数（geometric series）：等比级数是由一个常数公比 $r$ 的等比数列求和得到的级数. 它的一般形式为

$$S=a+ar+ar^2+ar^3+\cdots$$

其中，$a$ 是第一项，$r$ 是公比. 等比级数的收敛性取决于公比 $r$ 的值. 当 $-1<r<1$ 时，等比级数收敛，其和为 $S=\dfrac{a}{(1-r)}$. 当 $r\leqslant -1$ 或者 $r\geqslant 1$ 时，等比级数发散.

（2）调和级数（harmonic series）：调和级数是由倒数项构成的级数. 其一般形式为

$$H=1+\frac{1}{2}+\frac{1}{3}+\frac{1}{4}+\cdots$$

调和级数发散，即其部分和随着项数的增加趋向于无穷大.

（3）幂级数（power series）：

幂级数是由幂函数构成的级数，其一般形式为

$$S=\sum_{n=0}^{\infty}a_n(x-b)^n$$

其中，$a_n$ 是系数，$b$ 是常数，$x$ 是变量. 幂级数的收敛性取决于变量 $x$ 的取值范围和系数的值. 等比级数就属于一种特殊的幂级数.

无穷级数在数学和物理等领域中具有广泛的应用，同时也是数学理论的重要研究对象. 深入研究无穷级数的性质和收敛性判定方法可以帮助我们更好地理解数学中的极限概念.

## 课后习题

1. 编程求过点 $(1,2,-1)$ 且与平面 $4x+5y-2z+4=0$ 平行的平面方程.

2. 编程求过点 $M_0(3,-2,5)$ 且与连接坐标原点及点 $M_0$ 的线段 $OM_0$ 垂直的平面方程.

3. 编程求过 $M_1(2,-7,3)$、$M_2(5,2,-1)$ 和 $M_3(3,-2,-1)$ 三点的平面方程.

4. 编程求直线 $\begin{cases}5x-3y+3z-9=0\\3x-2y+z-1=0\end{cases}$ 和直线 $\begin{cases}2x+2y-z+23=0\\3x+8y+z-18=0\end{cases}$ 之间的夹角的余弦值.

5. 用 C 语言编程，求直线 $\dfrac{x-2}{3}=\dfrac{y+2}{1}=\dfrac{z-3}{-4}$ 和平面 $x+y+z=3$ 之间的夹角度数并输出弧度制的角度.

6. 求直线 $\begin{cases}2x-4y+z=0\\3x-y-2z-9=0\end{cases}$ 在平面 $4x-y+z=1$ 上的投影直线的方程.

7. 编程求下列数列的前 100 项和：

$$1+2x+3x^2+\cdots+nx^{n-1}.$$

# 第三章
# 高等数学程序设计

## 第一节

## 导数及其应用

随着对函数的研究不断深化,产生了微积分,它是数学史上一个具有划时代意义的伟大创造,被誉为数学史上的一个里程碑. 在 17 世纪中叶,牛顿和莱布尼茨在前人探索与研究的基础上,凭着敏锐的直觉和丰富的想象力,各自独立地创立微积分.

导数是微积分的核心概念之一,是研究函数增减、变化快慢、最大(小)值等问题的最一般、最有效的工具.

### 一、变化率与导数

#### 1. 一阶导数

对于一个函数关系式 $y=f(x)$,那么函数关于 $x$ 的变化率可用式子

$$\frac{f(x_2)-f(x_1)}{x_2-x_1}$$

表示,我们把这个式子称为函数 $y=f(x)$ 从 $x_1$ 到 $x_2$ 的平均变化率(average rate of change). 习惯上用 $\Delta x$ 表示 $x_2-x_1$,即

$$\Delta x=x_2-x_1,$$

可把 $\Delta x$ 看作相对于 $x_1$ 的一个"增量",可用 $x_1+\Delta x$ 代替 $x_2$;类似地,

$$\Delta y=f(x_2)-f(x_1).$$

于是,平均变化率可以表示为

$$\frac{\Delta y}{\Delta x}=\frac{f(x_2)-f(x_1)}{x_2-x_1}.$$

在高台跳水运动中,运动员不同时刻的速度是不同的. 我们把物体在某一时刻的速度称为瞬时速度(instantaneous velocity). 运动员的平均速度不一定能反映他(她)在某一时刻的瞬时速度. 那么,如何求运动员的瞬时速度呢? 从物理的角度看,当时间间隔无限变小时,平均速度就无限趋近于某时的瞬时速度.

一般地,函数 $y=f(x)$ 在 $x=x_0$ 处的瞬时变化率是

$$\lim_{\Delta x \to 0}\frac{\Delta y}{\Delta x}=\lim_{\Delta x \to 0}\frac{f(x_0+\Delta x)-f(x_0)}{\Delta x},$$

我们称它为函数 $y=f(x)$ 在 $x=x_0$ 处的导数(derivative),记作 $f'(x_0)$,即

$$f'(x_0)=\lim_{\Delta x \to 0}\frac{\Delta y}{\Delta x}=\lim_{\Delta x \to 0}\frac{f(x_0+\Delta x)-f(x_0)}{\Delta x}.$$

函数 $f(x)$ 在某点处的导数的大小表示函数在此点附近变化的快慢. 从求函数 $f(x)$ 在

$x=x_0$ 处导数的过程可以看到,当 $x=x_0$ 时,$f'(x_0)$ 是一个确定的数. 这样,当 $x$ 变化时,$f'(x_0)$ 便是 $x$ 的一个函数,我们称它为 $f(x)$ 的导函数(derivative function)(简称导数). $y=f(x)$ 的导函数有时也记作 $y'$,即

$$f'(x)=y'=\lim_{\Delta x \to 0}\frac{f(x+\Delta x)-f(x)}{\Delta x}.$$

如果函数 $y=f(x)$ 在点 $x_0$ 处可导,则此函数在 $x_0$ 处连续. 反之,函数在 $x_0$ 处连续但不一定可导. 函数 $y=f(x)$ 在点 $x_0$ 处可导的充分必要条件是在 $x_0$ 处的左、右导数都存在且相等,即 $f'_-(x_0)=f'_+(x_0)$. 因此,只有平滑的连续函数才是可导的.

导数应用广泛,可以描述任何事物的瞬间变化率,如效率、成本、收益、国内生产总值的增长率等.

**【例3.1】** 将原油精炼为汽油、柴油、塑胶等各种不同产品,需要对原油进行冷却和加热. 如果在第 $x$ h 时,原油的温度(单位:℃)为

$$y=f(x)=x^2-7x+15(0 \leqslant x \leqslant 8).$$

根据导数的定义,任意输入一个时间,就可以输出该点的导数,$\Delta x$ 可以设为一个足够小的常数,如 1e−3.

**算法设计**:根据导数的定义,当 $\Delta x$ 足够小时,就可以利用导数的定义公式求得 $x$ 取值范围内的导数. 究竟多小才足够小,这取决于 $x$ 的量纲,本例假设 $\Delta x=0.001$.

**程序编写**:

```
#include <stdio.h>
float Function(float x) {
    return x * x-7 * x+15;
}
float Derivative(float x,float delta_x) {
    float slope=(Function(x+delta_x)-Function(x))/delta_x;
    return slope;
}
int main() {
    float x,delta_x,derivative;
    printf("请输入时间x(0<=x<=8):");              //输入时间
    scanf("%f",&x);
    delta_x=1e-3;                                //定义增量 Δx
    derivative=Derivative(x,delta_x);            //计算导数
    printf("时间%.2f时的导数为:%.2f\n",x,derivative);   //输出结果
    return 0;
}
```

**运行结果**:

请输入时间 x (0 <= x <= 8): 4
时间 4.00 时的导数为: 1.00

我们知道,导数 $f'(x_0)$ 表示函数 $f(x)$ 在 $x=x_0$ 处的瞬时变化率,反映了函数 $f(x)$ 在

$x=x_0$ 附近的变化情况. 那么, 导数 $f'(x_0)$ 的几何意义是什么呢?

如图 3.1 所示, 当点 $P_n(x_n,f(x_n))(n=1,2,3,4)$ 沿着曲线 $f(x)$ 趋近于已知点 $P(x_0,f(x_0))$ 时, 割线 $PP_n$ 趋近于点 $P$ 处的切线(tangent line)$PT$.

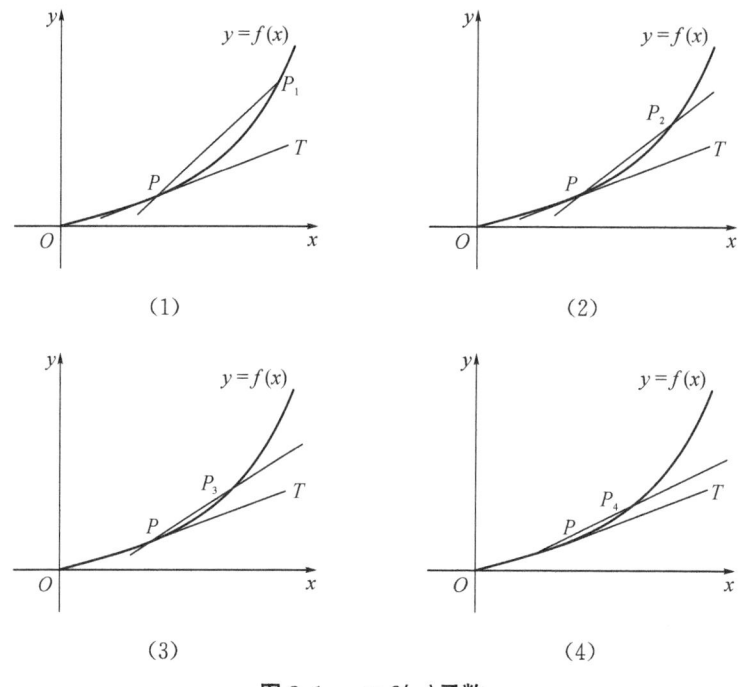

**图 3.1** $y=f(x)$ 函数

容易知道, 割线 $PP_n$ 的斜率是

$$k_n=\frac{f(x_n)-f(x_0)}{x_n-x_0}.$$

当点 $P_n$ 无限趋近于点 $P$ 时, $k_n$ 无限趋近于切线 $PT$ 的斜率. 因此, 函数 $f(x)$ 在 $x=x_0$ 处的导数就是切线 $PT$ 的斜率 $k$, 即

$$k=\lim_{\Delta x \to 0}\frac{f(x_0+\Delta x)-f(x_0)}{\Delta x}=f'(x_0).$$

过点 $P$ 与切线 $PT$ 垂直的直线称为点 $P$ 处的法线(normal line). 由于切线与法线垂直, 所以切线的斜率乘法线的斜率等于 $-1$.

继续观察图 3.1, 可以发现, 在点 $P$ 附近, $PP_2$ 比 $PP_1$ 更贴近曲线 $f(x)$, $PP_3$ 比 $PP_2$ 更贴近曲线 $f(x)$……过点 $P$ 的切线 $PT$ 最贴近点 $P$ 附近的曲线 $f(x)$. 因此, 在点 $P$ 附近, 曲线 $f(x)$ 就可以用过点 $P$ 的切线 $PT$ 近似代替. 这是微积分中的重要思想——以直线代替曲线. 在数学上, 对于复杂的现象常用简单的对象刻画, 化繁为简, 化曲为直, 从而可以求解复杂问题.

**2. 二阶导数**

根据导数的定义, 如果函数 $y=f(x)$ 的导数 $f'(x)$ 在 $x$ 处可导, 则称 $y'$ 的导数为函数 $y=f(x)$ 在 $x$ 处的二阶导数, 记为 $y''$ 或 $f''(x)$. 用极限的方法定义: 函数 $f(x)$ 在 $x_0$ 处的二

阶导数 $f''(x_0)$ 是导函数 $y=f'(x)$ 在 $x_0$ 处的导数,即

$$f''(x)=\lim_{\Delta x\to\infty}\frac{f'(x_0+\Delta x)-f'(x_0)}{\Delta x}.$$

【例 3.2】 求函数 $y=x^3+2x^2+3x+4$ 在 $x=2$ 处的二阶导数.

**程序编写:**

```
#include <stdio.h>
double function(double x) {             //定义函数
    return x*x*x+2*x*x+3*x+4;
}
int main() {
    double x=2.0;                        //选择一个 x 值
    double h=0.0001;                     //定义一个足够小的增量,用于计算导数
    //计算函数在 x 处的二阶导数
    double secondDerivative=(function(x+h)-2*function(x)+function(x-h))/(h*h);
    printf("函数在 x=%.2f 处的二阶导数为:%.2f\n", x,secondDerivative);
    return 0;
}
```

**运行结果:**

函数在 x=2.00 处的二阶导数为:16.00

### 3. 偏导数

在研究一元函数时,我们从研究函数的变化率引入了导数的概念.对于多元函数同样需要讨论它的变化率.但多元函数的自变量不止一个,因变量与自变量的关系要比一元函数复杂得多.在这一节里,我们首先考虑多元函数关于其中一个自变量的变化率.以二元函数 $z=f(x,y)$ 为例,如果只有自变量 $x$ 变化,而自变量 $y$ 固定(即看作常量),这时它就是 $x$ 的一元函数,这函数对 $x$ 的导数,就称为二元函数 $z=f(x,y)$ 对于 $x$ 的偏导数,即有如下定义:

设函数 $z=f(x,y)$ 在点 $(x_0,y_0)$ 的某一邻域内有定义,当 $y$ 固定在 $y_0$ 而 $x$ 在 $x_0$ 处有增量 $\Delta x$ 时,相应的函数有增量

$$f(x_0+\Delta x,y_0)-f(x_0,y_0),$$

如果

$$\lim_{\Delta x\to\infty}\frac{f(x_0+\Delta x,y_0)-f(x_0,y_0)}{\Delta x}$$

存在,那么称此极限为函数 $z=f(x,y)$ 在点 $(x_0,y_0)$ 处对 $x$ 的偏导数,记作 $f_x(x_0,y_0)$.

类似地,函数 $z=f(x,y)$ 在点 $(x_0,y_0)$ 处对 $y$ 的偏导数定义为

$$\lim_{\Delta y\to\infty}\frac{f(x_0,y_0+\Delta y)-f(x_0,y_0)}{\Delta y},$$

记作 $f_y(x_0,y_0)$.

如果函数 $z=f(x,y)$ 在区域 $D$ 内每一点 $(x,y)$ 处对 $x$ 的偏导数都存在,那么这个偏导数就是 $x$、$y$ 的函数,它就称为函数 $z=f(x,y)$ 对自变量 $x$ 的偏导函数,记作 $\dfrac{\partial z}{\partial x}$,$\dfrac{\partial f}{\partial x}$,$z_x$ 或 $f_x(x,y)$.

类似地,可以定义函数 $z=f(x,y)$ 对自变量 $y$ 的偏导函数,记作 $\dfrac{\partial z}{\partial y}$,$\dfrac{\partial f}{\partial y}$,$z_y$ 或 $f_y(x,y)$.

由偏导函数的概念可知,$f(x,y)$ 在点 $(x_0,y_0)$ 处对 $x$ 的偏导数 $f_x(x_0,y_0)$ 显然就是偏导函数 $f_x(x,y)$ 在点 $(x_0,y_0)$ 处的函数值;$f_y(x_0,y_0)$ 就是偏导函数 $f_y(x,y)$ 在点 $(x_0,y_0)$ 处的函数值,就像一元函数的导函数一样,以后在不至于混淆的地方也把偏导函数简称为偏导数.

设二元函数 $z=f(x,y)$ 在平面区域 $D$ 上具有一阶连续偏导数,则对于每一个点 $P(x,y)$ 都可定出一个向量 $\left\{\dfrac{\partial f}{\partial x},\dfrac{\partial f}{\partial y}\right\}=f_x(x,y)\boldsymbol{i}+f_y(x,y)\boldsymbol{j}$,该函数就称为函数 $z=f(x,y)$ 在点 $P(x,y)$ 的梯度,记作 $\mathbf{grad}f(x,y)$ 或 $\nabla f(x,y)$,即有

$$\mathbf{grad}f(x,y)=\nabla f(x,y)=\left\{\dfrac{\partial f}{\partial x},\dfrac{\partial f}{\partial y}\right\}=f_x(x,y)\boldsymbol{i}+f_y(x,y)\boldsymbol{j},$$

其中 $\nabla=\dfrac{\partial}{\partial x}\boldsymbol{i}+\dfrac{\partial}{\partial y}\boldsymbol{j}$.

梯度的本意是一个向量(矢量),表示某一函数在该点处的方向导数沿着该方向取得最大值,即函数在该点处沿着该方向(此梯度的方向)变化最快,变化率最大(为该梯度的模).对于自变量 $x$,正的梯度方向为函数值增加最快的方向,负的梯度值为函数值减小最快的方向,即

$$\mathbf{grad}f=\begin{cases}\dfrac{\mathrm{d}f}{\mathrm{d}x}, & \text{指向 } x \text{ 增大的一侧}\\ -\dfrac{\mathrm{d}f}{\mathrm{d}x}, & \text{指向 } x \text{ 减小的一侧}\end{cases}$$

## 二、导数的计算

### 1. 常用函数的导数

我们知道,导数的几何意义是曲线在某一点处的切线的斜率,物理意义是运动物体在某一时刻的瞬时速度.那么,对于函数 $y=f(x)$,如何求它的导数呢?根据导数的定义,求函数 $y=f(x)$ 的导数,就是求出当 $\Delta x$ 趋近于 0 时,$\dfrac{\Delta y}{\Delta x}$ 所趋于的那个定值.

下面我们推导几个常用函数的导数.

(1) 函数 $y=f(x)=c$ 的导数

因为

$$\dfrac{\Delta y}{\Delta x}=\dfrac{f(x+\Delta x)-f(x)}{\Delta x}=\dfrac{c-c}{\Delta x}=0,$$

所以
$$y' = \lim_{\Delta x \to 0} \frac{\Delta y}{\Delta x} = 0.$$

若 $y=c$ 表示路程关于时间的函数,则 $y'=0$ 可以解释为某物体的瞬时速度始终为 $0$,即一直处于静止状态.

(2) 函数 $y=f(x)=x$ 的导数

因为
$$\frac{\Delta y}{\Delta x} = \frac{f(x+\Delta x)-f(x)}{\Delta x} = \frac{x+\Delta x-x}{\Delta x} = 1,$$

所以
$$y' = \lim_{\Delta x \to 0} \frac{\Delta y}{\Delta x} = 1.$$

若 $y=x$ 表示路程关于时间的函数,则 $y'=1$ 可以解释为某物体做瞬时速度为 $1$ 的匀速直线运动.

(3) 函数 $y=f(x)=x^2$ 的导数

因为
$$\frac{\Delta y}{\Delta x} = \frac{f(x+\Delta x)-f(x)}{\Delta x} = \frac{(x+\Delta x)^2-x^2}{\Delta x} = 2x+\Delta x,$$

所以
$$y' = \lim_{\Delta x \to 0} \frac{\Delta y}{\Delta x} = 2x.$$

$y'=2x$ 表示函数 $y=x^2$ 上点 $(x,y)$ 处切线的斜率为 $2x$,说明随着 $x$ 的变化,切线的斜率也在变化.另一方面,从导数作为函数在一点的瞬时变化率来看,$y'=2x$ 表明:当 $x<0$ 时,随着 $x$ 的增加,$y=x^2$ 减少得越来越慢;当 $x>0$ 时,随着 $x$ 的增加,$y=x^2$ 增加得越来越快.若 $y=x^2$ 表示路程关于时间的函数,则 $y'=2x$ 可以解释为某物体做变速运动,它在时刻 $x$ 的瞬时速度为 $2x$.

(4) 函数 $y=f(x)=\dfrac{1}{x}$ 的导数

因为
$$\frac{\Delta y}{\Delta x} = \frac{f(x+\Delta x)-f(x)}{\Delta x} = \frac{\dfrac{1}{x+\Delta x}-\dfrac{1}{x}}{\Delta x} = -\frac{1}{x^2+x\cdot\Delta x},$$

所以
$$y' = \lim_{\Delta x \to 0} \frac{\Delta y}{\Delta x} = -\frac{1}{x^2}.$$

(5) 函数 $y=f(x)=\sqrt{x}$ 的导数

因为
$$\frac{\Delta y}{\Delta x} = \frac{f(x+\Delta x)-f(x)}{\Delta x} = \frac{1}{\sqrt{x+\Delta x}+\sqrt{x}},$$

所以
$$y' = \lim_{\Delta x \to 0} \frac{\Delta y}{\Delta x} = \frac{1}{2\sqrt{x}}.$$

### 2. 基本初等函数的导数公式

为了方便,今后我们可以直接使用下面的基本初等函数的导数公式.

(1) 若 $f(x)=c$($c$ 为常数),则 $f'(x)=0$;

(2) 若 $f(x)=x^a(a \in \mathbf{Q}^*)$,则 $f'(x)=ax^{a-1}$;

(3) 若 $f(x)=\sin x$,则 $f'(x)=\cos x$;

(4) 若 $f(x)=\cos x$,则 $f'(x)=-\sin x$;

(5) 若 $f(x)=a^x$,则 $f'(x)=a^x \ln a$;

(6) 若 $f(x)=e^x$,则 $f'(x)=e^x$;

(7) 若 $f(x)=\log_a x$,则 $f'(x)=\dfrac{1}{x \ln a}$;

(8) 若 $f(x)=\ln x$,则 $f'(x)=\dfrac{1}{x}$.

### 3. 函数的和、差、积商的导数运算法则

下面的导数运算法则可以帮助我们解决两个函数加、减、乘、除的求导问题.

(1) $[f(x) \pm g(x)]' = f'(x) \pm g'(x)$;

(2) $[f(x)g(x)]' = f'(x)g(x) + f(x)g'(x)$;

(3) $\left[\dfrac{f(x)}{g(x)}\right]' = \dfrac{f'(x)g(x) - f(x)g'(x)}{[g(x)]^2}$ ($g(x) \neq 0$).

从法则(2)可以得出
$$[cf(x)]' = c'f(x) + cf'(x) = cf'(x),$$
也就是说,常数与函数的积的导数,等于常数乘函数的导数,即
$$[cf(x)]' = cf'(x).$$

### 4. 复合函数的导数运算法则

如何求函数 $y = \ln(x+2)$ 的导数呢?

我们无法用现有的方法求函数 $y = \ln(x+2)$ 的导数.下面,我们先分析这个函数的结构特点.

若设 $u = x+2(x > -2)$,则 $y = \ln u$.从而可以将 $y = \ln(x+2)$ 看成是由 $y = \ln u$ 和 $u = x+2(x > -2)$ 经过"复合"得到的,即 $y$ 可以通过中间变量 $u$ 表示为自变量 $x$ 的函数.

如果把 $y$ 与 $u$ 的关系记作 $y = f(u)$,$u$ 和 $x$ 的关系记作 $u = g(x)$,那么这个"复合"过程可表示为
$$y = f(u) = f(g(x)) = \ln(x+2).$$

我们遇到的许多函数都可以被看成是由两个函数经过"复合"得到的.例如,函数 $y = (2x+3)^2$ 由 $y = u$ 和 $u = 2x+3$ "复合"而成,等等.

一般地,对于两个函数 $y=f(u)$ 和 $u=g(x)$,如果通过变量 $u,y$ 可以表示成 $x$ 的函数,那么称这个函数为函数 $y=f(u)$ 和 $u=g(x)$ 的复合函数(composite function),记作 $y=f(g(x))$.

复合函数 $y=f(g(x))$ 的导数和函数 $y=f(u),u=g(x)$ 的导数间的关系为
$$y'_x=y'_u \cdot u'_x,$$
即 $y$ 对 $x$ 的导数等于 $y$ 对 $u$ 的导数与 $u$ 对 $x$ 的导数的乘积.

由此可得,$y=\ln(x+2)$ 对 $x$ 的导数等于 $y=\ln u$ 对 $u$ 的导数与 $u=x+2$ 对 $x$ 的导数的乘积,即
$$y'_x=y'_u \cdot u'_x=(\ln u)' \cdot (x+2)'=\frac{1}{u} \cdot 1=\frac{1}{x+2}.$$

## 三、导数在研究函数中的应用

函数是描述客观世界变化规律的重要数学模型.研究函数时,了解函数的增与减、增减的快与慢以及函数的最大值或最小值等性质是非常重要的.通过研究函数的这些性质,我们可以对数量的变化规律有一个基本的了解.

下面,我们运用导数研究函数的性质,从中体会导数在研究函数中的作用.

**1. 函数的单调性与导数**

如图 3.2 所示,导数 $f'(x_0)$ 表示函数 $f(x)$ 在点 $(x_0,f(x_0))$ 处的切线的斜率,在 $x=x_0$ 处,$f'(x_0)>0$,切线是"左下右上"式的,这时,函数 $f(x)$ 在 $x_0$ 附近单调递增;在 $x=x_1$ 处,$f'(x_1)<0$,切线是"左上右下"式的,这时,函数 $f(x)$ 在 $x_1$ 附近单调递减.

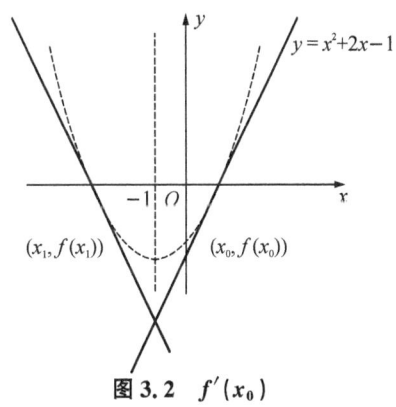

图 3.2 $f'(x_0)$

一般地,函数的单调性与其导函数的正负有如下关系:

在某个区间 $(a,b)$ 内,如果 $f'(x)>0$,那么函数 $y=f(x)$ 在这个区间内单调递增;如果 $f'(x)<0$,那么函数 $y=f(x)$ 在这个区间内单调递减.

一般地,如果一个函数在某一范围内导数的绝对值较大,那么函数在这个范围内变化得快,这时,函数的图像就比较"陡峭"(向上或向下);反之,函数的图像就"平缓"一些.

**【例 3.3】** 通过函数的导数判断自变量在某一范围内的单调性.将 $x$ 从左到右以一定的步长进行遍历,求其导数,如果导数都大于 0 则为单调增函数,如果都小于 0 为单调减函数.

**程序编写:**

```c
#include <stdio.h>
#include <math.h>
double func(double x) {                    //定义函数f(x)=x^3+2x^2+x+1
    return pow(x,3)+2*pow(x,2)+x+1;
}
```

```c
int main() {
    double start_x=0.0;                        //开始值
    double end_x=10.0;                         //结束值
    double step_size=0.1;                      //步长
    double derivative_prev=0.0;                //上一个导数值
    int increasing=1;                          //导数是否大于0(单调递增)
    int decreasing=1;                          //导数是否小于0(单调递减)
    for (double x=start_x;x<=end_x;x+=step_size) { //遍历x的值
        double derivative=(func(x+step_size)-func(x))/step_size; //计算导数
        if (derivative<=0) {                   //判断导数的单调性
            increasing=0;
        }
        if (derivative>=0) {
            decreasing=0;
        }
        derivative_prev=derivative;
    }
    if (increasing) {
        printf("函数在给定范围内为单调增函数。\n");
    }
    else if (decreasing) {
        printf("函数在给定范围内为单调减函数。\n");
    }
    else {
        printf("函数在给定范围内既不是单调递增也不是单调递减。\n");
    }
    return 0;
}
```

运行结果：

> 函数在给定范围内为单调增函数。

## 2. 函数的极值与导数

观察图3.3，我们发现，$t=a$时，高台跳水运动员距水面的高度最大．那么，函数$h(t)$在此点的导数是多少呢？此点附近的图像有什么特点？相应地，导数的符号有什么变化规律？

放大$t=a$附近函数$h(t)$的图像，可以看出，$h'(a)=0$；在$t=a$的附近，当$t<a$时，函数$h(t)$单调递增，$h'(t)>0$；当$t>a$时，函数$h(t)$单调递减，$h'(t)<0$. 这就是说，在$t=a$附近，函数值先增后减．这样，当$t$在$a$的附近从小到大经过$a$时，$h'(t)$先正后负，且$h'(t)$连续变化，于是有$h'(a)=0$.

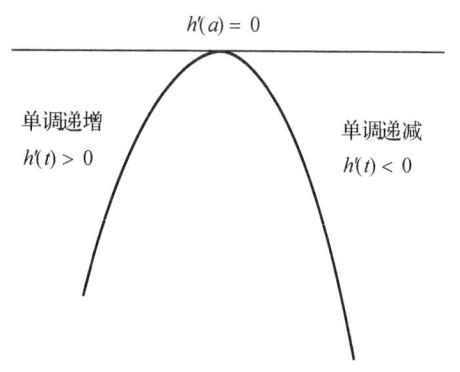

图3.3 高台跳水运动轨迹

图 3.4 中以 $x_1$，$x_2$ 两点为例，我们可以发现，函数 $y=f(x)$ 在点 $x=x_1$ 的函数值 $f(x_1)$ 比它在点 $x=x_1$ 附近其他点的函数值都大，$f'(x_1)=0$；而且在点 $x=x_1$ 附近的左侧 $f'(x)>0$，右侧 $f'(x)<0$. 类似地，函数 $y=f(x)$ 在点 $x=x_2$ 的函数值 $f(x_2)$ 比它在点 $x=x_2$ 附近其他点的函数值都小，$f'(x_2)=0$；而且在点 $x=x_2$ 附近的左侧 $f'(x_2)<0$，右侧 $f'(x_2)>0$.

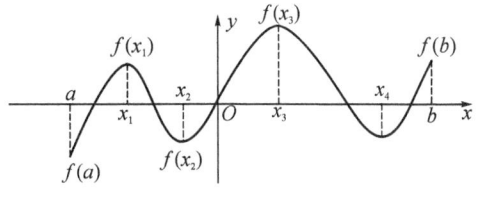

图 3.4 极值

我们把点 $x_1$ 叫作函数 $y=f(x)$ 的极大值点，$f(x_1)$ 叫作函数 $y=f(x)$ 的极大值；点 $x_2$ 叫作函数 $y=f(x)$ 的极小值点，$f(x_2)$ 叫作函数 $y=f(x)$ 的极小值. 极小值点、极大值点统称为极值点，极大值和极小值统称为极值（extreme value）. 极值反映了函数在某一点附近的大小情况，刻画的是函数的局部性质.

值得注意的是，导数值为 0 的点不一定是函数的极值点. 例如，对于图 3.5 所示的函数 $f(x)=x^3$，我们有 $f'(x)=3x^2$. 虽然 $f'(0)=0$，但由于无论 $x>0$，还是 $x<0$，恒有 $f'(x)>0$，即函数 $f(x)=x^3$ 是单调递增的，所以 $x=0$ 不是函数 $f(x)=x^3$ 的极值点. 一般地，函数 $y=f(x)$ 在一点的导数值为 0 是函数 $y=f(x)$ 在这点取极值的必要条件，而非充分条件. 只有当导数值为 0 的点左右两侧的导数为异号时才是极值点.

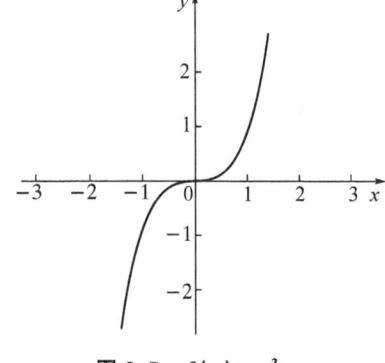

图 3.5 $f(x)=x^3$

一般地，求函数 $y=f(x)$ 的极值的方法是：

解方程 $f'(x)=0$ 时：

(1) 如果在 $x_0$ 附近的左侧 $f'(x-\Delta x)$ 与右侧 $f'(x-\Delta x)$ 异号，即有 $f'(x-\Delta x)f'(x+\Delta x)<0$，那么 $f(x_0)$ 是极值.

(2) 如果在 $x_0$ 附近的左侧 $f'(x-\Delta x)>0$，右侧 $f'(x-\Delta x)<0$，那么 $f(x_0)$ 是极大值.

(3) 如果在 $x_0$ 附近的左侧 $f'(x-\Delta x)<0$，右侧 $f'(x-\Delta x)>0$，那么 $f(x_0)$ 是极小值.

【例 3.4】 求函数 $y=x^2-4$ 的极小值.

**算法设计**：正如刚才指出的，导数为零的点并不一定是极值点，还要判断该点左右两侧导数的符号. 为了降低程序的难度，本例题仅通过导数为零来判断函数的极值点.

**程序编写**：

```
#include <stdio.h>
#include <math.h>
#define EPSILON 0.000001                    // 迭代精度
double f(double x) {
  return x * x-4.0;
```

```c
}
double df(double x) {
    return 2.0 * x;                    //导数
}
double findExtreme(double x0) {
    double x=x0;
    double dx=0;
    do {
        dx=-f(x)/df(x);                //求取步长
        x+=dx;
    } while (fabs(dx)>EPSILON);        //判断精度
    return x;
}
int main() {
    double x0=1.0;                     //初始点
    double extreme=findExtreme(x0);
    double f_extreme=f(extreme);
    printf("极值点:%lf\n",extreme);
    printf("函数值:%lf\n",f_extreme);
    return 0;
}
```

运行结果：

```
极值点: 2.000000
函数值: 0.000000
```

当我们想要求一个函数的极值时,我们通常会使用一阶导数和二阶导数.具体来说,二阶导数可以告诉我们函数曲线的凹凸性,从而确定极值点的类型(极大值点或极小值点).以下是通过二阶导数求函数极值的一般步骤：

① 求一阶导数：首先,我们需要求出函数的一阶导数,一阶导数告诉我们函数在每个点的斜率.

② 求二阶导数：我们对一阶导数再次求导,得到函数的二阶导数.二阶导数描述了一阶导数的变化率,即函数曲线的曲率.

③ 找出驻点：在求得二阶导数后,我们找出一阶导数为零的点,这些点被称为驻点.在驻点处,函数的斜率为零,但这并不一定是极值点.

④ 判断极值：对于每个驻点,我们通过二阶导数的正负来判断其是否为极值点：

如果二阶导数大于零,那么这个驻点对应的函数值是一个极小值.

如果二阶导数小于零,那么这个驻点对应的函数值是一个极大值.

如果二阶导数等于零,我们无法得出结论,需要采取其他方法进一步分析.

⑤ 验证极值：对于通过上述步骤找到的极值点,我们可以使用一些验证方法来确认它们是真正的极值点,例如使用一阶导数的符号来判断极值的稳定性,或者通过计算函数的值来验证.

**【例 3.5】** 求函数 $y=x^2-4$ 的极值,并通过二阶导数判断函数的极值点类型.

程序编写:

```c
#include <stdio.h>
#include <math.h>
#define EPSILON 0.000001            //迭代精度
double f(double x) {
   return x * x-4.0;
}
double df(double x) {
   return 2.0 * x;                  //导数
}
double ddf(double x) {
   return 2.0;                      //二阶导数
}
double findExtreme(double x0) {
   double x=x0;
   double dx=0;
   do {
      dx=-df(x)/ddf(x);             //求取步长
      x+=dx;
   } while (fabs(dx)>EPSILON);      //判断精度
   return x;
}
int main() {
   double x0=-1.0;                  //初始点
   double extreme=findExtreme(x0);
   double f_extreme=f(extreme);
   double ddf_extreme=ddf(extreme);
   if (ddf_extreme>0) {
      printf("函数 y=x^2-4 在极值点%.6f 处为极小值,函数值为:%.6f\n", extreme, f_extreme);
   } else if (ddf_extreme<0) {
      printf("函数 y=x^2-4 在极值点%.6f 处为极大值,函数值为:%.6f\n", extreme, f_extreme);
   } else {
      printf("函数 y=x^2-4 在极值点%.6f 处不是极值点,函数值为:%.6f\n", extreme, f_extreme);
   }
   return 0;
}
```

运行结果:

函数 y = x^2 - 4 在极值点 0.000000 处为极小值, 函数值为: -4.000000

### 3. 函数的最值与导数

我们知道,极值反映的是函数在某一点附近的局部性质,而不是函数在整个定义域内的性质. 也就是说,如果 $x_0$ 是函数 $y=f(x)$ 的极大(小)值点,那么在点 $x_0$ 附近找不到比 $f(x_0)$ 更大(更小)的值. 但是,在解决实际问题或研究函数的性质时,我们往往更关心函数在某个区间上,哪个值最大,哪个值最小. 如果 $x_0$ 是函数 $y=f(x)$ 的最大(小)值点,那么 $f(x_0)$ 不小(大)于函数 $y=f(x)$ 在相应区间上的所有函数值. 如图 3.4 所示,观察区间 $[a,b]$ 上函数 $y=f(x)$ 的图像,我们发现,$f(x_2)$,$f(x_4)$ 是函数 $y=f(x)$ 的极小值,$f(x_1)$,$f(x_3)$ 是函数 $y=f(x)$ 的极大值.

一般地,如果在区间 $[a,b]$ 上函数 $y=f(x)$ 的图像是一条连续不断的曲线,那么它必有最大值和最小值. 只要把函数 $y=f(x)$ 的所有极值连同端点的函数值进行比较,就可以求出函数的最大值与最小值.

因此,求函数 $y=f(x)$ 在 $[a,b]$ 上的最大值与最小值的步骤如下:

(1) 求函数 $y=f(x)$ 在 $(a,b)$ 内的极值.

(2) 将函数 $y=f(x)$ 的各极值与端点处的函数值 $f(a)$,$f(b)$ 比较,其中最大的一个是最大值,最小的一个是最小值.

在求函数的最大值或最小值时,特别值得指出的是下述情形:$f(x)$ 在一个区间内可导且只有一个驻点 $x_0$,并且这个驻点是函数 $f(x)$ 的极值点,那么就可以断定 $f(x)$ 是最大值或最小值. 在实际应用问题中,往往遇到这种情形.

**【例 3.6】** 求函数 $f(x)=x^3-12x$ 在 $[-3,3]$ 区间内的最大和最小值.

**算法设计**:通过导数为 0 和导数为零的点左右两侧的导数异号来判断极值,然后算出端点处的函数值,调用求最大值的子函数求最大值,调用求最小值的子函数求最小值. 假设端点处 $f(a)$ 为最大值,将所有的极值和 $f(b)$ 与其比较确定最大值,同理假设端点处 $f(a)$ 为最小值,将所有的极值和 $f(b)$ 与其比较确定最小值.

**程序编写**:

```c
#include <stdio.h>
#include <math.h>
double func(double x) {                                      //定义函数
    return pow(x,3)-12*x;
}
//求最大值和最小值
void findExtrema(double start_x,double end_x,double *max_value,double *min_value) {
    double x,derivate_prev,derivate_curr;
    int increasing,decreasing;
    *max_value=func(start_x); //初始化最大值和最小值为边界点处的函数值
    *min_value=func(start_x);
    derivate_prev=(func(start_x+0.001)-func(start_x))/0.001; //检查左边界导数
    increasing=derivate_prev>0;
    decreasing=derivate_prev<0;
    for (x=start_x+0.001;x<=end_x;x+=0.001) {                //遍历范围内的 x 值
        derivate_curr=(func(x+0.001)-func(x))/0.001;         //计算当前点导数
        if (increasing && derivate_curr<0) {                 //检查导数的变化情况
```

```
                *max_value=fmax(*max_value,func(x));      //当前点为极大值点
                decreasing=1;
            }
            else if (decreasing && derivate_curr>0) {
                *min_value=fmin(*min_value,func(x));      //当前点为极小值点
                increasing=1;
            }
            derivate_prev=derivate_curr;
        }
        if (increasing && derivate_curr< 0) {             //检查右边界处的导数
            *max_value=fmax(*max_value,func(end_x));      //右边界处为极大值点
        }
        else if (decreasing && derivate_curr>0) {
            //右边界处为极小值点
            *min_value=fmin(*min_value,func(end_x));
        }
    }
}
int main() {
    double start_x=-3.0;                                  //端点
    double end_x=3.0;
    double max_value,min_value;                           //最大值和最小值
    findExtrema(start_x,end_x,&max_value,&min_value);     //寻找极值
    printf("最大值: %.2f\n",max_value);                    //输出结果
    printf("最小值: %.2f\n",min_value);
    return 0;
}
```

运行结果：

```
最大值: 16.00
最小值: -16.00
```

### 4. 函数的凹凸性与导数

如果函数 $f(x)$ 在 $I$ 内具有二阶导数，那么可以利用二阶导数的符号来判定曲线的凹凸性，这就是下面的曲线凹凸性判定定理.

设 $f(x)$ 在 $[a,b]$ 上连续，在 $(a,b)$ 内具有一阶和二阶导数，那么

① 若在 $(a,b)$ 内 $f''(x)>0$，则 $f(x)$ 在 $[a,b]$ 上的图形是凹的.

② 若在 $(a,b)$ 内 $f''(x)<0$，则 $f(x)$ 在 $[a,b]$ 上的图形是凸的.

对于给定的函数，我们可以通过计算函数的二阶导数来判断函数的凹凸性. 具体步骤如下：

① 计算函数的二阶导数.

② 对于每个关键点（即一阶导数为零或不存在的点），计算二阶导数的值.

③ 根据二阶导数的正负性，确定每个关键点处函数的凹凸性.

函数的凹凸性在优化问题中具有重要意义. 例如，在最优化问题中，寻找函数的极小值或极大值点时，我们可以利用函数的凹凸性来确定是否找到了全局最小值或最大值.

**【例 3.7】** 用二阶导数判断函数 $y=x^2-4$ 在 $[2,4]$ 区间上的凹凸性.

程序编写：

```c
#include <stdio.h>
#include <math.h>
double f(double x) {
    return x * x-4.0;                              //待判断的函数
}
int main() {
    double a=2.0;                                  //区间左端点
    double b=4.0;                                  //区间右端点
    double h=0.0001;                               //步长
    double prev_ddf=0.0;
    int isConvex=1;                                //标记是否为凸函数
    for (double x=a;x<=b;x+=h) {
        double ddf=(f(x+h)-2*f(x)+f(x-h))/(h*h);   //使用二阶中心差分计算二阶导数
        if (prev_ddf * ddf<0) {                    //判断凹凸性变化
            isConvex=0;
            break;
        }
        prev_ddf=ddf;
    }
    if (isConvex) {
        printf("函数 y=x^2-4 在区间[%.2f,%.2f]上是凹函数.\n", a, b);
    } else {
        printf("函数 y=x^2-4 在区间[%.2f,%.2f]上是凸函数.\n", a, b);
    }
    return 0;
}
```

运行结果：

函数 y = x^2 - 4 在区间 [2.00, 4.00] 上为凹函数.

## 四、泰勒公式

对于一些较复杂的函数，为了便于研究，往往希望用一些简单的函数来近似表达. 用多项式表示的函数，只要对自变量进行有限次加、减、乘三种算术运算，便能求出它的函数值，因此我们经常用多项式来近似表达原函数.

设 $f(x)$ 在 $x_0$ 处具有 $n$ 阶导数，试找出一个关于 $(x-x_0)$ 的 $n$ 次多项式 $p_n(x)=a_0+a_1(x-x_0)+a_2(x-x_0)^2+\cdots+a_n(x-x_0)^n$ 来近似表达 $f(x)$，要求使得 $p_n(x)$ 与 $f(x)$ 之差是当 $x \to x_0$ 时比 $(x-x_0)^n$ 高阶的无穷小.

下面我们来讨论这个问题. 假设 $p_n(x)$ 在 $x$ 处的函数值及它的 $n$ 阶导数值依次与 $f(x_0), f'(x_0), \cdots, f^{(n)}(x_0)$ 相等，即满足

$$p_n(x_0)=f(x_0), p'_n(x_0)=f'(x_0),$$

$$p''_n(x_0)=f''(x_0), p_n^{(n)}(x_0)=f^{(n)}(x_0),$$

按这些等式来确定 $p_n(x)=a_0+a_1(x-x_0)+a_2(x-x_0)^2+\cdots+a_n(x-x_0)^n$ 的系数 $a_0,a_1,a_2,\cdots,a_n$. 为此,对上式求各阶导数,然后分别代入以上等式,得

$$a_0=f(x_0), 1 \cdot a_1=f'(x_0),$$
$$2!\, a_2=f''(x_0),\cdots,n!\, a_n=f^{(n)}(x_0),$$

即得

$$a_0=f(x_0), a_1=f'(x_0), a_2=\frac{f''(x_0)}{2!},\cdots,a_n=\frac{f^{(n)}(x_0)}{n!}.$$

将求得的系数代入多项式,有

$$p_n(x)=f(x_0)+f'(x_0)(x-x_0)+\frac{f''(x_0)}{2!}(x-x_0)^2+\cdots+\frac{f^{(n)}(x_0)}{n!}(x-x_0)^n,$$

下面的定理表明,上述多项式的确是所要找的 $n$ 次多项式.

**泰勒(Taylor)中值定理**:如果函数 $f(x)$ 在 $x$ 处具有 $n$ 阶导数,那么存在 $x_0$ 的一个邻域,对于该邻域内的任一 $x$,有

$$p_n(x)=f(x_0)+f'(x_0)(x-x_0)+\frac{f''(x_0)}{2!}(x-x_0)^2+\cdots+\frac{f^{(n)}(x_0)}{n!}(x-x_0)^n+R_n(x)$$

其中

$$R_n(x)=o((x-x_0)^n)$$

上述多项式称为函数 $f(x)$ 在 $x$ 处(或按 $(x-x_0)$ 的幂展开)的 $n$ 次泰勒多项式.

## 五、方程的近似解

函数的极值问题转化为了方程求根的问题. 在科学技术问题中,经常会遇到求解高次代数方程或其他类型的方程的问题. 要求得这类方程的实根的精确值,往往比较困难,因此就需要寻求方程的近似解.

求方程的近似解,可分两步来做:

第一步是确定根的大致范围. 具体地说,就是确定一个区间 $[a,b]$,使所求的根是位于这个区间内的唯一实根. 这一步工作称为根的隔离,区间 $[a,b]$ 称为所求实根的隔离区间. 由于方程 $f(x)=0$ 的实根在几何上表示曲线 $y=f(x)$ 与 $x$ 轴交点的横坐标,为了确定根的隔离区间,可以先较精确地画出 $y=f(x)$ 的图形,然后从图上定出它与 $x$ 轴交点的大概位置. 由于作图和读数的误差,这种做法得不出根的高精确度的近似值,但一般已可以确定出根的隔离区间.

第二步是以根的隔离区间的端点作为根的初始近似值,逐步改善根的近似值的精确度,直至求得满足精确度要求的近似解. 完成这一步工作有多种方法,这里我们介绍三种常用的方法——二分法、切线法和割线法,按照这些方法,编出简单的程序,就可以在计算机上求出方程足够精确的近似解.

### 1. 二分法

一般地,我们有:

如果函数 $y=f(x)$ 在区间 $[a,b]$ 上的图像是连续不断的一条曲线,并且有 $f(a)\cdot f(b)<0$,那么,函数 $y=f(x)$ 在区间 $(a,b)$ 内有零点,即存在 $c\in(a,b)$,使得 $f(x)=0$,这个 $c$ 也就是方程 $f(x)=0$ 的根.

对于在区间 $[a,b]$ 上连续不断且 $f(a)\cdot f(b)<0$ 的函数 $y=f(x)$,不断地把函数 $f(x)$ 的零点所在的区间一分为二,使区间的两个端点逐步逼近零点,进而得到零点近似值的方法叫作二分法(bisection).

给定精确度 ε,用二分法求函数 $f(x)$ 零点近似值的步骤如下:

(1) 确定区间 $[a,b]$,检验 $f(a)\cdot f(b)<0$,给定精确度 ε.
(2) 求区间 $(a,b)$ 的中点 $c=(a+b)/2$.
(3) 计算 $f(c)$.
① 若 $f(a)\cdot f(c)<0$,则令 $b=c$(此时零点 $x\in(a,c)$).
② 若 $f(c)\cdot f(b)<0$,则令 $a=c$(此时零点 $x\in(c,b)$).
(4) 判断是否达到精确度 ε:若 $|f(c)|<ε$.则得到零点近似值 $c$;否则重复(2)~(4).用流程图表示如下(图 3.6):

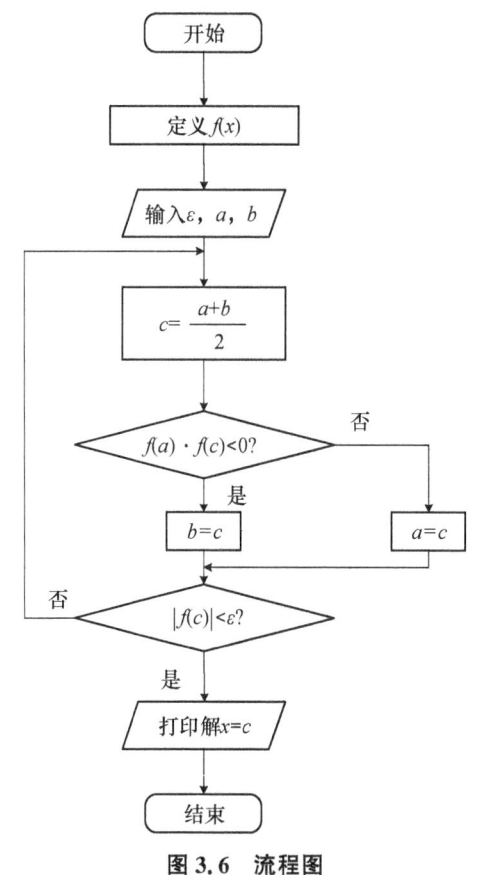

图 3.6 流程图

由函数的零点与相应方程根的关系,我们可用二分法来求方程的近似解.由于计算量较大,而且是重复相同的步骤,我们可以通过设计循环结构的计算程序,借助计算器或计算机完成计算.

**【例 3.8】** 使用二分法计算二次方程 $x^2-4x=0$ 在区间 $[1,5]$ 内的解.

**程序编写：**

```c
#include <stdio.h>
#include <math.h>
double f(double x) {                              //定义二次方程的函数
    return x*x-4*x;
}
double bisection(double a,double b,double epsilon) {
    double c;
    while ((b-a)>=epsilon) {
        c=(a+b)/2;                                //计算中点
        //如果中点的函数值接近零,返回近似解
        if (fabs(f(c))<epsilon)
            return c;
        //如果中点的函数值与端点的函数值异号,更新区间
        if (f(a) * f(c)<0)         b=c;
        else              a=c;
    }
    return (a+b)/2;                               //返回近似解
}
int main(){
    double a=1;                                   //区间左端点
    double b=5;                                   //区间右端点
    double epsilon=0.0001;                        //误差限度
    double result=bisection(a,b,epsilon);
    printf("近似解:%lf\n",result);
    return 0;
}
```

**运行结果：**

```
近似解: 4.000000
```

**【例 3.9】** 用二分法求方程 $x^3+1.1x^2+0.9x-1.4=0$ 的实根的近似值,使误差不超过 $10^{-3}$.

**程序编写：**

```c
#include <stdio.h>
#include <math.h>
double f(double x) {                              //定义方程 f(x)
    return pow(x,3)+1.1*pow(x,2)+0.9*x-1.4;
}
double bisectionMethod(double a,double b,double error) { //使用二分法求解
    double c;
    if (f(a) * f(b) >=0) {                        //检查初始区间是否包含根
        printf("初始区间内不包含根或包含多个根.\n");
```

```
      return 0;
   }
   while ((b-a)>=error) {                          //迭代求解
      c=(a+b)/2;
      if (f(c)==0.0) {                             //判断根的位置
         return c;
      }
      else if (f(c) * f(a)<0) {
         b=c;
      }
      else {
         a=c;
      }
   }
   return (a+b)/2;
}
int main() {
   double a=-10.0;                                 //设置方程的初始区间左端点
   double b=10.0;                                  //设置方程的初始区间右端点
   double error=1e-3;                              //设置误差限定值
   double root=bisectionMethod(a,b,error);         //调用二分法求解
   printf("方程的实根的近似值为:%.4f\n",root);      //输出结果
   return 0;
}
```

**运行结果:**

方程的实根的近似值为: 0.6705

### 2. 牛顿切线法

牛顿切线法基于一个简单的思想:利用切线是曲线的线性逼近.通过利用对当前猜测的函数值的导数(变化率),可以更快地找到使函数为零的根.具体来说,牛顿切线法从一个猜测的根 $x_0$ 开始.然后,通过使用该点处的函数 $f(x)$ 的导数,可以确定函数的切线.该切线的交点与 $x$ 轴的交点称为牛顿迭代法的下一猜测,表示为 $x_1$.如此反复迭代,直到 $f(x)$ 近似值为零(图 3.7).

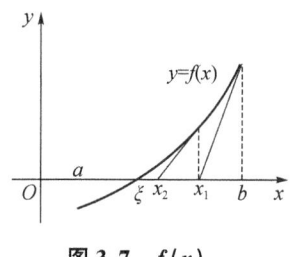

图 3.7 $f(x)$

下面,我们看看如何求方程 $x^3+2x^2+10x-20=0$ 的根.

从函数的观点看,方程 $x^3+2x^2+10x-20=0$ 的根就是函数 $f(x)=x^3+2x^2+10x-20$ 的零点,从图形上看,一个函数的零点 ε 就是函数 $f(x)$ 的图像与 $x$ 轴的交点的横坐标.

如果可以找到一步一步逼近点 ε 的点 $x_0,x_1,\cdots,x_n$,使得 $|x_n-ε|$ 很小很小,那么,我们就可以把 $x_n$ 的值作为 ε 的近似值,即把 $x_n$ 作为方程 $f(x)=0$ 的近似解.

牛顿用"作切线"的方法找到了这一串 $x_0,x_1,\cdots,x_n$,当然,要有一个起始点,比如,我们从 $x_0=4$ 开始.在点 $x_0=4$ 处作 $f(x)$ 的切线,切线与 $x$ 轴的交点就是 $x_1$;用 $x_1$ 代替 $x_0$ 重

复上面的过程得到 $x_2$;一直继续下去,得到 $x_0,x_1,\cdots,x_n$,它们越来越逼近 $\varepsilon$. 我们知道,$f(x)$在点 $x_0$ 处切线的斜率是 $f'(x_0)$,因此切线方程为

$$y=f(x_0)-f'(x_0)(x-x_0).$$

容易发现这就是泰勒的一阶展开式. 如果 $f'(x_0)\neq 0$,那么,切线与 $x$ 轴的交点是

$$x_1=x_0-\frac{f(x_0)}{f'(x_0)}.$$

继续这个过程,就可以推导出如下求方程根的牛顿切线法公式:

如果 $f'(x_{n-1})\neq 0$,那么

$$x_n=x_{n-1}-\frac{f(x_{n-1})}{f'(x_{n-1})}.$$

泰勒公式对牛顿切线法求方程根的意义在于,它提供了一种近似函数,使得我们可以通过一阶导数来逼近方程的根. 牛顿切线法利用了这种近似性质,通过迭代逼近的方式求得方程的根. 因此,泰勒公式在牛顿切线法中起到了近似函数的作用,使得牛顿切线法能够有效地求解方程根. 牛顿切线法具有快速收敛的特点,并在一定条件下可以得到全局最优解. 因此,它在数值计算中被广泛应用,也是开发其他高级算法的基础.

**【例 3.10】** 用导数的定义和牛顿切线法求方程 $x^3+2x^2+10x-20=0$ 的根,假设初始值 $x_0=0$.

**算法设计**:我们需要用导数的定义求出方程在 $x_0$ 的一阶导数 $f'(x_0)=\frac{f(x_0+\Delta x)-f(x_0)}{\Delta x}$,再根据牛顿切线法的迭代公式:

$$x_n=x_{n-1}\frac{f(x_{n-1})}{f'(x_{n-1})}$$

进行循环计算,直到满足精度条件退出循环结束.

**程序编写**:

```
#include <stdio.h>
#include <math.h>
float Function(float x) {                            //定义函数
    return pow(x,3)+2*pow(x,2)+10*x-20;
}
float FunctionD(float x) {                           //用导数的定义计算导数
    float h=1e-6;                                    //微小增量
    return (Function(x+h)-Function(x))/h;
}
float newton(floatx_initial,float epsilon) {         //使用牛顿切线法求解极值
    float x0=x_initial;
    float x1;
    do {
        x1=x0-Function(x0)/FunctionD(x0);
        if (fabs(x1-x0)<epsilon) {
            break;
```

```
      }
      x0=x1;
  } while (1);
  return x1;
}
int main() {
  float epsilon=1e-3;                                    //收敛精度
  float x_initial=0;                                     //初始值
  float x_extremum=0;
  float extremum=newton(x_initial,epsilon);              //调用牛顿切线法求解极值
  x_extremum=Function(extremum);
  printf("函数的极值点横坐标为:%.6f\n", extremum);
  printf("此时函数值为:%.6f\n", x_extremum);
  return 0;
}
```

运行结果：

```
函数的极值点横坐标为: 1.368805
此时函数值为: -0.000075
```

**【例 3.11】** 用牛顿切线法求方程 $2x^3-3x^2+5x+2=0$ 的根,假设初始值 $x_0=-2$.

**算法设计**：我们可以直接计算出方程在 $x_0$ 的一阶导数 $f'(x_0)=6x^2-6x+5$,再根据牛顿切线法的迭代公式：

$$x_n=x_{n-1}-\frac{f(x_{n-1})}{f'(x_{n-1})}$$

进行循环计算,直到满足精度条件退出循环.

**程序编写**：

```
#include <stdio.h>
#include <math.h>
float Function(float x) {                                //定义函数
  return 2*pow(x,3)-3*pow(x,2)+5*x+2;
}
float FunctionD(float x) {                               //定义导数
  return 6*pow(x,2)-6*x+5;
}
float newton(floatx_initial,float epsilon) {             //使用牛顿切线法求解极值
  float x0=x_initial;
  float x1;
  do {
    x1=x0-Function(x0)/FunctionD(x0);
    if (fabs(x1-x0)<epsilon) {
      break;
    }
    x0=x1;
```

```
    } while (1);
    return x1;
}
int main() {
    float epsilon=1e-3;                          //收敛精度
    float x_initial=-2;                          //初始值
    float x_extremum;
    float extremum=newton(x_initial,epsilon);    //调用牛顿切线法求解极值
    x_extremum=Function(extremum);
    printf("函数的极值点横坐标为:%.6f\n", extremum);
    printf("此时函数值为:%.6f\n", x_extremum);
    return 0;
}
```

运行结果：

```
函数的极值点横坐标为: -0.323610
此时函数值为: -0.000000
```

**【例 3.12】** 用切线法求方程 $x^3+1.1x^2+0.9x-1.4=0$ 的实根的近似值，使误差不超过 $10^{-3}$.

**程序编写：**

```
#include <stdio.h>
#include <math.h>
double f(double x) {                             //定义方程 f(x)
    returnpow(x,3)+1.1*pow(x,2)+0.9*x-1.4;
}
doublef_derivative(double x) {                   //定义方程 f'(x)的导数函数
    return 3*pow(x,2)+2.2*x+0.9;
}
double newtonRaphsonMethod(double x0, double error) { //使用切线法求解
    double x1,fx,f_prime_x;
    do {                                         //迭代求解
        fx=f(x0);
        f_prime_x=f_derivative(x0);
        x1=x0-(fx/f_prime_x);                    //切线法迭代公式
        if(fabs(x1-x0)<error) {                  //误差满足条件,返回近似解
            return x1;
        }
        x0=x1;                                   //更新迭代值
    }while(1);
}
int main() {
    double x0=-10.0;                             //设置初始猜测值
    double error=1e-3;                           //设置误差限定值
    double root=newtonRaphsonMethod(x0, error);  //调用切线法求解
```

```
  printf("方程的实根的近似值为:%.4f\n", root);
  return 0;
}
```

**运行结果:**

方程的实根的近似值为: 0.6707

【例3.13】 求非线性方程 $1-(1+x)^{-10}=6.71x$ 的根.

**算法设计**:在这里我们使用牛顿切线法求解非线性方程的根.首先,我们需要定义目标函数 $f(x)$ 和其导函数 $f'(x)$,然后在迭代过程中,不断更新 $x$ 值,直到满足一定的精度要求(在这里我们设 eps=1e-8).在更新 x 值的过程中,我们需要不断计算 $f(x)$ 和 $f'(x)$,然后按照公式 $x_{n+1}=x_n-\dfrac{f(x_n)}{f'(x_n)}$,更新 $x$ 值.

**程序编写:**

```
#include <stdio.h>
#include <math.h>
double f(double x) {
  return 1-pow(1+x,-10)-6.71*x;
}
double f_prime(double x) {
  double h=1e-7;
  return (f(x+h)-f(x))/h;
}
int main() {
  double x=0,eps=1e-8;
  while (fabs(f(x))>eps) {          //使用牛顿切线法求解非线性方程的根
    x=x-f(x)/f_prime(x);
  }
  printf("The root is:%g.\n", x);
    return 0;
}
```

**运行结果:**

The root is: 0.

### 3. 割线法

利用切线法需要计算函数的导数,当 $f(x)$ 比较复杂时,计算 $f'(x)$ 可能有困难.这时,可考虑用

$$\frac{f(x_n)-f(x_{n-1})}{x_n-x_{n-1}}$$

来近似代替 $x_{n+1}=x_n-\dfrac{f(x_n)}{f'(x_n)}$ 中的 $f'(x_n)$,这时的迭代公式成为

$$x_{n+1}=x_n-\frac{x_n-x_{n-1}}{f(x_n)-f(x_{n-1})}\cdot f(x_n),$$

其中,$x_0$、$x_1$ 为初始值. 上述迭代公式的几何意义是用过点$(x_{n-1},f(x_{n-1}))$和点$(x_n,f(x_n))$的割线来近似代替点$(x_n,f(x_n))$处的切线,将这条割线与 $x$ 轴交点的横坐标作为新的近似值. 因此,这个方法叫作割线法或弦截法.

【例 3.14】 用割线法对例 3.12 中的方程求近似解. 取 $x_0=1,x_1=0.8$.

程序编写:

```
#include <stdio.h>
#include <math.h>
double f(double x) {                              //定义方程 f(x)
    return pow(x,3)+1.1*pow(x,2)+0.9*x-1.4;
}
double secantMethod(double x0,double x1,double error) {  //使用割线法求解
    double x2,fx0,fx1,fx2,denominator;
    do {                                          //迭代求解
        fx0=f(x0);
        fx1=f(x1);
        denominator=(fx1-fx0)/(x1-x0);            //计算 x2
        x2=x1-(fx1/denominator);
        if(fabs(x2-x1)<error) {                   //误差满足条件,返回近似解
            return x2;
        }
        x0=x1;                                    //更新迭代值
        x1=x2;
    } while(1);
}
int main() {
    double x0=1.0;                                //设置初始猜测值 x0
    double x1=0.8;                                //设置初始猜测值 x1
    double error=1e-3;                            //设置误差限定值
    double root=secantMethod(x0,x1,error);        //调用割线法求解方程实根的近似值
    printf("方程的实根的近似值为: %.4f\n",root);   //输出结果
    return 0;
}
```

运行结果:

> 方程的实根的近似值为: 0.6707

## 六、生活中的优化问题

生活中经常遇到求利润最大、用料最省、效率最高等问题,这些问题通常称为最优化问题. 通过前面的学习,我们知道,导数是求函数最大(小)值的有力工具. 我们可以运用导数,解决一些生活中的最优化问题.

**【例 3.15】** 如图 3.8 所示,用边长为 $l$ 的矩形制做一个无盖之箱,怎么使之容积最大?

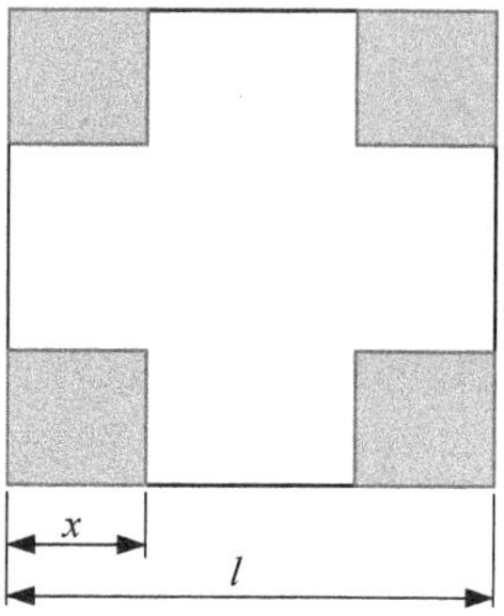

**算法设计**:我们首先分析该问题的解析解,然后通过编程求该问题的数值解.

设四角剪裁边长 $x$ 的矩形,则体积为边长的函数,可以表示为
$$f(x)=(l-2x)^2 \cdot x=4x^3-4l \cdot x^2+l^2 \cdot x.$$

边长 $x$ 的取值范围为 $(0,l/2)$.

边长 $x$ 的导函数为
$$f'(x)=12x^2-8lx+l^2.$$

求导数为 0 的点:
$$f'(x)=0 \Rightarrow x_1=\frac{l}{6}; x_2=\frac{l}{2}.$$

图 3.8 制作无盖之箱

由于边长的取值范围为 $(0,l/2)$,不包括两侧的端点,$l/2$ 在取值范围之外,所以本问题只有一个极值点,其同时也是最值点.因此使得箱子容积最大的边长为 $l/6$.此时箱子容积为
$$V_{\max}=f\left(\frac{l}{6}\right)=\frac{2}{27}l^3.$$

假设 $l=3$,求使得无盖之箱容积最大的边长.求在取值范围内使得导函数等于 0 的极值点,当导函数容易写出显示式时可以采用求方程根的方法;当导函数不容易写出显示式时,可以采用导数的定义进行近似.

**程序编写**:

```
#include <stdio.h>
#include <math.h>
double VFunction(double x) {                //函数定义
  4 * pow(x,3)-12 * pow(x,2)+9 * x;
  return 4 * pow(x,3)-12 * pow(x,2)+9 * x;
}
double derivative(double x) {               //导数定义
  return 12 * pow(x,2)-24 * x+9;            //函数的导数
}
double optimizeV(double start,double end) { //用二分法找到函数的极值点
  double precision=0.0000001;               //设置精度
  double mid;
  while (end-start>precision) {
    mid=(start+end)/2;
    if (derivative(mid)>0) { //导数大于 0,说明函数在 mid 点的右侧有最大值
      start=mid;
    } else if (derivative(mid)<0) { //导数小于 0,说明在 mid 点的左侧有最大值
      end=mid;
    } else break;                    //导数等于 0,说明函数的极值点就在 mid 点上
  }
  return mid;
```

```
}
int main(){
  double start=0.000001;                          //假设销售量的范围为0~100
  double end=1.499999999;
  double optimizedX=optimizeV(start,end);         //通过优化找到容积最大的边长
  double maxV=VFunction(optimizedX);              //计算最大容积
  printf("最大化的容积为%.2f\n",maxV);
  printf("最大化容积的边长为%.2f\n",optimizedX);
  return 0;
}
```

运行结果：

最大化的容积为 2.00
最大化容积的边长为 0.50

**程序分析：** 在上面的示例中，我们定义了容积的函数 VFunction，这个函数代表了容器边长和容积之间的关系。然后，我们计算了函数的导数 derivative。接下来，使用二分法来找到函数的极值点（最大值点或最小值点），在边长的范围内进行优化。最后，通过调用函数和极值点，计算了最大容积以及对应的边长。

由上述例子，我们不难发现，解决优化问题的基本思路如图 3.9 所示。

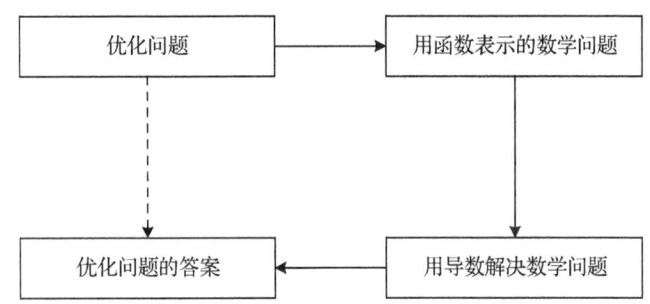

图 3.9　解决优化问题的基本思路

上述解决优化问题的过程是一个典型的数学建模过程。

## 第二节

## 定积分及其应用

### 一、定积分的概念

定积分也是微积分的核心概念之一，与导数相比，定积分的起源要早得多，它的思想萌芽甚至可以追溯到两千多年前。

在已学过的函数中,许多函数(例如 $y=x, y=x^2, y=\sqrt{x}$ 等)的图像都是某个区间 $I$ 上的一条连续不断的曲线. 一般地,如果函数 $y=f(x)$ 在某个区间 $I$ 上的图像是一条连续不断的曲线,那么我们就把它称为区间 $I$ 上的连续函数. 如不加说明,下面研究的都是连续函数.

我们从一个例子引入定积分的概念. 如何求由抛物线 $y=x^2$ 与直线 $x=1, y=0$ 所围成的平面图形(图 3.10 中的阴影部分)的面积 $S$?

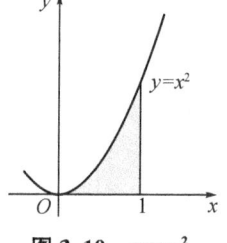

图 3.10 $y=x^2$ 与直线 $x=1, y=0$ 所围成的平面图形

我们把由直线 $x=a, x=b(a\neq b), y=0$ 和曲线 $y=f(x)$ 所围成的图形称为曲边梯形. 可以发现,图 3.10 中的曲边梯形与我们熟悉的"直边图形"的主要区别是,前者有一边是曲线段,而"直边图形"的所有边都是直线段. 那么,能否将求这个曲边梯形的面积 $S$ 转化为求"直边图形"面积的问题,从而可以用我们熟悉的方法求出曲边梯形的面积?

在数学中,"以直代曲"是常用的思路,可以将复杂的问题转化为我们熟悉的简单问题. 那么我们是否也能用直边形(比如矩形)逼近曲边图形的方法,求图 3.10 中 $y=x^2$ 与 $x$ 轴和直线 $x=1$ 围成的阴影部分面积呢?

如图 3.11 所示,把区间 $[0,1]$ 分成许多小区间,进而把曲边图形拆分为一些小的曲边梯形. 对每个小曲边梯形"以直代曲",即用矩形的面积近似代替小曲边梯形的面积,得到每个小曲边梯形面积的近似值,对这些近似值求和,就得到曲边梯形面积的近似值. 可以想象,随着拆分越来越细,近似程度就会越来越好. 也即:用化归为计算矩形面积和逼近的思想方法求出曲边梯形的面积,我们通过下面的步骤来具体实施这种方法.

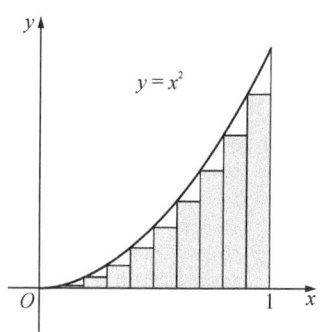

图 3.11 拆分为小的曲边梯形

(1) 分割

在区间 $[0,1]$ 上等间隔地插入 $n-1$ 个点,将它等分成 $n$ 个小区间:

$$\left[0,\frac{1}{n}\right], \left[\frac{1}{n},\frac{2}{n}\right], \cdots, \left[\frac{n-1}{n},1\right],$$

记第 $i$ 个区间为 $\left[\frac{i-1}{n},\frac{i}{n}\right] (i=1,2,\cdots,n)$,其长度为

$$\Delta x = \frac{i}{n} - \frac{i-1}{n} = \frac{1}{n}.$$

分别过上述 $n-1$ 个分点作 $x$ 轴的垂线,把曲边梯形分成 $n$ 个小曲边梯形(图 3.11),它们的面积记作:

$$\Delta S_1, \Delta S_2, \cdots, \Delta S_n.$$

显然, $S = \sum_{i=1}^{n} \Delta S_i$.

(2) 近似代替

记 $f(x)=x^2$. 如图 3.11,当 $n$ 很大,即 $\Delta x$ 很小时,在区间 $\left[\frac{i-1}{n},\frac{i}{n}\right]$ 上,可以认为函数

$f(x)=x^2$ 的值变化很小,近似地等于一个常数,不妨认为它近似地等于左端点 $\dfrac{i-1}{n}$ 处的函数值 $f\left(\dfrac{i-1}{n}\right)$. 从图形上看,就是用平行于 $x$ 轴的直线段近似地代替小曲边梯形的曲边(图 3.11). 这样,在区间 $\left[\dfrac{i-1}{n},\dfrac{i}{n}\right]$ 上,用小矩形的面积 $\Delta S'_i$, 近似地代替 $\Delta S_i$,即在局部小范围内"以直代曲". 小矩形的原边长为 $\Delta x$, 高为函数值 $f\left(\dfrac{i-1}{n}\right)$,则有

$$\Delta S_i \approx \Delta S'_i = f\left(\dfrac{i-1}{n}\right)\Delta x = \left(\dfrac{i-1}{n}\right)^2 \cdot \dfrac{1}{n}\,(i=1,2,\cdots,n).$$

(3) 求和

将所有小的曲边梯形的面积进行求和,则图 3.11 中阴影部分的面积 $S_n$ 为

$$\begin{aligned}S_n &= \sum_{i=1}^n \Delta S'_i = \sum_{i=1}^n \left(\dfrac{i-1}{n}\right)^2 \Delta x = \sum_{i=1}^n \left(\dfrac{i-1}{n}\right)^2 \cdot \dfrac{1}{n}\\ &= \dfrac{1}{n^3}[1^2+2^2+\cdots+(n-1)^2]\\ &= \dfrac{1}{n^3}\dfrac{(n-1)n(2n-1)}{6}\\ &= \dfrac{1}{3}\left(1-\dfrac{1}{n}\right)\left(1-\dfrac{1}{2n}\right).\end{aligned}$$

从而得到 $S$ 的近似值:

$$S \approx S_n = \dfrac{1}{3}\left(1-\dfrac{1}{n}\right)\left(1-\dfrac{1}{2n}\right).$$

(4) 取极限

分别将区间 $[0,1]$ 等分成 $8,16,20,\cdots,n$ 等份,可以看到,当 $n$ 趋向于无穷大,即 $\Delta x$ 趋向于 0 时,$S_n = \dfrac{1}{3}\left(1-\dfrac{1}{n}\right)\left(1-\dfrac{1}{2n}\right)$ 趋向于 $S$,从而有

$$S = \lim_{n\to\infty} S_n = \lim_{n\to\infty} \sum_{i=1}^n \dfrac{1}{n} f\left(\dfrac{i-1}{n}\right) = \lim_{n\to\infty} \dfrac{1}{3}\left(1-\dfrac{1}{n}\right)\left(1-\dfrac{1}{2n}\right) = \dfrac{1}{3}.$$

可以证明,取 $f(x)=x^2$ 在区间 $\left[\dfrac{i-1}{n},\dfrac{i}{n}\right]$ 上任意一点 $\xi_i$ 处的值 $f(\xi_i)$ 作为近似值,都有

$$S = \lim_{\Delta x\to 0} \sum_{i=1}^n f(\xi_i)\Delta x = \lim_{\Delta x\to 0} \sum_{i=1}^n \dfrac{1}{n} f(\xi_i) = \dfrac{1}{3}.$$

通常 $\xi_i$ 可都取为每个小区间的左端点,或右端点,或中间点,这种方法称为矩形法.

当把小区间看作一个梯形时,计算结果会比矩形更加准确,这种方法称为梯形法,此时小梯形的上底为小区间的左端点函数值 $f\left(\dfrac{i-1}{n}\right)$,下底为小区间的右端点函数值 $f\left(\dfrac{i}{n}\right)$,小梯形的高为 $\Delta x$(图 3.12).

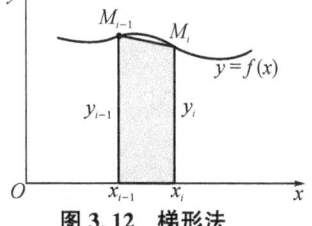

**图 3.12 梯形法**

根据梯形的面积公式,小梯形的面积为

$$\Delta S_i \approx \Delta S'_i = \frac{1}{2} \times \left( f\left(\frac{i-1}{n}\right) + f\left(\frac{i}{n}\right) \right) \times \Delta x.$$

其余部分与矩形法相同.

**【例 3.16】** 用矩形法求定积分 $y=x^2$.

**算法设计**:首先,将积分区间 $[a,b]$ 分成 $n$ 个小的子区间,每个子区间的长度为 $h=\frac{(b-a)}{n}$. 然后,在每个子区间上计算函数值,并将这些函数值相加求和,即得到定积分的近似值.

**程序编写**:

```c
#include <stdio.h>
double f(double x) {
  return x * x;
}
double integrate(double a,double b,int n) {
  double sum=0;
  for (int i=0;i<=n;i++) {
    double x=a+i * (b-a)/n;
    sum+=f(x);
  }
  double result=(b-a) * sum/n;
  return result;
}
int main() {
  double a,b;
  int n;
  printf("请输入积分区间的下界和上界:");
  scanf("%lf %lf",&a,&b);
  printf("请输入子区间数:");
  scanf("%d",&n);
  double result=integrate(a,b,n);
  printf("定积分的近似值为:%f\n",result);
  return 0;
}
```

**运行结果**:

```
请输入积分区间的下界和上界: 0 10
请输入子区间数: 20
定积分的近似值为: 358.75
```

**【例 3.17】** 用梯形法求数值积分由 $y=x^2$、$x=a$、$x=b$ 和 $x$ 轴围成的面积,其中 $a=0$,$b=1$.

面积公式为:(上底+下底)×高÷2. 用字母表示:$(a+b) \times h \div 2$.

**程序编写**:

```c
#include <stdio.h>
#include <math.h>
```

```
main(){
   float a,b;
   double s=0,h;
   double f(double x);
   int n,i;
   printf("Input integral area a and b:");
   scanf("%f %f",&a,&b);
   printf("Input n:");
   scanf("%d",&n);
   h=(b-a)/n;
   for(i=0;i<=n-1;i++)
       s=s+0.5*h*(f(a+i*h)+f(a+(i+1)*h));     //使用公式
   printf("\nThe value is: %lf ",s);
}
double f(double x){
   return(sqrt(4.0-x*x));
}
```

**运行结果：**

```
Input integral area a and b:0 1
Input n:100
The value is:1.913218
```

从求曲边梯形的面积的过程可以发现，可以通过分割、近似代替、求和、取极限的"四步曲"方法解决问题，且可以将其归结为一个特定形式和的极限：

$$S = \lim_{\Delta x \to 0} \sum_{i=1}^{n} f(\xi_i)\Delta x = \lim_{\Delta x \to 0} \sum_{i=1}^{n} \frac{1}{n} f(\xi_i).$$

事实上，许多问题都可归结为求这种特定形式和的极限．一般地，如果函数 $f(x)$ 在区间 $[a,b]$ 上连续，用分点

$$a = x_0 < x_1 < \cdots < x_{i-1} < x_i < \cdots < x_n = b$$

将区间 $[a,b]$ 等分成 $n$ 个小区间，在每个小区间 $[x_{i-1},x_i]$ 上任取一点 $\xi_i (i=1,2,\cdots,n)$，作和式：

$$\sum_{i=1}^{n} f(\xi_i)\Delta x = \sum_{i=1}^{n} \frac{b-a}{n} f(\xi_i),$$

当 $n \to \infty$ 时，上述和式无限接近某个常数，这个常数叫作函数 $f(x)$ 在区间 $[a,b]$ 上的定积分 (definite integral)，记作 $\int_a^b f(x)\mathrm{d}x$，即

$$\int_a^b f(x)\mathrm{d}x = \lim_{n \to \infty} \sum_{i=1}^{n} \frac{b-a}{n} f(\xi_i),$$

这里，$a$ 与 $b$ 分别叫作积分下限与积分上限，区间 $[a,b]$ 叫作积分区间，函数 $f(x)$ 叫作被积函数，$x$ 叫作积分变量，$f(x)\mathrm{d}x$ 叫作被积式．

当 $f(x) \geqslant 0$ 时，定积分 $\int_a^b f(x)\mathrm{d}x$ 表示由曲线 $y=f(x)$，直线 $x=a, x=b$ 以及 $x$ 轴所

围成的曲边梯形的面积. 当 $f(x) \leqslant 0$ 时,该曲边梯形位于 $x$ 轴的下方,由于 $f(\xi_i) \leqslant 0, \Delta x > 0$,故积分 $\int_a^b f(x) \mathrm{d}x$ 的值是负的,表示曲边梯形面积的负值(图 3.13). 当 $f(x)$ 的值在 $[a,b]$ 上有正有负时,定积分在几何上表示曲线 $y=f(x)$、直线 $x=a, x=b$ 以及 $x$ 轴所围成的曲边梯形面积的代数和(图 3.14). 所以不能简单认为定积分就是被积函数所围成的曲边梯形的面积,这只有当被积函数非负时才成立.

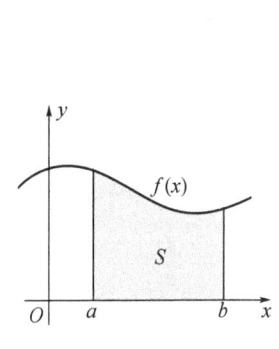 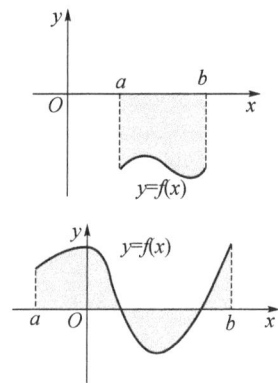

图 3.13　曲边梯形　　　　　　图 3.14　面积代数和

定积分 $\int_a^b f(x) \mathrm{d}x$ 表示由直线 $x=a, x=b, y=0$ 和曲线 $y=x$ 所围成的曲边梯形的面积.

由定积分的定义,可以得到定积分的如下性质:

(1) $\int_a^b k f(x) \mathrm{d}x = k \int_a^b f(x) \mathrm{d}x$ ($k$ 为常数).

(2) $\int_a^b [f_1(x) \pm f_2(x)] \mathrm{d}x = \int_a^b f_1(x) \mathrm{d}x \pm \int_a^b f_2(x) \mathrm{d}x$.

(3) $\int_a^b f(x) \mathrm{d}x = \int_a^c f(x) \mathrm{d}x + \int_c^b f(x) \mathrm{d}x$ (其中 $a < c < b$).

**【例 3.18】**　一个直线上的物体,其密度与位置成正比,密度函数为 $f(x) = 2x$,其中 $x$ 表示物体的位置. 给定物体的起始位置与结束位置为 $a$ 和 $b$,求在这个范围内的物体的总质量.

**算法设计**:为了计算给定范围内物体的总质量,我们首先需要了解物体的密度分布. 根据题目描述,物体的密度与其位置成正比,因此密度函数可以定义为 $f(x) = 2x$,我们将使用数值积分方法中的矩形法来近似计算这个定积分,将积分区间划分为许多小的子区间,每个子区间用一个矩形来近似表示该部分的面积,然后将所有矩形的面积相加,得到定积分的近似值.

**程序编写**:

```c
#include <stdio.h>
#include <math.h>
double densityFunction(double x) {              //密度函数定义
    return 2 * x;                                //密度函数为 f(x)=2x
```

```
}
double definiteIntegral(double a,double b) {           //定积分函数
    double stepSize=0.0001;                            //定义步长
    double integral=0.0;
    for (double x=a; x<=b; x+=stepSize) {              //使用矩形法来计算定积分
        double height=densityFunction(x);
        integral+=height * stepSize;
    }
    return integral;
}
int main() {
    double start=1.5;                                  //起始位置
    double end=4.5;                                    //结束位置
    double totalMass=definiteIntegral(start,end);
    printf("在位置 %.1f 到 %.1f 的范围内的总质量为 %.2f\n",start,end,totalMass);
    return 0;
}
```

**运行结果：**

```
在位置 1.5 到 4.5 的范围内的总质量为 18.00
```

**程序分析：** 在上面的例子中，我们定义了密度函数 densityFunction，这个函数代表了物体的密度与位置之间的关系. 然后，我们使用定积分方法 definiteIntegral 来计算给定范围内物体的总质量. 在用程序实现的过程中，我们将计算范围内的区间分成多个微小矩形，并计算每个矩形的质量，然后将它们的和作为总质量. 这就体现了微分的思想.

## 二、微积分基本定理

设函数 $f(x)$ 在区间 $[a,b]$ 上连续，并且设 $x$ 为 $[a,b]$ 上的一点. 我们来考察 $f(x)$ 在部分区间 $[a,x]$ 上的定积分：

$$\int_a^x f(x)\mathrm{d}x.$$

首先，由于 $f(x)$ 在 $[a,x]$ 上仍旧连续，因此这个定积分存在. 这里，$x$ 既表示定积分的上限，又表示积分变量. 因为定积分与积分变量的记法无关，所以，为了明确起见，可以把积分变量改用其他符号，例如用 $t$ 表示，则上面的定积分可以写成

$$\int_a^x f(t)\mathrm{d}t,$$

如果上限 $x$ 在区间 $[a,b]$ 上任意变动，那么对于每一个取定的 $x$ 值，定积分有一个对应值，所以它在 $[a,b]$ 上定义了一个函数，记作 $\Phi(x)$：

$$\Phi(x)=\int_a^x f(t)\mathrm{d}t (a\leqslant x\leqslant b).$$

这个函数 $\Phi(x)$ 具有下面定理 1 所指出的重要性质.

**定理1** 如果函数 $f(x)$ 在区间 $[a,b]$ 上连续,那么积分上限的函数

$$\Phi(x)=\int_a^x f(t)\mathrm{d}t$$

在 $[a,b]$ 上可导,并且它的导数为

$$\Phi'(x)=\frac{\mathrm{d}}{\mathrm{d}x}\int_a^x f(t)\mathrm{d}t=f(x)(a\leqslant x\leqslant b).$$

这个定理指出了一个重要结论:连续函数 $f(x)$ 取变上限 $x$ 的定积分然后求导,其结果还原为 $f(x)$ 本身. 联想到原函数的定义,就可以从上述定理1推知 $\Phi(x)$ 是连续函数 $f(x)$ 的一个原函数. 因此,我们引出如下的原函数的存在定理.

**定理2** 如果函数 $f(x)$ 在区间 $[a,b]$ 上连续,那么函数

$$\Phi(x)=\int_a^x f(t)\mathrm{d}t$$

就是 $f(x)$ 在 $[a,b]$ 上的一个原函数.

这个定理的重要意义是:一方面肯定了连续函数的原函数是存在的,另一方面初步地揭示了积分学中的定积分与原函数之间的联系. 因此,我们就有可能通过原函数来计算定积分.

从前面的学习中可以发现,虽然被积函数 $f(x)=x^3$ 非常简单,但直接用定积分的定义计算 $\int_0^1 x^3 \mathrm{d}x$ 的值却比较麻烦. 对于有些定积分,例如 $\int_1^2 \frac{1}{x}\mathrm{d}x$,几乎不可能直接用定义计算. 那么,有没有更加简便、有效的方法求定积分呢? 另外,我们已经学习了微积分学中两个最基本和最重要的概念——导数和定积分,我们来探究一下导数和定积分的联系.

一般地,如果 $f(x)$ 是区间 $[a,b]$ 上的连续函数,并且 $F'(x)=f(x)$,或者 $F(x)=\int_a^x f(t)\mathrm{d}t$,则 $F(x)$ 称为 $f(x)$ 的原函数,那么

$$\int_a^b f(x)\mathrm{d}x=F(b)-F(a).$$

这个结论叫作微积分基本定理(fundamental theorem of calculus),又叫作牛顿-莱布尼茨公式(Newton-Leibniz formula).

为了方便,我们常常把 $F(b)-F(a)$ 记成 $F(x)\Big|_a^b$,即

$$\int_a^b f(x)\mathrm{d}x=F(x)\Big|_a^b=F(b)-F(a).$$

微积分基本定理表明,计算定积分 $\int_a^b f(x)\mathrm{d}x$ 的关键是找到满足 $F'(x)=f(x)$ 的函数 $F(x)$. 通常,我们可以运用基本初等函数的求导公式和导数的四则运算法则从反方向上求出 $F(x)$.

【**例3.19**】 计算下列定积分:

(1) $\int_1^2 \frac{1}{x}\mathrm{d}x$.

因为$(\ln x)'=\dfrac{1}{x}$,所以$\int_1^2 \dfrac{1}{x}\mathrm{d}x = \ln x \big|_1^2 = \ln 2 - \ln 1 = \ln 2$.

(2) $\int_1^3 \left(2x - \dfrac{1}{x^2}\right)\mathrm{d}x$.

因为$(x^2)'=2x$,$\left(\dfrac{1}{x}\right)'=-\dfrac{1}{x^2}$,所以

$$\int_1^3 \left(2x - \dfrac{1}{x^2}\right)\mathrm{d}x = \int_1^3 2x\,\mathrm{d}x - \int_1^3 \dfrac{1}{x^2}\mathrm{d}x = x^2\Big|_1^3 + \dfrac{1}{x}\Big|_1^3 = \dfrac{22}{3}.$$

(3) $\int_0^\pi \sin x\,\mathrm{d}x$,$\int_\pi^{2\pi}\sin x\,\mathrm{d}x$,$\int_0^{2\pi}\sin x\,\mathrm{d}x$.

因为$(-\cos x)'=\sin x$,所以

$$\int_0^\pi \sin x\,\mathrm{d}x = (-\cos x)\Big|_0^\pi = (-\cos \pi) - (-\cos 0) = 2;$$

$$\int_\pi^{2\pi}\sin x\,\mathrm{d}x = (-\cos x)\Big|_\pi^{2\pi} = (-\cos 2\pi) - (-\cos \pi) = -2;$$

$$\int_0^{2\pi}\sin x\,\mathrm{d}x = (-\cos x)\Big|_0^{2\pi} = (-\cos 2\pi) - (-\cos 0) = 0.$$

微积分基本定理揭示了导数和定积分之间的内在联系,同时它也提供了计算定积分的一种有效方法.微积分基本定理把求一个连续函数在$[a,b]$上的定积分的问题,归结为求被积函数的原函数在$[a,b]$上函数值的差,简化了定积分的计算.微积分基本定理是微积分学中最重要的定理,它使微积分学蓬勃发展起来,成为一门影响深远的学科,可以毫不夸张地说,微积分基本定理是微积分中最重要、最辉煌的成果.

## 三、定积分的应用

定积分在各个学科有着广泛的应用,下面我们介绍定积分的一些简单应用.

### 1. 平面图形的面积

我们已经知道,由曲线$y=f(x)(f(x)\geqslant 0)$及直线$x=a$,$x=b(a<b)$与$x$轴所围成的曲边梯形的面积$A$是定积分

$$A = \int_a^b f(x)\,\mathrm{d}x,$$

其中被积表达式$f(x)\mathrm{d}x$就是直角坐标下的面积元素,它表示高为$f(x)$、底为$\mathrm{d}x$的一个矩形面积.对于在区间$[a,b]$上函数$f(x)$的符号发生改变的情形,则由曲线$y=f(x)$,直线$x=a$,$x=b$以及$x$轴所围成的图形的面积为

$$A = \int_a^b f(x)\,\mathrm{d}x.$$

应用定积分,不但可以计算曲边梯形面积,还可以计算一些比较复杂的平面图形的面积.

如果平面图形是由直线$x=a$,$x=b$以及两条曲线$y=f(x)$,$y=g(x)(a\leqslant x\leqslant b$且$f(x)\geqslant g(x))$所围成(图3.15),则面积微元可取为$\mathrm{d}A=[f(x)-g(x)]\mathrm{d}x$,于是面积$A$:

$$A = \int_a^b [f(x) - g(x)] dx.$$

如果平面图形由曲线 $x = \varphi(y), x = \psi(y)$ 以及直线 $y = c, y = d (c \leqslant x \leqslant d$ 且 $\psi(y) \geqslant \varphi(y))$ 所围成(图 3.16),则面积为

$$A = \int_c^d [\psi(y) - \varphi(y)] dy.$$

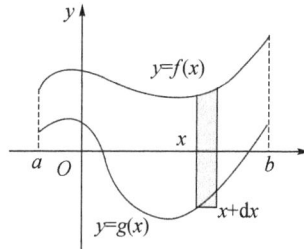 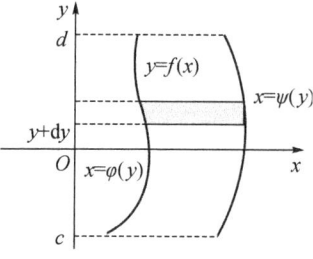

图 3.15　$dA = [f(x) - g(x)] dx$　　图 3.16　$dA = [\psi(y) - \varphi(y)] dy$

【**例 3.20**】 计算由曲线 $y^2 = x, y = x^2$ 所围图形的面积 $S$.

**算法设计**：首先画出草图(图 3.17). 从图中可以看出，所求图形的面积可以转化为两个曲边梯形面积的差，进而可以用定积分求面积 $S$. 为了确定出被积函数和积分的上、下限，我们需要求出两条曲线的交点的横坐标，之后计算面积.

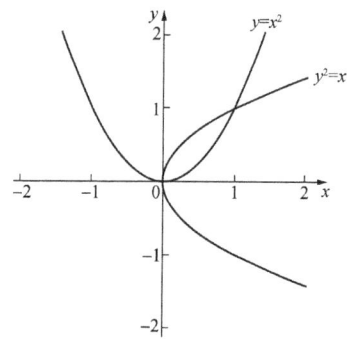

图 3.17　计算由曲线 $y^2 = x$, $y = x^2$ 围成图形的面积

**程序编写**：

```c
#include <stdio.h>
#include <math.h>
double calculateArea() {
  double area=0.0;
  double step=0.0001;
  double x=0;
  while (x<=1.0) {
    double y1=sqrt(x);
    double y2=x * x;
    area+=(y1-y2) * step;
    x+=step;
  }
  return area;
}
int main() {
  double area=calculateArea();
  printf("The area enclosed by the curves is: %f\n",area);
  return 0;
}
```

**运行结果：**

```
The area enclosed by the curves is: 0.333333
```

**【例 3.21】** 计算由直线 $y=x-4$，曲线 $y=\sqrt{2x}$ 以及 $x$ 轴所围图形的面积 $S$.

**算法设计：** 首先画出草图（图 3.18），并设法把所求图形的面积问题转化为求曲边梯形的面积问题. 与例 3.20 不同的是，需要对 $y$ 轴进行积分，这样就不用把所求图形的面积分成两部分 $S_1$ 和 $S_2$. 为了确定出被积函数和积分的上、下限，需要求出直线 $y=x-4$，曲线 $y=\sqrt{2x}$ 以及 $x$ 轴的交点，再计算面积.

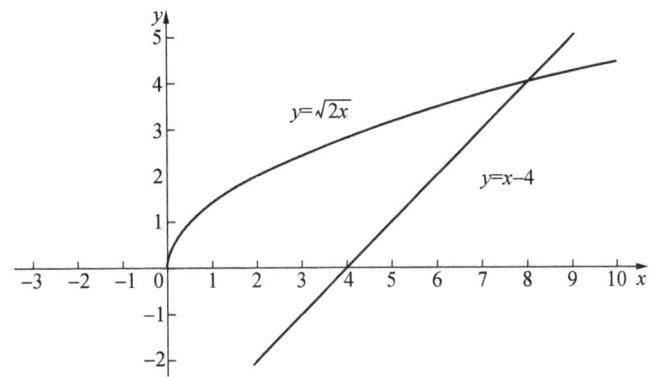

**图 3.18** 计算由 $y=x-4$，$y=\sqrt{2x}$ 以及 $x$ 轴所围图形面积

**程序编写：**

```c
#include <stdio.h>
#include <math.h>
double calculateArea() {
  double area=0.0;
  double y=0;
  double step=0.0001;
  while (y<=4) {
    double x1=y+4;
    double x2=0.5*pow(y,2);
    area+=(x1-x2) * step;
    y+=step;
  }
  return area;
}
int main() {
  double area=calculateArea();
  printf("The area enclosed by the curves is: %f\n",area);
  return 0;
}
```

运行结果：

```
The area enclosed by the curves is: 13.3335
```

**【例 3.22】** 试根据供给—需求曲线计算社会剩余.供求函数和需求函数图像如图 3.19 所示：

需求函数：$p=-2q^2+3q+8$；

供给函数：$p=q^2+q$.

社会剩余＝消费者剩余＋生产者剩余.

**算法设计**：社会剩余，又称总福利或马歇尔盈余.消费者剩余的概念，是纽约大学教授马歇尔在《经济学原理》一书中提出来的.消费者剩余是衡量消费者福利的重要指标，被广泛地作为一种分析工具来应用.产业的社会福利等于消费者剩余加上生产者剩余之和，或者等于总消费效用与生产成本之差.一般认为，消费者剩余最大的条件是边际效用等于边际支出.

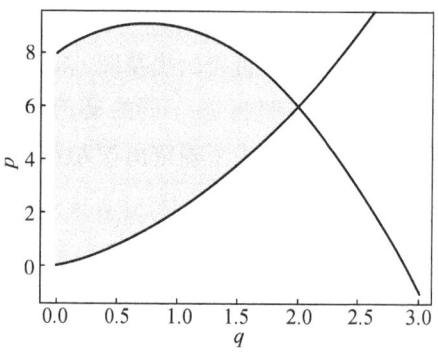

图 3.19 供求函数和需求函数图像

**程序编写**：

```c
#include <stdio.h>
#include <math.h>
#define step 1e-5
int main() {
  double p1,p2,q=0,s=0;
  do {
    p1=-2*q*q+3*q+8;
    p2=q*q+q;
    s=s+(p1-p2)*step;
    q=q+step;
  } while (fabs(p1-p2)> 1e-3);
  printf("The social welfare is %f\n",s);
  return 0;
}
```

运行结果：

```
The social welfare is    12.000
```

**【例 3.23】** 假设某地洛伦兹曲线为 $y=x^2$，试计算基尼系数.

**算法设计**：洛伦兹曲线最开始被用于研究国民收入分配问题，由美国统计学家洛伦兹(Lorenz)于 1905 年提出，意大利经济学家基尼(Gini)在此基础上于 1912 年定义了基尼系数.基尼系数是常用的测量收入分配差异程度的指标，也广泛使用于判断平等程度，不限于收入分配.

画一个矩形,矩形的高衡量社会财富的百分比,将之分为十等份,每一等份为10%的社会总财富.在矩形的底边上,将家庭从最贫者到最富者自左向右排列,也分为十等份,第一个等份代表收入最低的10%的家庭.在这个矩形中,将每一百份的家庭所有拥有的财富的百分比累计起来,并将相应的点画在图中,便得到了图3.20所示的一条曲线,就是洛伦兹曲线.

洛伦兹曲线与45°线之间的部分 $A$ 叫作不平等面积,面积 $A+B$ 叫作完全不平等面积.基尼系数 $G=A/(A+B)$.

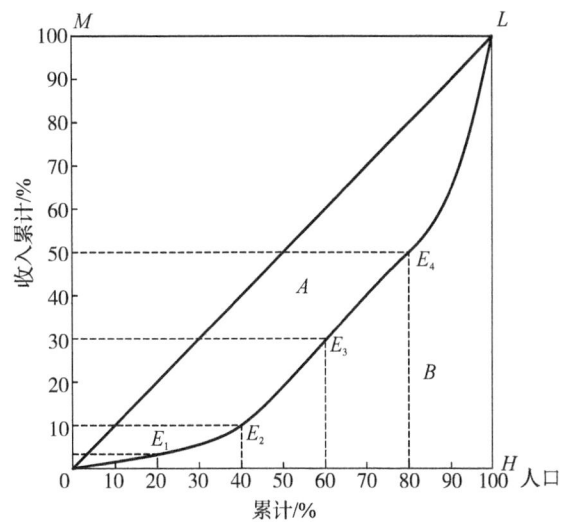

图 3.20　洛伦兹曲线

由于 $A+B$ 的面积是确定的,即下三角形的面积,为 0.5,所以求基尼系数就是求不规则图形 $A$ 的面积.洛伦兹曲线的弧度越小,基尼系数也越小.基尼系数最大为 1,最小等于 0.基尼系数越接近 0 表明收入分配越是趋向平等.国际上并没有一个组织或教科书给出最适合的基尼系数标准.但有不少人认为基尼系数小于 0.2 时,居民收入过于平均,0.2~0.3 之间时较为平均,0.3~0.4 之间时比较合理,0.4~0.5 时差距过大,大于 0.5 时差距悬殊.

计算洛伦兹曲线常用的方法是曲线拟合法,即选择适当的曲线直接拟合洛伦兹曲线,常用的曲线有二次曲线、指数曲线和幂函数曲线.然后利用洛伦兹曲线与斜线 $y=x$ 所围成的面积来计算 $A$,进而计算基尼系数.本例题假设已拟合的洛伦兹曲线为 $y=x^2$.

**程序编写:**

```
#include <stdio.h>
#include <math.h>
# define step 1e-5
int main() {
    double p1,p2,x=0,s=0;
    do {
        p1=x;
        p2=x * x ;
        s=s+(p1-p2) * step;
        x=x+step;
    } while (x<1);
    printf("The Gini coefficient is %f\n",s);
    return 0;
}
```

**运行结果:**

```
The Gini coefficient is 0.166667
```

## 2. 体积

旋转体就是由一个平面图形绕这平面内一条直线旋转一周而成的立体. 这直线叫作旋转轴. 圆柱、圆锥、圆台球可以分别看成由矩形绕它的一条边、直角三角形绕它的直角边、直角梯形绕它的直角腰、半圆绕它的直径旋转一周而成的立体, 所以它们都是旋转体.

如果把 $x$ 轴看作旋转轴, 上述旋转体都可以看作由连续曲线 $y=f(x)$、直线 $x=a$, $x=b$ 及 $x$ 轴所围成的曲边梯形绕 $x$ 轴旋转一周而成的立体. 现在我们考虑用定积分来计算这种旋转体的体积.

取横坐标 $x$ 为积分变量, 它的变化区间为 $[a,b]$. 相应于 $[a,b]$ 上的任一小区间 $[x, x+\mathrm{d}x]$ 的窄曲边梯形绕 $x$ 轴旋转而成的薄片的体积近似于以 $f(x)$ 为底半径, $\mathrm{d}x$ 为高的扁圆柱体的体积(图 3.21), 即体积微元

$$\mathrm{d}V = \pi [f(x)]^2 \mathrm{d}x.$$

以 $\pi[f(x)]^2\mathrm{d}x$ 为被积表达式, 在闭区间 $[a,b]$ 上作定积分, 便得所求旋转体体积为

$$A = \int_a^b \pi [f(x)]^2 \mathrm{d}x.$$

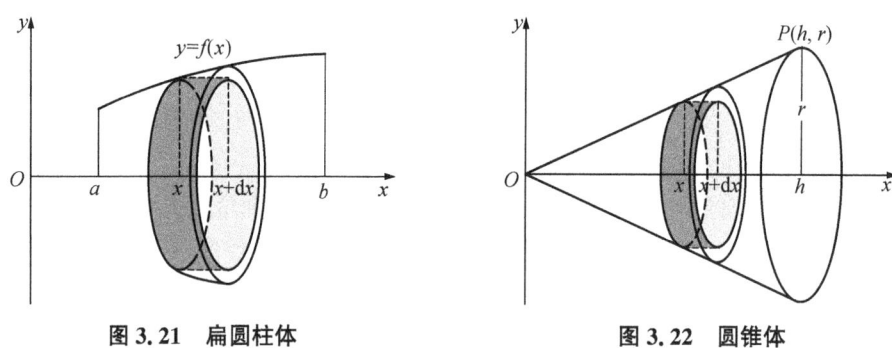

图 3.21　扁圆柱体　　　　图 3.22　圆锥体

【**例 3.24**】　连接坐标原点 $O$ 及点 $P(4,2)$ 的直线、直线 $x=4$ 及 $x$ 轴围成一个直角三角形. 将它绕 $x$ 轴旋转一周构成一个底半径为 2、高为 4 的圆锥体(图 3.22). 计算这圆锥体的体积.

**程序编写：**

```
#include <stdio.h>
#include <math.h>
#define PI 3.1415926
double f(double x) {
    return pow(x,2)/4;
}
double integral(double a,double b,int n) {
    double h=(b-a)/n;
    double sum=0.0;
    for (int i=0;i<n;i++) {
        double x=a+i*h;
        sum+=f(x) * h;
    }
```

```
    return sum;
}
int main() {
    double a=0.0;                                   //积分下限
    double b=4.0;                                   //积分上限
    int n=10000;                                    //积分区间等分数
    double result=PI * integral(a,b,n);             //计算定积分
    printf("圆锥体的体积为: %.4f\n",result);         //输出结果
    return 0;
}
```

运行结果：

圆锥体的体积为: 16.7526

【例 3.25】 计算由椭圆

$$\frac{x^2}{4}+\frac{y^2}{9}=1$$

所围成的图形绕 $x$ 轴旋转一周而成的旋转体(叫作旋转椭球体)的体积.

程序编写：

```
#include <stdio.h>
#include <math.h>
#define PI 3.1415926
double f(double x) {
    return sqrt(9 (9.0/4.0) * (x * x));
}
double integral(double a,double b,int n) {
    double h=(b-a)/n;
    double sum=0.0;
    for (int i=0;i<n;i++) {
        double x=a+i * h;
        sum+=f(x) * f(x) * h;
    }
    return sum;
}
int main() {
    double a=-2.0;                                  //积分下限
    double b=2.0;                                   //积分上限
    int n=10000;                                    //积分区间等分数
    double result=PI * integral(a,b,n);
    printf("旋转椭球体的体积为: %.4f\n",result);
    return 0;
}
```

运行结果：

旋转椭球体的体积为：75.3982

### 3. 平面曲线的弧长

我们知道，圆的周长可以利用圆的内接正多边形的周长当边数无限增多时的极限来确定. 现在用类似的方法来建立平面的连续曲线弧长的概念，从而应用定积分来计算弧长.

设 $A, B$ 是曲线弧的两个端点. 在弧 $\overset{\frown}{AB}$ 上依次任取 $n-1$ 分点 $A = M_0, M_1, M_2, \cdots, M_{i-1}, M_i, \cdots, M_{n-1}, M_n = B$，并依次连接相邻的分点得一条折线（图 3.23）. 当分点的数目无限增加且每个小段 $\overset{\frown}{M_{i-1}M_i}$ 都缩向一点时，如果此折线的长 $\sum_{i=1}^{n} |M_{i-1}M_i|$ 的极限存在，即 $\lim_{n \to \infty} \sum_{j=1}^{n} |M_{i-1}M_i|$，那么称此极限为曲线弧 $\overset{\frown}{AB}$ 的弧长，并称此曲线弧 $\overset{\frown}{AB}$ 是可求长的.

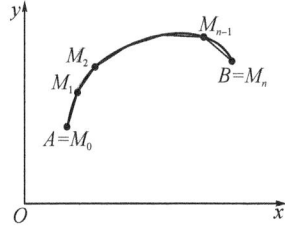

图 3.23　连接相邻分点

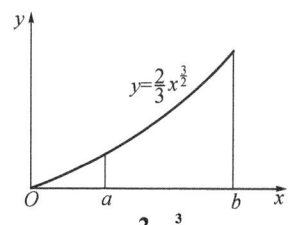

图 3.24　$y = \frac{2}{3} x^{\frac{3}{2}}$ 上的一段弧

求出曲线 $AB$ 的长 $s$ 的主要过程是：

① 在 $[a, b]$ 上任取微小区间 $[x, x+\mathrm{d}x]$，求出在该区间上小弧段长 $\Delta s$ 的近似值 $\mathrm{d}s$（弧的微分）：

$$\Delta s \approx \mathrm{d}s = \sqrt{(\mathrm{d}x)^2 + (\mathrm{d}y)^2} = \sqrt{1 + [f'(x)]^2} \, \mathrm{d}x.$$

② 将 $\Delta s$ 的近似值 $\mathrm{d}s$ 在 $[a, b]$ 上作无限累加，即定积分，得

$$s = \int_a^b \mathrm{d}s = \int_a^b \sqrt{1 + [f'(x)]^2} \, \mathrm{d}x,$$

其中 $a, b$ 为曲线两端点的横坐标，且 $a < b$.

上述这种方法称为微小元素法.

【例 3.26】 计算曲线 $y = \frac{2}{3} x^{\frac{3}{2}}$ 上相应于 $a \leqslant x \leqslant b$ 的一段弧（图 3.24）的长度，其中 $a = 1, b = 5$.

程序编写：

```
#include <stdio.h>
#include <math.h>
//定义弧长微分公式
double arcL(double x) {
  return sqrt(1+sqrt(x));
}
```

```
//数值积分函数
double defi(double (*func)(double), double a, double b, double stepSize) {
    double integral=0.0;
    for (double x=a;x<b;x+=stepSize) {
        integral+=func(x) * stepSize;
    }
    return integral;
}
int main() {
    double start=1.0;                                        //起始位置
    double end=5.0;                                          //结束位置
    double stepSize=0.0001;                                  //定义步长
    double arcLength=defi(arcL,start,end,stepSize);          //计算弧长
    //输出弧长
    printf("曲线 y=(2/3)x^(3/2)在区间[%.1f, %.1f]上的弧长为%.5f\n", start, end, arcLength);
    return 0;
}
```

运行结果：

曲线 y = (2/3)x^(3/2) 在区间 [1.0, 5.0] 上的弧长为 6.55461

## 课后习题

1. 用C语言编程，通过求导求函数 $y=x-\ln(1+x)$ 的极值.

2. 用切线法求方程 $x^2+5x+1=0$ 在区间 $(-1,0)$ 内的根的近似值，使误差不超过 $0.01$.

3. 求函数 $f(x)=x^3-9x+2$ 在 $[-5,5]$ 区间内的最大值和最小值.

4. 使用C语言编程，用二分法求方程 $0.8^x-1=\ln x$ 在区间 $(0,1)$ 内的近似解（精确度 $0.1$）.

5. 使用C语言编程，用二分法求方程 $f(x)=\ln x-\dfrac{2}{x}$ 在区间 $(2,3)$ 内的近似解（精确度 $0.1$）.

6. 用牛顿迭代法求非线性方程 $2+(1+x)^{-5}=4x$ 的根.

7. 用切线法求方程 $-x^3+2x^2+6x-14=0$ 的实根的近似值，使误差不超过 $10^{-3}$.

8. 求正弦函数 $y=\sin x$ 在 $[0,\pi]$ 上与 $x$ 轴所围成的平面图形的面积.

9. 求函数 $y=-x^3+8$ 和函数 $y=0.5x$ 在 $[0,2]$ 上围成的平面图形的面积.

10. 计算由直线 $y=2x-6$，曲线 $y=-x^2+4$ 以及 $y$ 轴所围图形的面积 $S$.

11. 计算由抛物线 $y^2=4x$ 所围成的图形绕 $x$ 轴旋转一周而成的旋转体在 $[4,10]$ 上的体积.

# 第四章
# 线性代数程序设计

## 第一节

# 平面向量

## 一、平面向量的概念

### 1. 向量的概念与几何表示

在数学中,我们把既有大小,又有方向的量叫作向量(vector),物理学中常称为矢量. 而把那些只有大小,没有方向的量(如年龄、身高、长度、面积、体积、质量等),称为数量,物理学中常称为标量. 向量是近代数学中重要和基本的概念之一,有着深刻的几何背景,是解决几何问题的有力工具. 向量概念引入后,全等和平行(平移)、相似、垂直等就可以用向量的加(减)法、数乘向量、数量积运算表示,从而把图形的基本性质转化为向量的运算体系.

由于实数与数轴上的点一一对应,所以数量常常用数轴上的一个点表示,而且不同的点表示不同的数量. 对于向量,我们常用带箭头的线段来表示,线段按一定比例画出,它的长短表示向量的大小,箭头的指向表示向量的方向.

我们知道,带有方向的线段叫作有向线段,如图 4.1 所示. 我们在有向线段的终点处画上箭头表示它的方向. 以 $A$ 为起点、$B$ 为终点的有向线段记作 $\overrightarrow{AB}$,起点写在终点的前面.

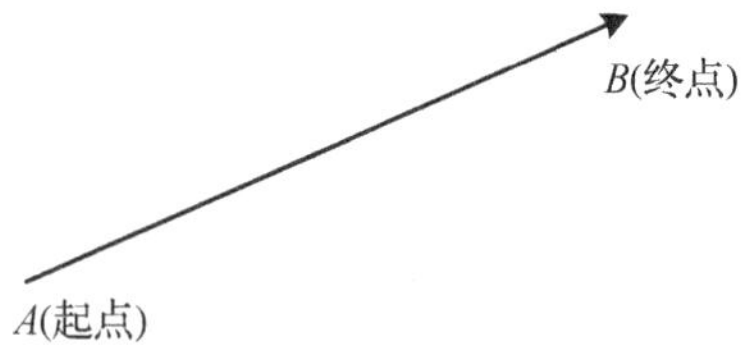

已知 $\overrightarrow{AB}$,线段 $AB$ 的长度也叫作有向线段 $\overrightarrow{AB}$ 的长度记作 $|\overrightarrow{AB}|$. 有向线段包含三个要素:起点、方向、长度. 知道了有向线段的起点、方向和长度,它的终点就唯一确定.

图 4.1 有向线段

向量可以用有向线段表示. 向量 $\overrightarrow{AB}$ 的大小,也就是向量 $\overrightarrow{AB}$ 的长度(或称模),记作 $|\overrightarrow{AB}|$. 长度为 0 的向量叫作零向量(zero vector),记作 **0**. 长度等于 1 个单位的向量,叫作单位向量(unit vector). 向量可用字母 **a**,**b**,**c**,…表示,或用表示向量的有向线段的起点和终点字母表示,例如,$\overrightarrow{AB}$、$\overrightarrow{CD}$.

方向相同或相反的非零向量叫作平行向量(parallel vectors),向量 **a**、**b** 平行,通常记作 **a**//**b**. 我们规定:零向量与任一向量平行,即对于任意向量 **a**,都有 **0**//**a**.

### 2. 相等向量与共线向量

长度相等且方向相同的向量叫作相等向量(equal vector). 如图 4.2 所示,用有向线段表示的向量 **a** 与 **b** 相等,记作 **a**=**b**. 任意两个相等的非零向量,都可用同一条有向线段来表示,并且与有向线段的起点无关. 在平面上,两个长度相等且指向一致的有向线段表示同一个向量,因为向量完全

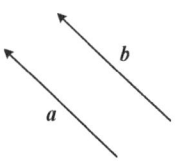

图 4.2 相等向量

由它的方向和模确定.

如图 4.3,$a$,$b$,$c$ 是一组平行向量,任作一条与 $a$ 所在直线平行的直线 $l$,在 $l$ 上任取一点 $O$,则可在 $l$ 上分别作出 $\overrightarrow{OA}=a$,$\overrightarrow{OB}=b$,$\overrightarrow{OC}=c$. 这就是说,任一组平行向量都可以移动到同一直线上,因此,平行向量也叫作**共线向量**(collinear vectors).

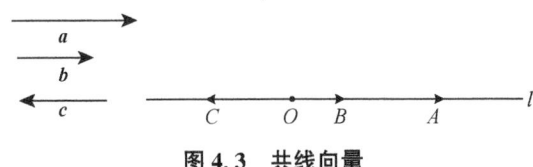

**图 4.3 共线向量**

## 二、平面向量的线性运算

### 1. 向量的加法运算

人们从向量的物理背景和数的运算中得到启发,引进了向量的运算. 如图 4.4 所示,已知非零向量 $a$、$b$,在平面内任取一点 $A$,作 $\overrightarrow{AB}=a$,$\overrightarrow{BC}=b$,则向量 $\overrightarrow{AC}$ 叫作 $a$ 与 $b$ 的和,记作 $a+b$,即

$$a+b=\overrightarrow{AB}+\overrightarrow{BC}=\overrightarrow{AC}.$$

从物理上看,某对象从 $A$ 点经 $B$ 点到 $C$ 点,两次位移 $\overrightarrow{AB}$、$\overrightarrow{BC}$ 的结果,与从 $A$ 点直接到 $C$ 点的位移 $\overrightarrow{AC}$ 结果相同.

求两个向量和的运算,叫作向量的加法. 先作向量 $a$,然后将 $b$ 的起点放在 $a$ 的终点上. 于是从 $a$ 的起点到 $b$ 的终点的向量即为 $a+b$,这种求向量和的方法,称为向量加法的三角形法则. 位移的合成可以看作向量加法三角形法则的物理模型.

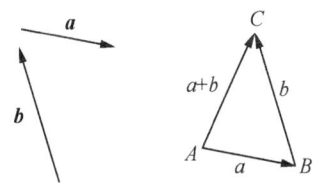 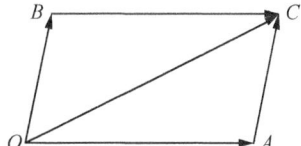

**图 4.4 向量加法的三角形法则**　　**图 4.5 向量加法的平行四边形法则**

如图 4.5 所示,以同一点 $O$ 为起点的两个已知向量 $a$、$b$ 为邻边作 $\square OACB$,则以 $O$ 为起点的对角线 $\overrightarrow{OC}$ 就是 $a$ 与 $b$ 的和. 我们把这种作两个向量和的方法叫作向量加法的平行四边形法则.

对于零向量与任一向量 $a$,我们规定

$$a+0=0+a=a.$$

根据三角形的知识,我们有

$$|a+b|\leqslant|a|+|b|.$$

向量的加法满足交换律和结合律,即对任意的向量 $a$,$b$,有

$$a+b=b+a,$$
$$(a+b)+c=a+(b+c).$$

## 2. 向量的减法运算

与数 $x$ 的相反数是 $-x$ 类似. 我们规定, 与 $a$ 长度相等、方向相反的向量, 叫作 $a$ 的相反向量, 记作 $-a$. 由于方向反转两次仍回到原来的方向, 因此 $a$ 和 $-a$ 互为相反向量. 于是

$$-(-a)=a.$$

我们规定, 零向量的相反向量仍是零向量. 任一向量与其相反向量的和是零向量, 即

$$a+(-a)=(-a)+a=0.$$

所以, 如果 $a$、$b$ 是互为相反的向量, 那么

$$a=-b, b=-a, a+b=0.$$

我们定义

$$a-b=a+(-b),$$

即减去一个向量相当于加上这个向量的相反向量. 因此, 向量的减法运算可以转化为向量的加法运算.

## 3. 向量的数乘运算

一般地, 我们规定实数 $\lambda$ 与向量 $a$ 的积是一个向量, 这种运算叫作向量的数乘 (multiplication of vector by scalar), 记作 $\lambda a$. 它的长度与方向规定如下:

(1) $|\lambda a|=|\lambda||a|$.

(2) 当 $\lambda>0$ 时, $\lambda a$ 的方向与 $a$ 的方向相同; 当 $\lambda<0$ 时, $\lambda a$ 的方向与 $a$ 的方向相反.

由 (1) 可知, $\lambda=0$ 时, $\lambda a=0$.

根据实数与向量的积的定义, 可以验证下面的运算律.

设 $\lambda$、$\mu$ 为实数, 那么

(1) $\lambda(\mu a)=(\lambda\mu)a$.

(2) $(\lambda+\mu)a=\lambda a+\mu a$.

(3) $\lambda(a+b)=\lambda a+\lambda b$.

特别地, 我们有

$$(-\lambda)a=-(\lambda a)=\lambda(-a),$$
$$\lambda(a-b)=\lambda a-\lambda b.$$

对于向量 $a(a\neq 0)$、$b$, 如果有一个实数 $\lambda$, 使 $b=\lambda a$, 那么由向量数乘的定义知, $a$ 与 $b$ 共线. 反过来, 已知向量 $a$ 与 $b$ 共线, $a\neq 0$ 且向量 $b$ 的长度是向量 $a$ 的长度的 $\mu$ 倍, 即 $|b|=\mu|a|$, 那么当 $a$ 与 $b$ 同方向时, 有 $b=\mu a$; 当 $a$ 与 $b$ 反方向时, 有 $b=-\mu a$.

综上, 我们有如下定理: 向量 $a(a\neq 0)$ 与 $b$ 共线, 当且仅当有唯一一个实数 $\lambda$, 使 $b=\lambda a$.

## 三、平面向量的正交分解及坐标表示

平面向量基本定理: 如图 4.6 所示, 设 $e_1$、$e_2$ 是同一平面内两个不共线的向量, 那么对于这一平面内的任意向量 $a$, 有且只有一对实数 $\lambda_1$、$\lambda_2$, 使

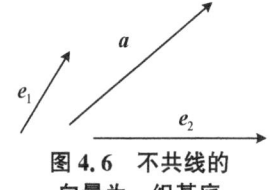

图 4.6 不共线的向量为一组基底

$$a = \lambda_1 e_1 + \lambda_2 e_2.$$

我们把不共线的向量 $e_1$、$e_2$ 叫作表示这一平面内所有向量的一组基底(base). 也就是说,对平面上的任意向量 $a$,均可以分解为不共线的两个向量 $\lambda_1 e_1$ 和 $\lambda_2 e_2$,使得 $a = \lambda_1 e_1 + \lambda_2 e_2$.

不共线向量有不同方向,它们的位置关系可用夹角来表示. 关于向量的夹角,我们规定:

已知两个非零向量 $a$ 和 $b$. 如图 4.7,作 $\overrightarrow{OA} = a$,$\overrightarrow{OB} = b$,则 $\angle AOB = \theta (0° \leqslant \theta \leqslant 180°)$ 叫作向量 $a$ 与 $b$ 的夹角.

显然,当 $\theta = 0°$ 时,$a$ 与 $b$ 同向;当 $\theta = 180°$ 时,$a$ 与 $b$ 反向. 如果 $a$ 与 $b$ 的夹角是 $90°$,我们说 $a$ 与 $b$ 垂直,记作 $a \perp b$.

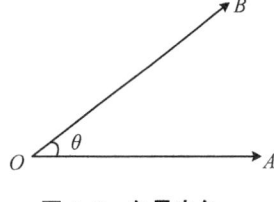

图 4.7 向量夹角

在不共线的两个向量中,垂直是一种重要的情形. 把一个向量分解为两个互相垂直的向量,叫作把向量正交分解. 正交分解是向量分解中常见的一种情形. 在平面上,如果选取互相垂直的向量作为基底,会为我们研究问题带来方便.

如图 4.8 所示,在平面直角坐标系中,分别取与 $x$ 轴、$y$ 轴方向相同的两个单位向量 $i$、$j$ 作为基底. 对于平面内的一个向量 $a$,由平面向量基本定理可知,有且只有一对实数 $x$、$y$,使得

$$a = xi + yj. \quad (3.1)$$

这样,平面内的任一向量 $a$ 都可由 $x$、$y$ 唯一确定,我们把有序数对 $(x, y)$ 叫作向量 $a$ 的坐标,记作

$$a = (x, y). \quad (3.2)$$

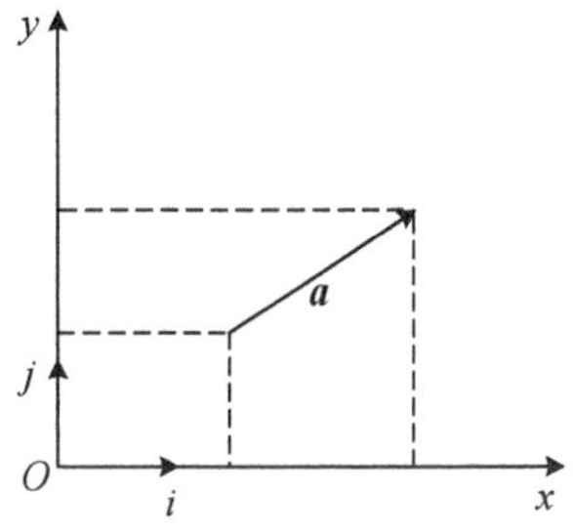

其中,$x$ 叫作 $a$ 在 $x$ 轴上的坐标,$y$ 叫作 $a$ 在 $y$ 轴上的坐标,式(3.2)叫作向量的坐标表示.

图 4.8 $a = xi + yj$

显然,$i = (1, 0)$,$j = (0, 1)$,$O = (0, 0)$.

如图 4.9 所示,在直角坐标平面中,以原点 $O$ 为起点作 $\overrightarrow{OA} = a$,则点 $A$ 的位置由向量 $a$ 唯一确定.

设 $\overrightarrow{OA} = xi + yj$,则向量 $\overrightarrow{OA}$ 的坐标 $(x, y)$ 就是终点 $A$ 的坐标;反过来,终点 $A$ 的坐标 $(x, y)$ 也就是向量 $\overrightarrow{OA}$ 的坐标. 因此,在平面直角坐标系内,每一个平面向量都可以用一有序实数对唯一表示.

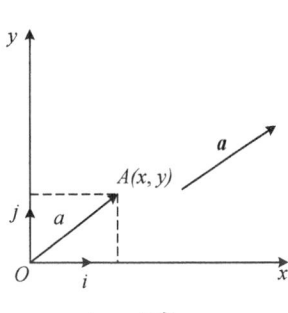

图 4.9 $\overrightarrow{OA} = a$

由向量线性运算的结合律和分配律,可得

$$a + b = (x_1 i + y_1 j) + (x_2 i + y_2 j) = (x_1 + x_2) i + (y_1 + y_2) j,$$

即

$$a + b = (x_1 + x_2, y_1 + y_2).$$

同理可得

$$a - b = (x_1 - x_2, y_1 - y_2).$$

这就是说,两个向量和(差)的坐标分别等于这两个向量相应坐标的和(差).

此外
$$\lambda a = \lambda(x_1 i + y_1 j) = \lambda x_1 i + \lambda y_1 j,$$
即
$$\lambda a = (\lambda x_1, \lambda y_1).$$

这就是说,实数与向量的积的坐标等于用这个实数乘原来向量的相应坐标.

如图 4.10 所示,假设已知 $A(x_1, y_1)$, $B(x_2, y_2)$,则向量 $\overrightarrow{AB}$ 的坐标为
$$\overrightarrow{AB} = \overrightarrow{OB} - \overrightarrow{OA} = (x_2, y_2) - (x_1, y_1)$$
$$= (x_2 - x_1, y_2 - y_1).$$

因此,一个向量的坐标等于表示此向量的有向线段的终点的坐标减去始点的坐标. 这样我们就建立了向量的坐标和点的坐标之间的联系.

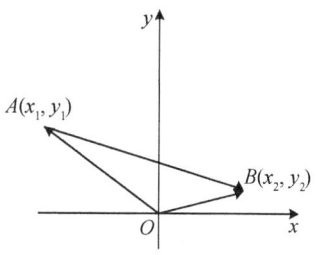

图 4.10 $\overrightarrow{AB} = \overrightarrow{OB} - \overrightarrow{OA}$

在 C 语言中,我们可以使用二维数组来表示平面向量. 例如,表示两个向量 $(3.0, 4.0)$ 和 $(-2.0, 1.5)$.

```
#include <stdio.h>
#define VECTOR_SIZE 2
void printVector(double vector[]) {
  printf("向量:[");
  for (int i=0;i<VECTOR_SIZE;i++) {
    printf("%.2f",vector[i]);
    if (i<VECTOR_SIZE-1)       printf(",");
  }
  printf("]\n");
}
int main() {
  double vector1[VECTOR_SIZE]={3.0,4.0};
  double vector2[VECTOR_SIZE]={-2.0,1.5};
  printVector(vector1);
  printVector(vector2);
  return 0;
}
```

在上述示例中,我们定义了 VECTOR_SIZE 表示向量的维度. 然后,我们使用 double 类型的二维数组来表示平面向量.

【例 4.1】 已知 $a = (2, 1)$, $b = (-3, 4)$,求 $a + b$, $a - b$, $3a + 4b$ 的坐标.

(1) 向量相加

**程序编写:**

```
#include <stdio.h>
#define NUM 2
void addVector(int a[],int b[],int result[]) {
  for (int i=0;i<NUM;i++) {
```

```c
    result[i]=a[i]+b[i];
    }
}
void printVector(int vector[]) {
  printf("(");
  for (int i=0;i<NUM;i++) {
    printf("% d",vector[i]);
    if (i<NUM-1) {
      printf(",");
    }
  }
  printf(")\n");
}
int main() {
  int a[NUM]={2,1};
  int b[NUM]={-3,4};
  int result[NUM];
  addVector(a,b,result);
  printf("a+b=");
  printVector(result);
  return 0;
}
```

**运行结果:**

```
a + b = (-1,5)
```

(2) 向量相减

**程序编写:**

```c
#include <stdio.h>
#define NUM 2
void subtractVector(int a[],int b[],int result[]) {
    for (int i=0;i<NUM;i++) {
        result[i]=a[i]-b[i];
    }
}
void printVector(int vector[]) {
    printf("(");
    for (int i=0;i<NUM;i++) {
        printf("% d",vector[i]);
        if (i<NUM-1) {
            printf(",");
        }
    }
    printf(")\n");
}
```

```c
int main() {
    int a[NUM]={2,1};
    int b[NUM]={-3,4};
    int result[NUM];
    subtractVector(a,b,result);
    printf("a-b=");
    printVector(result);
    return 0;
}
```

**运行结果：**

```
a - b = (5,-3)
```

(3) 向量的线性组合

**程序编写：**

```c
#include <stdio.h>
#define NUM 2
void linearCombination(int a[],int b[],int result[],int scalar1,int scalar2) {
    for (int i=0;i<NUM;i++) {
        result[i]=scalar1 * a[i]+scalar2 * b[i];
    }
}
void printVector(int vector[]) {
    printf("(");
    for (int i=0;i<NUM;i++) {
        printf("% d",vector[i]);
        if (i<NUM-1) {
            printf(",");
        }
    }
    printf(")\n");
}
int main() {
    int a[NUM]={2,1};
    int b[NUM]={-3,4};
    int result[NUM];
    linearCombination(a,b,result,3,4);
    printf("3a+4b=");
    printVector(result);
    return 0;
}
```

**运行结果：**

```
3a + 4b = (-6,19)
```

## 四、平面向量的数量积

已知两个非零向量 $a$ 与 $b$,我们把数量 $|a||b|\cos\theta$ 叫作 $a$ 与 $b$ 的数量积(inner product)(或内积),记作 $a \cdot b$,即

$$a \cdot b = |a||b|\cos\theta,$$

其中 $\theta$ 是 $a$ 与 $b$ 的夹角,$|a|\cos\theta(|b|\cos\theta)$ 叫作向量 $a$ 在 $b$ 方向上($b$ 在 $a$ 方向上)的投影(projection). 如图 4.11 所示,$OB_1 = |b|\cos\theta$. 我们规定,零向量与任一向量的数量积为 0.

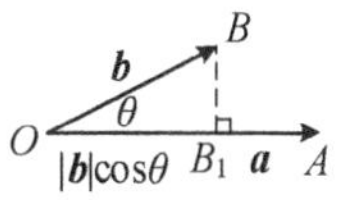

对比向量的线性运算,我们发现,向量线性运算的结果是一个向量,而两个向量的数量积是一个数量,而且这个数量的大小与两个向量的长度及其夹角有关.

**图 4.11 数量积**

由向量投影的定义,我们可以得到 $a \cdot b$ 的几何意义:数量积 $a \cdot b$ 等于 $a$ 的长度 $|a|$ 与 $b$ 在 $a$ 的方向上的投影 $|b|\cos\theta$ 的乘积. 根据 $\cos\theta$ 的值,当 $\theta$ 由 $0°$ 增大至 $180°$ 时,$\cos\theta$ 由大变小,由正变负,从 1 变为 $-1$. 由于非零向量的长度都为正值,容易发现,当两向量垂直时,其数量积为 0;当两向量的夹角为锐角时,其数量积为正数;当两向量的夹角为钝角时,其数量积为负数. 可以根据向量数量积的正负判断两向量的位置关系.

设 $a$ 和 $b$ 都是非零向量,则有:

(1) $a \perp b \Leftrightarrow a \cdot b = 0$. 向量的数量积是否为零,是判断相应的两条线段或直线是否垂直的重要方法.

(2) 当 $a$ 与 $b$ 同向时,$a \cdot b = |a||b|$;当 $a$ 与 $b$ 反向时,$a \cdot b = -|a||b|$. 特别地,$a \cdot a = |a|^2$ 或 $|a| = \sqrt{a \cdot a}$.

(3) $|a \cdot b| \leqslant |a||b|$.

向量的运算律可以与数的运算律相类比. 在人们的创造发明活动中,常常应用类比. 例如,鲁班类比带齿的草叶和蝗虫的齿牙发明了锯,人们仿照鱼的外形和沉浮原理发明了潜水艇,人们仿照生物的进化原理发明了遗传算法,等等. 这种由两类对象具有某些类似特征和其中一类对象的某些已知特征,推出另一类对象也具有这些特征的推理称为类比推理(简称类比). 例如,开普勒(Kepler,1571—1630)说:"我珍视类比胜过任何别的东西,它是我最可信赖的老师,它能揭示自然界的秘密."法国数学家拉普拉斯(Laplace,1749—1827)也曾经说过:"即使在数学里,发现真理的主要工具也是归纳和类比."根据已有事实,经过观察、分析、比较、联想,再进行归纳、类比,然后提出猜想的推理,我们统称为合情推理(plausible reasoning). 当然,由合情推理所获得的结论,仅仅是一种猜测,未必可靠,有待进一步证明.

与数的运算律相似,已知向量 $a$、$b$、$c$ 和实数 $\lambda$,则有:

(1) $a \cdot b = b \cdot a$.

(2) $(\lambda a) \cdot b = \lambda(a \cdot b) = a \cdot (\lambda b)$.

(3) $(a + b) \cdot c = a \cdot c + b \cdot c$.

(4) $(a + b)^2 = a^2 + 2ab + b^2$.

(5) $(a + b)(a - b) = a^2 - b^2$.

已知两个非零向量 $a(x_1,y_1)$,$b(x_2,y_2)$,它们的数量积 $a \cdot b$ 等于它们对应坐标的乘积的和. 即

$$a \cdot b = x_1 x_2 + y_1 y_2.$$

由此可得:

(1) 若 $a=(x,y)$,则向量 $a$ 的模为 $|a|^2=x^2+y^2$,或 $|a|=\sqrt{x^2+y^2}$.

如果表示向量 $a$ 的有向线段的起点和终点的坐标分别为 $(x_1,y_1)$,$(x_2,y_2)$,那么

$$a=(x_2-x_1, y_2-y_1), |a|=\sqrt{(x_2-x_1)^2+(y_2-y_1)^2}.$$

(2) 设 $a=(x_1,y_1)$,$b=(x_2,y_2)$,则

$$a \perp b \Leftrightarrow x_1 x_2 + y_1 y_2 = 0.$$

设 $a$、$b$ 都是非零向量,$a=(x_1,y_1)$,$b=(x_2,y_2)$,$\theta$ 是 $a$ 与 $b$ 的夹角,根据向量数量积的定义及坐标表示可得

$$\cos\theta = \frac{a \cdot b}{|a||b|} = \frac{x_1 x_2 + y_1 y_2}{\sqrt{x_1^2+y_1^2}\sqrt{x_2^2+y_2^2}}.$$

**【例 4.2】** 向量的运算十分重要,请使用 C 语言表示出平面向量、向量的加法及减法、向量乘法和计算向量的长度.

程序编写:

```c
#include <stdio.h>
#include <math.h>
typedef struct {                                       //定义二维平面向量结构体
  double x;
  double y;
} Vector2D;
Vector2D addVectors(Vector2D v1,Vector2D v2) {         //计算两个向量的和
  Vector2D result;
  result.x=v1.x+v2.x;
  result.y=v1.y+v2.y;
  return result;
}
Vector2D subtractVectors(Vector2D v1,Vector2D v2) {    //计算两个向量的差
  Vector2D result;
  result.x=v1.x-v2.x;
  result.y=v1.y-v2.y;
  return result;
}
double dotProduct(Vector2D v1,Vector2D v2) {           //计算向量的数量积(点积)
  return v1.x * v2.x+v1.y * v2.y;
}
double magnitude(Vector2D v) {                         //计算向量的长度
  return sqrt(v.x * v.x+v.y * v.y);
}
int main() {
  Vector2D v1={3.0,4.0};
```

```
    Vector2D v2={1.5,2.5};
    Vector2D sum=addVectors(v1,v2);                     //计算向量的和
    printf("v1+v2=(%.2f,%.2f)\n",sum.x,sum.y);
    Vector2D difference=subtractVectors(v1,v2);         //计算向量的差
    printf("v1-v2=(%.2f,%.2f)\n",difference.x,difference.y);
    double dot=dotProduct(v1,v2);                       //计算向量的数量积(点积)
    printf("v1·v2=%.2f\n",dot);
    double magnitudeV1=magnitude(v1);                   //计算向量的长度
    double magnitudeV2=magnitude(v2);
    printf("v1 的长度:%.2f\n",magnitudeV1);
    printf("v2 的长度:%.2f\n",magnitudeV2);
    return 0;
}
```

**运行结果：**

```
v1 + v2 = (4.50, 6.50)
v1 - v2 = (1.50, 1.50)
v1 · v2 = 14.50
v1 的长度: 5.00
v2 的长度: 2.92
```

**程序分析：** 在这个示例程序中，我们首先定义了一个名为 Vector2D 的结构体，用来表示平面上的二维向量。然后，我们实现了几个平面向量的基本操作函数，包括求和、求差、数量积(点积)以及计算向量的长度。在主函数中，我们创建了两个示例向量 v1 和 v2，并调用相应的函数来进行计算和操作，最后将结果打印出来。

**【例 4.3】** 设 $a=(5,-7)$, $b=(-6,-4)$，求 $a·b$ 及 $a$、$b$ 之间的夹角 $\theta$。

**程序编写：**

```
#include <stdio.h>
#include <math.h>
int dotProduct(int a[],int b[],int size) {              //计算两个向量的点积
    int result=0;
    for (int i=0;i<size;i++) {
        result+=a[i]*b[i];
    }
    return result;
}
double vectorMagnitude(int vector[],int size) {         //计算向量的模
    double magnitude=0.0;
    for (int i=0;i<size;i++) {
        magnitude+=vector[i]*vector[i];
    }
    return sqrt(magnitude);
}
double angleBetweenVectors(int a[],int b[],int size) {  //计算两个向量之间的夹角
    int dot_product=dotProduct(a,b,size);
```

```
        double magnitude_a=vectorMagnitude(a,size);
        double magnitude_b=vectorMagnitude(b,size);
        double cos_theta=dot_product/(magnitude_a*magnitude_b);
        return acos(cos_theta);
}
int main() {
        int a[]={5,-7};
        int b[]={-6,-4};
        int size=sizeof(a)/sizeof(a[0]);
        int dot_product=dotProduct(a,b,size);
        printf("a·b=%d\n",dot_product);
        double angle=angleBetweenVectors(a,b,size);
        printf("夹角为 %.2f 弧度\n",angle);
        return 0;
}
```

运行结果：

```
a·b = -2
夹角为 1.60 弧度
```

## 第二节

## 空间向量

平面几何和平面向量的知识对于立体几何和空间向量具有重要的启示作用. 在数学中，我们常常从已经解决的问题和已经获得的知识出发,通过类比提出新的问题,有了新发现. 数学家波利亚(Polya,1887—1985)曾指出:"类比是一个伟大的引路人,求解立体几何问题往往有赖于平面几何中的类比问题."基本原则是要根据当前问题的需要,选择适当的类比对象.

### 一、空间向量及其运算

**1. 空间向量及其加减运算**

平面向量的概念可以类比到空间向量,空间向量与平面向量没有本质区别,都是表示具有大小和方向的量,它们的加法、减法、数乘、数量积等运算也完全相同. 在学习过程中,我们要注意空间向量和平面向量的类比.

与平面向量一样,在空间,我们把具有大小和方向的量叫作空间向量(space vector),向量的大小叫作向量的长度或模(modulus). 与平面向量一样,空间向量也用有向线段表示. 有

向线段的长度表示向量的模. 但是空间向量通常不在同一平面内. 如图 4.12 所示, 向量 $a$ 的起点是 $A$, 终点是 $B$, 则向量 $a$ 也可以记作 $\overrightarrow{AB}$, 其模记为 $|a|$ 或 $|\overrightarrow{AB}|$.

为方便起见, 我们规定长度为 0 的向量叫作零向量(zero vector), 记为 **0**. 当有向线段的起点 $A$ 与终点 $B$ 重合时, $\overrightarrow{AB}=0$. 模为 1 的向量称为单位向量(unit vector). 与向量 $a$ 长度相等而方向相反的向量, 称为 $a$ 的相反向量, 记为 $-a$.

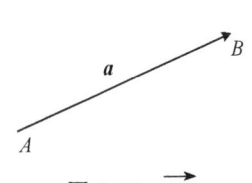 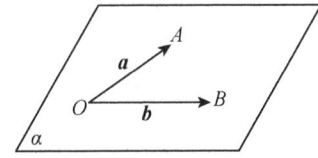 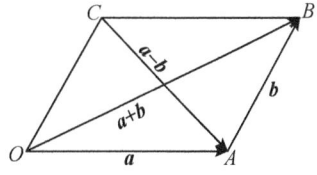

图 4.12 $\overrightarrow{AB}$　　　图 4.13 将向量移到同一个平面内　　图 4.14 空间向量的加法和减法

方向相同且模相等的向量称为相等向量(equal vector). 因此, 在空间, 同向且等长的有向线段表示同一向量或相等向量, 空间任意两个向量都可以平移到同一个平面内, 成为同一平面内的两个向量. 如图 4.13 所示, 已知空间向量 $a, b$, 我们可以把它们移到同一个平面 $\alpha$ 内, 以任意点 $O$ 为起点, 作向量 $\overrightarrow{OA}=a, \overrightarrow{OB}=b$.

类似于平面向量, 我们可以定义空间向量的加法和减法运算(图 4.14):

$$\overrightarrow{OB}=\overrightarrow{OA}+\overrightarrow{AB}=a+b,$$
$$\overrightarrow{CA}=\overrightarrow{OA}-\overrightarrow{OC}=a-b.$$

空间向量的加法运算满足交换律及结合律:

$$a+b=b+a,$$
$$(a+b)+c=a+(b+c).$$

**2. 空间向量的数乘运算**

与平面向量一样, 实数 $\lambda$ 与向量 $a$ 的乘积 $\lambda a$ 仍然是一个向量, 称为向量的数乘(multiplication of vector by scalar)运算. 如图 4.15 所示, 当 $\lambda>0$ 时, $\lambda a$ 的方向与 $a$ 的方向相同; 当 $\lambda<0$ 时, $\lambda a$ 的方向与 $a$ 的方向相反. $\lambda a$ 的长度是 $a$ 的长度的 $|\lambda|$ 倍.

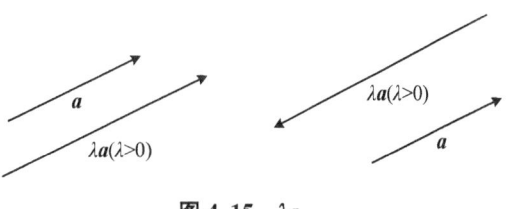

图 4.15 $\lambda a$

空间向量的数乘运算满足分配律及结合律:

分配律: $\lambda(a+b)=\lambda a+\lambda b$,

结合律: $\lambda(\mu a)=(\lambda\mu)a$.

如果表示空间向量的有向线段所在的直线互相平行或重合, 则这些向量叫作共线向量(collinear vectors)或平行向量(parallel vectors).

类似于平面向量共线的充要条件, 对空间任意两个向量 $a, b(b\neq 0)$, $a/\!/b$ 的充要条件是存在实数 $\lambda$, 使

$$a=\lambda b.$$

### 3. 空间向量的数量积运算

在几何中,夹角与长度是两个最基本的几何量.下面我们探讨如何用空间向量的数量积表示空间两条直线的夹角和空间线段的长度.

如图 4.16 所示,已知两个非零向量 $a,b$,在空间任取一点 $O$,作 $\overrightarrow{OA}=a,\overrightarrow{OB}=b$,则 $\angle AOB$ 叫作向量 $a,b$ 的夹角,记作 $\langle a,b\rangle$.

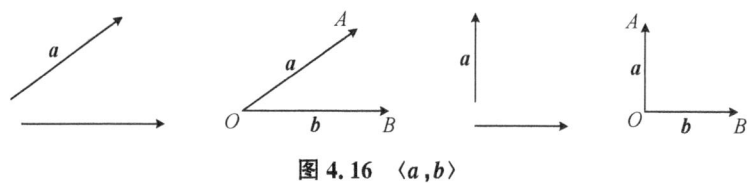

图 4.16 $\langle a,b\rangle$

如果 $\langle a,b\rangle=\dfrac{\pi}{2}$,那么向量 $a,b$ 互相垂直,记作 $a\perp b$.已知两个非零向量 $a,b$,则 $|a||b|\cdot\cos\langle a,b\rangle$ 叫作 $a,b$ 的数量积或内积(inner product),记作 $a\cdot b$.即

$$a\cdot b=|a||b|\cos\langle a,b\rangle.$$

零向量与任何向量的数量积为 0.

特别地,$a\cdot a=|a||a|\cos\langle a,a\rangle=|a|^2$.

根据两向量夹角的余弦值,可以通过三角函数求出两向量的夹角(弧度)

$$\cos\langle a,b\rangle=\dfrac{a\cdot b}{|a||b|},$$

$$\langle a,b\rangle=\arccos\left|\dfrac{a\cdot b}{|a||b|}\right|.$$

空间向量的数量积满足如下的运算律:

$$(\lambda a)\cdot b=\lambda(a\cdot b);$$

$$a\cdot b=b\cdot a(交换律);$$

$$a\cdot(b+c)=a\cdot b+a\cdot c(结合律).$$

【例 4.4】 求任意两个三维向量的点积,向量的值由键盘输入.

**程序编写:**

```c
#include <stdio.h>
int main() {
  //定义两个 3 维向量
  double v1[3];
  double v2[3];
  printf("请输入第一个向量的分量 (x1, y1, z1):");        //输入向量的分量
  scanf("%lf %lf %lf", &v1[0], &v1[1], &v1[2]);
  printf("请输入第二个向量的分量 (x2, y2, z2): ");
  scanf("%lf %lf %lf", &v2[0], &v2[1], &v2[2]);
  double result=v1[0] * v2[0]+v1[1] * v2[1]+v1[2] * v2[2]; //计算点积
  printf("两个向量的点积为: %.2f\n", result);
  return 0;
}
```

**运行结果：**

```
请输入第一个向量的分量 (x1, y1, z1): 1 4 2
请输入第二个向量的分量 (x2, y2, z2): 3 -1 3
两个向量的点积为: 5.00
```

**4. 空间向量的向量积运算**

设向量 $c$ 由两个向量 $a$ 与 $b$ 按下列方式定出：$c$ 的模 $|c|=|a|\cdot|b|\sin\theta$，其中 $\theta$ 为 $a$、$b$ 间的夹角；$c$ 的方向垂直于 $a$ 与 $b$ 所决定的平面（即 $c$ 既垂直于 $a$，又垂直于 $b$），$c$ 的指向按右手规则从 $a$ 转向 $b$ 来确定（图 4.17），向量 $c$ 叫作向量 $a$ 与 $b$ 的向量积或外积（outer product），记作 $a\times b$，即

$$c=a\times b.$$

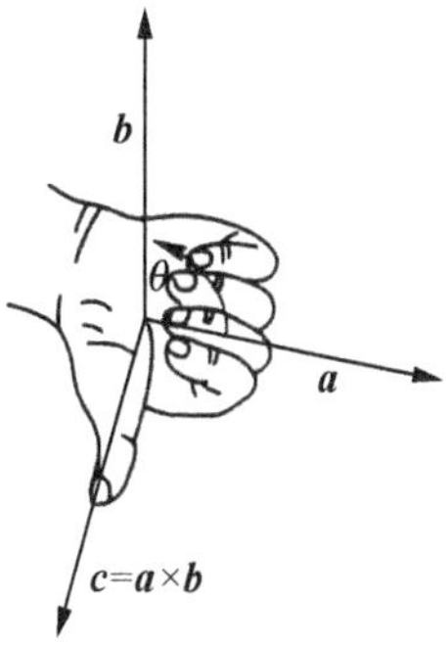

由向量积的定义可以推得：

（1）$a\times a=0$.

**图 4.17 右手规则**

这是因为夹角 $\theta=0$，所以 $|a\times a|=|a|^2\sin 0=0$.

（2）对于两个非零向量 $a$ 与 $b$，如果 $a\times b=0$，那么 $a\parallel b$；反之，如果 $a\parallel b$，那么 $a\times b=0$.

向量积符合下列运算规律：

（1）$a\times b=-b\times a$.

这是因为按右手规则从 $b$ 转向 $a$ 定出的方向恰好与按右手规则从 $a$ 转向 $b$ 定出的方向相反. 它表明交换律对向量积不成立.

（2）分配律：$(a+b)\times c=a\times c+b\times c$.

（3）结合律：$(\lambda a)\times b=a\times(\lambda b)=\lambda(a\times b)$（$\lambda$ 为实数）.

设 $a=a_x\bm{i}+a_y\bm{j}+a_z\bm{k}$，$b=b_x\bm{i}+b_y\bm{j}+b_z\bm{k}$，那么，按上述运算规律，得 $a\times b=(a_yb_z-a_zb_y)\bm{i}+(a_zb_x-a_xb_z)\bm{j}+(a_xb_y-a_yb_x)\bm{k}$. 向量的向量积用坐标可以表示为

$$a\times b=\begin{vmatrix} \bm{i} & \bm{j} & \bm{k} \\ a_x & a_y & a_z \\ b_x & b_y & b_z \end{vmatrix}.$$

向量积 $a\times b$ 的结果是一个向量，它的模 $|a\times b|$ 在数值上等于以向量 $a$ 乘向量 $b$ 为边所作平行四边形的面积.

**【例 4.5】** 设 $a=(2,1,-1)$，$b=(1,-1,2)$，计算 $a\times b$.

**程序编写：**

```c
#include<stdio.h>
void crossProduct(const int A[3],const int B[3],int C[3]) {
    C[0]=A[1]*B[2]-A[2]*B[1];
    C[1]=A[2]*B[0]-A[0]*B[2];
    C[2]=A[0]*B[1]-A[1]*B[0];
```

```c
}
int main() {
    int A[3]={2,1,-1};
    int B[3]={1,-1,2};
    int C[3];
    crossProduct(A,B,C);
    printf("The cross product of vectors A and B is [%d,%d,%d]\n",C[0],C[1],C[2]);
    return 0;
}
```

运行结果:

```
The cross product of vectors A and B is [1, -5, -3]
```

【例 4.6】 已知三角形 $ABC$ 的顶点分别是 $A(1,2,3)$、$B(3,4,5)$ 和 $C(2,4,7)$,求三角形 $ABC$ 的面积.

**算法设计**:根据向量积的定义,可知三角形 $ABC$ 的面积:

$$S_{\triangle ABC}=\frac{1}{2}|\overrightarrow{AB}||\overrightarrow{AC}|\sin\angle A=\frac{1}{2}|\overrightarrow{AB}\times\overrightarrow{AC}|.$$

由于 $\overrightarrow{AB}=(2,2,2)$, $\overrightarrow{AC}=(1,2,4)$,得

$$\overrightarrow{AB}\times\overrightarrow{AC}=\begin{vmatrix} \boldsymbol{i} & \boldsymbol{j} & \boldsymbol{k} \\ 2 & 2 & 2 \\ 1 & 2 & 4 \end{vmatrix}=4\boldsymbol{i}-6\boldsymbol{j}+2\boldsymbol{k}.$$

**程序编写**:

```c
#include <stdio.h>
#include <math.h>
void Product(double u[], double v[], double result[]) { //计算向量叉积
    result[0]=u[1]*v[2]-u[2]*v[1];
    result[1]=u[2]*v[0]-u[0]*v[2];
    result[2]=u[0]*v[1]-u[1]*v[0];
}
double vectorM(double v[]) {                            //计算向量的模长
    return sqrt(v[0]*v[0]+v[1]*v[1]+v[2]*v[2]);
}
int main() {
    double A[3]={1, 2, 3};
    double B[3]={3,4,5};                                //定义顶点 A,B,C 的坐标
    double C[3]={2,4,7};
    double AB[3]={B[0]-A[0],B[1]-A[1],B[2]-A[2]};       //计算向量 AB 和 AC
    double AC[3]={C[0]-A[0],C[1]-A[1],C[2]-A[2]};
    double cross[3];
    Product(AB, AC, cross);                             //计算向量 AB 和 AC 的叉积
    double magnitude=vectorM(cross);                    //计算叉积的模长
```

```
    double area=0.5*magnitude;              //计算三角形的面积
    printf("三角形 ABC 的面积为:%.2f\n", area);
    return 0;
}
```

**运行结果：**

三角形ABC的面积为: 3.74

### 5. 空间向量的混合积运算

设已知三个向量 $a,b$ 和 $c$. 先作两向量 $a$ 和 $b$ 的向量积 $a \times b$, 把所得到的向量与第三个向量 $c$ 再作数量积 $(a \times b) \cdot c$, 这样得到的数量叫作三向量 $a$、$b$、$c$ 的混合积, 记作 $[abc]$.

设 $a = (a_x, a_y, a_z)$, $b = (b_x, b_y, b_z)$, $c = (c_x, c_y, c_z)$, 向量的混合积用坐标可以表示为

$$[abc] = \begin{vmatrix} a_x & a_y & a_z \\ b_x & b_y & b_z \\ c_x & c_y & c_z \end{vmatrix} = a_x b_y c_z + b_x c_y a_z + c_x a_y b_z - a_z b_y c_x - a_y b_x c_z - a_x b_z c_y.$$

向量的混合积有下述几何意义：

向量的混合积 $[abc] = (a \times b) \cdot c$ 是这样一个数, 它的绝对值表示以向量 $a, b, c$ 为棱的平行六面体的体积. 如果向量 $a, b, c$ 组成右手系 (即 $c$ 的指向按右手规则从 $a$ 转向 $b$ 来确定), 那么混合积的符号是正的; 如果 $a, b, c$ 组成左手系 (即 $c$ 的指向按左手规则从 $a$ 转向 $b$ 来确定), 那么混合积的符号是负的.

事实上, 设 $\overrightarrow{OA} = a, \overrightarrow{OB} = b, \overrightarrow{OC} = c$ 按向量积的定义, 向量积 $a \times b = f$ 是一个向量, 它的模在数值上等于以向量 $a$ 和 $b$ 为边所作平行四边形 $OADB$ 的面积, 如设 $f$ 与 $c$ 的夹角为 $\alpha$, 那么当 $a, b, c$ 组成右手系时, $\alpha$ 为锐角; 当 $a, b, c$ 组成左手系时, $\alpha$ 为钝角. 由于

$$[abc] = (a \times b) \cdot c = |a \times b||c|\cos\alpha,$$

所以当 $a, b, c$ 组成右手系时, $[abc]$ 为正; 当 $a, b, c$ 组成左手系时, $[abc]$ 为负.

因为以向量 $a, b, c$ 为棱的平行六面体的底 (平行四边形 $OADB$) 的面积 $S$ 在数值上等于 $|a \times b|$, 它的高 $h$ 等于向量 $c$ 在向量 $f$ 上的投影的绝对值, 即

$$h = |c||\cos\alpha|,$$

所以平行六面体的体积

$$V = Sh = |a \times b||c||\cos\alpha| = |[abc]|.$$

由上述混合积的几何意义可知, 若混合积 $[abc] \neq 0$, 则能以 $a, b, c$ 三向量为棱构成平行六面体, 从而 $a, b, c$ 三向量不共面; 反之, 若 $a, b, c$ 三向量不共面, 则必能以 $a, b, c$ 为棱构成平行六面体, 从而 $[abc] \neq 0$. 于是有下述结论:

三向量 $a, b, c$ 共面的充分必要条件是它们的混合积 $[abc] = 0$, 即

$$\begin{vmatrix} a_x & a_y & a_z \\ b_x & b_y & b_z \\ c_x & c_y & c_z \end{vmatrix} = 0.$$

【例 4.7】 设 $a=(1,2,0), b=(2,3,1), c=(4,2,2)$，计算 $a \times b \cdot c$.
**算法设计**：可以直接根据定义计算三阶行列式的值.
**程序编写**：

```c
#include <stdio.h>
int scalarTripleProduct(const int A[3],const int B[3],const int C[3]) {
  int result=A[0] * (B[1] * C[2]-B[2] * C[1])
            +A[1] * (B[2] * C[0]-B[0] * C[2])
            +A[2] * (B[0] * C[1]-B[1] * C[0]);
  return result;
}
int main() {
  int A[3]={1,2,0};
  int B[3]={2,3,1};
  int C[3]={4,2,2};
  int result=scalarTripleProduct(A,B,C);
  printf("The scalar triple product of vectors A,B and C is %d\n",result);
  return 0;
}
```

**运行结果**：

```
The scalar triple product of vectors A, B and C is 4
```

【例 4.8】 和上例相同，设 $a=(1,2,0), b=(2,3,1), c=(4,2,2)$，要求先计算 $a \times b$，再计算 $(a \times b) \cdot c$.
**程序编写**：

```c
#include <stdio.h>
void crossP(const int A[3], const int B[3], int cross[3]) {
  cross[0]=A[1] * B[2]-A[2] * B[1];
  cross[1]=A[2] * B[0]-A[0] * B[2];
  cross[2]=A[0] * B[1]-A[1] * B[0];
}
int dotProduct(const int A[3], const int B[3]) {
  return A[0] * B[0]+A[1] * B[1]+A[2] * B[2];
}
int Product(const int A[3], const int B[3], const int C[3]) {
  int cross[3];
  crossP(A, B, cross);
  return dotProduct(cross, C);
}
int main() {
  int A[3]={1,2,0};
  int B[3]={2,3,1};
  int C[3]={4,2,2};
  int result=Product(A,B,C);
```

```
        printf("The scalar triple product of vectors A, B and C is %d\n", result);
        return 0;
    }
```

**运行结果：**

```
The scalar triple product of vectors A, B and C is 4
```

## 二、空间向量的坐标表示

### 1. 空间向量的正交分解及其坐标表示

我们知道,平面内的一个向量 $p$ 可以用两个不共线的向量 $a,b$ 来表示(平面向量基本定理). 对于空间任意一个向量,也有类似的结论.

如果 $i,j,k$ 是空间三个两两垂直的向量,那么,对空间任一向量 $p$,存在一个有序实数组 $\{x,y,z\}$,使得

$$p=xi+yj+zk.$$

我们称 $xi,yj,zk$ 为向量 $p$ 在 $i,j,k$ 上的分向量.

类似于平面向量基本定理,我们有空间向量基本定理.

**定理** 如果三个向量 $a,b,c$ 不共面,那么对空间任一向量 $p$,存在有序实数组 $\{x,y,z\}$,使得

$$p=xa+yb+zc.$$

由此可知,如果三个向量 $a,b,c$ 不共面,那么所有空间向量组成的集合就是 $\{p|p=xa+yb+zc,x,y,z\in \mathbf{R}\}$. 这个集合可看作是由向量 $a,b,c$ 生成的,我们把 $\{a,b,c\}$ 叫作空间的一个基底(base), $a,b,c$ 都叫作基向量(base vectors). 空间任何三个不共面的向量都可构成空间的一个基底. 由空间向量基本定理可知空间任意一个向量都可以用三个不共面的向量表示出来.

特别地,设 $e_1,e_2,e_3$ 为有公共起点 $O$ 的三个两两垂直的单位向量(我们称它们为单位正交基底),以 $e_1,e_2,e_3$ 的公共起点 $O$ 为原点,分别以 $e_1,e_2,e_3$ 的方向为 $x$ 轴、$y$ 轴、$z$ 轴的正方向建立空间直角坐标系 $Oxyz$. 那么,对于空间任意一个向量 $p$,一定可以把它平移,使它的起点与原点 $O$ 重合,得到向量 $\overrightarrow{OP}=p$. 由空间向量基本定理可知,存在有序实数组 $\{x,y,z\}$,使得

$$p=xe_1+ye_2+ze_3.$$

我们把 $x,y,z$ 称作向量 $p$ 在单位正交基底 $e_1,e_2,e_3$ 下的坐标,记作 $p=(x,y,z)$. 此时向量 $p$ 的坐标恰是点 $P$ 在空间直角坐标系 $Oxyz$ 的坐标 $(x,y,z)$. 这样,我们就可以实现从正交基底到直角坐标系的转换.

由空间向量基本定理可知,空间任意一个向量都可以用三个不共面的向量表示出来,这能为解决问题带来方便.

### 2. 向量的模与两点之间的距离

设向量 $r=(x,y,z)$,则向量模的坐标表达式为 $|r|=\sqrt{x^2+y^2+z^2}$. 设有点 $A(x_1,y_1,$

$z_1$)与点 $B(x_2,y_2,z_2)$，则 $AB$ 之间的距离 $|AB|$，就是向量 $\overrightarrow{AB}$ 的模，$|AB|=\sqrt{(x_2-x_1)^2+(y_2-y_1)^2+(z_2-z_1)^2}$.

【例 4.9】 求空间中两点 $A(1,2,3)$ 和 $B(4,5,6)$ 之间的距离.

程序编写：

```
#include <stdio.h>
#include <math.h>
int main() {
   double point1[3]={1.0,2.0,3.0};
   double point2[3]={4.0,5.0,6.0};
   double dx=point1[0]-point2[0];
   double dy=point1[1]-point2[1];
   double dz=point1[2]-point2[2];
   double distance;
    distance=sqrt(dx*dx+dy*dy+dz*dz);
   printf("The distance between the two points is: %f\n", distance);
   return 0;
}
```

运行结果：

```
The distance between the two points is: 5.196152
```

**3. 空间向量运算的坐标表示**

我们知道，向量 $a$ 在平面上可用有序对 $(x,y)$ 表示，在空间则可用有序实数组 $(x,y,z)$ 表示. 类似于平面向量的坐标表示，我们可以得出空间向量的加法、减法、数乘及数量积运算的坐标表示.

设空间向量

$$a=(a_1,a_2,a_3), b=(b_1,b_2,b_3),$$

则

$$a+b=(a_1+b_1,a_2+b_2,a_3+b_3),$$
$$a-b=(a_1-b_1,a_2-b_2,a_3-b_3),$$
$$\lambda a=(\lambda a_1,\lambda a_2,\lambda a_3),$$
$$a\cdot b=a_1b_1+a_2b_2+a_3b_3.$$

类似于平面向量运算的坐标表示，我们还可以得到

$$a /\!/ b \Leftrightarrow a=b \Leftrightarrow a_1=\lambda b_1, a_2=\lambda b_2, a_3=\lambda b_3 (\lambda \in \mathbf{R});$$
$$a \perp b \Leftrightarrow a\cdot b=0 \Leftrightarrow a_1b_1+a_2b_2+a_3b_3=0;$$
$$|a|=\sqrt{a\cdot a}=\sqrt{a_1^2+a_2^2+a_3^2}.$$

空间任意两个向量都是在同一平面上，根据向量内积的计算公式，我们可以推导出两空间向量夹角的余弦计算公式，进而可以通过反三角函数计算两空间向量的夹角.

$$\cos\langle \boldsymbol{a},\boldsymbol{b}\rangle=\frac{\boldsymbol{a}\cdot\boldsymbol{b}}{|\boldsymbol{a}\|\boldsymbol{b}|}=\frac{a_1b_1+a_2b_2+a_3b_3}{\sqrt{a_1^2+a_2^2+a_3^2}\sqrt{b_1^2+b_2^2+b_3^2}}.$$

在空间直角坐标系中,已知点 $A(a_1,b_1,c_1)$,$B(a_2,b_2,c_2)$,则 $A$,$B$ 两点间的距离

$$d_{AB}=|\overrightarrow{AB}|=\sqrt{(a_2-a_1)^2+(b_2-b_1)^2+(c_2-c_1)^2}.$$

将空间向量的运算与向量的坐标表示结合起来,不仅可以解决夹角和距离的计算问题,而且可以使一些问题的解决变得简单.

【例 4.10】 编写程序,要求实现向量的加法、减法运算.

程序编写:

```c
#include <stdio.h>
#include <math.h>
void vector_addition(double result[3], const double vec1[3], const double vec2[3]) {                              //向量加法
    result[0]=vec1[0]+vec2[0];
    result[1]=vec1[1]+vec2[1];
    result[2]=vec1[2]+vec2[2];
}
void vector_subtraction(double result[3], const double vec1[3], const double vec2[3]) {                           //向量减法
    result[0]=vec1[0]-vec2[0];
    result[1]=vec1[1]-vec2[1];
    result[2]=vec1[2]-vec2[2];
}
int main() {
    double vec1[3]={3.0,4.0,2.0};
    double vec2[3]={1.5,2.5,1.0};
    double sum[3]={0.0,0.0,0.0};
    vector_addition(sum, vec1, vec2);
    printf("向量的和:%.2f,%.2f,%.2f\n", sum[0], sum[1], sum[2]);
    double diff[3]={0.0,0.0,0.0};
    vector_subtraction(diff, vec1, vec2);
    printf("向量的差:%.2f,%.2f,%.2f\n", diff[0], diff[1], diff[2]);
    return 0;
}
```

运行结果:

```
向量的和: 4.50, 6.50, 3.00
向量的差: 1.50, 1.50, 1.00
```

【例 4.11】 编写程序,要求实现向量的数乘、数量积运算.

程序编写:

```c
#include <stdio.h>
#include <math.h>
void scalar_multiplication(double result[3], const double vec[3], double scalar) {                                //向量数乘
```

```
        result[0]=vec[0]*scalar;
        result[1]=vec[1]*scalar;
        result[2]=vec[2]*scalar;
    }
    double dot_product(const double vec1[3], const double vec2[3]) {  //向量数量积
        return vec1[0]*vec2[0]+vec1[1]*vec2[1]+vec1[2]*vec2[2];
    }
    int main() {
        double vec1[3]={3.0,4.0,2.0};
        double vec2[3]={1.5,2.5,1.0};
        doublescaled[3];
        scalar_multiplication(scaled, vec1, 2.0);
        printf("数乘结果:%.2f,%.2f,%.2f\n", scaled[0], scaled[1], scaled[2]);
        double dotProduct=dot_product(vec1,vec2);
        printf("数量积结果:%.2f\n", dotProduct);
        return 0;
    }
```

运行结果：

```
数乘结果: 6.00, 8.00, 4.00
数量积结果: 16.50
```

【例4.12】 使用反三角函数计算两空间向量之间的夹角.

程序编写：

```
#include <stdio.h>
#include <math.h>
double dot_product(const double vec1[3], const double vec2[3]) {
    return vec1[0]*vec2[0]+vec1[1]*vec2[1]+vec1[2]*vec2[2];
}
double magnitude(const double vec[3]) {
    return sqrt(vec[0]*vec[0]+vec[1]*vec[1]+vec[2]*vec[2]);
}
double angle_between_vectors(const double vec1[3], const double vec2[3]) {
    double dot=dot_product(vec1,vec2);
    double magVec1=magnitude(vec1);
    double magVec2=magnitude(vec2);
    double cos_angle=dot/(magVec1*magVec2);  //根据点积公式和模的乘积求向量夹角的余弦值
    double angle_rad=acos(fmax(-1.0,fmin(1.0,cos_angle)));  //确保余弦值在有效范围内[-1,1]
    return angle_rad;                           //以弧度为单位返回夹角
}
int main() {
    double vec1[3];
    double vec2[3];
```

```
        printf("请输入第一个向量:\n");
        scanf("%lf %lf %lf", &vec1[0], &vec1[1], &vec1[2]);
        printf("请输入第二个向量:\n");
        scanf("%lf %lf %lf", &vec2[0], &vec2[1], &vec2[2]);
        double angle_rad=angle_between_vectors(vec1, vec2);
        double angle_deg=angle_rad * (180.0 / M_PI);     //将夹角的弧度转换为度
        printf("两向量的夹角(弧度): %f\n", angle_rad);
        printf("两向量的夹角(度): %f\n", angle_deg);
        return 0;
    }
```

运行结果:

```
请输入第一个向量:
3 9 0
请输入第二个向量:
4 1 8
两向量的夹角(弧度): 1.322292
两向量的夹角(度): 75.761726
```

**4. 向量概念的推广与应用**

我们知道,在平面内取定正交基底建立坐标系后,坐标平面内的任意一个向量,都可以用二元有序实数对 $(a_1,a_2)$ 表示,平面向量又称为二维向量. 给定空间一个正交基底,任意一个空间向量可用三元有序实数组 $(a_1,a_2,a_3)$ 表示. 空间向量又称为三维向量. 二维向量、三维向量统称为几何向量.

在实际问题中,经常会遇到一些需要用更多的实数来表示的量. 比如:期末进行了五门学科的考试,每个学生可用顺序排列的五科成绩来表示;在汽车生产线上,对装配好的汽车进行制动距离、最高车速、百千米油耗、滑行距离、噪声、废气排放量等六项指标的测试,那么每辆新车质量可用六元有序实数组 $(a_1,a_2,a_3,a_4,a_5,a_6)$ 表示. 一般地,$n$ 元有序实数组 $(a_1,a_2,\cdots,a_n)$ 称为 $n$ 维向量,它是几何向量的推广. $n$ 维向量的全体构成的集合,赋予相应的结构后,叫作 $n$ 维欧氏空间. 它的每一个元素可看成 $n$ 维向量空间的一点. 但当 $n>3$ 时,$n$ 维向量就不再有几何形象,只是沿用一些几何术语罢了.

类似于二维向量,对于 $n$ 维向量,也可定义两个向量的加法、减法、数乘、数量积运算,向量的长度(模)计算,两点间的距离计算,等等.

设 $\boldsymbol{a}=(a_1,a_2,\cdots,a_n), \boldsymbol{b}=(b_1,b_2,\cdots,b_n)$,则

$$\boldsymbol{a}\pm\boldsymbol{b}=(a_1,a_2,\cdots,a_n)\pm(b_1,b_2,\cdots,b_n)=(a_1\pm b_1,a_2\pm b_2,\cdots,a_n\pm b_n);$$

$$\lambda\boldsymbol{a}=\lambda(a_1,a_2,\cdots,a_n)=(\lambda a_1,\lambda a_2,\cdots,\lambda a_n), \lambda\in\mathbf{R};$$

$$\boldsymbol{a}\cdot\boldsymbol{b}=(a_1,a_2,\cdots,a_n)\cdot(b_1,b_2,\cdots,b_n)=a_1b_1+a_2b_2+\cdots+a_nb_n;$$

$$|\boldsymbol{a}|=\sqrt{a_1^2+a_2^2+\cdots+a_n^2}.$$

$n$ 维向量空间中两点 $A(a_1,a_2,\cdots,a_n), B(b_1,b_2,\cdots,b_n)$ 间的距离:

$$d_{AB}=\sqrt{(b_1-a_1)^2+(b_2-a_2)^2+\cdots+(b_n-a_n)^2}.$$

利用向量的运算可以解决许多实际问题.

## 三、立体几何中的向量方法

立体几何研究的基本对象是点、直线、平面以及由它们组成的空间图形. 为了用空间向量解决立体几何问题,首先必须把点、直线、平面的位置用向量表示出来.

如图 4.18 所示,在空间中,我们取一定点 $O$ 作为基点,那么空间中任意一点 $P$ 的位置就可以用向量 $\overrightarrow{OP}$ 来表示. 我们把向量 $\overrightarrow{OP}$ 称为点 $P$ 的位置向量.

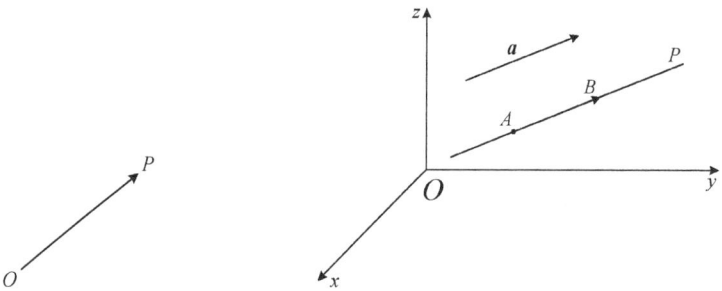

图 4.18　点 $P$ 的位置向量　　　图 4.19　空间中任一条直线的位置确定

空间中任意一条直线 $l$ 位置可以由 $l$ 上一个定点 $A$ 以及一个定方向确定. 如图 4.19 所示,点 $A(x_0,y_0,z_0)$ 是直线 $l$ 上的一点,向量 $\boldsymbol{a}(m,n,p)$ 表示直线的方向,称为方向向量. 设点 $B(x,y,z)$ 是直线 $l$ 上的任一点,那么向量 $\overrightarrow{AB}$ 与 $l$ 的方向向量 $\boldsymbol{a}$ 平行,所以两向量的对应坐标成比例. 由于 $\overrightarrow{AB}=(x-x_0,y-y_0,z-z_0)$,从而有 $\dfrac{x-x_0}{m}=\dfrac{y-y_0}{n}=\dfrac{z-z_0}{p}$,这就是直线 $l$ 的方程,叫作直线的对称式方程或点向式方程.

由直线的对称式方程容易导出直线的参数方程,如设 $\dfrac{x-x_0}{m}=\dfrac{y-y_0}{n}=\dfrac{z-z_0}{p}=t$,那么

$$\begin{cases} x=x_0+mt \\ y=y_0+nt \\ z=z_0+pt \end{cases}$$

该方程组就是直线的参数方程.

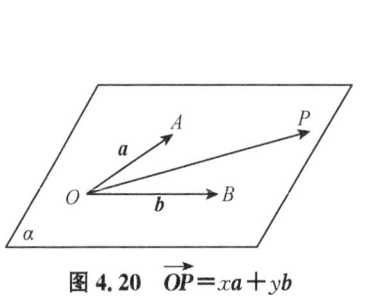　　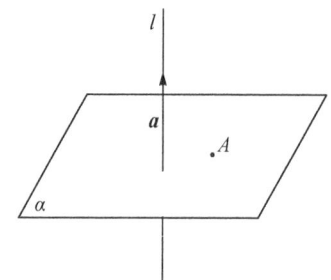

图 4.20　$\overrightarrow{OP}=x\boldsymbol{a}+y\boldsymbol{b}$　　　图 4.21　直线 $l\perp\alpha$

类似于直线的方向向量,我们还可以用平面的法向量表示空间中平面的位置,如图 4.21 所示,直线 $l\perp\alpha$,取直线 $l$ 的方向向量 $\boldsymbol{a}$,则向量 $\boldsymbol{a}$ 叫作平面 $\alpha$ 的法向量(normal vectors). 给定一点 $A$ 和一个向量 $\boldsymbol{a}$,那么,过点 $A$,以向量 $\boldsymbol{a}$ 为法向量的平面是完全确定的.

已知空间内某平面上一点 $M_0(x_0,y_0,z_0)$，一个垂直于 $M_0$ 所在平面的法向量 $\boldsymbol{n}(A,B,C)$. 设 $M(x,y,z)$ 为平面上的任一点，我们要通过它来确定方程. 容易知道 $\overrightarrow{M_0M}$ 在平面上，且有 $\overrightarrow{M_0M} \cdot \boldsymbol{n} = 0$，我们写成坐标表示式：
$$A(x-x_0)+B(y-y_0)+C(z-z_0)=0,$$
此式就被称为平面的点法式方程.

由于平面的点法式方程 $A(x-x_0)+B(y-y_0)+C(z-z_0)=0$ 是 $x,y,x$ 的一次方程，而任一平面都可以用它上面的一点及它的法线向量来确定，所以任何一个平面都可以用三元一次方程来表示.

将 $A(x-x_0)+B(y-y_0)+C(z-z_0)=0$ 展开，得到
$$Ax+By+Cz-Ax_0-By_0-Cz_0=0,$$
令 $D=-Ax_0-By_0-Cz_0$，平面方程可以表示为
$$Ax+By+Cz+D=0.$$
此式就被称为平面的一般式方程.

在空间直角坐标系内，平面的方程均可用 $x,y,z$ 的三元一次方程 $Ax+By+Cz+D=0$ 来表示.

空间直线 $l$ 也可以看作两个平面 $\pi_1$ 和 $\pi_2$ 的交线. 如果两个相交的平面 $\pi_1$ 和 $\pi_2$ 的方程分别为 $A_1x+B_1y+C_1z+D_1=0$ 和 $A_2x+B_2y+C_2z+D_2=0$，那么直线 $l$ 上任一点的坐标应同时满足这两个平面的方程，即应满足方程组：
$$\begin{cases} A_1x+B_1y+C_1z+D_1=0, \\ A_2x+B_2y+C_2z+D_2=0. \end{cases}$$
这叫作空间直线的一般方程. 下面再找出这直线的方向向量 $\boldsymbol{a}$. 由于两平面的交线与这两平面的法线向量 $\boldsymbol{n}_1=(A_1,B_1,C_1), \boldsymbol{n}_2=(A_2,B_2,C_2)$ 都垂直，所以可取 $\boldsymbol{a}=\boldsymbol{n}_1 \times \boldsymbol{n}_2 =$
$\begin{vmatrix} \boldsymbol{i} & \boldsymbol{j} & \boldsymbol{k} \\ A_1 & B_1 & C_1 \\ A_2 & B_2 & C_2 \end{vmatrix}$.

求两个平面法向量的外积就可以得到直线的方向向量，然后取直线上任意点即可得到直线的点向式方程.

因为方向向量与法向量可以确定直线和平面的位置，所以我们可以利用直线的方向向量与平面的法向量表示空间直线与平面间的平行、垂直、成一定夹角相交等位置关系(图 4.22).

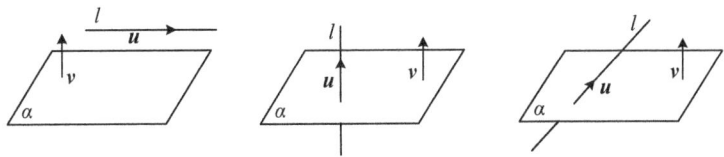

图 4.22　直线与平面的位置关系

一般地，由直线、平面的位置关系以及直线的方向向量和平面的法向量，可以归纳如下结论：

设直线 $l,m$ 的方向向量分别为 $a,b$，平面 $\alpha,\beta$ 的法向量分别为 $u,v$，则

$$l/\!/m \Leftrightarrow a/\!/b \Leftrightarrow a=kb, k \in \mathbf{R};$$
$$l \perp m \Leftrightarrow a \perp b \Leftrightarrow a \cdot b = 0;$$
$$l/\!/\alpha \Leftrightarrow a \perp u \Leftrightarrow a \cdot u = 0;$$
$$l \perp \alpha \Leftrightarrow a/\!/u \Leftrightarrow a=ku, k \in \mathbf{R};$$
$$\alpha /\!/ \beta \Leftrightarrow u/\!/v \Leftrightarrow u=kv, k \in \mathbf{R};$$
$$\alpha \perp \beta \Leftrightarrow u \perp v \Leftrightarrow u \cdot v = 0.$$

立体几何要解决的主要问题是空间图形的形状、大小及其位置关系．其中直线与直线、直线与平面、平面与平面之间的夹角问题以及点到直线、点到平面的距离问题是立体几何研究的重要问题，空间向量的运算，特别是数量积涉及向量的模以及向量之间的夹角．像前面说的那样，我们可以把点、直线、平面用向量表示，然后利用向量的运算（特别是数量积）解决点、直线、平面之间的夹角与距离等问题．

**1. 两空间直线的夹角**

两直线的方向向量的夹角（通常指锐角或直角）称为两直线的夹角．

设直线 $l_1$ 和 $l_2$ 的方向向量分别为 $s_1=(m_1,n_1,p_1)$ 和 $s_2=(m_2,n_2,p_2)$，则直线 $l_1$ 和 $l_2$ 的夹角 $\varphi$ 应是 $\widehat{(s_1,s_2)}$ 和 $\pi-\widehat{(s_1,s_2)}$ 两者中的锐角或直角，因此，$\cos\varphi=|\cos\widehat{(s_1,s_2)}|$．按两向量夹角余弦的坐标表示式，直线 $l_1$ 和 $l_2$ 的夹角 $\varphi$ 可由

$$\cos\varphi = \frac{|m_1 m_2 + n_1 n_2 + p_1 p_2|}{\sqrt{m_1^2+n_1^2+p_1^2}\sqrt{m_2^2+n_2^2+p_2^2}}$$

来确定．

从两向量垂直、平行的充分必要条件推得下列结论：

两直线 $l_1$ 和 $l_2$ 相互垂直相当于 $m_1 m_2 + n_1 n_2 + p_1 p_2 = 0$．

两直线 $l_1$ 和 $l_2$ 相互平行或重合相当于 $\dfrac{m_1}{m_2}=\dfrac{n_1}{n_2}=\dfrac{p_1}{p_2}$．

【例 4.13】 求两直线 $\dfrac{x-1}{1}=\dfrac{y}{-4}=\dfrac{z+3}{1}$ 和 $\dfrac{x}{2}=\dfrac{y+2}{-2}=\dfrac{z}{-1}$ 的夹角．

**程序编写：**

```
#include <stdio.h>
#include <math.h>
int main() {
  double p1[3]={1,-4,1};                              //定义两个直线的方向向量
  double p2[3]={2,-2,-1};
  double len1=sqrt(p1[0]*p1[0]+p1[1]*p1[1]+p1[2]*p1[2]);
  double len2=sqrt(p2[0]*p2[0]+p2[1]*p2[1]+p2[2]*p2[2]);
  double dot=p1[0]*p2[0]+p1[1]*p2[1]+p1[2]*p2[2];
  double angle=acos(dot/(len1*len2));                 //使用反三角函数计算向量夹角
  angle=angle*180.0/M_PI;                             //将弧度转换为角度,M_PI为π值
```

```
    printf("The angle between the two planes is %.2f degrees.\n",angle);
                                                            //输出夹角的值
    return 0;
}
```

运行结果：

```
The angle between the two planes is 45.00 degrees.
```

### 2. 两空间平面的夹角

两平面的法线向量的夹角(通常指锐角或直角)称为两平面的夹角.

设平面 $\alpha$ 和 $\beta$ 的法线向量依次为 $\boldsymbol{n}_1=(A_1,B_1,C_1)$ 和 $\boldsymbol{n}_2=(A_2,B_2,C_2)$，则平面 $\alpha$ 和 $\beta$ 的夹角 $\theta$ (图 4.23)应是 $(\widehat{\boldsymbol{n}_1,\boldsymbol{n}_1})$ 和 $\pi-(\widehat{\boldsymbol{n}_1,\boldsymbol{n}_1})$ 两者中的锐角或直角,因此, $\cos\theta=|\cos(\widehat{\boldsymbol{n}_1,\boldsymbol{n}_1})|$. 按两向量夹角余弦的坐标表示式,平面 $\alpha$ 和 $\beta$ 的夹角 $\theta$ 可由

$$\cos\theta=\frac{|A_1A_2+B_1B_2+C_1C_2|}{\sqrt{A_1^2+B_1^2+C_1^2}\sqrt{A_2^2+B_2^2+C_2^2}}$$

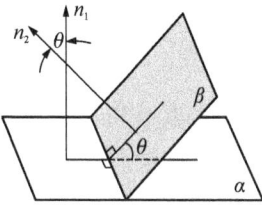

图 4.23 两平面的夹角

来确定.

从两向量垂直、平行的充分必要条件推得下列结论：

两平面 $\alpha$ 和 $\beta$ 相互垂直相当于 $A_1A_2+B_1B_2+C_1C_2=0$

两平面 $\alpha$ 和 $\beta$ 相互平行或重合相当于 $\dfrac{A_1}{A_2}=\dfrac{B_1}{B_2}=\dfrac{C_1}{C_2}$.

【例 4.14】 求两平面 $x-y+2z-6=0$ 和 $2x+y+z-5=0$ 的夹角.

程序编写：

```
#include <stdio.h>
#include <math.h>
int main() {
    int p1[3]={1,-1,2};                              //定义两个平面的法向量
    int p2[3]={2,1,1};
    //计算法向量的模长
    double len1=sqrt(p1[0] * p1[0]+p1[1] * p1[1]+p1[2] * p1[2]);
    double len2=sqrt(p2[0] * p2[0]+p2[1] * p2[1]+p2[2] * p2[2]);
    //计算法向量的点积
    double dot=p1[0] * p2[0]+p1[1] * p2[1]+p1[2] * p2[2];
    double angle=acos(dot/(len1 * len2));            //计算向量夹角
    angle=angle * 180.0/M_PI;                        //将弧度转换为角度
    //输出夹角的值
    printf("The angle between the two planes is %.2f degrees.\n",angle);
    return 0;
}
```

**运行结果：**

```
The angle between the two planes is 60.00 degrees.
```

### 3. 空间直线与平面的夹角

当直线与平面不垂直时，直线和它在平面上的投影直线的夹角 $\varphi\left(0\leqslant\varphi<\dfrac{\pi}{2}\right)$ 称为直线与平面的夹角(图 4.24)；当直线与平面垂直时，规定直线与平面的夹角为 $\dfrac{\pi}{2}$.

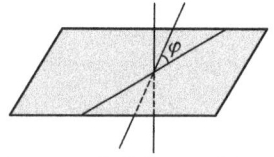

图 4.24 直线与平面夹角

设直线的方向向量为 $\boldsymbol{s}=(m,n,p)$，平面的法线向量为 $\boldsymbol{n}=(A,B,C)$，直线与平面的夹角为 $\varphi$，那么 $\varphi=\left|\dfrac{\pi}{2}-(\widehat{\boldsymbol{s},\boldsymbol{n}})\right|$，其中 $(\widehat{\boldsymbol{s},\boldsymbol{n}})$ 表示两向量 $\boldsymbol{s}$ 与 $\boldsymbol{n}$ 的夹角，因此 $\sin\varphi=|\cos(\widehat{\boldsymbol{s},\boldsymbol{n}})|$. 按两向量夹角余弦的坐标表示式，有

$$\sin\varphi=\dfrac{|Am+Bn+Cp|}{\sqrt{A^2+B^2+C^2}\sqrt{m^2+n^2+p^2}}.$$

因为直线与平面垂直相当于直线的方向向量与平面的法线向量平行，所以，直线与平面垂直相当于

$$\dfrac{A}{m}=\dfrac{B}{n}=\dfrac{C}{p}.$$

因为直线与平面平行或直线在平面上相当于直线的方向向量与平面的法线向量垂直，所以，直线与平面平行或直线在平面上相当于

$$Am+Bn+Cp=0.$$

**【例 4.15】** 求直线 $\dfrac{x-1}{1}=\dfrac{y}{-4}=\dfrac{z+3}{1}$ 与平面 $2x-3y+z-4=0$ 相交的夹角.

**程序编写：**

```c
#include <stdio.h>
#include <math.h>
int main() {
    double dx=1,dy=-4,dz=1;                          //定义直线的方向向量
    double nx=2,ny=-3,nz=1;                          //定义平面的法向量
    double dLen=sqrt(dx*dx+dy*dy+dz*dz);             //计算直线方向向量的模长
    double nLen=sqrt(nx*nx+ny*ny+nz*nz);             //计算平面法向量的模长
    double dot=dx*nx+ dy*ny+dz*nz;                   //计算方向向量和法向量的点积
    double cosA=dot/(dLen*nLen);                     //计算夹角的余弦值
    double angle=acos(cosA)*180.0/M_PI;              //计算夹角的度数
    printf("The angle between the line and the plane is %.2f degrees.\n",angle);
    return 0;
}
```

运行结果：

```
The angle between the line and the plane is 19.11 degrees.
```

### 4. 空间点到直线的距离

设直线过点 $P_1(x_1,y_1,z_1)$，其方向向量 $\boldsymbol{a}=(l,m,n)$，则点 $P_0(x_0,y_0,z_0)$ 到该直线的距离为

$$d=\frac{|\overrightarrow{P_0P_1}\times\boldsymbol{a}|}{|\boldsymbol{a}|}=\frac{\left\|\begin{matrix} \boldsymbol{i} & \boldsymbol{j} & \boldsymbol{k} \\ x_1-x_0 & y_1-y_0 & z_1-z_0 \\ l & m & n \end{matrix}\right\|}{\sqrt{l^2+m^2+n^2}}.$$

其中分子为向量 $\boldsymbol{a}$ 与向量 $\overrightarrow{P_0P_1}$ 的外积的模．

【例 4.16】 输入空间中任一点，求该点到某直线的距离．其中直线经过的点和方向向量由键盘输入．

程序编写：

```c
#include <stdio.h>
#include <math.h>
//计算向量的模
double magnitude(double x, double y, double z) {
    return sqrt(x * x+y * y+z * z);
}
//计算点到直线的距离
double point_to_line_distance(double px, double py, double pz,
                    double lx, doublely, double lz,
                    doublevx, double vy, double vz) {
    //计算 AP 向量
    double apx=px-lx;
    double apy=py-ly;
double apz= pz-lz;
    //计算 AP 和方向向量 v 的叉乘的分量
    double cross_x=apy * vz-apz * vy;
    double cross_y=apz * vx-apx * vz;
    double cross_z=apx * vy-apy * vx;
    //计算叉乘结果向量的模
    double cross_magnitude=magnitude(cross_x, cross_y, cross_z);
    //计算方向向量 v 的模
    double v_magnitude=magnitude(vx, vy, vz);
    //返回点到直线的距离
    return cross_magnitude/v_magnitude;
}
int main() {
    double px,py, pz; //点 P 的坐标
```

```
        double lx,ly, lz;              //直线上的点 A 的坐标
        double vx, vy, vz;             //直线的方向向量 v
        //输入空间中的点 P
        printf("输入点的坐标(x y z): ");
        scanf("%lf %lf %lf", &px, &py, &pz);
        //输入直线经过的点 A
        printf("输入直线上的点的坐标(x y z): ");
        scanf("%lf %lf %lf", &lx, &ly, &lz);
        //输入直线的方向向量 v
        printf("输入直线的方向向量(x y z): ");
        scanf("%lf %lf %lf", &vx, &vy, &vz);
        //计算并输出点到直线的距离
        double distance=point_to_line_distance(px, py, pz, lx, ly, lz, vx, vy, vz);
        printf("点到直线的距离是: %f\n", distance);
        return 0;
    }
```

运行结果：

```
输入点的坐标 (x y z): 3 1 0
输入直线上的点的坐标 (x y z): 4 2 8
输入直线的方向向量 (x y z): 2 -1 4
点到直线的距离是: 3.760699
```

### 5. 空间三点确定一个平面

空间里不在同一条直线上的三个点，可以确定一个平面，已知三点 $P_1(x_1,y_1,z_1)$, $P_2(x_2,y_2,z_2)$, $P_3(x_3,y_3,z_3)$，要确定平面的方程，关键在于求出平面的法向量，然后就可以写出平面的一般方程. 比如作向量 $\overrightarrow{P_1P_2}=(x_2-x_1,y_2-y_1,z_2-z_1)$, $\overrightarrow{P_1P_3}=(x_3-x_1,y_3-y_1,z_3-z_1)$，平面法向量和这两个向量垂直，因此法向量 $n$：

$$n=\overrightarrow{P_1P_2}\times\overrightarrow{P_1P_3}=\begin{vmatrix} i & j & k \\ x_2-x_1 & y_2-y_1 & z_2-z_1 \\ x_3-x_1 & y_3-y_1 & z_3-z_1 \end{vmatrix}=Ai+Bj+Ck=(A,B,C).$$

其中

$$A=(y_2-y_1)(z_3-z_1)-(y_3-y_1)(z_2-z_1),$$
$$B=(z_2-z_1)(x_3-x_1)-(z_3-z_1)(x_2-x_1),$$
$$C=(x_2-x_1)(y_3-y_1)-(x_3-x_1)(y_2-y_1),$$

求得平面的法向量后将平面上三点任意一点代入就可以求得平面的一般方程. 假设是将 $P_1$ 点代入，方程的常数项为 $D=-Ax_1-By_1-Cz_1$. 因此平面方程为 $Ax+By+Cz+D=0$.

【例 4.17】 求空间中三点 $A(1,2,-1)$, $B(-1,0,3)$, $C(4,3,-2)$ 形成的平面方程的一般式.

**程序编写：**

```
#include <stdio.h>
void cross_product(int x1, int y1, int z1,
        int x2, int y2, int z2,
        int * cx, int * cy, int * cz) {
    * cx=y1 * z2-z1 * y2;
    * cy=z1 * x2-x1 * z2;
    * cz=x1 * y2-y1 * x2;
}
int main() {
    //空间中的三个点 P1, P2, P3
    int x1=1, y1=2, z1=-1;
    int x2=-1, y2=0, z2=3;
    int x3=4, y3=3, z3=-2;
    //计算向量 AB 和 AC
    int ABx=x2-x1, ABy=y2-y1, ABz=z2-z1;
    int ACx=x3-x1, ACy=y3-y1, ACz=z3-z1;
    //计算叉乘得到法向量 N
    int Nx, Ny, Nz;
    cross_product(ABx, ABy, ABz, ACx, ACy, ACz, &Nx, &Ny, &Nz);
    //通过点 P1 和法向量 N 计算 D
    int D=-(Nx * x1+Ny * y1+Nz * z1);
    //输出平面的一般式方程
    printf("平面方程:%dx+%dy+%dz+%d=0\n", Nx, Ny, Nz, D);
    return 0;
}
```

**运行结果：**

```
平面方程: -2x + 10y + 4z + -14 = 0
```

### 6. 空间点到平面的距离

空间中任一点 $P_0(x_0, y_0, z_0)$ 到平面 $Ax+By+Cz+D=0$ 的距离公式为

$$d=\frac{|Ax_0+By_0+Cz_0+D|}{\sqrt{A^2+B^2+C^2}}.$$

**【例 4.18】** 用上述公式求点 $(2,1,1)$ 到平面 $x+y-z+1=0$ 的距离.

**程序编写：**

```
#include <stdio.h>
#include <math.h>
//计算点到平面的距离
double point_to_plane_distance(double x1, double y1, double z1,
                double A, double B, double C, double D) {
    //代入点到平面距离公式
    double numerator=fabs(A * x1+B * y1+C * z1+D);
```

```
    double denominator=sqrt(A*A+B*B+C*C);
    //返回距离
    return numerator/denominator;
}
int main() {
    //点(2,1,1)的坐标
    double x1=2.0;
    double y1=1.0;
    double z1=1.0;
    //平面 x+y-z+1=0 的系数
    double A=1.0;
    double B=1.0;
    double C=-1.0;
    double D=1.0;
    //计算并输出点到平面的距离
    double distance=point_to_plane_distance(x1,y1,z1,A,B,C,D);
    printf("点(2,1,1)到平面 x+y-z+1=0 的距离是:%f\n", distance);
    return 0;
}
```

**运行结果:**

点(2,1,1)到平面x+y-z+1=0的距离是: 1.732051

**【例 4.19】** 已知空间中三点 $A(1,2,-1),B(-1,0,3),C(4,3,-2)$ 形成的平面,对于点 $P(0,-1,2)$,求 $P$ 到该平面的距离.

**程序编写:**

```
#include <stdio.h>
#include <math.h>
void cross_product(int x1, int y1, int z1,
        int x2, int y2, int z2,
        int *cx, int *cy, int *cz) {
  *cx=y1*z2-z1*y2;
  *cy=z1*x2-x1*z2;
  *cz=x1*y2-y1*x2;
}
//使用绝对值函数来防止负数的影响
int absolute(int value) {
    return value<0? -value:value;
}
int main() {
    //空间中的三个点
    int x1=1, y1=2, z1=-1;
    int x2=-1, y2=0, z2=3;
    int x3=4, y3=3, z3=-2;
    //计算向量 AB 和 AC
```

```
        int ABx=x2-x1, ABy=y2-y1, ABz=z2-z1;
        int ACx=x3-x1, ACy=y3-y1, ACz=z3-z1;
        //计算叉乘得到法向量 N
        int Nx, Ny, Nz;
        cross_product(ABx, ABy, ABz, ACx, ACy, ACz, &Nx, &Ny, &Nz);
        //通过点 P1 和法向量 N 计算 D
        int D=-(Nx * x1+Ny * y1+Nz * z1);
        //通过三个点计算出的平面方程是 Nx * x+Ny * y+Nz * z+D=0
        //第四个点
        int x4=0, y4=-1, z4=2;
        //计算第四个点到平面的距离
        double distance=(double)absolute(Nx * x4+Ny * y4+Nz * z4+D)/sqrt(Nx * Nx
+Ny * Ny+Nz * Nz);
        //输出计算结果
        printf("第四个点到平面的距离是：%f\n", distance);
        return 0;
    }
```

**运行结果：**

第四个点到平面的距离是：1.460593

### 7. 空间点在平面的投影

现在空间上有一点 $P_1(x_1,y_1,z_1)$ 要投影到平面 $Ax+By+Cz+D=0$ 上,得到投影点 $P_p$,也就是从点 $P_1$ 顺着平面法向量 $a(A,B,C)$ 引直线与平面相交,交点即是所求的投影点,所引直线的参数方程为

$$\begin{cases} x=x_1+At \\ y=y_1+Bt \\ z=z_1+Ct \end{cases}$$

由于投影点是该直线与平面的交点,将直线的参数方程代入平面方程整理求得内积 $t=\dfrac{D-a \cdot P_1}{a \cdot a}$. 将 $t$ 代入直线参数方程积可求得投影点.

【例 4.20】 计算点 $P(3,4,5)$ 在平面 $x+2y-2z+4=0$ 上的投影点.

**程序编写：**

```
    #include <stdio.h>
    #include <math.h>
    //计算点到平面的垂直距离
    double point_to_plane_distance(int x1, int y1, int z1, int A, int B, int C,
int D) {
        return (A * x1+B * y1+C * z1+D)/sqrt(A * A+B * B+C * C);
    }
    //计算点在平面上的投影点
```

```c
void point_projection_on_plane(int px, int py, int pz,
                int A, int B, int C, int D,
                int *proj_x, int *proj_y, int *proj_z) {
    //计算点P到平面的距离
    double dist=point_to_plane_distance(px, py, pz, A, B, C, D);
    //计算单位法向量的分量
    double magnitude=sqrt(A*A+B*B+C*C);
    double unit_nx=A/magnitude;
    double unit_ny=B/magnitude;
    double unit_nz=C/magnitude;
    //计算投影点的坐标
    *proj_x=(int)(px-(unit_nx * dist)+0.5);      //加0.5用于四舍五入
    *proj_y=(int)(py-(unit_ny * dist)+0.5);      //加0.5用于四舍五入
    *proj_z=(int)(pz-(unit_nz * dist)+0.5);      //加0.5用于四舍五入
}
int main() {
    //平面的系数(Ax+By+Cz+D=0)
    int A=1;
    int B=2;
    int C=-2;
    int D=4;
    //点P的坐标
    int px=3;
    int py=4;
    int pz=5;
    //用于存储投影点坐标的变量
    int proj_x, proj_y, proj_z;
    //计算投影点坐标
    point_projection_on_plane(px, py, pz, A, B, C, D, &proj_x, &proj_y, &proj_z);
    //输出投影点坐标
    printf("点(%d, %d, %d)在平面(%dx+%dy+%dz+%d=0)上的投影点是(%d, %d, %d)\n",
        px,py,pz, A, B, C, D, proj_x, proj_y, proj_z);
    return 0;
}
```

运行结果:

```
点(3, 4, 5)在平面(1x + 2y + -2z + 4 = 0)上的投影点是(2, 3, 6)
```

**【例 4.21】** 已知空间中三点 $A(1,2,-1), B(-1,0,3), C(4,3,-2)$ 形成的平面,对于点 $P(0,-1,2)$,求 $P$ 在该平面的投影.

**程序编写:**

```c
#include <stdio.h>
#include <math.h>
```

```c
voidcross_product(int x1, int y1, int z1,
        int x2, int y2, int z2,
        int * cx, int * cy, int * cz) {
    * cx=y1 * z2-z1 * y2;
    * cy=z1 * x2-x1 * z2;
    * cz=x1 * y2-y1 * x2;
}
//使用绝对值函数来防止负数的影响
int absolute(int value) {
    return value <0 ? -value:value;
}
int main() {
    //空间中的三个点
    int x1=1, y1=2, z1=-1;
    int x2=-1, y2=0, z2=3;
    int x3=4, y3=3, z3=-2;
    //计算向量 AB 和 AC
    int ABx=x2-x1, ABy=y2-y1, ABz=z2-z1;
    int ACx=x3-x1, ACy=y3-y1, ACz=z3-z1;
    //计算叉乘得到法向量 N
    intNx, Ny, Nz;
    cross_product(ABx, ABy, ABz, ACx, ACy, ACz, &Nx, &Ny, &Nz);
    //通过点 P1 和法向量 N 计算 D
    int D=-(Nx * x1+Ny * y1+Nz * z1);
    //第四个点
    int x4=0, y4=-1, z4=2;
    //计算第四个点到平面的投影点
    double distance=(double) absolute(Nx * x4+Ny * y4+Nz * z4+D)/sqrt(Nx * Nx+Ny * Ny+Nz * Nz);
    //法向量的单位向量
    double unitNx=Nx/sqrt(Nx * Nx+Ny * Ny+Nz * Nz);
    double unitNy=Ny/sqrt(Nx * Nx+Ny * Ny+Nz * Nz);
    double unitNz=Nz/sqrt(Nx * Nx+Ny * Ny+Nz * Nz);
    //计算距离向量
    double distx=distance * unitNx;
    double disty=distance * unitNy;
    double distz=distance * unitNz;
    //计算投影点坐标
    double proj_x4=x4-distx;
    double proj_y4=y4-disty;
    double proj_z4=z4-distz;
    //输出计算结果
    printf("投影点坐标:(%f, %f, %f)\n", proj_x4, proj_y4, proj_z4);
    return 0;
}
```

运行结果：

```
投影点坐标：(0.266667, -2.333333, 1.466667)
```

**【例 4.22】** 在平面 $4x+2y-z+1=0$ 上有一点 $P$，平面外空间有一点 $A(1,2,3)$，要求计算 $A$ 点关于该平面的投影。

**算法设计**：要计算点 $A(1,2,3)$ 关于平面 $4x+2y-z+1=0$ 的投影，首先我们需要确定平面的点 $P$ 和法向量 $N$。由于平面的方程为 $4x+2y-z+1=0$，我们可以将其转化为一般形式的方程 $Ax+By+Cz+D=0$。在这个例子中，$A=4, B=2, C=-1, D=1$。为了求出点 $P$，我们可以构造平面的特解（其中两个坐标为零）。如果令 $x=0, y=0$，我们解得 $z=-1$。因此，平面的一个特解为 $P(0,0,-1)$。法向量 $N$ 由平面的系数决定，即 $N=(A,B,C)=(4,2,-1)$。接下来，我们可以使用之前提到的投影计算方法来计算点 $A$ 关于给定平面的投影点 $B$。

**程序编写**：

```c
#include <stdio.h>
typedef struct {
    float x;
    float y;
    float z;
} Point3D;
typedef struct {
    float x;
    float y;
    float z;
} Vector3D;
Point3D calculateProjection(Point3D A,Point3D P,Vector3D N) { //计算投影点 B
    Point3D PA,PB,B;
    float dotProduct;
    PA.x=A.x-P.x;                                    //计算向量 PA
    PA.y=A.y-P.y;
    PA.z=A.z-P.z;
    dotProduct=PA.x*N.x+PA.y*N.y+PA.z*N.z;           //计算向量 PA 和 N 的点积
    PB.x=PA.x-dotProduct*N.x;                        //计算投影向量 PB
    PB.y=PA.y-dotProduct*N.y;
    PB.z=PA.z-dotProduct*N.z;
    B.x=A.x-PB.x;                                    //计算投影点 B
    B.y=A.y-PB.y;
    B.z=A.z-PB.z;
    return B;
}
int main() {
    Point3D A={1.0f,2.0f,3.0f};                      //点 A 的坐标
    Point3D P={0.0f,0.0f,-1.0f};                     //平面上的点 P 的坐标
    Vector3D N={4.0f,2.0f,-1.0f};                    //平面的法向量 N 的坐标
    Point3D B=calculateProjection(A,P,N);
```

```
    printf("投影点 B的坐标:(%.2f,%.2f,%.2f)\n",B.x,B.y,B.z);
    return 0;
}
```

**运行结果:**

投影点B的坐标: (16.00, 8.00, -5.00)

## 第三节

## 矩阵及其运算

### 一、矩阵的定义

**定义1** 由 $m \times n$ 个数 $a_{ij}(i=1,2,\cdots,m;j=1,2,\cdots,n)$ 排成的 $m$ 行 $n$ 列的数表

$$\begin{matrix} a_{11} & a_{12} & \cdots & a_{1n} \\ a_{21} & a_{22} & \cdots & a_{2n} \\ \cdots & \cdots & \cdots & \cdots \\ a_{m1} & a_{m2} & \cdots & a_{mn} \end{matrix}$$

称为 $m$ 行 $n$ 列矩阵,简称 $m \times n$ 矩阵.为表示它是一个整体,总是加一个括号,并用大写黑体字母表示它,记作

$$\boldsymbol{A} = \begin{pmatrix} a_{11} & a_{12} & \cdots & a_{1n} \\ a_{21} & a_{22} & \cdots & a_{2n} \\ \cdots & \cdots & \cdots & \cdots \\ a_{m1} & a_{m2} & \cdots & a_{mn} \end{pmatrix},$$

这 $m \times n$ 个数称为矩阵 $\boldsymbol{A}$ 的元素,简称为元,数 $a_{ij}$ 位于矩阵 $\boldsymbol{A}$ 的第 $i$ 行第 $j$ 列,称为矩阵 $\boldsymbol{A}$ 的 $(i,j)$ 元.以数 $a_{ij}$ 为 $(i,j)$ 元的矩阵可简记作 $(a_{ij})$ 或 $(a_{ij})_{m \times n}$. $m \times n$ 矩阵 $\boldsymbol{A}$ 也记作 $\boldsymbol{A}_{m \times n}$.

元素是实数的矩阵称为实矩阵,元素是复数的矩阵称为复矩阵,本书中的矩阵除特别说明者外,都指实矩阵.

行数与列数都等于 $n$ 的矩阵称为 $n$ 阶矩阵或 $n$ 阶方阵. $n$ 阶矩阵 $\boldsymbol{A}$ 也记作 $\boldsymbol{A}_n$.

只有一行的矩阵

$$\boldsymbol{A} = (a_1 a_2 \cdots a_n)$$

称为行矩阵,又称行向量.为避免元素间的混淆,行矩阵也记作

$$\boldsymbol{A} = (a_1,a_2,\cdots,a_n),$$

只有一列的矩阵

$$B = \begin{pmatrix} b_1 \\ b_2 \\ \vdots \\ b_n \end{pmatrix}$$

称为列矩阵,又称列向量.

两个矩阵的行数、列数相等时,就称它们是同型矩阵. 如果 $A=(a_{ij})$ 与 $B=(b_{ij})$ 是同型矩阵,并且它们的对应元素相等,即

$$a_{ij}=b_{ij}(i=1,2,\cdots,m;j=1,2,\cdots,n),$$

那么就称矩阵 $A$ 与矩阵 $B$ 相等,记作

$$A=B.$$

元素都是零的矩阵称为零矩阵,记作 $O$. 注意不同型的零矩阵是不同的.

## 二、矩阵的运算

**1. 矩阵的加法和减法**

**定义 2**  设有两个 $m\times n$ 矩阵 $A=(a_{ij})$ 和 $B=(b_{ij})$,那么矩阵 $A$ 与 $B$ 的和记作 $A+B$,规定为对应元素相加,即

$$A+B = \begin{pmatrix} a_{11}+b_{11} & a_{12}+b_{12} & \cdots & a_{1n}+b_{1n} \\ a_{21}+b_{21} & a_{22}+b_{22} & \cdots & a_{2n}+b_{2n} \\ \cdots & \cdots & \cdots & \cdots \\ a_{m1}+b_{m1} & a_{m2}+b_{m2} & \cdots & a_{mn}+b_{mn} \end{pmatrix}.$$

应该注意,只有当两个矩阵是同型矩阵时,这两个矩阵才能进行加法运算. 矩阵加法满足下列运算规律(设 $A,B,C$ 都是 $m\times n$ 矩阵):

(ⅰ) $A+B=B+A$.

(ⅱ) $(A+B)+C=A+(B+C)$.

设矩阵 $A=(a_{ij})$,记

$$-A=-(a_{ij}),$$

$-A$ 称为矩阵 $A$ 的负矩阵,显然有

$$A+(-A)=O,$$

由此规定矩阵的减法为

$$A-B=A+(-B).$$

**【例 4.23】**  求矩阵 $A = \begin{pmatrix} 1 & 2 & 3 \\ 1 & 1 & 0 \\ 3 & 1 & 2 \\ 5 & 4 & 3 \end{pmatrix}$ 和 $B = \begin{pmatrix} -3 & 6 & 1 \\ 2 & -4 & 4 \\ 1 & -1 & 4 \\ -1 & 2 & 8 \end{pmatrix}$ 相加、相减后得到的矩阵.

**程序编写：**

```c
#include <stdio.h>
void add_matrices(int mat1[4][3],int mat2[4][3],int result[4][3]) {
    for (int i=0;i<4;i++) {
        for (int j=0;j<3;j++) {
            result[i][j]=mat1[i][j]+mat2[i][j];
        }
    }
}
void subtract_matrices(int mat1[4][3],int mat2[4][3],int result[4][3]) {
    for (int i=0;i<4;i++) {
        for (int j=0;j<3;j++) {
            result[i][j]=mat1[i][j]-mat2[i][j];
        }
    }
}
void print_matrix(int matrix[4][3]) {
    for (int i=0;i<4;i++) {
        for (int j=0;j<3;j++) {
            printf("%d",matrix[i][j]);
        }
        printf("\n");
    }
}
int main() {
    int matrix1[4][3]={{1,2,3},{1,1,0},{3,1,2},{5,4,3}};
    int matrix2[4][3]={{-3,6,1},{?,-4,4},{1,-1,4},{-1,2,8}};
    int result[4][3];
    printf("Addition Result:\n");
    add_matrices(matrix1,matrix2,result);
    print_matrix(result);
    printf("Subtraction Result:\n");
    subtract_matrices(matrix1,matrix2,result);
    print_matrix(result);
    return 0;
}
```

**运行结果：**

```
Addition Result:
-2 8 4
3 -3 4
4 0 6
4 6 11
Subtraction Result:
4 -4 2
-1 5 -4
2 2 -2
6 2 -5
```

## 2. 矩阵的数乘

**定义 3**  数 $\lambda$ 与矩阵 $A$ 的乘积记作 $\lambda A$ 或 $A\lambda$,规定为各个元素乘 $\lambda$,即

$$\lambda A = A\lambda = \begin{pmatrix} \lambda a_{11} & \lambda a_{12} & \cdots & \lambda a_{1n} \\ \lambda a_{21} & \lambda a_{22} & \cdots & \lambda a_{2n} \\ \cdots & \cdots & \cdots & \cdots \\ \lambda a_{m1} & \lambda a_{m2} & \cdots & \lambda a_{mn} \end{pmatrix}.$$

数乘矩阵满足下列运算规律(设 $A,B$ 为 $m \times n$ 矩阵,$\lambda,\mu$ 为数):

( i ) $(\lambda\mu)A = \lambda(\mu A)$.

( ii ) $(\lambda+\mu)A = \lambda A + \mu A$.

( iii ) $\lambda(A+B) = \lambda A + \lambda B$.

矩阵相加与矩阵数乘统称为矩阵的线性运算.

## 3. 矩阵与矩阵相乘

一般的,我们有

**定义 4**  设 $A = (a_{ij})$ 是一个 $m \times s$ 矩阵,$B = (b_{ij})$ 是一个 $s \times n$ 矩阵,那么规定矩阵 $A$ 与矩阵 $B$ 的乘积是一个 $m \times n$ 矩阵 $C = (c_{ij})$,其中

$$c_{ij} = a_{i1}b_{1j} + a_{i2}b_{2j} + \cdots + a_{is}b_{sj} = \sum_{k=1}^{s} a_{ik}b_{kj},$$

并把此乘积记作

$$C = AB.$$

按此定义,一个 $1 \times s$ 行矩阵与一个 $s \times 1$ 列矩阵的乘积是一个 1 阶方阵,也就是一个数积:

$$(a_{i1}, a_{i2}, \cdots, a_{in}) \begin{pmatrix} b_1 \\ b_2 \\ \vdots \\ b_n \end{pmatrix} = a_{i1}b_{1j} + a_{i2}b_{2j} + \cdots + a_{is}b_{sj} = \sum_{k=1}^{s} a_{ik}b_{kj} = c_{ij},$$

由此表明乘积矩阵 $AB = C$ 的 $(i,j)$ 元 $c_{ij}$ 就是 $A$ 的第 $i$ 行与 $B$ 的第 $j$ 列的乘积.

**注意**:只有当第一个矩阵(左矩阵)的列数等于第二个矩阵(右矩阵)的行数时,两个矩阵才能相乘.

【例 4.24】 用程序实现矩阵 $A = \begin{pmatrix} -3 & 2 & 1 & -1 \\ 6 & -4 & -4 & 2 \\ 1 & 4 & 4 & 8 \end{pmatrix}$ 和 $B = \begin{pmatrix} -3 & 6 & 1 \\ 2 & -4 & 4 \\ 1 & -1 & 4 \\ -1 & 2 & 8 \end{pmatrix}$ 相乘.

**程序编写**:

```c
#include <stdio.h>
void multiply_matrices(int mat1[3][4],int mat2[4][3],int result[3][3]) {
    for (int i=0;i<3;i++) {
```

```
            for (int j=0;j<3;j++) {
                result[i][j]=0;
                for (int k=0;k<4;k++) {
                    result[i][j]+=mat1[i][k]*mat2[k][j];
                }
            }
        }
}
void print_matrix(int matrix[3][3]) {
    for (int i=0;i<3;i++) {
        for (int j=0;j<3;j++) {
            printf("%d ",matrix[i][j]);
        }
        printf("\n");
    }
}
int main() {
    int matrix1[3][4]={{-3,2,1,-1},{6,-4,-4,2},{1,4,4,8}};
    int matrix2[4][3]={{-3,6,1},{2,-4,4},{1,-1,4},{-1,2,8}};
    int result[3][3];
    printf("Multiplication Result:\n");
    multiply_matrices(matrix1,matrix2,result);
    print_matrix(result);
    return 0;
}
```

**运行结果：**

```
Multiplication Result:
15 -29 1
-32 60 -10
1 2 97
```

## 三、矩阵的转置

**定义 5** 把矩阵 $A$ 的行换成同序数的列得到一个新矩阵，叫作 $A$ 的转置矩阵，记作 $A^T$.
例如矩阵

$$A=\begin{pmatrix}1 & 2 & 0\\ 3 & -1 & 1\end{pmatrix}$$

的转置矩阵为

$$A^T=\begin{pmatrix}1 & 3\\ 2 & -1\\ 0 & 1\end{pmatrix}$$

矩阵的转置也是一种运算，满足下述运算规律（假设运算都是可行的）：

（ⅰ）$(A^T)^T=A$.

（ⅱ）$(A+B)^T = A^T + B^T$.

（ⅲ）$(\lambda A)^T = \lambda A^T$.

（ⅳ）$(AB)^T = B^T A^T$.

**【例 4.25】** 求矩阵 $A$ 的转置.

程序编写：

```c
#include <stdio.h>
void transpose_matrix(int matrix[4][3],int result[3][4]) {
    for (int i=0;i<4;i++) {
        for (int j=0;j<3;j++) {
            result[j][i]=matrix[i][j];
        }
    }
}
void print_matrix(int matrix[3][4]) {
    for (int i=0;i<3;i++) {
        for (int j=0;j<4;j++) {
            printf("%d",matrix[i][j]);
        }
        printf("\n");
    }
}
int main() {
    int matrix[4][3]={{-3,6,1},{2,-4,4},{1,-1,4},{-1,2,8}};
    int result[3][4];
    printf("Original Matrix:\n");
    for (int i=0;i<4;i++) {
        for (int j=0;j<3;j++) {
            printf("%d",matrix[i][j]);
        }
        printf("\n");
    }
    transpose_matrix(matrix,result);
    printf("Transposed Matrix:\n");
    print_matrix(result);
    return 0;
}
```

运行结果：

```
Original Matrix:
-3 6 1
2 -4 4
1 -1 4
-1 2 8
Transposed Matrix:
-3 2 1 -1
6 -4 -1 2
1 4 4 8
```

## 四、矩阵的应用

### 1. 马尔可夫链

马尔可夫(Markov)过程是研究事物的状态及其转移的理论. 它是通过对不同状态的初始概率以及状态间转移概率的研究,来确定状态的变化趋势,从而达到预测未来的目的. 马尔可夫过程具有无后效性,其特点是每次状态的转移都只与互相连接的前一个状态有关,与过去的状态无关.

假设预测对象可能处在 $S_1, S_2, \cdots, S_n$ 共 $n$ 个状态中,而且每次只能处在一个状态中. 若目前它处于状态 $S_i$,则下一时刻可能由 $S_i$ 转向 $S_1, S_2, \cdots, S_n$ 共 $n$ 种状态之一. 可能的转移方式有 $n$ 种(其中 $S_i \to S_i$ 表示停留在状态 $S_i$),相应的转移概率为 $P_{ij}$. 如果将 $P_{ij}$ 作为矩阵中的第 $i$ 行第 $j$ 列,则 $n$ 个状态共有 $n$ 行,即

$$\boldsymbol{R} = \begin{pmatrix} P_{11} & P_{12} & P_{13} & \cdots & P_{1j} & \cdots & P_{1n} \\ P_{21} & P_{22} & P_{23} & \cdots & P_{2j} & \cdots & P_{2n} \\ \cdots & \cdots & \cdots & \cdots & \cdots & \cdots & \cdots \\ P_{n1} & P_{n2} & P_{n3} & \cdots & P_{nj} & \cdots & P_{nn} \end{pmatrix},$$

$\boldsymbol{R}$ 称为状态转移概率矩阵.

状态概率是指系统在某一时期处在某一状态的概率. 一般系统总是有多种状态的,在某一时期只处于其中的一种状态. 系统在某一时期各种状态的发生概率可用一向量表示,称为状态概率向量.

稳定状态概率是指系统在一定的一次转移概率条件下,经过多次转移,处于某种状态的概率趋向于一个常数,这种逐渐稳定下来的概率,就称为稳定状态概率.

对于状态划分问题,不同的事物、不同的预测目的,有不同的状态划分. 有的是预测对象本身已具有明显的状态界限,如气象预报中的晴、阴、雨、风;有的则需要根据实际情况人为地作出划分,如可以把道路路面状况的好坏按综合指标划分成若干个状态.

初始概率 $P_i$,在实际问题中就是指分析历史资料得到的某一状态出现的频率. 假设某事件有 $S_i$ 个状态($i=1,2,\cdots,n$),在已知历史资料中,状态 $S_i$ 出现的次数为 $M_i$,资料的总个数为 $N$,这时 $S_i$ 出现的概率为 $F_i = M_i/N$. 当样本足够大时,用频率 $F_i$ 代替概率 $P_i$ 的误差就会足够小.

【例 4.26】 A 市是一个拥有 30 万户家庭的城市,为了解该市未来的交通需求结构,将当地居民按家庭经济状况分为三类:

状态 1:低收入家庭,年收入在 4 万以下.

状态 2:中等收入家庭,年收入在 4 万到 10 万之间.

状态 3:高收入家庭,年收入在 10 万以上.

每年都有一部分高收入家庭变为中收入或低收入家庭,也有一部分中收入家庭变为高收入或低收入家庭,还有一部分低收入家庭变为中收入或高收入家庭.

首先,我们考虑前年该城居民的家庭经济情况. 根据抽样结果,我们给出马尔可夫链的

初始分布.

已知在 5868 个单位样本中,有 2821 个属于状态 1,2529 个属于状态 2,518 个属于状态 3. 也就是说,马尔可夫链的初始分布的估计为

$$\hat{\boldsymbol{\pi}}_{-1} = \left(\frac{2821}{5868}, \frac{2529}{5868}, \frac{518}{5868}\right)^{\mathrm{T}} = (0.4807, 0.4310, 0.0883)^{\mathrm{T}}.$$

建立转移一步概率矩阵 $\boldsymbol{P} = \begin{pmatrix} p_{11} & p_{12} & p_{13} \\ p_{21} & p_{22} & p_{23} \\ p_{31} & p_{32} & p_{33} \end{pmatrix}$,只要用转移概率矩阵乘第 $n$ 年的状态概率,就可以得到第 $n+1$ 年的状态概率,即

$$\boldsymbol{\pi}_{n+1} = \boldsymbol{P}^{\mathrm{T}} \boldsymbol{\pi}_n.$$

利用前年与去年的抽样结果可得 $\boldsymbol{P} = \begin{pmatrix} p_{11} & p_{12} & p_{13} \\ p_{21} & p_{22} & p_{23} \\ p_{31} & p_{32} & p_{33} \end{pmatrix}$ 的估计:

$$\hat{\boldsymbol{P}} = \begin{pmatrix} \hat{p}_{11} & \hat{p}_{12} & \hat{p}_{13} \\ \hat{p}_{21} & \hat{p}_{22} & \hat{p}_{23} \\ \hat{p}_{31} & \hat{p}_{32} & \hat{p}_{33} \end{pmatrix} = \begin{pmatrix} 0.8259 & 0.1510 & 0.023 \\ 0.1044 & 0.8157 & 0.0799 \\ 0 & 0.2625 & 0.7375 \end{pmatrix}$$

其中 $\hat{p}_{ij} = \dfrac{n_{ij}}{n_i}$,$n_i =$ 前年处于状态 $i$ 的家庭数,$n_{ij} =$ 前年处于状态 $i$ 而去年转移到状态 $j$ 的家庭数.

于是我们可以计算出将来任意一年的状态概率,即

$$\boldsymbol{\pi}_1 = \boldsymbol{P}^{\mathrm{T}} \boldsymbol{\pi}_0$$
$$\boldsymbol{\pi}_2 = \boldsymbol{P}^{\mathrm{T}} \boldsymbol{\pi}_1 = (\boldsymbol{P}^{\mathrm{T}})^2 \boldsymbol{\pi}_0$$
$$\vdots$$
$$\boldsymbol{\pi}_n = \boldsymbol{P}^{\mathrm{T}} \boldsymbol{\pi}_{n-1} = (\boldsymbol{P}^{\mathrm{T}})^n \boldsymbol{\pi}_0$$

所以,依此种计算方法我们可以得出各个年份的结果(表 4.1).

表 4.1 计算结果

| 时间 $n$ | $P(X_n=1)$ | $P(X_n=2)$ | $P(X_n=3)$ |
| --- | --- | --- | --- |
| $n=-1$ | 0.4807 | 0.4310 | 0.0883 |
| $n=0$ | 0.4421 | 0.4473 | 0.1106 |
| $n=1$ | 0.4118 | 0.4607 | 0.1275 |
| $n=2$ | 0.3882 | 0.4715 | 0.1403 |
| $n=3$ | 0.3699 | 0.4801 | 0.1501 |
| $n=4$ | 0.3556 | 0.4869 | 0.1575 |
| $n=5$ | 0.3445 | 0.4922 | 0.1633 |

续表

| 时间 $n$ | $P(X_n=1)$ | $P(X_n=2)$ | $P(X_n=3)$ |
|---|---|---|---|
| $n=6$ | 0.3360 | 0.4964 | 0.1676 |
| $n=7$ | 0.3293 | 0.4997 | 0.1710 |
| $n=8$ | 0.3241 | 0.5022 | 0.1736 |
| $n=9$ | 0.3202 | 0.5042 | 0.1756 |
| $n=10$ | 0.3171 | 0.5058 | 0.1772 |
| $n=11$ | 0.3147 | 0.5070 | 0.1783 |
| $n=12$ | 0.3128 | 0.5079 | 0.1793 |
| $n=13$ | 0.3114 | 0.5086 | 0.1800 |
| $n=14$ | 0.3103 | 0.5092 | 0.1805 |
| $n=15$ | 0.3094 | 0.5096 | 0.1809 |
| $n=16$ | 0.3088 | 0.5099 | 0.1813 |
| $n=17$ | 0.3083 | 0.5102 | 0.1815 |
| $n=18$ | 0.3079 | 0.5104 | 0.1817 |
| $n=19$ | 0.3076 | 0.5105 | 0.1819 |
| $n=20$ | 0.3073 | 0.5107 | 0.1820 |

**程序编写：**

```c
#include <stdio.h>
int main(){
    double a[20][3],t=0;
    double c[3]={0.4807,0.4310,0.0883};
    double b[][3]={{0.8259,0.1510,0.023},{0.1044,0.8157,0.0799},{0,0.2625,0.7375}};
    int i,j,k;
    for (k=0;k<20;k++) {
        for (j=0;j<3;j++) {
            t=0;
            for (i=0;i<3;i++) t=t+c[i]*b[i][j];
            a[k][j]=t;
        }
        for (i=0;i<3;i++) {
            c[i]=a[k][i];
            printf("%5.4f\t",a[k][i]);
        }
        printf("\n");
    }
    return 0;
}
```

**运行结果：**

```
0.4420  0.4473  0.1106
0.4118  0.4607  0.1275
0.3882  0.4714  0.1403
0.3698  0.4800  0.1501
0.3555  0.4867  0.1575
0.3444  0.4921  0.1632
0.3358  0.4962  0.1676
0.3292  0.4995  0.1710
0.3240  0.5020  0.1736
0.3200  0.5040  0.1756
0.3169  0.5055  0.1771
0.3145  0.5067  0.1783
0.3127  0.5076  0.1792
0.3112  0.5083  0.1799
0.3101  0.5089  0.1805
0.3093  0.5093  0.1809
0.3086  0.5096  0.1812
0.3081  0.5099  0.1815
0.3077  0.5100  0.1816
0.3073  0.5102  0.1818
```

**2. 不确定型决策方法**

不确定型决策方法又称非确定型决策，非标准决策或非结构化决策，是指决策者无法确定未来各种自然状态发生的概率的决策，是在不确定条件下进行的决策．不确定型决策的主要方法有：等可能性法、保守法、乐观法和最小最大后悔值法等．下面结合例题介绍常用方法．

**【例 4.27】** 一施工队拟承包施工项目，可供选择的施工项目有 4 项．但只能选取其中的一项．因此有 4 个承包方案：$P_1$、$P_2$、$P_3$、$P_4$．四个项目的施工进度、质量均受天气的影响，但由于工程性质的不同，影响的程度不同．可能遇到的天气状态有四种：$W_1$（施工期间下雨天数 $S<10$）、$W_2$（$10 \leqslant S < 20$）、$W_3$（$20 \leqslant S < 30$）、$W_4$（$S \geqslant 30$）．承包不同的施工项目在不同的天气状态下可获得的收益见表 4.2．试选择一个合适的承包方案，使施工队获得的收益最大．

表 4.2　施工项目在不同天气状态下可获得的利益

| 施工方案 | 天气状况 | | | |
|---|---|---|---|---|
| | $W_1$ | $W_2$ | $W_3$ | $W_4$ |
| $P_1$ | 40 | 70 | 30 | 35 |
| $P_2$ | 95 | 75 | 65 | 40 |
| $P_3$ | 80 | 45 | 90 | 35 |
| $P_4$ | 60 | 50 | 65 | 45 |

（1）小中取大法——保守法

按照小中取大的准则，决策者不知道各种状态中任一种发生的概率，决策目标是避免最坏的结果，力求风险最小．运用保守法进行决策时，首先要确定每一可选方案的最小收益值，然后从这些方案最小收益值中，选出一个最大值，对应的方案就是决策所选择的方案．计算过程如下：

① 按行找出每个方案的最小收益.

② 在各方案的最小收益中,寻求最大值.

**程序编写:**

```c
#include <stdio.h>
int main(){
double a[4][4]={{40,70,30,35},{95,75,65,40},{80,45,90,35},{60,50,65,45}};
int i,j,k;
double t[4]={100,100,100,100},b=0;
for (i=0;i<4;i++)
{for (j=0;j<4;j++)
    if (a[i][j]<t[i]) t[i]=a[i][j];
printf("%5.2f\t",t[i]);
if (t[i]> b){
    b=t[i];
    k=i+1;
   }
}
printf("\nThe best plan is % d with profit % 5.2f\n",k,b);
return 0;
}
```

**运行结果:**

```
30.00   40.00   35.00   45.00
The best plan is 4 with profit 45.00
```

(2) 大中取大法——乐观法

决策者对于未来保持乐观态度,从每个方案中选出在各种状态下可能的最大收益,然后在所有方案的最大收益中选取最大值,最大值对应方案即决策所选方案. 计算过程如下:

① 按行找出每个方案的最大收益.

② 在各方案的最大收益中,寻求最大值.

**程序编写:**

```c
#include <stdio.h>
int main() {
    int a[4][4]={
        {40,70,30,35},
        {95,75,65,40},
        {80,45,90,35},
        {60,50,65,45}
    };
    int p[4]={0};
    int i,j,r,max=0;
    //找出每个计划的局部最大收益
    for (i=0; i<4; i++) {
```

```
            for (j=0; j<4;j++) {
                if (p[i]<a[i][j]) {
                    p[i]=a[i][j];
                }
            }
            //打印当前计划的最大收益
            printf("Plan %d max profit: %d\n",i+1,p[i]);
        }
        //找出所有计划中最大的一组最大收益
        for (i=0; i<4; i++) {
            if (max<p[i]) {
                max=p[i];
                r=i+1;
            }
        }
        printf("\nThe best plan is %d with profit %d\n",r,max);
        return 0;
    }
```

运行结果:

```
Plan 1 max profit: 70
Plan 2 max profit: 95
Plan 3 max profit: 90
Plan 4 max profit: 65

The best plan is 2 with profit 95
```

(3) 最小最大后悔值法

决策者不知道各种状态中任一种发生的概率,决策目标是确保避免较大的机会损失. 每一种状态下总有一个方案可以达到最好的收益,即按列的最大值,如果该状态发生了,选择其他方案将达不到最优值,从而产生机会损失,相应的差值称为后悔值. 运用最小最大后悔值法时,首先要将决策矩阵从收益矩阵转变为机会损失矩阵;然后确定每一可选方案的最大机会损失;再次,在这些方案的最大机会损失中,选出一个最小值,与该最小值对应的可选方案便是决策选择的方案. 计算过程如下:

① 对收益矩阵按列找最大值,用该值减去所在列的所有其他值,得到后悔值矩阵.
② 按行找出每个方案的最大后悔值.
③ 在各方案的最大后悔值中,寻求最小值.

**程序编写:**

```
#include <stdio.h>
int main() {
    int a[4][4]={{40,70,30,35},{95,75,65,40},{80,45,90,35},{60,50,65,45}};
    int i,j,s[4]={0},x[4]={0},b=100,c;
```

```
        for (j=0;j<4;j++) {                        //求后悔值矩阵
            for (i=0;i<4;i++) {
                if (a[i][j]>s[j]) {
                    s[j]=a[i][j];
                }
            }
            for (i=0; i<4; i++) {
                a[i][j]=s[j]-a[i][j];
            }
        }
        for (i=0;i<4;i++) {                        //求最小后悔值
            for (j=0;j<4;j++) {
                printf("%d\t",a[i][j]);            //打印后悔值
                if (x[i]<a[i][j]) {
                    x[i]=a[i][j];
                }
            }
            if (x[i]<b) {
                b=x[i];
                c=i+1;
            }
            printf("\n");
        }
        printf("The best plan is %d with profit %d\n",c,b);
        return 0;
}
```

运行结果：

```
55      5       60      10
0       0       25      5
15      30      0       10
35      25      25      0
The best plan is 2 with profit 25
```

### 3. 风险型决策方法

在风险型决策问题中,未来出现哪种状态也是不确定的,是一个随机事件,但出现某个状态概率是知道的.因此,每一可行方案所能获得收益的数学期望值是可以计算出来的.在所有方案中,收益期望值最大的就是最优方案.计算过程如下：

① 找出每个方案的最大期望值.

② 在各方案的最大期望值中,寻求最大值.

同样以【例 4.27】为例.

假设根据天气预报,在施工期间出现四种天气状态的概率分别为：出现 $W_1,P(1)=0.2$；出现 $W_2,P(2)=0.5$；出现 $W_3,P(3)=0.2$；出现 $W_4,P(4)=0.1$.试进行决策.

程序编写：

```
#include<stdio.h>
#include<math.h>
```

```c
int main(){
    double a[4]={0.2,0.5,0.2,0.1},b[4][4]={{40,70,30,35},{95,75,65,40},{80,45,90,35},{60,50,65,45}},e[4]={0},max;
    int i,j,r;
    for(i=0;i<4;i++){
        for(j=0;j<4;j++){
            e[i]=e[i]+a[j]*b[i][j];
        }
    }
    for(i=0;i<4;i++){
    printf("第%d种方案的利润为:%f\n",i+1,e[i]);
}
        for(i=0;i<4;i++){
            if(max<e[i]){
                max=e[i];
                r=i+1;
            }
        }
    printf("The best plan is %d with profit %f\n",r,max);
    return 0;
}
```

运行结果：

```
第1种方案的利润为：52.500000
第2种方案的利润为：73.500000
第3种方案的利润为：60.000000
第4种方案的利润为：54.500000
The best plan is 2 with profit 73.500000
```

### 4. 多属性决策方法

多属性决策也称有限方案多属性决策,是指在考虑多个属性的情况下,选择最优备选方案或进行方案排序,它是现代决策科学的一个重要组成部分.该理论和方法在工程、技术、经济、管理和军事等诸多领域中都有广泛的应用.多属性决策主要解决的问题是在评估及选择两方面.

如今的多属性决策方法有很多,但这些方法有一些共通要素：

• 多个选择方案:在做决策之前,决策者必须先要衡量可行的方案,以作为评估的选择.

• 多个评估属性:在做决策之前,决策者必须先要提出影响方案的数个相关属性,属性间可以互相独立也可以相互关联.

• 属性的权重分配:对于不同的属性,决策者会有不同的偏好倾向,并分配不同的权重,一般来说属性的权重分配通常会经过规范化处理.

从数学模型上看,有限方案的多属性决策问题是一类较为简单,特殊的问题.而从实际应用上看,这类问题显然具有重要的意义.这类问题的特点是:可行方案只有有限个,评价准则（或属性）多于一个.

(1) 决策矩阵及其规范化

对有限方案的多属性决策问题,可以把不同方案相对于不同属性(准则)的结果用一个矩阵来表示,这个矩阵称为决策矩阵.

设 $X=\{X_1,\cdots,X_m\}$ 为多目标决策问题的可行方案集,$Y=\{y_1,\cdots,y_n\}$ 为属性集,每个方案 $X_i$ 关于属性 $y_j$ 的结果记为

$$y_{ij}=f_j(x_{ij}),$$

于是可得决策矩阵(表 4.3).

表 4.3 有限方案的多目标决策矩阵

| 方案 | 属性 | | | |
|---|---|---|---|---|
| | $y_1$ | $y_2$ | $\cdots$ | $y_n$ |
| $X_1$ | $y_{11}$ | $y_{12}$ | $\cdots$ | $y_{1n}$ |
| $X_2$ | $y_{21}$ | $y_{22}$ | $\cdots$ | $y_{2n}$ |
| $\vdots$ | $\vdots$ | $\vdots$ | | $\vdots$ |
| $X_m$ | $y_{m1}$ | $y_{m2}$ | $\cdots$ | $y_{mn}$ |

这个矩阵为各种有限方案的多属性决策方法提供了最基本的信息.

由于实际问题中各种属性值的背景和量纲往往是不一致的,因而不易进行方案间的直接比较. 所以,需要将各属性值规范化,例如限制在[0,1]内. 规范化的方法有很多,可根据具体情况选择不同的方法. 常用的方法有以下几种:

• 向量规范化,令

$$z_{ij}=\frac{y_{ij}}{\left(\sum_{i=1}^{m}y_{ij}^2\right)^{\frac{1}{2}}}.$$

• 线性变换,设 $y_j^{\max}=\max_i y_{ij}$,例如,如果希望 $y_j$ 愈大愈好,则令

$$z_{ij}=\frac{y_{ij}}{y_j^{\max}},$$

如果希望 $y_j$ 愈小愈好,则令

$$z_{ij}=1-\frac{y_{ij}}{y_j^{\max}}.$$

• 其他变换:

$$z_{ij}=\frac{y_{ij}-y_j^{\min}}{y_j^{\max}-y_j^{\min}}$$

或

$$z_{ij}=\frac{y_j^{\max}-y_{ij}}{y_j^{\max}-y_j^{\min}}.$$

上述各种变换的基本目的都在于使各属性值规范化,从而可进行数值上的相互比较.

(2) 求权重系数的特征向量法

① 构造判断矩阵

通过对指标之间重要程度进行两两比较和分析判断,构造判断矩阵. 层次分析法在对指标的相对重要程度进行测量时,引入了九分位的相对重要的比例标度,令 $A$ 为判断矩阵,用以表示同一层次各个指标的相对重要性的判断值,它由若干位专家来判定. 有: $A = (a_{ij})_{m \times m}$. 矩阵 $A$ 中各元素 $a_{ij}$ 表示横行指标 $Z_i$ 对各列指标 $Z_j$ 的相对重要程度的两两比较值. 考虑到专家对若干指标直接评价权重的困难,根据心理学家提出的"人区分信息等级的极限能力为 $7\pm 2$"的研究结论,有如下评分规则(表 4.4):

表 4.4 权重的评分规则

| 甲指标与乙指标 | 极端重要 | 强烈重要 | 明显重要 | 比较重要 | 重要 | 较不重要 | 不重要 | 很不重要 | 极不重要 |
|---|---|---|---|---|---|---|---|---|---|
| 甲指标评价值 | 9 | 7 | 5 | 3 | 1 | 1/3 | 1/5 | 1/7 | 1/9 |

备注:取 8,6,4,2,1/2,1/4,1/6,1/8 为上述评价值的中间值.

根据判断矩阵 $A$ 中指标两两比较的特点,把 $x_i$ 对 $x_j$ 的相对重要性记为 $a_{ij}$,明显的有 $a_{ii}=1, a_{ij}=1/a_{ji}, i=1,2,\cdots,m$. 因此,判断矩阵 $A$ 是一个正交矩阵,每次判断时,只需要作 $m(m-1)/2$ 次比较即可. 打分矩阵见表 4.5.

表 4.5 打分矩阵

| $A$ | $A_1$ | $A_2$ | $\cdots$ | $A_m$ |
|---|---|---|---|---|
| $A_1$ | $a_{11}$ | $a_{12}$ | | $a_{1m}$ |
| $A_2$ | $a_{21}$ | $a_{22}$ | | $a_{1m}$ |
| $\cdots$ | | | | |
| $A_m$ | $a_{m1}$ | $a_{m2}$ | | $a_{mn}$ |

② 计算权重系数

权重系数就是判断矩阵的最大特征值对应的标准化的特征向量(向量除以向量和,转为 $[0,1]$ 之间).

求判断矩阵特征向量的近似公式有两种方法:方根法、和积法.

a. 方根法

(a) 计算 $\widetilde{w}_i$ 其中

$$\widetilde{w}_i = \sqrt[n]{\prod_{j=1}^{n} a_{ij}} \quad (i=1,2,\cdots,n).$$

(b) 将 $\widetilde{w}_i$ 规范化,得到 $w_i$:

$$w_i = \frac{\widetilde{w}_i}{\sum_{i=1}^{n} \widetilde{w}_i} \quad (i=1,2,\cdots,n).$$

$w_i$ 即特征向量 $w$ 的第 $i$ 个分量.

$$\bar{a}_i = \sqrt[m]{a_{i1} \times a_{i2} \times \cdots \times a_{im}} = \sqrt[m]{\prod_{j=1}^{m} a_{ij}},$$

$$w_i = \frac{\bar{a}_i}{\sum_{i=1}^{m} \bar{a}_i} \quad (i=1,2,\cdots,m).$$

将各个评价指标的重要性权重系数用一个向量来表示,即 $W=(w_1,w_2,\cdots,w_m)$,该向量又称判断矩阵的特征向量.

**【例 4.28】** 用方根法求矩阵 $\begin{bmatrix} 1 & 3 & 7 \\ \dfrac{1}{3} & 1 & 3 \\ \dfrac{1}{7} & \dfrac{1}{3} & 1 \end{bmatrix}$ 的特征向量.

**程序编写:**

```
#include <stdio.h>
#include <math.h>
int main() {
   double a[3][3]={{1,3,7},{1.0/3,1,3},{1.0/7,1.0/3,1}};
   int i,j;
   double t[3]={1,1,1},s=0,w[3];
   for (j=0;j<3;j++) {
     for (i=0;i<3;i++)
       t[j]*=a[j][i];
     t[j]=pow(t[j],1.0/3);
     printf("%lf\t", t[j]);
     s+=t[j];
   }
   printf("\n");
   for (i=0;i<3;i++) {
     w[i]=t[i]/s;
     printf("%lf\t", w[i]);
   }
   return 0;
}
```

**运行结果:**

| 2.758924 | 1.000000 | 0.362460 |
| --- | --- | --- |
| 0.669417 | 0.242637 | 0.087946 |

**程序分析:** 该程序最后会输出两行:第一行是矩阵每行的几何平均数,第二行是基于这些几何平均数的权重,这些权重通常用于决策、排序或者评估中,为不同的选项分配相对重要性.

b. 和积法

(a) 按列将 $A$ 标准化,有 $b_{ij} = a_{ij} \Big/ \sum_{k=1}^{n} a_{kj}.$

(b) 计算 $\widetilde{w}_i$：

$$\widetilde{w}_i = \sum_{j=1}^{n} b_{ij} \quad (i=1,\cdots,n).$$

(c) 将 $\widetilde{w}_i$ 规范化，得到 $w_i$：

$$w_i = \frac{\widetilde{w}_i}{\sum_{i=1}^{n} \widetilde{w}_i} \quad (i=1,2,\cdots,n).$$

**【例 4.29】** 用和积法求矩阵 $\begin{bmatrix} 1 & 3 & 7 \\ \frac{1}{3} & 1 & 3 \\ \frac{1}{7} & \frac{1}{3} & 1 \end{bmatrix}$ 的特征向量.

**程序编写：**

```c
#include <stdio.h>
int main() {
    double a[3][3]={
        {1,3,7},
        {1.0/3,1,3},
        {1.0/7,1.0/3,1}
    };
    double b[3][3];
    int i,j;
    double t[3]={0,0,0},w[3]={0,0,0},k=0,x[3]={0,0,0};
    //计算矩阵 a 的列和
    for (j=0; j<3;j++) {
        for (i=0; i<3; i++) {
            t[j]=t[j]+a[i][j];
        }
    }
    //计算归一化的矩阵 b
    for (j=0; j<3;j++) {
        for (i=0; i<3; i++) {
            b[i][j]=a[i][j]/t[j];
        }
    }
    //计算每列和总和的权重 w 和 k
    for (j=0; j<3;j++) {
        for (i=0; i<3; i++) {
            w[j]=w[j]+b[j][i];
        }
        k=k+w[j];
    }
    //计算权重 x 并输出
    for (j=0; j<3;j++) {
```

```
        x[j]=w[j]/k;
        printf("%lf\t",x[j]);
    }
    printf("\n");
    return 0;
}
```

**运行结果：**

```
0.668697        0.243101        0.0882021
```

（3）简单线性加权法

这是一种形式上最简单的方法,不仅适用于有限方案,而且也适用于无限方案及连续情况下的多属性决策问题. 其基本内容是：

设 $R$ 为可行方案集(有限或无限), $u_j(\cdot)$ 为第 $j$ 个目标(或属性)的效用值, $\lambda_1,\cdots,\lambda_n$ 为反映各目标间相对重要性的权重系数. 然后,通过求解问题：

$$\max_{x \in \mathbf{R}} u = \sum_{j=1}^{n} \lambda_j u_j(x)$$

选择使综合效用值 $u$ 最大的方案作为最优方案.

不难看出,简单线性加权法的依据是多属性效用函数理论. 因此,如果能够正确测算出有关单属性效用函数 $u_j(\cdot)$,并恰当地估计出反映决策者主观偏好的权重系数 $\lambda_1,\cdots,\lambda_n$,则在一定的独立性条件假设下,根据上式选择最优方案就是合理的. 然而,问题也正在于独立性条件不是经常得到满足的,而且更重要的是,很难恰当地找到所需的权重系数. 这些问题使简单线性加权法在应用时具有一定的困难和局限性.

【例 4.30】 某人拟购买一套住房,有四个地点(方案)可供选择,有关信息如表 4.6 所示. 请选择最优的方案.

表 4.6 四个方案的有关信息

| 方案(地点) | 价格 $y_1$/万元 | 使用面积 $y_2$/m² | 距工作地点距离 $y_3$/km | 设备 $y_4$ | 环境 $y_5$ |
|---|---|---|---|---|---|
| $X_1$ | 150 | 100 | 10 | 7 | 7 |
| $X_2$ | 125 | 80 | 8 | 3 | 5 |
| $X_3$ | 90 | 50 | 20 | 5 | 11 |
| $X_4$ | 110 | 70 | 12 | 5 | 9 |

这是一个具有 5 个目标的决策问题,其中：使用面积、设备和环境为效益型目标,越大越好；价格、距工作地点距离为成本型目标,越小越好. 不难看出,所给的四个方案都是有效的,下面用简单线性加权法求解此问题.

**算法设计**：首先求权重系数,设决策人对各属性作成对比较后的判断矩阵为

$$A = \begin{pmatrix} 1 & \frac{1}{3} & \frac{1}{3} & \frac{1}{3} & \frac{1}{3} \\ 3 & 1 & 2 & 1 & \frac{1}{2} \\ 2 & \frac{1}{3} & \frac{1}{3} & \frac{1}{3} & \frac{1}{3} \\ 4 & 1 & 2 & 1 & 1 \\ 5 & 2 & 2 & 1 & 1 \end{pmatrix} \begin{matrix} \cdots\cdots 价格 \\ \cdots\cdots 面积 \\ \cdots\cdots 距离 \\ \cdots\cdots 设备 \\ \cdots\cdots 环境 \end{matrix}$$

注意到这个矩阵中的元素满足 $a_{ij} = \frac{1}{a_{ji}}$,但并不总满足 $a_{ik}a_{kj} = a_{ij}$. 采用特征向量法,用方根法得到的权重系数为 $\lambda = (0.0598, 0.1942, 0.1181, 0.2363, 0.3916)^T$,再分别根据 $z_{ij} = \frac{y_{ij} - y_j^{\min}}{y_j^{\max} - y_j^{\min}}$ 和 $z_{ij} = \frac{y_j^{\max} - y_{ij}}{y_j^{\max} - y_j^{\min}}$ 把表 4.6 中的数据规范化,然后计算出每个方案的综合效用,进行比较后得到最优方案.

**程序编写:**

```c
#include <stdio.h>
#include <math.h>
# define m 4                              //有限方案的个数,定义为常数//
# define k 5                              //多属性的个数,定义为常数//
double b[m][k];                           //用于存放规范化矩阵//
double b0[m]={150,125,90,110};            //输入各个属性值//
double b1[m]={100,80,50,70};
double b2[m]={10,8,20,12};
double b3[m]={7,3,5,5};
double b4[m]={7,5,11,9};
double w[k];                              //用于存放权重系数向量//
double c[k][k]={{1,1.0/3,1.0/3,1.0/3,1.0/3},{3,1,2,1,1.0/2},
{2,1.0/3,1.0/3,1.0/3,1.0/3},{4,1,2,1,1},{5,2,2,1,1}}; //输入属性判断矩阵//
double score[m]={0};                      //用于存放最终各个方案的得分,初始都
                                          为0//
double maxs=0;                            //用于存放最高的方案得分,初值为0//
intmaxn;                                  //最优方案的编号//
double max(double a[],int n){             //求向量的最大值//
    int i;
    double max=a[0];
    for (i=0;i<n;i++)
        if (a[i]>max) max=a[i];
    return(max);
}
double min(double a[],int n){             //求向量的最小值//
    int i;
    double min=a[0];
    for (i=0;i<n;i++)
        if (a[i]<min) min=a[i];
```

```c
        return(min);
}
void big(double a[],int n){              //越大越好的属性规范化//
    int i;
    double maxa,mina;
    maxa=max(a,n);
    mina=min(a,n);
    for (i=0;i<n;i++)
        a[i]=(a[i]-mina)/(maxa-mina);
}
void small(double a[],int n){            //越小越好的属性规范化//
    int i;
    double maxa,mina;
    maxa=max(a,n);
    mina=min(a,n);
    for (i=0;i<n;i++)
        a[i]=(maxa-a[i])/(maxa-mina);
}
//属性权重向量确定方法:方根法,输入一个判断矩阵就能得出权重向量//
void weight(double a[k][k]){
int i,j;
double t[k]={0},s=0;                     //未赋值的元素自动确定为0//
for (i=0;i<k;i++) t[i]=t[i]+1;           //将 t[k]向量的元素都变成1,以便于使用
                                         乘法.

for (j=0;j<k;j++){
    for (i=0;i<k;i++)
    t[j]=t[j] * a[j][i];
    t[j]=pow(t[j],1.0/k);
    s=s+t[j];
}
for (i=0;i<k;i++) w[i]=t[i] * 1.0/s;     //改变了全局变量 w 的值
}
int main(){                              //主函数//
    int i,j;
    //对于不同的属性使用不同的规范化方法,调用不同的规范化函数//
    small(b0,m);
    big(b1,m);
    small(b2,m);
    big(b3,m);
    big(b4,m);
    for (i=0;i<m;i++){
    b[i][0]=b0[i];
    b[i][1]=b1[i];
    b[i][2]=b2[i];
    b[i][3]=b3[i];
    b[i][4]=b4[i];
    }
```

```c
        printf("The standardized matrix is\n");   //输出规范化矩阵//
        for (i=0;i<m;i++){
            {for (j=0;j<k;j++)
            printf("%f\t",b[i][j]);
            }
        printf("\n");
        }
    printf("\n");
    weight(c);                                    //引用求权向量的函数//
    printf("The weights of each attributes are\n");
    for (i=0;i<k;i++) {
    printf("%5.4f\t",w[i]);
    }
    printf("\n\n");
    //规范化矩阵与向量相乘//
    for (i=0;i<m;i++){
        {for (j=0;j<k;j++)
        score[i]=score[i]+b[i][j] * w[j];
        }
    }
    printf("The scores of each plan are\n");      //输出各方案的得分//
    for (i=0;i<m;i++) {
    printf("%5.4f\t",score[i]);
    }
    printf("\n\n");
    for (i=0;i<m;i++){                            //计算得分最高的方案//
        if (score[i]>maxs){
            maxs=score[i];
            maxn=i+1;                             //方案的编号是从 1 开始的而矩阵的行号
                                                  //是从 0 开始的,所以矩阵行号加 1 就是
                                                  //方案的编号//
        }
    }
    printf("The Best plan is %d\n",maxn);         //输出得分最高的方案//
}
```

**运行结果:**

```
The standardized matrix is
0.000000        1.000000        0.833333        1.000000        0.333333
0.416667        0.600000        1.000000        0.000000        0.000000
1.000000        0.000000        0.000000        0.500000        1.000000
0.666667        0.400000        0.666667        0.500000        0.666667

The weights of each attributes are
0.0759  0.2276  0.0871  0.2769  0.3326

The scores of each plan are
0.6879  0.2553  0.5469  0.5598

The Best plan is 1
```

## 5. 熵权法

熵权法是用于计算指标权重的常用方法. 根据熵的定义,对于某项指标,可以用熵值来判断该指标的离散程度,其熵值越小,指标的离散程度越大,该指标对综合评价的影响(即权重)就越大,如果某项指标的值全部相等,则该指标在综合评价中不起作用. 因此,可利用熵这个工具,计算出各个指标的权重,为多指标综合评价提供依据.

假设给定了 $m$ 个方案,每个方案有 $n$ 个指标 $X_1, X_2, \cdots, X_n$,令 $i$ 表示一个特定的方案,$j$ 表示一个特定的指标,其中 $i=1,\cdots,m$,$j=1,\cdots,n$,$X_{ij}$ 表示第 $i$ 个方案的第 $j$ 个指标的值. 熵权法的计算步骤如下:

(1) 数据标准化

首先将各个指标进行去量纲化处理,假设对数据 $X_{ij}$ 标准化后的值为 $Y_{ij}$,则对于数值越大越好的指标标准化公式为

$$Y_{ij} = \frac{X_{ij} - \min(X_j)}{\max(X_j) - \min(X_j)},$$

对于数值越小越好的指标标准化公式为

$$Y_{ij} = \frac{\min(X_j) - X_{ij}}{\max(X_j) - \min(X_j)}.$$

(2) 求各方案在各指标下的比值

对于得到的标准化数据,计算各方案在各指标的比值,公式如下:

$$p_{ij} = \frac{Y_{ij}}{\sum_{i=1}^{m} Y_{ij}}.$$

(3) 求各指标的熵

根据信息论中对信息熵的定义,对于某个指标 $X_j$ 有信息熵:

$$e_j = -\frac{1}{\ln m} \sum_{i=1}^{m} p_{ij} \cdot \ln p_{ij}.$$

(4) 确定各指标的权重

通过信息熵计算各指标的权重:

$$w_j = \frac{1 - e_j}{\sum_{j=1}^{n}(1 - e_j)}.$$

(5) 使用标准化数据计算每个方案的综合评分:

$$s_i = \sum_{j=1}^{n} w_j * Y_{ij}.$$

【例 4.31】 假设有一个经济发展项目正在进行方案的选择,共有 6 种备选方案,为了评估每个候选方案的优势,项目组收集了多个样本数据,这些数据包含了 8 类指标的值,包括项目带来的效益、对环境的影响、工期的长度、人力资源的使用、新技术的使用情况、项目的总成本、政策扶持和项目的风险. 其中,项目的效益、新技术的使用和政策扶持这三个指标的值越大越好,工期的长度、人力资源的使用、项目总成本和风险这五个指标的值越小越好. 要

求通过熵权法来客观评价各个指标的重要性,并计算出每个方案的综合得分,以此帮助决策者选择最优方案. 收集的数据如表 4.6 所示:

表 4.6 各个方案的样本数据

|  | 效益 | 环境 | 工期 | 人力 | 技术 | 成本 | 政策 | 风险 |
| --- | --- | --- | --- | --- | --- | --- | --- | --- |
| 方案 1 | 124.3 | 2.42 | 25.98 | 19 | 3.1 | 84 | 54.1 | 8.2 |
| 方案 2 | 134.7 | 2.5 | 22 | 19.25 | 3.34 | 108 | 53.7 | 8.34 |
| 方案 3 | 193.3 | 2.56 | 29.26 | 19.31 | 3.25 | 98 | 54 | 8.51 |
| 方案 4 | 158.6 | 2.52 | 31.19 | 19.36 | 3.57 | 79 | 53.9 | 6.14 |
| 方案 5 | 94.9 | 2.6 | 28.56 | 19.45 | 3.39 | 92 | 53.6 | 7.18 |
| 方案 6 | 123.8 | 2.65 | 28.12 | 19.62 | 3.58 | 105 | 54.3 | 6.74 |

**解题思路:** 我们可以设定一个 $m \times n$ 的矩阵 $X$,其中 $m$ 为方案数量,$n$ 为指标的数量. 本例中,$m$ 为 6,$n$ 为 8. 首先进行数据的标准化,然后计算每个样本值在其所在列中的比例 $p[i][j]$,之后计算每个指标的熵值 $e[j]$,再基于熵值计算指标的权重 $w[j]$,根据权重和标准化数据计算各方案的最终得分,选择得分最高的方案.

**程序编写:**

```c
#include <stdio.h>
#include <math.h>
#define m 6
#define n 8
//最小-最大规范化
void minMaxNormalization(double X[m][n],double Y[m][n]) {
    for (int j=0; j<n;j++) {
        double minVal=X[0][j];
        double maxVal=X[0][j];
        //找到每列的最小值和最大值
        for (int i=1; i<m; i++) {
            if (X[i][j]<minVal) minVal=X[i][j];
            if (X[i][j]>maxVal) maxVal=X[i][j];
        }
        //防止除以零
        double range=maxVal-minVal;
        if (range==0) continue;
        //归一化每个指标
        for (int i=0; i<m; i++) {
            Y[i][j]=(X[i][j]-minVal)/range;
        }
    }
}
//计算指标权重
void computeWeights(double Y[m][n],double weights[n]) {
    int i,j;
    double sumRow[n]={0};
    double p[m][n];
```

```
        double e[n];
        double d[n];
        double k=1.0/log(m);
        //计算每列的和
        for (j=0; j<n;j++) {
            for (i=0; i<m; i++) {
                sumRow[j]+=Y[i][j];
            }
        }
        //计算比例 p(i,j)
        for (i=0; i<m; i++) {
            for (j=0; j<n;j++) {
                p[i][j]=Y[i][j]/sumRow[j];
            }
        }
        //计算第 j 个指标的熵值 e(j)
        for (j=0; j<n;j++) {
            e[j]=0;
            for (i=0; i<m; i++) {
                if (p[i][j]>0) {                               //防止 log(0)
                    e[j]+=p[i][j] * log(p[i][j]);
                }
            }
            e[j]=-k * e[j];
        }
        //计算权重
        double sumD=0;
        for (j=0; j<n;j++) {
            d[j]=1-e[j];
            sumD+=d[j];
        }
        for (j=0; j<n;j++) {
            weights[j]=d[j]/sumD;
        }
    }
    //计算方案评分
    void computeSchemesScores (double Y[m][n], double weights[n], double scores[m]) {
        int i,j;
        for (i=0; i<m; i++) {
            scores[i]=0;
            for (j=0; j<n;j++) {
                scores[i]+=Y[i][j] * weights[j];
            }
        }
    }
    int main() {
    double X[m][n]={
      {124.3000,2.4200,25.9800,19.0000,3.1000,84.0000,54.1000,8.2000},
```

```
    {134.7000,2.5000,22.0000,19.2500,3.3400,108.0000,53.7000,8.3400},
    {193.3000,2.5600,29.2600,19.3100,3.2500,98.0000,54.0000,8.5100},
    {158.6000,2.5200,31.1900,19.3600,3.5700,79.0000,53.9000,6.1400},
    {94.9000,2.6000,28.5600,19.4500,3.3900,92.0000,53.6000,7.1800},
    {123.8000,2.6500,28.1200,19.6200,3.5800,105.0000,54.3000,6.7400}
}; double Y[m][n];
//归一化数据
minMaxNormalization(X,Y);
double weights[n];
computeWeights(Y,weights);
printf("指标权重:\n");
for (int j=0; j<n;j++) {
    printf("第%d个指标权重: %lf\n",j+1,weights[j]);
}
double scores[m];
computeSchemesScore(Y,weights,scores);
printf("\n方案评分:\n");
for (int i=0; i<m; i++) {
    printf("方案 %d 评分: %lf\n",i+1,scores[i]);
}
//选择最优方案
int optimalSchemeIndex=0;
for (inti=1; i<m; i++) {
    if (scores[i]>scores[optimalSchemeIndex]) {
        optimalSchemeIndex=i;
    }
}
printf("\n最优方案为: 方案 %d\n",optimalSchemeIndex+1);
return 0;
}
```

运行结果:

```
指标权重:
第1个指标权重: 0.138353
第2个指标权重: 0.115188
第3个指标权重: 0.098917
第4个指标权重: 0.106654
第5个指标权重: 0.121180
第6个指标权重: 0.142160
第7个指标权重: 0.147358
第8个指标权重: 0.130190

方案评分:
方案 1 评分: 0.327103
方案 2 评分: 0.483684
方案 3 评分: 0.685341
方案 4 评分: 0.482299
方案 5 评分: 0.432236
方案 6 评分: 0.757300

最优方案为: 方案 6
```

## 6. 模糊综合评价法

模糊综合评价法是一种基于模糊数学的综合评价方法.该综合评价法根据模糊数学的隶属度理论把定性评价转化为定量评价,即用模糊数学对事物或对象做出一个总体的评价.它具有结果清晰,系统性强的特点,能较好地解决模糊的、难以量化的问题,适合各种非确定性问题的解决.

模糊综合评价法主要使用模糊集理论来处理多指标评估问题.其首先将评价对象的多个指标用模糊集合描述,通过设定隶属度函数,将定性描述的指标量化为隶属度,形成一个隶属度矩阵.矩阵的行表示不同的指标,列表示不同的等级,每行代表一个指标的模糊评价集.最后,利用权重向量将隶属度矩阵转换为一个综合隶属集合,获得最后的综合评价结果.

计算步骤如下:

(1) 确定评价指标集:确定需要评价的指标(或属性),形成一个全集 $U=\{u_1,u_2,\cdots,u_m\}$;

(2) 确定评价等级集:确定评价标准,如优秀、良好、一般、差等,形成评价等级集 $(V=\{v_1,v_2,\cdots,v_n\})$;

(3) 建立模糊评价矩阵:设定各指标在各评等级上的隶属度,形成模糊评价矩阵 $R$.隶属度的确定一般需要通过专家打分等方式,通过集结领域内专家,根据其经验与知识,对不同指标和等级做出评价估计,之后采用统计方法(如算术平均、加权平均)对专家估计进行汇总分析,对评估指标分配不同隶属度值,从而构建隶属度矩阵;

(4) 权重向量的确定:根据实际需求和重要性,设定权重向量 $A$,权重和为1,权重向量可以通过专家打分法或者特征向量法得到;

(5) 模糊综合运算:计算模糊综合评判向量:$[B=A \cdot R]$其中 $B$ 表示评价结果向量;

(6) 评价与决策:根据向量 $B$ 的元素大小确定最终决策.

【**例 4.32**】 假设我们要对一家餐厅进行综合评价,评价指标包括食物质量、服务态度、环境氛围和价格水平.评价等级分为:很差、较差、一般、良好、优秀.我们通过发放调查问卷的方式访问了 200 位顾客,让他们对每个指标的等级进行评价.以全部问卷中每个指标下不同等级的比例作为在该等级上的隶属度,形成如表 4.7 的模糊评价矩阵 $R$.假设食物质量、服务态度、环境氛围、价格水平的权重向量为 $A=(0.4,0.3,0.2,0.1)$,要求通过模糊综合评价方法得出这家餐厅的综合评分等级.

表 4.7 模糊评价矩阵

| | 很差 | 较差 | 一般 | 良好 | 优秀 |
|---|---|---|---|---|---|
| 食物质量 | 0.1 | 0 | 0.1 | 0.5 | 0.3 |
| 服务态度 | 0 | 0 | 0.2 | 0.5 | 0.3 |
| 环境氛围 | 0.1 | 0.1 | 0.2 | 0.4 | 0.2 |
| 价格水平 | 0 | 0.1 | 0.3 | 0.4 | 0.2 |

**程序编写:**

```
#include <stdio.h>
#define m 4
```

```c
#define n 5
void Evaluation(float A[m],float R[m][n],float B[n]) {
   for (int j=0; j<n;j++) {
      B[j]=0;
      for (inti=0; i<m; i++) {
         B[j]+=A[i] * R[i][j];
      }
   }
}
int main() {
   //权重向量
   float A[m]={0.4,0.3,0.2,0.1};
   //模糊评价矩阵 R
   float R[m][n]={
      {0.1,0,0.1,0.5,0.3},               //食物质量
      {0,0,0.2,0.5,0.3},                 //服务态度
      {0.1,0.1,0.2,0.4,0.2},//环境氛围
      {0,0.1,0.3,0.4,0.2}                //价格水平
   };
   //模糊综合评判向量 B
   float B[n];
   //计算模糊综合评判向量
   Evaluation(A,R,B);
   //打印每个等级的分数
   printf("模糊综合评判得分:\n");
   printf("很差: %f\n",B[0]);
   printf("较差: %f\n",B[1]);
   printf("一般: %f\n",B[2]);
   printf("良好: %f\n",B[3]);
   printf("优秀: %f\n",B[4]);
   //评估结果
   //找出最大值对应的下标
   int maxIndex=0;
   for (int i=1; i<n; i++) {
      if (B[i]>B[maxIndex]) {
         maxIndex=i;
      }
   }
   //评价结果
   if (maxIndex==0) {
      printf("餐厅的综合评分等级为:很差\n");
   } else if (maxIndex==1) {
      printf("餐厅的综合评分等级为:较差\n");
   } else if (maxIndex==2) {
      printf("餐厅的综合评分等级为:一般\n");
   } else if (maxIndex==3) {
      printf("餐厅的综合评分等级为:良好\n");
   } else if (maxIndex==4) {
      printf("餐厅的综合评分等级为:优秀\n");
```

```
    }
    return 0;
}
```

**运行结果：**

```
模糊综合评判得分：
很差：0.060000
较差：0.030000
一般：0.170000
良好：0.470000
优秀：0.270000
餐厅的综合评分等级为：良好
```

## 课后习题

1. 设 $a=3i-j-2k, b=i+2j-k$，编程求：
   (1) $a \cdot b$ 及 $a \times b$；(2) $(-2a) \cdot 3b$ 及 $a \times 2b$；(3) $a, b$ 的夹角的余弦.

2. 编程求向量 $a=(4,-3,4)$ 在向量 $b=(2,2,1)$ 上的投影.

3. 设 $a=2i-3j+k, b=i-j+3k, c=i-2j$，编程求：
   (1) $(a \cdot b)c-(a \cdot c)b$；(2) $(a+b) \times (b+c)$；(3) $(a \times b) \cdot c$.

4. 编程求过点 $(3,0,-1)$ 且与平面 $3x-7y+5z-12=0$ 平行的平面方程.

5. 编程求过点 $M_0(2,9,-6)$ 且与连接坐标原点及点 $M_0$ 的线段 $OM_0(2,9,-6)$ 垂直的平面方程.

6. 编程求过 $M_1(1,1,-1)$、$M_2(-2,-2,2)$ 和 $M_3(1,-1,2)$ 三点的平面方程.

7. 编程求直线 $\begin{cases} x+y+3z=0 \\ x-y-z=0 \end{cases}$ 与平面 $x-y-z+1=0$ 的夹角.

8. 编程求矩阵 $A=\begin{pmatrix} 1 & 2 \\ 1 & 3 \end{pmatrix}$ 和 $B=\begin{pmatrix} -1 & 0 \\ 3 & 5 \end{pmatrix}$ 的和、差.

9. 编程求下列矩阵的乘积：

   (1) $\begin{pmatrix} 4 & 3 & 1 \\ 1 & -2 & 3 \\ 5 & 7 & 0 \end{pmatrix} \begin{pmatrix} 7 \\ 2 \\ 1 \end{pmatrix}$； (2) $\begin{pmatrix} 2 & 1 & 4 & 0 \\ 1 & -1 & 3 & 4 \end{pmatrix} \begin{pmatrix} 1 & 3 & 1 \\ 0 & -1 & 2 \\ 1 & -3 & 1 \\ 4 & 0 & -2 \end{pmatrix}$.

10. 编程求矩阵 $A=\begin{pmatrix} 1 & 2 & -1 \\ 3 & 4 & -2 \\ 5 & -4 & 1 \end{pmatrix}$ 的转置.

11. 已知矩阵 $A=\begin{pmatrix} 1 & 1 & 1 \\ 1 & 1 & -1 \\ 1 & -1 & 1 \end{pmatrix}$、$B=\begin{pmatrix} 1 & 2 & 3 \\ -1 & -2 & 4 \\ 0 & 5 & 1 \end{pmatrix}$，编程求下列值：

    (1) $3AB-2A$； (2) $A^T B$.

# 第五章
# 概率论与数理统计程序设计

## 第一节

# 排列与组合

## 一、排列

为了寻求简便的计数方法,我们先来分析这类问题的两个简单例子.

问题1:从甲、乙、丙3名同学中选出2名参加一项活动,其中1名同学参加上午的活动,另1名同学参加下午的活动,有多少种不同的选法?

我们可以这样来分析这个问题:从甲、乙、丙3名同学中每次选出2名,按照参加上午的活动在前,参加下午的活动在后的顺序排列,求一共有多少种不同排法.

解决这一问题可分两个步骤:第1步,确定参加上午活动的同学,从3人中任选1人,有3种方法;第2步,确定参加下午活动的同学,当参加上午活动的同学确定后,参加下午活动的同学只能从余下的2人中去选,于是只有2种方法.

一般地,有如下分步乘法计数原理:完成一件事需要两个步骤,做第1步有 $m$ 种不同的方法,做第2步有 $n$ 种不同的方法,那么完成这件事共有 $N=m\times n$ 种不同的方法.

根据分步乘法计数原理,在3名同学中选出2名,按照参加上午活动在前,参加下午活动在后的顺序排列的不同方法共有 $3\times 2=6$ 种.

把上面问题中被取的对象叫作元素,于是问题可叙述为:

从3个不同的元素 $a,b,c$ 中任取2个,然后按照一定的顺序排成一列,一共有多少种不同的排列方法?

所有不同的排列是

$$ab,ac,ba,bc,ca,cb,$$

共有 $3\times 2=6$ 种.

问题2:从1,2,3,4这4个数字中,每次取出3个排成一个三位数,共可得到多少个不同的三位数?

显然,从4个数字中,每次取出3个,按"百""十""个"位的顺序排成一列,就得到一个三位数.因此有多少种不同的排列方法就有多少个不同的三位数.可以分三个步骤来解决这个问题:

第1步,确定百位上的数字,在1,2,3,4这4个数字中任取1个,有4种方法;第2步,确定十位上的数字,当百位上的数字确定后,十位上的数字只能从余下的3个数字中去取,有3种方法;第3步,确定个位上的数字,百位、十位上的数字确定后,个位的数字只能从余下的2个数字中去取,有2种方法.

根据分步乘法计数原理,从1,2,3,4这4个不同的数字中,每次取出3个数字,按"百"

"十""个"位的顺序排成一列,共有
$$4\times3\times2=24$$
种不同的排法,因而共可得到 24 个不同的三位数.

同样,问题 2 可以归结为:

从 4 个不同的元素 $a,b,c,d$ 中任取 3 个,然后按照一定的顺序排成一列,共有多少种不同的排列方法?

所有不同排列是
$$abc,abd,acb,acd,adb,adc,$$
$$bac,bad,bca,bcd,bda,bdc,$$
$$cab,cad,cba,cbd,cda,cdb,$$
$$dab,dac,dba,dbc,dca,dcb.$$

共有 $4\times3\times2=24$ 种.

一般地,从 $n$ 个不同元素中取出 $m(m\leqslant n)$ 个元素,按照一定的顺序排成一列,叫作从 $n$ 个不同元素中取出 $m$ 个元素的一个排列(arrangement).

根据排列的定义,两个排列相同,当且仅当两个排列的元素完全相同,且元素的排列顺序也相同. 例如在问题 2 中,123 与 134 的元素不完全相同,它们是不同的排列;123 与 132 虽然元素完全相同,但元素的排列顺序不同,它们也是不同的排列.

从 $n$ 个不同元素中取出 $m(m\leqslant n)$ 个元素的所有不同排列的个数叫作从 $n$ 个不同元素中取出 $m$ 个元素的排列数,用符号 $A_n^m$ 表示.

上面的问题 1 是求从 3 个不同元素中取出 2 个元素的排列数,记为 $A_3^2$,已经算得
$$A_3^2=3\times2=6;$$

上面的问题 2 是求从 4 个不同元素中取出 3 个元素的排列数,记为 $A_4^3$,已经算得
$$A_4^3=4\times3\times2=24.$$

一般地,求排列数 $A_n^m$ 可以按依次填 $m$ 个空位来考虑:

假定有排好顺序的 $m$ 个空位,从 $n$ 个元素 $a_1,a_2,\cdots,a_n$ 中任意取 $m$ 个去填空,一个空位填 1 个元素,每一种填法就对应一个排列. 因此,所有不同填法的种数就是排列数 $A_n^m$.

填空可分为 $m$ 个步骤:

第 1 步:第 1 位可以从 $n$ 个元素中任选一个填上,共有 $n$ 种选法.

第 2 步:第 2 位只能从余下的 $n-1$ 个元素中任选一个填上,共有 $n-1$ 种选法.

第 3 步:第 3 位只能从余下的 $n-2$ 个元素中任选一个填上,共有 $n-2$ 种选法.

..............

第 $m$ 步:前面的 $m-1$ 个空位都填上后,第 $m$ 位只能从余下的 $n-(m-1)$ 个元素中任选一个填上,共有 $n-m+1$ 种选法.

根据分步乘法计数原理,全部填满 $m$ 个空位共有
$$n(n-1)(n-2)\cdots[n-(m-1)]$$

种填法.

这样,我们就得到公式

$$A_n^m = n(n-1)(n-2)\cdots(n-m+1).$$

这里,$n, m \in \mathbf{N}^*$,并且 $m \leqslant n$. 这个公式叫作排列数公式.

根据排列数公式,我们就能方便地计算出从 $n$ 个不同元素中取出 $m(m \leqslant n)$ 个元素的所有排列的个数,例如:

$$A_5^2 = 5 \times 4,$$

$$A_8^3 = 8 \times 7 \times 6 = 336.$$

$n$ 个不同元素全部取出的一个排列,叫作 $n$ 个元素的一个全排列. 这时公式中 $m = n$,即有

$$A_n^m = n \times (n-1) \times (n-2) \times \cdots \times 3 \times 2 \times 1,$$

就是说,$n$ 个不同元素全部取出的排列数,等于正整数 1 到 $n$ 的连乘积. 正整数 1 到 $n$ 的连乘积,叫作 $n$ 的阶乘,用 $n!$ 表示. 所以 $n$ 个不同元素的全排列数公式可以写成

$$A_n^m = n!$$

另外,我们规定 $0! = 1$.

事实上,容易推导

$$A_n^m = n(n-1)(n-2)\cdots(n-m+1)$$

$$= \frac{n \times (n-1) \times (n-2) \times \cdots \times (n-m+1) \times (n-m) \times \cdots \times 2 \times 1}{(n-m) \times \cdots \times 2 \times 1}$$

$$= \frac{n!}{(n-m)!} = \frac{A_n^n}{A_{n-m}^{n-m}}.$$

因此,排列数公式还可以写成

$$A_n^m = \frac{n!}{(n-m)!}.$$

**【例 5.1】** 使用 $A_n^m = n(n-1)(n-2)\cdots(n-m+1)$ 计算 $A_{10}^4$.

**算法设计**:代入 $m = 4, n = 10, A_{10}^4 = 10(10-1)(10-2)(10-3)$.

**程序编写**:

```c
#include <stdio.h>
long long calculatePermutations(int m,int n) {
    long long result=1;
    for (inti=n; i>=n-m+1; i--) {
        result *=i;
    }
    return result;
}
int main() {
    int m=4;
    int n=10;
    long long permutations=calculatePermutations(m,n);
printf("Permutations: %lld\n",permutations);
    return 0;
}
```

**运行结果：**

```
Permutations: 5040
```

【**例 5.2**】 使用求阶乘的公式 $A_n^m = \dfrac{n!}{(n-m)!}$ 计算 $A_{18}^5$.

**算法设计：** 代入 $m=5, n=18, A_{18}^5 = \dfrac{18!}{(18-5)!}$.

**程序编写：**

```c
#include <stdio.h>
//计算阶乘
long long factorial(int num) {
    if (num<=1) {
        return 1;
    } else {
        return num * factorial(num-1);
    }
}
//计算排列数
long long calculatePermutations(int m,int n) {
    //检查 m 是否大于 n
    if (m>n) {
        return 0;
    }
    long long numerator=factorial(n);
    long long denominator=factorial(n-m);
    return numerator/denominator;
}
int main() {
    int m=5;
    int n=18;
    long long permutations=calculatePermutations(m,n);
    printf("Permutations: %lld\n",permutations);
    return 0;
}
```

**运行结果：**

```
Permutations: 1028160
```

**程序分析：** 本程序在计算阶乘的时候采用了递归算法，也可以采用循环结构求阶乘.

## 二、组合

从甲、乙、丙 3 名同学中选出 2 名去参加一项活动，有多少种不同的选法？

从 3 名同学中选出 2 名的可能选法可以列举如下：
$$\text{甲、乙，甲、丙，乙、丙.}$$

上一节的问题 1 是求"从甲、乙、丙 3 名同学中选出 2 名去参加一项活动，其中 1 名参加上午的活动，1 名参加下午的活动"的选法. 由于"甲上午、乙下午"与"乙上午、甲下午"是两种不同的选法，因此解决这个问题时，不仅要从 3 名同学中选出 2 名，而且还要将他们按照"上午在前，下午在后"的顺序排列. 这是上一节研究的排列问题.

本节要研究的问题只是从 3 名同学中选出 2 名去参加一项活动，而不需要排列他们的顺序. 舍去具体背景，我们可以把它概括为：从 3 个不同的元素中取出 2 个合成一组，一共有多少个不同的组？

一般地，从 $n$ 个不同元素中取出 $m(m \leqslant n)$ 个元素合成一组，叫作从 $n$ 个不同元素中取出 $m$ 个元素的一个组合(combination).

从排列与组合的定义可以知道，两者都是从 $n$ 个不同元素中取出 $m(m \leqslant n)$ 个元素，这是排列、组合的共同点；它们的不同点是，排列与元素的顺序有关，组合与元素的顺序无关. 只有元素相同且顺序也相同的两个排列才是相同的；只要两个组合的元素相同，不论元素的顺序如何，都是相同的组合. 例如 $ab$ 与 $ba$ 是两个不同的排列，但它们却是同一个组合.

类比排列问题，我们引进如下概念：

从 $n$ 个不同元素中取出 $m(m \leqslant n)$ 个元素的所有不同组合的个数，叫作从 $n$ 个不同元素中取出 $m$ 个元素的组合数，用符号 $C_n^m$ 表示.

例如，从 8 个不同元素中取出 5 个元素的组合数表示为 $C_8^5$，从 7 个不同元素中取出 6 个元素的组合数表示为 $C_7^6$.

求从 $n$ 个不同元素中取出 $m$ 个元素的排列数，可由以下 2 个步骤得到：

第 1 步：从这 $n$ 个不同元素中取出 $m$ 个元素，共有 $C_n^m$ 种不同的取法.

第 2 步：将取出的 $m$ 个元素做全排列，共有 $A_m^m$ 种不同的排法.

根据分步乘法计数原理，有
$$A_n^m = C_n^m \cdot A_m^m.$$

因此
$$C_n^m = \frac{A_n^m}{A_m^m} = \frac{n(n-1)(n-2)\cdots(n-m+1)}{m!}.$$

这里 $n, m \in \mathbf{N}^*$，并且 $m \leqslant n$，这个公式叫作组合数公式.

因为
$$A_n^m = \frac{n!}{(n-m)!},$$

所以，上面的组合数公式还可以写成
$$C_n^m = \frac{n!}{m!(n-m)!}.$$

另外，我们规定 $C_n^0 = 1$.

从组合数公式中容易发现

$$C_n^{n-m} = \frac{n!}{(n-m)!\ m!} = C_n^m.$$

**【例 5.3】** 对于任意的两个数 $m, n, m \leqslant n$,计算它们的排列数 $A_n^m$ 和组合数 $C_n^m$.

**算法设计:** 根据公式

$$A_n^m = \frac{n!}{(n-m)!},$$

$$C_n^m = \frac{A_n^m}{A_m^m} = \frac{n(n-1)(n-2)\cdots(n-m+1)}{m!}.$$

可以容易得出它们的排列数 $A_n^m$ 和组合数 $C_n^m$.

**程序编写:**

```
#include <stdio.h>
int factorial(int num) {                        //计算阶乘
    int fact=1;
    int i;
    for (i=1;i<=num;i++) {
        fact*=i;
    }
    return fact;
}
int permutation(int m,int n) {                  //计算排列数
    int perm=factorial(n)/factorial(n-m);
    return perm;
}
int combination(int m,int n) {                  //计算组合数
    int comb=permutation(m,n)/factorial(m);
    return comb;
}
int main() {
    int m,n;
    printf("请输入两个整数 n 和 m(m<=n):");
    scanf("%d %d",&n,&m);
    printf("排列数 P(%d,%d)=%d\n",n,m,permutation(m,n));
    printf("组合数 C(%d,%d)=%d\n",n,m,combination(m,n));
    return 0;
}
```

**运行结果:**

```
请输入两个整数n和m (m <= n):5 2
排列数 P(5, 2) = 20
组合数 C(5, 2) = 10
```

## 第二节

# 概率

## 一、随机事件的概率

### 1. 随机事件

一般地,我们把在条件 S 下,一定会发生的事件,叫作相对于条件 S 的必然事件(certain event),简称必然事件;在条件 S 下,一定不会发生的事件,叫作相对于条件 S 的不可能事件(impossible event),简称不可能事件;必然事件与不可能事件统称为相对于条件 S 的确定事件,简称确定事件. 在条件 S 下可能发生也可能不发生的事件,叫作相对于条件 S 的随机事件(random event),简称随机事件. 确定事件和随机事件统称为事件,一般用大写字母 $A,B,C\cdots\cdots$表示.

对于随机事件,知道它发生的可能性大小是非常重要的. 用概率(probability)度量随机事件发生的可能性大小能为我们的决策提供关键性的依据.

在相同的条件 S 下重复 $n$ 次试验,观察某一事件 $A$ 是否出现,称 $n$ 次试验中事件 $A$ 出现的次数 $n_A$ 为事件 $A$ 出现的频数(frequency),称事件 $A$ 出现的比例 $f_n(A)=\dfrac{n_A}{n}$ 为事件 $A$ 出现的频率(relative frequency).

一般来说,随机事件 $A$ 在每次试验中是否发生是不能预知的,但是在大量重复试验后,随着试验次数的增加,事件 $A$ 发生的频率会逐渐稳定在区间[0,1]中的某个常数上. 这个常数越接近于 1,表明事件 $A$ 发生的频率越大,频数就越多,也就是它发生的可能性越大;反过来,事件发生的可能性越小,频数就越少,频率就越小,这个常数也就越小. 因此,我们可以用这个常数来度量事件 $A$ 发生的可能性的大小.

对于给定的随机事件 $A$,事件 $A$ 发生的频率 $f_n(A)$ 随着试验次数的增加稳定于概率 $P(A)$,因此可以用频率 $f_n(A)$ 来估计概率 $P(A)$.

这样,抛掷一枚硬币,正面朝上的概率为 0.5,即
$$P(正面朝上)=0.5.$$

任何事件的概率是 0~1 之间的一个确定的数,它度量该事件发生的可能性. 小概率(接近 0)事件很少发生,而大概率(接近 1)事件则经常发生. 例如,对每个人来讲,买一张体育彩票中特等奖的概率就是小概率事件,买 10000 张体育彩票至少有一张中奖(中几等奖都算中奖)的概率是很大的. 知道随机事件的概率的大小有利于我们做出正确的决策.

尽管每次抛掷硬币的结果出现正、反的概率都是 0.5,但连续两次抛掷硬币的结果不一定恰好是正面朝上、反面朝上各一次. 每个同学都连续抛掷两次硬币,统计全班同学的试验

结果,可以发现有三种可能的结果:"两次正面朝上""两次反面朝上""一次正面朝上,一次反面朝上",这正体现了随机事件发生的随机性.

如果连续 10 次掷一枚骰子,结果都是出现 1 点,你认为这枚骰子的质地均匀吗?为什么?

利用刚学过的概率知识我们可以进行推断,如果它是均匀的,通过试验和观察,可以发现出现各个面的可能性都应该是 $\frac{1}{6}$,连续 10 次出现 1 点的概率约为 0.000000016538. 这在一次试验(即连续 10 次投掷一枚骰子)中是几乎不可能发生的. 而当骰子不均匀时,特别是当 6 点那面比较重时(例如灌了铅或水银),出现 1 点的概率最大,更有可能连续 10 次出现 1 点.

现在我们面临两种可能的决策:一种是这枚骰子的质地均匀,另一种是这枚骰子的质地不均匀. 当连续 10 次投掷这枚骰子,结果都是出现 1 点,这时我们更愿意接受第二种情况:这枚骰子 6 点那面比较重. 原因是在第二种假设下,更有可能出现 10 个 1 点.

如果我们面临的是从多个可选答案中挑选正确答案的决策任务,那么"使得样本出现的可能性最大"可以作为决策的准则. 例如对上述思考题所作的推断,这种判断问题的方法称为极大似然法,极大似然法是统计中重要的统计思想方法之一.

### 2. 事件的关系与运算

在掷骰子试验中,可以定义许多事件,例如:

$C_1=\{$出现 1 点$\}$;$C_2=\{$出现 2 点$\}$;$C_3=\{$出现 3 点$\}$;

$C_4=\{$出现 4 点$\}$;$C_5=\{$出现 5 点$\}$;$C_6=\{$出现 6 点$\}$;

$D_1=\{$出现的点数不大于 1$\}$;$D_2=\{$出现的点数大于 3$\}$;$D_3=\{$出现的点数小于 5$\}$;

$E=\{$出现的点数小于 7$\}$;$F=\{$出现的点数大于 6$\}$;$G=\{$出现的点数为偶数$\}$;

$H=\{$出现的点数为奇数$\}$……

(1) 显然,如果事件 $C_1$ 发生,则事件 $H$ 一定发生,这时我们说事件 $H$ 包含事件 $C_1$,记作 $H \supseteq C_1$.

一般地,对于事件 $A$ 与事件 $B$,如果事件 $A$ 发生,则事件 $B$ 一定发生,这时称事件 $B$ 包含事件 $A$(或称事件 $A$ 包含于事件 $B$),记作 $B \supseteq A$(或 $A \subseteq B$). 不可能事件记作 $\varnothing$.

(2) 如果事件 $C_1$ 发生,那么事件 $D_1$ 一定发生,反过来也对,这时我们说这两个事件相等,记作 $C_1 = D_1$.

一般地,若 $B \supseteq A$,且 $A \supseteq B$,那么称事件 $A$ 与事件 $B$ 相等,记作 $A = B$.

(3) 若某事件发生当且仅当事件 $A$ 发生或事件 $B$ 发生,则称此事件为事件 $A$ 与事件 $B$ 的并事件(或和事件),记作 $A \cup B$(或 $A + B$).

例如,在掷骰子的试验中,事件 $C_1 \cup C_5$ 表示出现 1 点或 5 点这个事件,即 $C_1 \cup C_5 = \{$出现 1 点或 5 点$\}$.

(4) 若某事件发生当且仅当事件 $A$ 发生且事件 $B$ 发生,则称此事件为事件 $A$ 与事件 $B$ 的交事件(或积事件),记作 $A \cap B$(或 $AB$).

例如,在掷骰子的试验中,$D_2 \cap D_3 = C_4$.

(5) 若 $A\cap B$ 为不可能事件($A\cap B=\varnothing$),那么称事件 $A$ 与事件 $B$ 互斥,其含义是:事件 $A$ 与事件 $B$ 在任何一次试验中不会同时发生.

例如,上述试验中的事件 $C_1$ 与事件 $C_2$ 互斥,事件 $G$ 与事件 $H$ 互斥.

(6) 若 $A\cap B$ 为不可能事件,$A\cup B$ 为必然事件,那么称事件 $A$ 与事件 $B$ 互为对立事件,其含义是:事件 $A$ 与事件 $B$ 在任何一次试验中有且仅有一个发生.

例如,在掷骰子试验中,$G\cap H$ 为不可能事件,$G\cup H$ 为必然事件,所以 $G$ 与 $H$ 互为对立事件.

### 3. 概率的基本性质

(1) 由于事件的频数总是小于或等于试验的次数,所以频率在 0～1 之间,从而任何事件的概率在 0～1 之间,即 $0\leqslant P(A)\leqslant 1$.

(2) 在每次试验中,必然事件一定发生,因此它的频率为 1,从而必然事件的概率为 1.例如,在掷骰子试验中,出现的点数最大是 6 点,因此 $P(E)=1$.

(3) 在每次试验中,不可能事件一定不出现,因此它的频率为 0,从而不可能事件的概率为 0.例如,在掷骰子试验中,$P(F)=0$.

(4) 当事件 $A$ 与事件 $B$ 互斥时,$A\cup B$ 发生的频数等于 $A$ 发生的频数与 $B$ 发生的频数之和,从而 $A\cup B$ 的频率 $f_n(A\cup B)=f_n(A)+f_n(B)$.

由此得到概率的加法公式:

如果事件 $A$ 与事件 $B$ 互斥,则 $P(A\cup B)=P(A)+P(B)$.

(5) 特别地,若事件 $B$ 与事件 $A$ 互为对立事件,则 $A\cup B$ 为必然事件,$P(A\cup B)=1$.再由加法公式得 $P(A)=1-P(B)$.例如,在掷骰子试验中,$G$ 与 $H$ 互为对立事件,因此 $P(G)=1-P(H)$.

利用上述概率性质,可以简化概率的计算.

## 二、古典概型

通过试验和观察的方法,我们可以得到一些事件的概率估计.但这种方法耗时多,而且得到的仅是概率的近似值.在一些特殊的情况下,我们可以构造出计算事件概率的通用方法.

我们再来分析事件的构成.考察两个试验:

(1) 掷一枚质地均匀的硬币的试验.

(2) 掷一枚质地均匀的骰子的试验.

在试验(1)中,结果只有两个,即"正面朝上"或"反面朝上",它们都是随机事件;在试验(2)中,所有可能的试验结果只有 6 个,即"出现 1 点""出现 2 点""出现 3 点""出现 4 点""出现 5 点"和"出现 6 点",它们也都是随机事件.我们把这类随机事件称为基本事件(elementary event).

基本事件有如下特点:

(1) 任何两个基本事件是互斥的.

(2) 任何事件(除不可能事件)都可以表示成基本事件的和.

在掷硬币试验中,必然事件由基本事件"正面朝上"和"反面朝上"组成;在掷骰子试验中,随机事件"出现偶数点"可以由基本事件"出现2点""出现4点"和"出现6点"共同组成.

我们将具有以下两个特点的概率模型称为古典概率模型(classical models of probability),简称古典概型:

(1) 试验中所有可能出现的基本事件只有有限个.
(2) 每个基本事件出现的可能性相等.

对于古典概型,任何事件的概率为

$$P(A) = \frac{A \text{ 包含的基本事件的个数}}{\text{基本事件的总数}}.$$

如在掷骰子试验中,随机事件"出现偶数点"的概率为

$$P(A) = \frac{3}{6} = 0.5.$$

【例5.4】 在一个袋子里有8个球,袋子里的球是随机分布的,没有其他特殊的规律.其中4个是红色的,4个是蓝色的.如果随机从袋子中取出一个球,那么取出的球是红色的概率是多少?

**程序编写:**

```c
#include <stdio.h>
int main() {
    int favorableOutcomes=4;        //红球数量
    int totalOutcomes=8;            //袋子里所有球的数量
    double probability;
    //将计算结果类型强制转换成 double 类型
    probability=(double)favorableOutcomes/totalOutcomes;
    printf("结果:红色球的概率为:%.2f\n",probability);
    return 0;
}
```

**运行结果:**

结果:红色球的概率为: 0.50

## 三、几何概型

我们已经学习了两种方法计算随机事件发生的概率,一是通过做试验或者用计算机模拟试验等方法得到事件发生的频率,以此来近似估计概率;二是用古典概型的公式来计算事件发生的概率.在现实生活中,常常会遇到试验有无穷多个可能结果的情况,这时就不能用古典概型来计算事件发生的概率了.

在特定情形下,我们可以用几何概型来计算事件发生的概率.

如果每个事件发生的概率只与构成该事件区域的长度(面积或体积)成比例,则称这样的概率模型为几何概率模型(geometric models of probability),简称几何概型.

在几何概型中,事件 $A$ 的概率的计算公式如下:

$$P(A) = \frac{构成事件 A 的区域长度(面积或体积)}{试验的全部结果所构成的区域长度(面积或体积)}.$$

在 C 语言中,使用 rand()函数生成服从均匀分布的随机数,调用该函数前需包含 math.h 头文件,注意 rand()函数会返回一个在[0,RAND_MAX]之间的随机整数,每个数字被选中的概率相同,其中 RAND_MAX 为符号常量,其值为 32 767。通过简单的代数运算,可以生成[0,1]之间标准均匀分布的随机数(double)rand()/RAND_MAX,生成[$a,b$]之间均匀分布随机数的方法为(double)($b-a$) * rand()/RAND_MAX+min。

**【例 5.5】** 在图 5.1 的正方形中随机撒一把豆子,用随机模拟的方法估计圆周率的值,并生成一个均匀随机数,判断其是否在圆内。

**算法设计**:随机撒一把豆子,每个豆子落在正方形内任何一点是等可能的,落在每个区域的豆子数与这个区域的面积近似成正比,即

$$\frac{圆的面积}{正方形的面积} \approx \frac{落在圆中的豆子数}{落在正方形中的豆子数}.$$

假设正方形的边长为 2,则

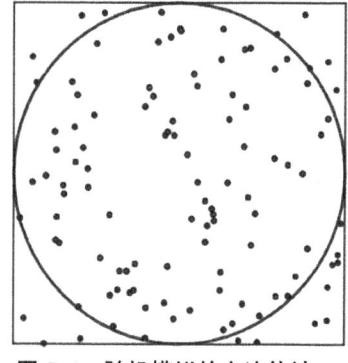

图 5.1 随机模拟的方法估计

$$\frac{圆的面积}{正方形的面积} = \frac{\pi}{2\times 2} = \frac{\pi}{4}.$$

由于落在每个区域的豆子数是可以数出来的,所以

$$\pi \approx \frac{落在圆中的豆子数}{落在正方形中的豆子数} \times 4,$$

这样就得到了 π 的近似值。

**程序编写**:

```
#include <stdio.h>
#include <stdlib.h>
#include <time.h>
int main() {
    int numExperiments=1000000;
    int pointsInsideCircle=0;
    srand(time(0));                              //使用当前时间作为随机数种子
    for (int i=0;i<numExperiments;i++) {
        double x=(double)rand()/RAND_MAX * 2-1;   //生成在[-1,1]上均匀分布的随机数
        double y=(double)rand()/RAND_MAX * 2-1;
        if (x * x+y * y<=1) {                     //判断点是否在单位圆内(使用勾股定理)
            pointsInsideCircle++;
        }
    }
    //计算落在单位圆内的点的比例,即单位圆的面积与正方形的面积的比值
    double ratio=(double)pointsInsideCircle/numExperiments;
    printf("Approximated value of PI: %f\n",ratio * 4);
    double x=(double)rand()/RAND_MAX * 2-1;
```

```
    double y=(double)rand()/RAND_MAX * 2-1;
    if (x * x+y * y<=1) {                        //判断它是否在单位圆内
        printf("The point (%f,%f) is inside the unit circle.\n",x,y);
    } else {
        printf("The point (%f,%f) is outside the unit circle.\n",x,y);
    }
    return 0;
}
```

**运行结果：**

```
Approximated value of PI: 3.13746
The point (-0.107028, -0.266579) is inside the unit circle.
```

【**例 5.6**】 利用随机模拟方法计算图 5.2 中阴影部分（$y=1$ 和 $y=x^2$ 所围成的部分）的面积.

**算法设计**：在坐标系中画出矩形（$x=-1$、$x=1$、$y=0$ 和 $y=1$ 所围成的部分），用随机模拟的方法可以得到阴影面积的近似值. 在 $-1 \leqslant x \leqslant 1, 0 \leqslant y \leqslant 1$ 的矩形区域内生成 $n$ 个随机数，假设其中有 $m$ 个随机数落在阴影部分，则阴影部分面积就近似等于矩形面积的 $m/n$，容易知道，生成随机数的个数 $n$ 越大，结果越准确.

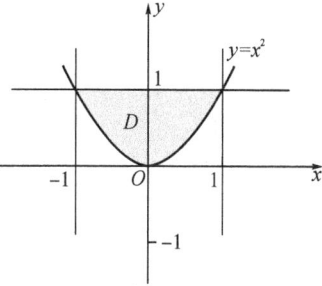

图 5.2 计算阴影部分面积

**程序编写：**

```
#include <stdio.h>
#include <stdlib.h>
#include <time.h>
int main() {
    int numExperiments=1000000;
    int pointsInsideArea=0;
    //使用当前时间作为随机数种子
    srand(time(0));
    for (inti=0; i<numExperiments; i++) {
        //生成随机数
        double x=(double)rand()/RAND_MAX * 2-1;
        double y=(double)rand()/RAND_MAX * 2-1;
        //计算 y=1 和 y=x^2 的函数值
        double func1=1;
        double func2=x * x;
        //判断点是否在曲线围成的区域内
        if (y<=func1 && y>=func2) {
            pointsInsideArea++;
        }
    }
    //计算落在曲线围成的区域内的点的比例,即面积的估计值
```

```
    double ratio=(double)pointsInsideArea/numExperiments;
    double area=ratio*4;                         //计算估计的面积
    printf("Approximated area enclosed by y=1 and y=x^2: %lf\n",area);
    return 0;
}
```

运行结果：

```
Approximated area enclosed by y=1 and y=x^2: 1.33483
```

## 第三节 随机变量及其分布

### 一、离散型随机变量及其分布律

掷一枚骰子，出现的点数可以用数字 1～6 表示．掷一枚硬币，可能出现正面向上、反面向上两种结果．虽然这个随机试验的结果不是数字，但我们可以用数 1 和 0 分别表示正面向上和反面向上．

在掷骰子和掷硬币的随机试验中，我们确定了一个对应关系，使得每一个试验结果都用一个确定的数字表示．在这个对应关系下，数字随着试验结果的变化而变化．像这种随着试验结果变化而变化的变量称为随机变量（random variable）．随机变量常用字母 $X, Y, \xi, \eta, \cdots$ 表示．

随机变量和函数都是一种映射，随机变量把随机试验的结果映为实数，函数把实数映为实数．在这两种映射之间，试验结果的范围相当于函数的定义域，随机变量的取值范围相当于函数的值域．

例如，在含有 10 件次品的 100 件产品中，任意抽取 4 件，可能含有的次品件数 $X$ 是一个随机变量，其取值范围是 $\{0,1,2,3,4\}$．利用随机变量可以表示一些事件．例如，$\{X=0\}$ 表示"抽出 0 件次品"，$\{X=4\}$ 表示"抽出 4 件次品"等．

所有取值可以一一列出的随机变量，称为离散型随机变量（discrete random variable）．离散型随机变量的例子很多．例如某人射击一次可能命中的环数 $X$ 是一个离散型随机变量，它的所有可能取值为 $0,1,\cdots,10$；某网页在 24 小时内被浏览的次数 $Y$ 也是一个离散型随机变量，它的所有可能取值为 $0,1,2,\cdots$．

在抛掷一枚质地均匀的骰子的随机试验中，我们不能预知试验结果，从而也就不能预知随机变量的取值．但是，我们可以通过各点数出现的概率来研究随机变量的变化规律．

用 $X$ 表示骰子向上一面的点数．虽然在抛掷之前，不能确定 $X$ 会取什么值，但根据古典概型计算概率的公式可知,它取各个不同值的概率都等于 1/6. 据此可以求出能由 $X$ 表示的事件的概率. 例如, 在这个随机试验中, 事件 $\{X<3\}=\{X=1\}\bigcup\{X=2\}$, 由概率的可加性得

$$P(X<3)=P(X=1)+P(X=2)=\frac{1}{6}+\frac{1}{6}=\frac{1}{3}.$$

类似地, 事件 $\{X$ 为偶数$\}$ 的概率为

$$P(X \text{ 为偶数})=P(X=2)+P(X=4)+P(X=6)=\frac{1}{2}.$$

一般地, 若离散型随机变量 $X$ 可能取的不同值为

$$x_1, x_2, \cdots, x_i, \cdots, x_n,$$

$X$ 取每一个值 $x_i(i=1,2,\cdots,n)$ 的概率 $P(X=x_i)=p_i$, 以表格的形式表示如表 5.1 所示:

表 5.1  $P(X=x_i)=p_i$

| $X$ | $x_1$ | $x_2$ | $\cdots$ | $x_i$ | $\cdots$ | $x_n$ |
|---|---|---|---|---|---|---|
| $P$ | $p_1$ | $p_2$ | $\cdots$ | $p_i$ | $\cdots$ | $p_n$ |

表 5.1 称为离散型随机变量 $X$ 的概率分布律, 简称 $X$ 的分布律. 有时为了简单起见, 也用等式

$$P(X=x_i)=p_i(i=1,2,\cdots,n)$$

表示 $X$ 的分布律.

根据概率的性质, 离散型随机变量的分布律具有如下性质:

(1) $p_i \geqslant 0, i=1,2,\cdots,n$.

(2) $\sum_{i=1}^{n} p_i = 1$.

利用分布列和概率的性质, 可以计算能由离散型随机变量表示的事件的概率.

在掷一枚图钉的随机试验中, 令

$$X=\begin{cases}1, & \text{针尖向上}; \\ 0, & \text{针尖向下}.\end{cases}$$

如果针尖向上的概率为 $p$, 试写出随机变量 $X$ 的分布律.

根据分布律的性质, 针尖向下的概率为 $(1-p)$, 于是, 随机变量 $X$ 的分布如表 5.2 所示.

表 5.2  随机变量 $X$ 的分布

| $X$ | 0 | 1 |
|---|---|---|
| $P$ | $(1-p)$ | $p$ |

若随机变量 $X$ 的分布具有表 5.2 的形式, 则称 $X$ 服从两点分布(two-point distribution), 并称 $p=P(X=1)$ 为成功概率. 两点分布又称 0—1 分布. 由于只有两个可能结果的随机试验叫伯努利试验, 所以还称为伯努利分布. 两点分布的应用非常广泛. 例如, 抽取的彩券是否中奖, 买回的一件产品是否为正品, 新生婴儿的性别, 投篮是否命中, 等等, 都可以用两点分布来研究.

**【例 5.7】** 编写一个程序,生成 100 个服从 $p=0.6$ 的两点分布的随机数.

**算法设计**:前面例题介绍过生成 1~6 的均匀分布的整数,其前提是各个整数的概率相同,但是两点分布的概率完全可以不相同,因此不能采用前述方法. 对于离散型随机变量,通常的做法是生成[0,1]之间的均匀分布随机实数,然后根据其分布律进行赋值. 可以通过 (double)rand()/RAM-MAX 生成[0,1]之间均匀分布的随机数. 由于 rand()的返回值是在 0 与 RAND-MAX 之间的整数,为了避免两个整数相除得到零,此处应对 rand()的结果进行强制类型变换. 本例中,当随机数小于 $p$ 时,就赋值为 1,当数值大于 $p$ 时就赋值为 0. 生成的离散型随机变量符合其分布律.

**程序编写**:

```c
#include <stdio.h>
#include <stdlib.h>
#include <time.h>
int main() {
    int numSamples=100;
    double p=0.6;
    int randomNumbers[numSamples];
    srand(time(0));                                  //设置随机种子为时间
    for (int i=0;i<numSamples;i++) {
        double randomNumber=(double)rand()/RAND_MAX;
                                                     //生成[0,1]之间的随机实数
        if (randomNumber<p) {                        //根据随机实数的值判断赋值
            randomNumbers[i]=1;
        } else {
            randomNumbers[i]=0;
        }
    }
    for (int i=0;i<numSamples;i++) {                 //输出生成的随机数
        printf("%d ",randomNumbers[i]);
        if (i>0&&i%10==0) {
            printf("\n");
        }
    }
    printf("\n");
    return 0;
}
```

**运行结果**:

```
1 1 1 0 1 1 1 0 0 0 1
0 0 1 1 1 1 1 1 1 0
1 1 1 1 1 1 1 0 0 1
0 1 1 1 0 0 0 1 1 0
0 0 0 1 1 1 1 0 1 0
0 0 0 0 1 1 1 0 1 1
1 0 1 1 0 1 1 1 0 0
0 1 1 0 1 1 0 0 1 1
1 0 0 1 1 1 1 1 0 1
0 0 1 1 0 1 1 0 1
```

**算法设计**:要生成一个每种情况的概率不相等的离散型随机变量,可以通过随机数生成器生成服从特定概率分布的离散型随机变量.首先,将每种选择的概率累计得到累积概率.然后,使用 rand()函数生成一个随机整数,并将其映射到[0,1]区间内的随机实数.根据随机实数落入的累积概率区间,并输出结果.

**【例 5.8】** 假设有三种早餐选择:从不吃早餐、偶尔吃早餐和每天吃早餐.这三种选择的概率分别为 0.2、0.3 和 0.5.请通过计算机模拟生成一个离散型随机变量.

**程序编写**:

```c
#include <stdio.h>
#include <stdlib.h>
#include <time.h>
int main() {
  int numSamples=100;
  char * breakfastOptions[]={"从不吃早餐","偶尔吃早餐","每天吃早餐"};
  double probabilities[]={0.2,0.3,0.5};              //每种情况的概率
  double cumulativeProbabilities[3]={0};             //累积概率
  cumulativeProbabilities[0]=probabilities[0];       //计算累积概率
  for (int i=1;i<3;i++) {
    cumulativeProbabilities[i]=cumulativeProbabilities[i-1]+probabilities[i];
  }
  srand(time(0));                    //使用 rand()函数进行抽样,需设置随机种子为时间
  for (int i=0;i<numSamples;i++) {
    int randomNumber=rand(); //生成[0,RAND_MAX]区间内的随机整数
    double normalizedRandom=(double)randomNumber/RAND_MAX;
                            //将随机整数映射到[0,1]区间内的随机实数
    int index=0;            //根据随机实数落入的区间来生成离散型随机数
    while (normalizedRandom>=cumulativeProbabilities[index]) {
      index++;
    }
    printf("第%d个人的早餐情况:%s\n",i+1,breakfastOptions[index]);
  }
  return 0;
}
```

**运行结果**:

```
第 1 个人的早餐情况: 从不吃早餐
第 2 个人的早餐情况: 从不吃早餐
第 3 个人的早餐情况: 每天吃早餐
第 4 个人的早餐情况: 每天吃早餐
第 5 个人的早餐情况: 每天吃早餐
       ⋮
第 43 个人的早餐情况: 每天吃早餐
第 44 个人的早餐情况: 偶尔吃早餐
第 45 个人的早餐情况: 偶尔吃早餐
第 46 个人的早餐情况: 每天吃早餐
第 47 个人的早餐情况: 每天吃早餐
第 48 个人的早餐情况: 每天吃早餐
第 49 个人的早餐情况: 从不吃早餐
第 50 个人的早餐情况: 每天吃早餐
       ⋮
```

```
第 98 个人的早餐情况: 每天吃早餐
第 99 个人的早餐情况: 每天吃早餐
第 100 个人的早餐情况: 每天吃早餐
```

前面介绍了生成离散分布律的一般方法,如果要生成$[a,b]$之间的均匀分布的整数,问题可以进一步简化为

$$a+\text{rand}()\%(b-a+1).$$

其中 a 和 b 为整型数据,否则无法参与取余数的运算.

**【例 5.9】** 生成在 0~100 之间的 10 个均匀分布随机整数,然后计算随机数关于 8 求余数.

**程序编写:**

```c
#include <stdio.h>
#include <stdlib.h>
#include <time.h>
int main() {
    int i;
    int num_random;
    int m_num;
    int min_value=0;            //随机数生成的最小值
    int max_value=100;          //随机数生成的最大值
    //使用当前时间作为种子,可以在每次运行时生成不同的随机数序列
    srand(time(NULL));
    for (i=0;i<10;i++) {
        //生成均匀随机数
        num_random=min_value+rand()%(max_value-min_value+1);
        m_num=num_random%8;
        printf("%d",num_random);
        printf("%d\n",m_num);
    }
    return 0;
}
```

**运行结果:**

```
11 3
51 3
92 4
60 4
84 4
100 4
96 0
56 0
37 5
90 2
```

**程序分析:** 在上面的例子中,srand(time(NULL))用于设置随机数种子,它将当前时间作为参数传入 srand 函数,以确保每次运行程序时都会得到不同的随机数序列. 在生成随机数后,用求余运算符%计算出随机数关于 8 的余数. 在上例中,我们生成了 10 个范围在 0~100 之间的随机数,可以通过调整 min_value 和 max_value 的值选定不同的取值区间. 生成

区间[min_value,max_value]之间的随机整数的一般公式为

$$\text{min\_value} + \text{rand}() \% (\text{max\_value} - \text{min\_value} + 1).$$

其中 rand()函数后面为求余的计算,并非除法,并且 max_value 和 min_value 的数据类型为整型,否则不能参与求余的计算.

## 二、二项分布及其应用

一般地,设 $A,B$ 为两个事件,且 $P(A) > 0$,称

$$P(B|A) = \frac{P(AB)}{P(A)}$$

为在事件 $A$ 发生的条件下,事件 $B$ 发生的条件概率(conditional probability). $P(B|A)$读作 $A$ 发生的条件下 $B$ 发生的概率.

条件概率具有概率的性质,任何事件的条件概率都在 0 和 1 之间,即

$$0 \leqslant P(B|A) \leqslant 1.$$

如果 $B$ 和 $C$ 是两个互斥事件,则

$$P(B \cup C|A) = P(B|A) + P(C|A).$$

设 $A,B$ 为两个事件,若

$$P(AB) = P(A)P(B),$$

则称事件 $A$ 与事件 $B$ 相互独立(mutually independent).

在研究随机现象时,经常要在相同的条件下重复做大量试验来发现规律.例如,研究掷硬币结果的规律,需要做大量的掷硬币试验.显然,在 $n$ 次重复掷硬币的过程中,各次试验的结果都不会受其他试验结果的影响,即

$$P(A_1 A_2 \cdots A_n) = P(A_1)P(A_2) \cdots P(A_n) \tag{5.1}$$

其中 $A_i (i=1,2,\cdots,n)$是第 $i$ 次试验的结果.

一般地,在相同条件下重复做的 $n$ 次试验称为 $n$ 次独立重复试验(independent and re-peated trials).

在 $n$ 次独立重复试验中,"在相同的条件下"等价于各次试验的结果不会受其他试验结果的影响,即式(5.1)成立.

一般地,在 $n$ 次独立重复伯努利试验中,用 $X$ 表示事件 $A$ 发生的次数,设每次试验中事件 $A$ 发生的概率为 $p$,则

$$P(X=k) = C_n^k p^k (1-p)^{n-k} \quad (k=0,1,2,\cdots,n).$$

此时称随机变量 $X$ 服从二项分布(binomial distribution),作 $X \sim B(n,p)$,其中 $p$ 为成功概率.

**【例 5.10】** 某射手每次射击击中目标的概率是 0.8,求这名射手在 10 次射击中:
(1) 恰有 8 次击中目标的概率.
(2) 至少有 8 次击中目标的概率.

**算法设计**:设 $X$ 为击中目标的次数,则 $X \sim B(10, 0.8)$.在 10 次射击中,恰有 8 次击中

目标的概率为
$$P(X=8)=C_{10}^8 \times 0.8^8 \times (1-0.8)^{10-8}.$$
在10次射击中,至少有8次击中目标的概率为
$$P(X \geqslant 8)=P(X=8)+P(X=9)+P(X=10)=$$
$$C_{10}^8 \times 0.8^8 \times (1-0.8)^{10-8} + C_{10}^9 \times 0.8^9 \times (1-0.8)^{10-9} + C_{10}^{10} \times 0.8^{10} \times (1-0.8)^{10-10}.$$

程序编写:

```c
#include <stdio.h>
#include <math.h>
int factorial(int num) {                              //计算阶乘
    int fact=1;
    int i;
    for (i=1;i<=num;i++) {
        fact *=i;
    }
    return fact;
}
int combination(int n,int k) {                         //计算组合数
    int comb=factorial(n)/(factorial(k) * factorial(n-k));
    return comb;
}
double binomialDistribution(int n,int k,double p) {    //计算二项分布概率
    double q=1-p;
    double probability=combination(n,k) * pow(p,k) * pow(q,n-k);
    return probability;
}
int main() {
    int n=10;                                          //射击次数
    int k1=8;                                          //击中次数
    int k2=8;                                          //至少击中次数
    double p=0.8;                                      //击中概率
    double probability1= binomialDistribution(n,k1,p); //计算十次有八次击中的概率
    printf("十次中有八次击中的概率为: %.4f\n",probability1);
    double probability2=0;                             //计算至少有八次击中的概率
    int i;
    for (i=k2;i<=n;i++) {
        probability2+=binomialDistribution(n,i,p);
    }
    printf("至少有八次击中的概率为: %.4f\n",probability2);
    return 0;
}
```

运行结果:

```
十次中有八次击中的概率为: 0.3020
至少有八次击中的概率为: 0.8791
```

## 三、离散型随机变量的均值与方差

对于离散型随机变量,可以由它的概率分布律确定与该随机变量相关事件的概率. 但在实际问题中,有时我们更感兴趣的是随机变量的某些数字特征. 例如,要了解某班同学在一次数学测验中的总体水平,很重要的是看平均分;要了解某班同学数学成绩是否"两极分化",则需要考察这个班数学成绩的方差.

一般地,若离散型随机变量 $X$ 的分布如表 5.3 所示.

表 5.3 离散型随机变量 $X$ 的分布

| $X$ | $x_1$ | $x_2$ | $\cdots$ | $x_i$ | $\cdots$ | $x_n$ |
|---|---|---|---|---|---|---|
| $P$ | $p_1$ | $p_2$ | $\cdots$ | $p_i$ | $\cdots$ | $p_n$ |

则称
$$E(x) = x_1 p_1 + x_2 p_2 + \cdots + x_i p_i + \cdots + x_n p_n$$
为随机变量 $X$ 的均值(mean)或数学期望(mathematical expectation). 它反映了离散型随机变量取值的平均水平.

若 $Y = aX + b$,其中 $a, b$ 为常数,则 $Y$ 也是随机变量. 因为
$$P(Y = ax_i + b) = P(X = x_i) \quad (i = 1, 2, \cdots, n).$$
所以,$Y$ 的分布如表 5.4 所示.

表 5.4 $Y$ 的分布

| $Y$ | $ax_1+b$ | $ax_2+b$ | $\cdots$ | $ax_i+b$ | $\cdots$ | $ax_n+b$ |
|---|---|---|---|---|---|---|
| $P$ | $p_1$ | $p_2$ | $\cdots$ | $p_i$ | $\cdots$ | $p_n$ |

于是
$$E(Y) = (ax_1+b)p_1 + (ax_2+b)p_2 + \cdots + (ax_i+b)p_i + \cdots + (ax_n+b)p_n =$$
$$a(x_1 p_1 + x_2 p_2 + \cdots + x_i p_i + \cdots + x_n p_n) + b(p_1 + p_2 + \cdots + p_i + \cdots + p_n) =$$
$$aE(X) + b.$$
即
$$E(aX+b) = aE(x) + b.$$
一般地,如果随机变量 $X$ 服从两点分布,那么
$$E(x) = 1 \times p + 0 \times (1-p) = p.$$
如果 $X \sim B(n, p)$,那么由 $kC_n^k = nC_{n-1}^{k-1}$,可得
$$E(x) = \sum_{k=0}^{n} k C_n^k p^k q^{n-k} = \sum_{k=0}^{n} n C_{n-1}^{k-1} p^{k-1} q^{n-1-(k-1)} =$$
$$np \sum_{k=1}^{n-1} C_{n-1}^k p^{k1} q^{n-1-k} = np.$$

可以发现,随机变量的均值是常数,而样本的平均值是随着样本的不同而变化的,因此样本的平均值是随机变量. 对于简单随机样本,随着样本容量的增加,样本的平均值越来越

接近于总体的均值.因此,我们常用样本的平均值来估计总体的均值.

我们知道,样本方差反映了所有样本数据与样本的平均值的偏离程度,用它可以刻画样本数据的稳定性.一个自然的想法是,能否用一个与样本的方差类似的量来刻画随机变量的稳定性呢?

设离散型随机变量 $X$ 的分布如表 5.5 所示.

表 5.5  $X$ 的分布

| $X$ | $x_1$ | $x_2$ | $\cdots$ | $x_i$ | $\cdots$ | $x_n$ |
|---|---|---|---|---|---|---|
| $P$ | $p_1$ | $p_2$ | $\cdots$ | $p_i$ | $\cdots$ | $p_n$ |

则 $(x_i-E(x))^2$ 描述了 $x_i(i=1,2,\cdots,n)$ 相对于均值 $E(x)$ 的偏离程度.而

$$D(x)=\sum_{i=1}^{n}(x_i-E(x))^2 p_i$$

为这些偏离程度的加权平均,刻画了随机变量 $X$ 与其均值 $E(x)$ 的平均偏离程度.我们称 $D(x)$ 为随机变量 $X$ 的方差(variance),并称其算术平方根 $\sqrt{D(X)}$ 为随机变量 $X$ 的标准差(standard deviation).

随机变量的方差和标准差都反映了随机变量取值偏离于均值的平均程度.方差或标准差越小,则随机变量偏离于均值的平均程度越小.

那么,随机变量的方差与样本的方差有何联系与区别?

随机变量的方差是常数,而样本的方差是随着样本的不同而变化的,因此样本的方差是随机变量.对于简单随机样本,随着样本容量的增加,样本的方差越来越接近于总体的方差,因此,我们常用样本的方差来估计总体的方差.

可以证明如下结论:

若 $X$ 服从两点分布,则 $D(x)=p(1-p)$.

若 $X\sim B(n,p)$,则 $D(x)=np(1-p)$.

我们可以通过比较两个随机变量的方差,以确定它们的稳定性.如果随机变量 $X_1$ 的方差小于随机变量 $X_2$ 的方差,则随机变量 $X_1$ 更稳定;如果随机变量 $X_1$ 的方差大于随机变量 $X_2$ 的方差,则随机变量 $X_2$ 更稳定;如果两个随机变量的方差相同,则它们的稳定性相同.

**【例 5.11】** 假设某公司有 A,B 两名销售员,在上个月有关商品 1、商品 2、商品 3、商品 4、商品 5 的销售量分别为 1,2,3,4,5 和 2,4,6,8,10,通过均值和方差判断 A,B 两人的销售能力稳定性.

**程序编写:**

```
#include <stdio.h>
#include <math.h>
double calculateMean(int values[],int size) {          //计算均值
    double sum=0;
    int i;
    for (i=0;i<size;i++) {sum+=values[i];}
```

```
        return sum/size;
}
double calculateVariance(int values[],int size,double mean) {    //计算方差
    double sum=0; int i;
    for (i=0;i<size;i++) {sum+=pow(values[i]-mean,2); }
    return sum/size;
}
int main() {
    int values1[]={1,2,3,4,5};                        //方案1的数据
    int size1=sizeof(values1)/sizeof(values1[0]);
    int values2[]={2,4,6,8,10};                       //方案2的数据
    int size2=sizeof(values2)/sizeof(values2[0]);
    double mean1=calculateMean(values1,size1);        //计算方案1的均值和方差
    double variance1=calculateVariance(values1,size1,mean1);
    double mean2=calculateMean(values2,size2);        //计算方案2的均值和方差
    double variance2=calculateVariance(values2,size2,mean2);
    printf("方案1的均值:%.2f\n",mean1);                //输出结果
    printf("方案1的方差:%.2f\n",variance1);
    printf("方案2的均值:%.2f\n",mean2);
    printf("方案2的方差:%.2f\n",variance2);
    if (variance1<variance2) {                        //比较稳定性
        printf("方案1更稳定\n");
    } else if (variance1> variance2) {
        printf("方案2更稳定\n");
    } else {
        printf("两个方案的稳定性相同\n");
    }
    return 0;
}
```

**运行结果：**

```
方案1的均值: 3.00
方案1的方差: 2.00
方案2的均值: 6.00
方案2的方差: 8.00
方案1更稳定
```

## 四、均匀分布

工程应用通常需要分布在两个指定值之间的随机数.例如,我们可能希望生成介于1～500之间的随机整数,或者−5～5之间的随机浮点值.我们现在讨论如何在两个指定的值之间生成随机数,并使产生的随机数出现的概率是相同的,也就是说,如果要生成1～5之间的随机整数,那么每一个整数都同样有可能出现.也可以说每个整数的出现概率大概是20%.在指定集合中等可能出现的任何值的随机数也称为均匀随机数或均匀分布的随机数.在C语言中,要生成均匀随机数可以使用标准库函数rand()和srand()来实现.其中,rand()用来

生成一个 0 到 RAND_MAX 之间的随机整数,srand()用来设置计算随机数的种子值,RAND_MAX 的值可能随系统的不同而不同,一般为 32767. 由于 rand()函数需要使用种子值来计算随机数,并不是真正的随机数,称为伪随机数. 种子值为整数,rand()函数默认以 1 为种子值. 如果不使用 rand()函数设置种子值,那么每次运行程序都会得到相同的随机数序列.

为了使程序在每次执行时生成一个新的随机值序列,我们需要给随机数发生器一个新的随机数种子. 函数 srand(来自 stdlib.h)指定随机数生成器的种子;对于每个种子值,rand 生成一个新的随机数序列. 如果在引用 rand 函数之前没有使用 srand 函数,计算机假设种子值为 1.

【例 5.12】 输出 10 个服从 $U(2,8)$ 分布的随机数.

**程序编写:**

```
#include <stdio.h>
#include <math.h>
#include <stdlib.h>
int main(){
    int i;
    double x=0,min=2,max=8;
    for(i=1;i<=10;i++){
        x=min+(max-min) * rand()/RAND_MAX;
        printf("The %d uniform number is %5.3f\n",i,x);
    }
    return 0;
}
```

**运行结果:**

```
The 1  uniform number is 2.008
The 2  uniform number is 5.382
The 3  uniform number is 3.160
The 4  uniform number is 6.852
The 5  uniform number is 5.510
The 6  uniform number is 4.879
The 7  uniform number is 4.102
The 8  uniform number is 7.376
The 9  uniform number is 6.937
The 10 uniform number is 6.480
```

**程序分析:** $U(2,8)$ 为连续型的均匀分布,生成[min,max]之间连续的均匀分布的随机数的一般公式为

$$\min+(\max-\min) * \text{rand}()/\text{RAND\_MAX}.$$

其中如果 max 和 min 都是整型,应该做强制类型变换,因 rand()的返回值为整数,此处应避免整数相除.

## 五、正态分布

### 1. 基本概念

在现实生活中,很多随机变量都服从或近似地服从正态分布. 例如,某一地区同年龄人

群的身高、体重、肺活量,一定条件下生长的小麦的株高、穗长、单位面积产量,正常生产条件下各种产品的质量指标(如零件的尺寸、纤维的纤度、电容器的电容量、电子管的使用寿命等),某地每年七月份的平均气温、平均湿度、降雨量等,一般都服从正态分布.因此,正态分布广泛存在于自然现象、生产和生活实际之中.正态分布在概率和统计中占有重要的地位.

一个服从正态分布的随机变量的频率直方图像一条钟形曲线(图5.3).

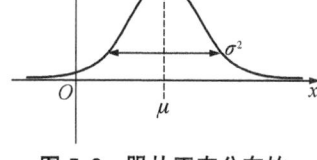

这条曲线就是(或近似地是)下面函数的图像:

$$\varphi_{\mu,\sigma}(x)=\frac{1}{\sigma\sqrt{2\pi}}\mathrm{e}^{-\frac{(x-\mu)^2}{2\sigma^2}}, x\in(-\infty,+\infty).$$

**图 5.3 服从正态分布的随机变量频率直方图**

其中实数 $\mu$ 和 $\sigma$ 为参数.我们称 $\varphi_{\mu,\sigma}(x)$ 的图像为正态分布密度曲线,简称正态曲线.

正态分布随机变量 $X$ 落在区间 $(a,b]$ 的概率为

$$P(a<X\leqslant b)\approx\int_a^b\varphi_{\mu,\sigma}(x)\mathrm{d}x,$$

即由正态曲线,过点 $(a,0)$ 和点 $(b,0)$ 的两条 $x$ 轴的垂线,及 $x$ 轴所围成的平面图形(图 5.4 中阴影部分)的面积,就是 $X$ 落在区间 $(a,b]$ 的概率的近似值.

一般地,如果对于任何实数 $a,b(a<b)$,随机变量 $X$ 满足

$$P(a<X\leqslant b)=\int_a^b\varphi_{\mu,\sigma}(x)\mathrm{d}x,$$

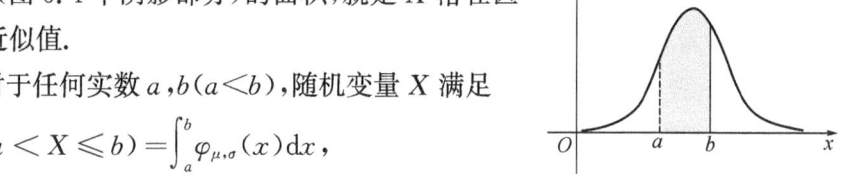

**图 5.4 正态曲线**

则称随机变量 $X$ 服从正态分布(normal distribution).正态分布完全由参数 $\mu$ 和 $\sigma$ 确定,因此正态分布常记作 $N(\mu,\sigma^2)$.如果随机变量 $X$ 服从正态分布,则记为 $X\sim N(\mu,\sigma^2)$.其中,参数 $\mu$ 是反映随机变量的平均水平的特征数,可以用样本的均值去估计;参数 $\sigma$ 是衡量随机变量总体波动大小的特征数,可以用样本的标准差去估计.

经验表明,一个随机变量如果是众多的、互不相干的、不分主次的偶然因素作用结果之和,它就服从或近似服从正态分布.早在 1733 年,法国数学家棣莫弗(A. de Moivre,1667—1754)就用 $n!$ 的近似公式得到了正态分布.之后,德国数学家高斯(C. F. Gauss,1777—1855)在研究测量误差时从另一个角度导出了它,并研究了它的性质,因此,人们也称正态分布为高斯分布.

观察图 5.4,结合 $\varphi_{\mu,\sigma}(x)$ 的解析式及概率的性质,可以发现,正态曲线有以下特点:

(1) 曲线位于 $x$ 轴上方,与 $x$ 轴不相交.

(2) 曲线是单峰的,它关于直线 $x=\mu$ 对称.

(3) 曲线在 $x=\mu$ 处达到峰值 $\dfrac{1}{\sigma\sqrt{2\pi}}$.

(4) 曲线与 $x$ 轴之间的面积为 1.

(5) 当 $\sigma$ 一定时,曲线的位置由 $\mu$ 确定,曲线随着 $\mu$ 的变化而沿 $x$ 轴平移.

(6) 当 $\mu$ 一定时,曲线的形状由 $\sigma$ 确定,$\sigma$ 越小,曲线越"瘦高",表示总体的分布越集中;$\sigma$ 越大,曲线越"矮胖",表示总体的分布越分散.

进一步,若 $X \sim N(\mu, \sigma^2)$,则对于任何实数 $a > 0$,

$$P(\mu - a < X \leqslant \mu + a) \approx \int_{\mu-a}^{\mu+a} \varphi_{\mu,\sigma}(x) \mathrm{d}x$$

为图 5.5 中阴影部分的面积,对于固定的 $\mu$ 和 $a$ 而言,该面积随着 $\sigma$ 的减小而变大,这说明 $\sigma$ 越小,$X$ 落在区间 $(\mu-a, \mu+a]$ 的概率越大,即 $X$ 集中在 $\mu$ 周围概率越大.

特别地,有以下规律:

$$P(\mu - \sigma < X \leqslant \mu + \sigma) = 0.6826,$$
$$P(\mu - 2\sigma < X \leqslant \mu + 2\sigma) = 0.9544,$$
$$P(\mu - 3\sigma < X \leqslant \mu + 3\sigma) = 0.9974.$$

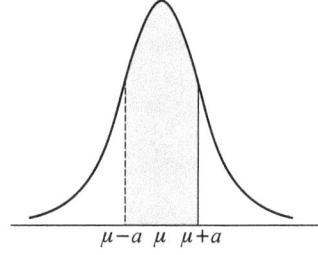

图 5.5　阴影部分面积

可以看到,正态总体几乎总取值于区间 $(\mu - 3\sigma, \mu + 3\sigma)$ 之内. 而在此区间以外取值的概率只有 0.26%,通常认为这种情况在一次试验中几乎不可能发生.

在实际应用中,通常认为服从于正态分布 $X \sim N(\mu, \sigma^2)$ 的随机变量 $X$ 只取 $(\mu - 3\sigma, \mu + 3\sigma)$ 之间的值,并简为 $3\sigma$(读作 3 sigma)原则.

正态分布在产品质量控制中的应用是非常广泛的. 在生产过程中,$3\sigma$ 原则指的是 89.74% 的产品没有品质问题,即每 1000 件产品中有 2.6 件有缺陷.

除了 $3\sigma$ 原则外,还有更为严格的 $6\sigma$(读作 6 sigma)原则,又译为六个标准差、六个西格玛. 六个西格玛是指生产的产品中,有 99.99966% 的产品是没有品质问题的(每一百万件产品中 3.4 件有缺陷). $6\sigma$ 原则最初于 1986 年由摩托罗拉创立,后来于 1995 年成为通用电气的核心管理思想,如今广泛应用于很多行业中.

【**例 5.13**】　假设某班级的期中考试成绩满足正态分布,且 $X$ 服从 $X \sim N(70, 10^2)$,求该班级的成绩小于或等于 80 和大于或等于 90 的概率.

**程序编写:**

```
#include <stdio.h>
#include <math.h>
double normalDistribution(double x,double mean,double stddev) {
  double exponent=-pow(x-mean,2)/(2*pow(stddev,2));
  double probability=exp(exponent)/(stddev*sqrt(2*M_PI));
  return probability; }
int main() {
  double mean=70;                              //平均值
  double stddev=10;                            //标准差
  double x1,x2;
  double probability1=0;                       //计算小于或等于 80 的概率
  for (x1=0;x1<=80;x1+=0.01) {
    probability1+=normalDistribution(x1,mean,stddev) * 0.01;
  }
```

```c
    printf("小于或等于 80 的概率为:%.4f\n",probability1);
    double probability2=0;                              //计算大于或等于 90 的概率
    for (x2=90;x2<=100;x2+=0.01) {
      probability2+=normalDistribution(x2,mean,stddev) * 0.01;
    }
    printf("大于或等于 90 的概率为:%.4f\n",probability2);
    return 0;
}
```

运行结果:

```
小于或等于80的概率为: 0.8412
大于或等于90的概率为: 0.0214
```

### 2. 正态分布随机数

Box-Muller 是产生随机数的一种方法. Box-Muller 算法隐含的原理非常深奥,但结果却相当简单. 它的基本思想是:先得到服从均匀分布的随机数,然后将服从均匀分布的随机数转变为服从正态分布. Box-Muller(1958)转换的算法能够将两个在区间(0,1]的服从均匀分布随机数转化为服从标准正态分布随机数.

假设 $U_1,U_2$ 是独立同分布的,且 $U_1,U_2 \sim U[0,1]$,则可以使用以下两个等式中的任一个算出一个服从标准正态分布的随机数字:

$$X = \sqrt{-2\ln U_1} \cos(2\pi U_2),$$

$$Y = \sqrt{-2\ln U_1} \sin(2\pi U_2).$$

【例 5.14】 试用 Box-Muller 算法生成 10 个服从标准正态分布的随机数.

程序编写:

```c
#include <stdio.h>
#include <math.h>
#include <stdlib.h>
#define PI 3.1415926
int main(){
int m=10,i;
double U,V,Z;
for (i=1;i<=m;i++){
    U=rand()/(RAND_MAX+1.0);
    V=rand()/(RAND_MAX+1.0);
    Z=sqrt(-2.0*log(U)) * sin(2.0 * PI * V);
    printf("The %d normal number is %5.3f\n",i,Z);
}
return 0;
}
```

**运行结果：**

```
The 1 normal number is -1.422
The 2 normal number is -1.691
The 3 normal number is 0.131
The 4 normal number is -0.881
The 5 normal number is -0.624
The 6 normal number is -1.449
The 7 normal number is -0.070
The 8 normal number is 0.145
The 9 normal number is 1.646
The 10 normal number is 1.690
```

**程序分析：** 注意分母使用的是 RAND_MAX+1.0，不可以使用 1，其目的是强制类型转换，也可以采用分子乘 1.0，或者采用 (double)，效果都是一样的。

在得到服从标准正态分布的变量后，可以根据标准正态分布变量生成任意参数的正态分布。标准正态变量 $Z$ 有一个等于 0 的平均值和一个等于 1 的标准偏差，可使用以下等式将 $Z$ 映射到一个平均值为 $m$、标准偏差为 $s$ 的统计量 $X$：

$$X = m + (Z \cdot s).$$

**【例 5.15】** 生成 10 个服从 $N(2,4)$ 分布的随机数。

**程序编写：**

```c
#include <stdio.h>
#include <math.h>
#include <stdlib.h>
#define PI 3.1415926
int main(){
    int m=10,i;
    double U,V,Z,me=2,sd=2,x;
    for (i=1;i<=m;i++){
        U=rand()/(RAND_MAX+1.0);
        V=rand()/(RAND_MAX+1.0);
        Z=sqrt(-2.0*log(U))*sin(2.0*PI*V);
        x=me+Z*sd;
        printf("The %d normal number is %5.3f\n",i,x);
        }
    return 0;
}
```

**运行结果：**

```
The 1 normal number is -0.844
The 2 normal number is -1.382
The 3 normal number is 2.261
The 4 normal number is 0.238
The 5 normal number is 0.751
The 6 normal number is -0.898
The 7 normal number is 1.860
The 8 normal number is 2.290
The 9 normal number is 5.292
The 10 normal number is 5.380
```

## 第四节

# 蒙特卡罗模拟

## 一、蒙特卡罗方法

蒙特卡罗(Monte Carlo)方法,又称随机抽样或统计试验方法,属于计算数学的一个分支,它是在 20 世纪 40 年代中期为了适应当时原子能事业的发展而发展起来的. 传统的经验方法由于不能逼近真实的物理过程,很难得到满意的结果,而蒙特卡罗方法由于能够真实地模拟实际物理过程,故解决问题与实际非常符合,可以得到很圆满的结果. 这也是以概率和统计理论方法为基础的一种计算方法,是使用随机数(或更常见的伪随机数)来解决很多计算问题的方法. 将所求解的问题同一定的概率模型相联系,用电子计算机实现统计模拟或抽样,以获得问题的近似解.

当所要求解的问题是某种事件出现的概率,或者是某个随机变量的期望值时,可以通过某种"试验"的方法,得到这种事件出现的频率,或者这个随机变数的平均值,并用它们作为问题的解. 这就是蒙特卡罗方法的基本思想. 蒙特卡罗方法通过抓住事物运动的几何数量和几何特征,利用数学方法来加以模拟,即进行一种数字模拟实验. 它是以一个概率模型为基础,按照这个模型所描绘的过程,将模拟实验的结果作为问题的近似解.

【例 5.16】 如图 5.6 所示,用蒙特卡罗方法求圆周率的近似值. 考虑边长为 1 的正方形内有以一个角(点 $O$)为圆心、1 为半径的 $\frac{1}{4}$ 圆弧. 然后,在正方形内等概率地产生 $n$ 个随机点$(x_i, y_i) i=1,2,\cdots,n$,即 $x_i$ 和 $y_i$ 是 $(0,1)$ 上均匀分布的随机数. 设 $n$ 个点中有 $k$ 个点落在 $\frac{1}{4}$ 圆内,即有 $k$ 个点 $(x_i, y_i)$ 满足 $x_i^2 + y_i^2 \leqslant 1$. 则当 $n \to \infty$,有如下关系:

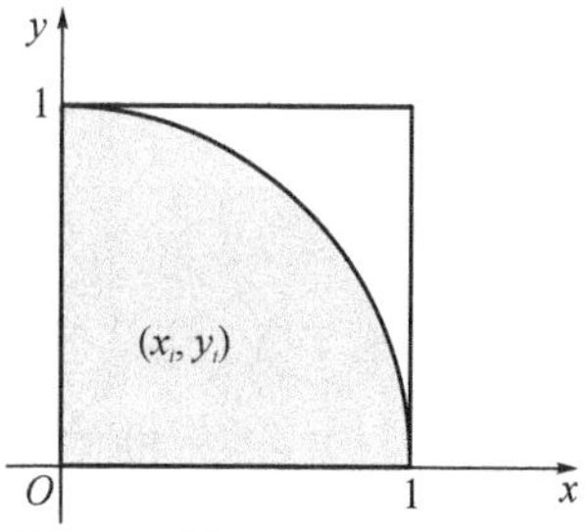

$$\left(\frac{k}{n}\right)_{n\to\infty} \to \frac{1/4 \text{ 圆面积}}{\text{正方形面积}}, \left(\frac{k}{n}\right)_{n\to\infty} \to \frac{\pi}{4}.$$

因此,$\pi$ 的估计值 $\hat{\pi}$ 为

$$\hat{\pi} = \frac{4k}{n}.$$

**图 5.6** 用 Monte Carlo 方法求 $\pi$ 的估计值

**算法设计**:我们可以通过循环生成大量的随机点,并计算落在圆内的点的数量. 然后,通过统计点的数量与总点数之间的比值,获得圆的面积与正方形面积的比值. 最后,将该比值乘 4,即可得到估算的圆周率.

**程序编写：**

```c
#include <stdio.h>
#include <stdlib.h>
#include <time.h>
double estimatePi(int numSamples) {
    int numPointsInsideCircle= 0;
    srand(time(NULL));                  //设置随机种子
    for (int i=0;i<numSamples;i++) {
        //在正方形内随机生成点的坐标(范围为[-1,1])
        double x=(double)rand()/RAND_MAX * 2-1;
        double y=(double)rand()/RAND_MAX * 2-1;
        if (x*x+y*y<=1) {               //判断点是否落在圆内
            numPointsInsideCircle++;
        }
    }
    //计算圆的面积与正方形面积的比值
    double ratio=(double)numPointsInsideCircle/numSamples;
    double estimatedPi=ratio * 4;       //估算得到的圆周率
    return estimatedPi;
}
int main() {
    int numSamples=1000000;
    double pi=estimatePi(numSamples);
    printf("通过蒙特卡罗方法估算得到的圆周率为：%.6f\n",pi);
    return 0;
}
```

**运行结果：**

通过蒙特卡罗方法估算得到的圆周率为：3.139740

**【例 5.17】** 连续掷骰子两次，得到的点数分别为 $x,y$，做向量 $a=(x,y)$，求 $a$ 与向量 $b=(2024,-2024)$ 的夹角为锐角的概率．

**程序编写：**

```c
#include <stdio.h>
#include <stdlib.h>
#include <math.h>
int main() {
    int i,n=0;
    int l=1,u=6;
    double x=0,y=0,cos;
    for(i=1; i <=1000; i++) {
        x=1+rand() %(l+u-1);
        y=1+rand() %(l+u-1);
        cos=(x*2024-y*2024)/(sqrt(x*x+y*y) * sqrt(2*2024*2024));
```

```
        if(cos>0) n=n+1;
    }
    printf("锐角的概率为 %f\n",(n*1.0)/1000);
    return 0;
}
```

运行结果：

锐角的概率为 0.407000

**【例 5.18】** 一列火车从 A 站开往 B 站,某人每天从 B 站上火车.已知火车从 A 站到 B 站的运行时间服从[27,33]之间的均匀分布(分钟).火车大约 13 点离开 A 站,此人大约 13:30 到达 B 站.火车离开 A 站的时刻及概率如表 5.6 所示,此人到达 B 站的时刻及概率如表 5.7 所示.问他能赶上火车的概率是多少?

表 5.6  火车离开 A 站的时刻及概率

| 火车离站时刻 | 13:00 | 13:05 | 13:10 |
|---|---|---|---|
| 概率 | 0.7 | 0.2 | 0.1 |

表 5.7  此人到达 B 站的时刻及概率

| 此人到站时刻 | 13:28 | 13:30 | 13:32 | 13:34 |
|---|---|---|---|---|
| 概率 | 0.3 | 0.4 | 0.2 | 0.1 |

**算法设计：**

记 $T_1$ 为火车从 A 站出发的时刻, $T_2$ 为火车从 A 站到达 B 站运行的时间, $T_3$ 为此人到达 B 站的时刻.因此, $T_1, T_2, T_3$ 均是随机变量,且 $T_2 \sim U(27,33)$, $T_1, T_3$ 的分布律如表 5.8 和表 5.9 所示.

表 5.8  $T_1$ 的分布律

| $T_1$ | 0 | 5 | 10 |
|---|---|---|---|
| 概率 | 0.7 | 0.2 | 0.1 |

表 5.9  $T_3$ 的分布律

| $T_3$ | 28 | 30 | 32 | 34 |
|---|---|---|---|---|
| 概率 | 0.3 | 0.4 | 0.2 | 0.1 |

其中记 13 时为时刻 $t=0$.

通过分析可知,此人能及时赶上火车的充分必要条件是: $T_1+T_2>T_3$.由此得到,此人赶上火车的概率为 $P\{T_1+T_2>T_3\}$.上述分析方法称为概率分析.

设 $r_1, r_2$ 是(0,1)区间上均匀分布 $U(27,33)$ 的随机数,则 $T_1$ 和 $T_3$ 的分布律的模拟公式为

$$t_1=\begin{cases}0, & 0<r_1\leqslant 0.7,\\ 5, & 0.7<r_1\leqslant 0.9,\\ 10, & 0.9<r_1\leqslant 1,\end{cases} t_3=\begin{cases}28, & 0<r_1\leqslant 0.3,\\ 30, & 0.3<r_1\leqslant 0.7,\\ 32, & 0.7<r_1\leqslant 0.9,\\ 34, & 0.9<r_1\leqslant 1.\end{cases}$$

$t_1$ 和 $t_3$ 可以看成 $T_1$ 和 $T_3$ 的一个观察值.

令 $t_2$ 是服从均匀分布 $U(27,33)$ 的随机数,则将 $t_2$ 看成火车运行时间 $T_2$ 的一个观察值.

在每次试验中,产生两个 $(0,1)$ 区间均匀分布的随机数,一个服从 $U(27,33)$ 的随机数,构成 $t_1,t_2,t_3$,当 $t_1+t_2>t_3$,则试验成功(能够赶上火车).若在 $n$ 次试验中,有 $k$ 次成功,则用频率 $\dfrac{k}{n}$ 作为此人赶上火车的概率.当 $n$ 很大时,频率值与概率值近似相等.

**程序编写:**

```c
#include <stdio.h>
#include <stdlib.h>
int main() {
    int numExperiments=1000000;                          //进行的试验次数
    int successCount=0;                                  //成功赶上火车的次数
    srand(222);                                          //初始化随机数生成器
    //T1 火车离站的概率
    double trainDepartureProbabilities[]={0.7,0.2,0.1};
    double personArrivalProbabilities[]={0.3,0.4,0.2,0.1};
    for (int i=0;i<numExperiments;i++) {
        double trainDepartureTime=0.0;
        double randDeparture=(double)rand()/RAND_MAX;
        int trainDepartureIndex=0;
        double cumulativeProbability=trainDepartureProbabilities[0];
        while (cumulativeProbability<randDeparture) {
            trainDepartureIndex++;
            cumulativeProbability+=
trainDepartureProbabilities[trainDepartureIndex];
        }
        //得到火车从 A 站到 B 站运行时间的随机值
        double trainTravelTime=27.0+((double)rand()/RAND_MAX) * 6.0;
        //计算此人到达 B 站的时刻
        double personArrivalTime=28.0+((double)rand()/RAND_MAX) * 6.0;
        double randArrival=(double)rand()/RAND_MAX;   //用于决定离散值
        int personArrivalIndex=0;
        cumulativeProbability=personArrivalProbabilities[0];
        while (cumulativeProbability< randArrival) {
            personArrivalIndex++;
            cumulativeProbability+=
personArrivalProbabilities[personArrivalIndex];
        }
        personArrivalTime+=(double)personArrivalIndex;
```

```
            //判断此人是否成功赶上火车
            if (personArrivalTime<(trainDepartureTime+ trainTravelTime)) {
                successCount++;
            }
        }
        //计算成功赶上火车的概率
        double successProbability=(double)successCount/numExperiments;
        printf("The probability of catching the train is:%.3f\n",successProbability);
        return 0;
}
```

运行结果：

```
The probability of catching the train is: 0.224
```

## 二、蒙特卡罗模拟求数学期望值

设离散型随机变量 $X$ 的分布律为

$$P\{X=x_k\}=p_k, k=1,2,\cdots$$

若级数

$$\sum_{k=1}^{\infty} x_k p_k.$$

绝对收敛,则称级数 $\sum_{k=1}^{\infty} x_k p_k$ 的和为随机变量 $X$ 的数学期望,记为 $E(X)$. 即

$$E(X)=\sum_{k=1}^{\infty} x_k p_k.$$

设连续型随机变量 $X$ 的概率密度为 $f(x)$,若积分

$$\int_{-\infty}^{\infty} x f(x) \mathrm{d}x$$

绝对收敛,则称积分 $\int_{-\infty}^{\infty} x f(x) \mathrm{d}x$ 的值为随机变量 $X$ 的数学期望,记为 $E(X)$. 即

$$E(X)=\int_{-\infty}^{\infty} x f(x) \mathrm{d}x.$$

数学期望又称均值.

设 $Y$ 是随机变量 $X$ 的函数:$Y=g(x)$($g$ 是连续函数),则:

(1) $X$ 是离散型随机变量,它的分布律为 $P\{X=x_k\}=p_k, k=1,2,\cdots$,若 $\sum_{k=1}^{\infty} g(x_k) p_k$ 绝对收敛,则有

$$E(Y)=E(g[X])=\sum_{k=1}^{\infty} g(x_k) p_k.$$

(2) $X$ 是连续型随机变量,它的概率密度为 $f(x)$. 若 $\int_{-\infty}^{\infty} g(x) \cdot f(x) \mathrm{d}x$ 绝对收敛,则有

$$E(X) = E(g[X]) = \int_{-\infty}^{\infty} g(x) \cdot f(x) \mathrm{d}x$$

当被积函数较为复杂,无法直接求出积分时,可用蒙特卡罗模拟求数学期望值,用下列公式近似求得数学期望值:

$$E(Y) = E[g(X)] = \int_{-\infty}^{\infty} g(x) f(x) \mathrm{d}x \approx \frac{1}{n} \sum_{i=1}^{n} g(x_i),$$

其中 $x_i(i=1,\cdots,n)$ 为从概率密度函数 $f(x)$ 抽取的随机数,$n$ 为一个很大的整数.

【例 5.19】 设风速 $v$ 在 $(0,30)$ 上服从均匀分布,即具有概率密度:

$$f(v) = \begin{cases} \frac{1}{30}, & 0 < v < 30, \\ 0, & \text{其他} \end{cases}$$

又设飞机机翼受到的正压力 $w$ 是 $v$ 的函数:$w = 3v^2$,求 $w$ 的数学期望值.

**算法设计**:由积分公式可得精确解:

$$E(w) = \int_{-\infty}^{\infty} 3v^2 f(v) \mathrm{d}v = \int_{0}^{30} 3v^2 \frac{1}{30} \mathrm{d}v = 900.$$

我们也可以通过蒙特卡罗模拟求得近似的数学期望值. 在 $[0,30]$ 生成 $n=10000$ 个服从均匀分布的随机数,代入 $w$ 求近似均值.

**程序编写**:

```c
#include <stdio.h>
#include <math.h>
#include <stdlib.h>
int main(){
    int i,n=10000;
    double v=0,min=0,max=30,sum=0,w,we;
    for(i=1;i<=n;i++){
        v= min+(max-min) * rand()/RAND_MAX;
        w=3 * pow(v,2);
        sum=sum+w;
    }
    we=sum/n;
    printf("The expected value of w is %5.3f\n",we);
    return 0;
}
```

**运行结果**:

```
The expected value of w is 910.568
```

【例 5.20】 在例 5.19 的基础上,设风速 $v$ 服从 $N(20,100)$ 分布,试求飞机机翼正压力 $w$ 的数学期望值.

**算法设计**:我们通过蒙特卡罗模拟求积分. 生成 10000 个服从正态分布 $N(20,100)$ 的随机数,代入 $w$ 的公式求平均值.

**程序编写：**

```
#include <stdio.h>
#include <math.h>
#include <stdlib.h>
#define PI 3.1415926
int  main(){
    int m=10000,i;
    double U,V,Z,me=20,sd=10,v,w,we,sum=0;
    for (i=1;i<=m;i++){
        U=rand()/(RAND_MAX+1.0);
        V=rand()/(RAND_MAX+1.0);
        Z=sqrt(-2.0 * log(U)) * sin(2.0 * PI * V);
        v=me+Z * sd;
        w=3 * pow(v,2);
        sum=sum+w;
    }
    we=sum/m;
    printf("The expected value of w is %5.3f\n",we);
    return 0;
}
```

**运行结果：**

```
The expected value of w is 1477.967
```

## 三、蒙特卡罗模拟求方差

设 $X$ 是一个随机变量，若 $E(X)\{[X-E(X)]^2\}$ 存在，则称 $E\{[X-E(X)]^2\}$ 为 $X$ 的方差，记为 $D(X)$ 或 $\mathrm{Var}(X)$，即

$$D(X)=\mathrm{Var}(X)=E\{[X-E(X)]^2\}.$$

在应用上还引入与随机变量 $X$ 具有相同量纲的量 $\sqrt{D(X)}$，记为 $\sigma(X)$，称为标准差或均方差.

按定义，随机变量 $X$ 的方差表达了 $X$ 的取值与其数学期望的偏离程度. 若 $X$ 取值比较集中，则 $D(X)$ 较小；反之，若取值比较分散，则 $D(X)$ 较大. 因此，$D(X)$ 是刻画 $X$ 取值分散程度的一个量，它是衡量 $X$ 取值分散程度的一个尺度.

由定义知，方差实际上就是随机变量 $X$ 的函数 $g(x)=(X-E(x))^2$ 的数学期望. 于是对于离散型随机变量 $X$，有

$$D(X)=\sum_{k=1}^{\infty}[x_k-E(X)]^2 p_k,$$

其中 $P\{X=x_k\}=p_k,k=1,2,\cdots$ 是 $X$ 的分布律.

对于连续型随机变量 $X$，有

$$D(X)=\int_{-\infty}^{\infty}[X-E(x)]^2 f(x)\mathrm{d}x,$$

其中 $f(x)$ 是 $X$ 的概率密度.

经过运算转化,随机变量 $X$ 的方差可按下列公式计算.
$$D(x)=E(X^2)-[E(x)]^2.$$

【例 5.21】 在例 5.19 的基础上,设风速 $v$ 服从 $N(20,100)$ 分布,试求飞机机翼正压力 $w$ 的方差.

**算法设计**:通过方差的公式计算:
$$D(w)=E(w^2)-[E(w)]^2,$$
其中 $w$ 的数学期望值可以通过蒙特卡罗模拟求得, $w^2$ 的数学期望值求法相同.

**程序编写**:

```c
#include <stdio.h>
#include <math.h>
#include <stdlib.h>
#define PI 3.1415926
int main(){
    int m=10000,i;
    double U,V,Z,me=20,sd=10,v,w,we,sum=0,var;
    for (i=1;i<=m;i++){
        U=rand()/(RAND_MAX+ 1.0);
        V=rand()/(RAND_MAX+ 1.0);
        Z=sqrt(-2.0 * log(U)) * sin(2.0 * PI * V);
        v=me+Z * sd;
        w=3 * pow(v,2);
        sum=sum+w * w;
    }
    we=sum/m;
    var=we-pow(1477.967,2);
    printf("The variance of w is %5.3f\n",var);
    return 0;
}
```

**运行结果**:

```
The variance of w is 1591364.059
```

## 第五节

## 统计分析

### 一、随机抽样

为了回答我们遇到的许多问题,必须收集相关数据.例如食品、饮料中的细菌是否超标,每天城市里的垃圾有多少被回收,影响学生视力状况的主要原因有哪些,同学们的作息时间是如何安排的,电视台的某个栏目的收视率是多少,某厂产品的合格率是多少……这些问题都需要通过收集数据作出回答.

从节约费用等方面考虑,一般是从总体中收集部分个体的数据来得出结论,也就是要通过样本去推断总体.为此,我们首先必须清楚地知道要收集的数据是什么.例如,在食品质量检验中,为了了解某批袋装牛奶(总体)的细菌超标情况,从中随机地抽取了$n$袋,并测出了每一袋的细菌含量$a_i(i=1,2,\cdots,n)$.这里,$a_i(i=1,2,\cdots,n)$就是我们要收集的数据.其次,我们检查样本的目的是了解总体的情况.在上述袋装牛奶质量检查中,我们的目的是要了解整批袋装牛奶的细菌含量是否超标,而不是局限在了解抽查到的那些袋装牛奶的细菌含量是否超标.因此,收集的样本数据应当能够很好地反映总体,这是从样本推断出关于总体的正确结论的前提.再次,我们要知道如何才能收集到高质量的样本数据.我们知道,为了判断一锅汤的味道如何,可以充分搅拌锅里的汤,那么我们只需品尝一勺就可以了.同样地,高质量的样本数据来自"搅拌均匀"的总体.

在抽样调查中,样本的选择是至关重要的,样本能否代表总体,直接影响着统计结果的可靠性.为了使样本具有良好的代表性,设计抽样方法时,最重要的是要将总体"搅拌均匀",即使每个个体有同样的机会被抽中.下面介绍的抽样方法都是以此作为出发点的.

**1. 简单随机抽样**

一般地,设一个总体含有$N$个个体,从中逐个不放回地抽取$n$个个体作为样本($n \leqslant N$),如果每次抽取时总体内的各个个体被抽到的机会都相等,就把这种抽样方法叫作简单随机抽样(simple random sampling).

最常用的简单随机抽样方法有两种——抽签法和随机数法.

(1) 抽签法(抓阄法)

抽签法是大家最熟悉的,也许同学们在做某种游戏,或者选派一部分人参加某项活动时就用过抽签法.例如,高一(2)班有45名学生,现要从中抽出8名学生去参加一个座谈会,每名学生的机会均等.我们可以把45名学生的学号写在小纸片上,揉成小球放到一个不透明袋子中,充分搅拌后,再从中逐个抽出8个号签,从而抽出8名参加座谈会的学生.

一般地,抽签法就是把总体中的$N$个个体编号,把号码写在号签上,将号签放在一个容器中,搅拌均匀后,每次从中抽取一个号签,连续抽取$n$次,就得到一个容量为$n$的样本.

抽签法简单易行,当总体中的个体数不多时,使总体处于"搅拌均匀"的状态比较容易.这时,每个个体有均等的机会被抽中,从而能够保证样本的代表性.但是,当总体中的个体数较多时,将总体"搅拌均匀"就比较困难,用抽签法产生的样本代表性差的可能性很大.

(2) 随机数法

随机抽样中,另一个经常被采用的方法是随机数法,即利用随机数表、随机数骰子或计算机产生的随机数进行抽样.

**【例 5.22】** 编写一个 C 语言程序,从总体的 100 个数据中随机抽取 10 个样本数据.

**算法设计**:本题相当于从[0,99]区间的整数中抽 10 个整数,该 10 个整数就是原总体数据的索引,由于 C 语言中数组元素的标号从 0 开始,所以索引的取值范围为[0,99],根据[$a,b$]之间抽整数的公式:

$$a+\text{rand}()\%(b-a+1)$$

可知,当 $a=0,b=99$ 时,生成随机数的公式为 rand%100.

**程序编写**:

```
#include <stdio.h>
#include <stdlib.h>
#include <time.h>
#define TOTAL_DATA 100
#define SAMPLE_SIZE 10
int main() {
    int data[TOTAL_DATA];
    int samples[SAMPLE_SIZE];
    int index,i,j;
    for (i=0;i<TOTAL_DATA;i++) {           //初始化数据集为 1~100
        data[i]=i+1;
    }
    srand((unsigned) time(NULL));          //用当前时间初始化随机数生成器
    for (i=0;i<SAMPLE_SIZE;i++) {          //抽取样本数据
        index=rand()%100;
        samples[i]=data[index];            //从数据集中取出样本
    }
    printf("10 个随机抽取的样本数据:\n");    //打印样本数据
    for (i=0;i<SAMPLE_SIZE;i++) {
        printf("%d", samples[i]);
    }
    printf("\n");
    return 0;
}
```

**运行结果**:

```
10个随机抽取的样本数据:
5 62 4 24 67 67 12 100 21 15
```

**程序分析**:在这个例子中,使用了 rand()函数生成随机数,并利用该函数进行了简单的抽样.此外通过 time(NULL)获取当前系统时间(单位为秒)作为种子来保证每次运行程序时产生不同的随机数序列.如果需要重现抽样的结果,则需要使用相同的种子值.

**【例 5.23】** 模拟 1000 次掷骰子试验,计算出现偶数点的概率.

**算法设计**:我们可以使用循环进行 1000 次掷骰子的实验.每次实验生成 1~6 的随机整数,然后判断其是否能被 2 整除.如果是偶数,则将偶数计数器 evenCount 加 1.最后,计算偶数点的概率并将其输出.本题的关键是生成[1,6]之间的随机整数,可以根据[$a,b$]之间随机

整数的生成公式 $a+\text{rand}()\%(b-a+1)$ 求得.

**程序编写：**

```
#include <stdio.h>
#include <stdlib.h>
#include <time.h>
int main() {
   int numExperiments=1000;
   int evenCount=0;
   srand(time(0));                               //使用当前时间作为随机数种子
   for (int i=0;i<numExperiments;i++) {          //生成1~6的随机整数
      int dice=rand() %6+1;
      if (dice %2==0) {
         evenCount++;
      }
   }
   double probability=(double)evenCount/numExperiments;
//计算偶数点的概率
   printf("Probability of getting an even number: %f\n",probability);
   return 0;
}
```

**运行结果：**

```
Probability of getting an even number: 0.49
```

## 2. 系统抽样

某学校为了了解高一年级学生对教师教学的意见，打算从高一年级 500 名学生中抽取 50 名进行调查. 除了用简单随机抽样获取样本外，我们还可以按照这样的方法来抽样：首先将这 500 名学生从 1 开始进行编号，然后按号码顺序以一定的间隔进行抽取. 由于 $\dfrac{500}{50}=10$，所以抽取的两个相邻号码之差可定为 10，即从 1～10 中随机抽取一个号码，例如抽到的是 6 号，每次增加 10，得到

$$6,16,26,36,\cdots,496.$$

这样我们就得到一个容量为 50 的样本. 这种抽样方法为系统抽样（systematic sampling）.

一般地，假设要从容量为 $N$ 的总体中抽取容量为 $n$ 的样本，我们可以按下列步骤进行系统抽样：

(1) 先将总体的 $N$ 个个体编号. 有时可直接利用个体自身所带的号码，如学号、准考证号、门牌号等.

(2) 确定分段间隔 $k$，对编号进行分段. 当 $\dfrac{N}{n}$（$n$ 是样本容量）是整数时，取 $k=\dfrac{N}{n}$，如果遇

到 $\frac{N}{n}$ 不是整数的情况,可以先从总体中随机剔除几个个体,使得总体中剩余的个体数能被样本容量整除.

(3) 在第 1 段用简单随机抽样确定第一个个体编号 $l(l \leqslant k)$.

(4) 按照一定的规则抽取样本.通常是将 $l$ 加上间隔 $k$ 得到第 2 个个体编号 $l+k$,再加 $k$ 得到第 3 个个体编号 $l+2k$,依次进行下去,直到获取整个样本.

### 3. 分层抽样

我们知道,设计抽样方法时,最核心的问题是要考虑如何使抽取的样本具有好的代表性.为此,在设计抽样方法时,我们应考虑如何利用自己对总体的已有了解.例如,如果要调查某校高一学生的平均身高,由经验可知,男生一般要比女生高.这时就应采用另一种抽样方法——分层抽样.因为用简单抽样方法或系统抽样的方法都有可能产生绝大部分是男生(或女生)或全部都是男生(或女生)的样本,显然,这种样本是不能代表总体的.因此,设计抽样方法时,充分利用事先对总体情况的已有了解是非常重要的.

假设某地区有高中生 2400 人,初中生 10900 人,小学生 11000 人,此地区教育部门为了了解本地区中小学生的近视情况及其形成原因,要从本地区的中小学生中抽取 1% 的学生进行调查,你认为应当怎样抽取样本?

我们知道,影响学生视力的因素是非常复杂的.例如,不同年龄阶段的学生的近视情况可能存在明显差异.因此,宜将全体学生分成高中、初中和小学三部分分别抽样,另外,三个部分的学生人数相差较大,因此,为了提高样本的代表性,还应考虑各部分在样本中所占比例的大小.

由于样本容量与总体中的个体数的比是 1∶100,样本中包含的各部分的个体数应该是

$$\frac{2400}{100}, \frac{10900}{100}, \frac{11000}{100},$$

即抽取 24 名高中生,109 名初中生和 110 名小学生作为样本.

这样,如果从学生人数这个角度来看,按照这种抽样方法所获得的样本结构与这一地区全体中小学生的结构是基本相同的.

一般地,在抽样时,将总体分成互不交叉的层,然后按照一定的比例,从各层独立地抽取一定数量的个体,将各层取出的个体合在一起作为样本,这种抽样方法为分层抽样(stratified sampling).

从上面的抽样过程可以看出,分层抽样尽量利用了调查者对调查对象(总体)事先所掌握的各种信息,并充分考虑了保持样本结构与总体结构的一致性,这对提高样本的代表性是非常重要的.所以,分层抽样在实际中有着非常广泛的应用.通常,当总体是由差异明显的几个部分组成时,往往选用分层抽样的方法.

在现实生活中,由于资金、时间有限,人力、物力不足,再加上不断变化的环境条件,做普查往往是不可能的.因此,我们一般是把数据的收集限制在总体的一个样本上.由于总体的复杂性,在实际抽样中为了使样本具有代表性,通常要同时使用几种抽样方法,例如,可以先

用分层抽样法确定出某地区城市、县镇、农村的被抽个体数,再用分层抽样法将城市的被抽个体数分配到小学、初中、高中等不同阶层中去,县、镇、农村的被抽个体数的分配法也一样,接着,将城市划分为学生数大致相当的小区,用简单随机抽样法选取一些小区,再用简单随机抽样法确定每一小区中的各类学校.最后,在选中的学校中用系统抽样法或简单随机抽样法选取学生进行调查.

## 二、用样本估计总体

前面我们研究了通过抽样来收集数据的方法,了解了提高样本代表性的一些具体方法.数据被收集后,必须从中寻找所包含的信息,以使我们能够通过样本估计总体.这种估计一般分成两种:一种是用样本的频率分布估计总体的分布,另一种是用样本的数字特征(如平均数、标准差等)估计总体的数字特征.

**1. 用样本的频率分布估计总体分布**

分析数据的一个基本方法是用图将它们画出来.初中我们曾经学过频数分布图,这使我们能够清楚地知道数据分布在各个小组的个数.下面将要学习的频率分布图,则是以各个小组数据在样容量中所占比例大小来表示数据分布的规律.它可以使我们看到整个样本数据的频率分布(frequency distribution)情况.具体的做法如下.

(1) 求极差,即一组数据中最大值与最小值的差,说明样本数据的变化范围.

(2) 决定组距与组数.组距与组数的确定没有固定的标准,常常需要一个尝试和选择的过程.将数据分组时,组数应力求合适,以使数据的分布规律能较清楚地呈现出来.组数太多或太少,都会影响我们了解数据的分布情况.数据分组的组数与样本容量有关,一般样本容量越大,所分组数越多.当样本容量不超过 100 时,按照数据的多少,常分成 5~12 组.为方便起见,组距的选择应力求"取整".组距确定后,组数=极差/组距.

(3) 将数据分组.
(4) 计算各小组的频率.
(5) 画出图 5.7 所示的频率分布直方图.

图中横轴表示月均用水量,纵轴表示频率/组距.由于

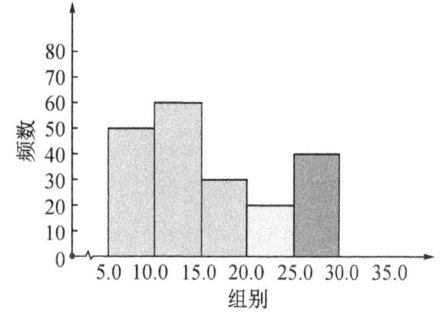

图 5.7 频率分布直方图

$$\text{小长方形的面积}=\text{组距}\times\frac{\text{频率}}{\text{组距}}=\text{频率},$$

所以各小长方形的面积表示相应各组的频率,这样,频率分布直方图就以面积的形式反映了数据落在各个小组的频率的大小.容易知道,在频率分布直方图中,各小长方形的面积的总和等于 1.

直方图能够很容易地表示大量数据,非常直观地表明分布的形状,使我们能够看到在分布表中看不清楚的数据分布情况.根据样本的频率分布,我们可以大致估计出总体的分布.

类似于频数分布折线图,连接频率分布直方图中各小长方形上端的中点,就得到频率分布折线图(图 5.8).

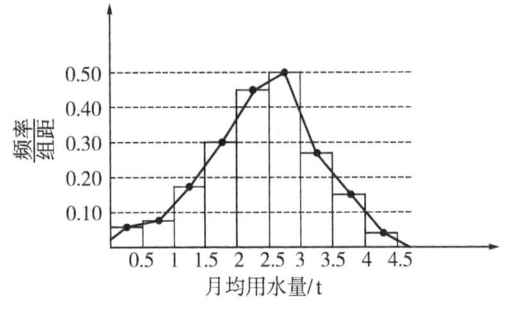

图 5.8　频率分布折线图

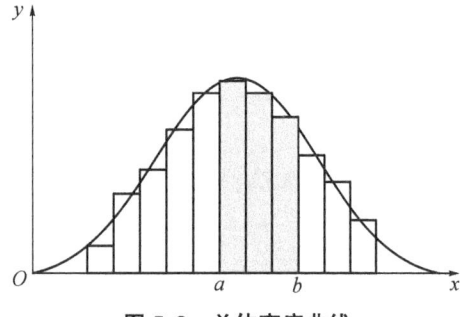

图 5.9　总体密度曲线

一般地,当总体中的个体数较多时,抽样时样本容量就不能太小. 可以想象,随着样本容量的增加,作图时所分的组数增加,组距减小,相应的频率折线图会越来越接近于一条光滑曲线,统计中称这条光滑曲线为总体密度曲线,如图 5.9 所示. 总体密度曲线反映了总体在各个范围内取值的百分比,它能给我们提供更加精细的信息. 例如,图中有阴影部分的面积,表示总体在区间$(a,b)$内取值的百分比.

实际上,尽管有些总体密度曲线是客观存在的,但是在实际应用中我们并不知道它的具体表达形式,需要用样本来估计. 由于样本是随机的,不同的样本得到的频率分布折线图不同;即使对于同一样本,不同的分组情况得到的频率分布折线图也不同. 频率分布折线图是随着样本的容量和分组情况的变化而变化的,因此不能由样本的频率分布折线图得到准确的总体密度曲线.

**2. 用样本的数字特征估计总体分布**

上一节我们学习了用图来组织样本数据,并且学习了如何用样本的频率分布估计总体的分布. 为了从整体上更好地把握总体的规律,我们还需要通过样本的数据对总体的数字特征进行研究.

初中我们曾经学过众数、中位数、平均数等各种数字特征. 应当说,这些数字都能够为我们提供关于样本数据的特征信息. 样本中位数不受少数几个极端值的影响,这在某些情况下是一个优点,但它对极端值的不敏感有时也会成为缺点. 由于样本平均数与每一个样本数据有关,所以,任何一个样本数据的改变都会引起平均数的改变. 这是中位数、众数不具有的性质.

平均数向我们提供了样数据的重要信息,但是,平均数有时也会使我们作出对总体的片面判断,只有平均数还难以概括样本数据的实际状态,还需要考察样本数据的分散程度的大小. 最常用的统计量是标准差(standard deviation). 标准差是样本数据到平均数的一种平均距离,一般用 $s$ 表示.

所谓"平均距离",其含义可作如下理解:

假设样本数据是 $x_1,x_2,\cdots,x_n,\bar{x}$ 表示这组数据的平均数. $x_i$ 到 $\bar{x}$ 的距离是
$$|x_i-\bar{x}|(i=1,2,\cdots,n).$$

于是,样本数据 $x_1, x_2, \cdots, x_n$ 到 $\bar{x}$ 的"平均距离"是

$$S = \frac{|x_1 - \bar{x}| + |x_2 - \bar{x}| + \cdots + |x_n - \bar{x}|}{n}.$$

由于上式含有绝对值,运算不太方便,通常改用如下公式来计算标准差:

$$s = \sqrt{\frac{1}{n}\left[(x_1 - \bar{x})^2 + (x_2 - \bar{x})^2 + \cdots + (x_n - \bar{x})^2\right]}.$$

从数学的角度考虑,人们有时用标准差的平方 $s^2$——方差来代替标准差,作为测量样本数据分散程度的工具:

$$s^2 = \frac{1}{n}\left[(x_1 - \bar{x})^2 + (x_2 - \bar{x})^2 + \cdots + (x_n - \bar{x})^2\right].$$

显然,在刻画样本数据的分散程度上,方差与标准差是一样的.但在解决实际问题时,一般采用标准差.

需要指出的是,现实中的总体所包含的个体数往往是很多的,总体的平均数与标准差是不知道的.如何求得总体的平均数和标准差呢?通常的做法是用样本的平均数和标准差去估计总体的平均数与标准差.这与前面用样本的频率分布来近似地代替总体分布是类似的.只要样本的代表性好,这样做就是合理的,也是可以接受的.

【例 5.24】 下列数据是 30 个不同国家中每 100000 名男性患某种疾病的死亡率(表 5.10):

表 5.10  30 个不同国家中每 100000 名男性患某种疾病的死亡率

| 27.0 | 23.9 | 41.6 | 33.1 | 40.6 | 18.8 | 13.7 | 28.9 | 13.2 | 14.5 |
| --- | --- | --- | --- | --- | --- | --- | --- | --- | --- |
| 27.0 | 34.8 | 28.9 | 3.2 | 50.1 | 5.6 | 8.7 | 15.2 | 7.1 | 5.2 |
| 16.5 | 13.8 | 19.2 | 11.2 | 15.7 | 10.0 | 5.6 | 1.5 | 33.8 | 9.2 |

(1) 要求编程调用排列子函数和中位数子函数求中位数.
(2) 要求编程调用平均数子函数和标准差子函数,求平均数和标准差.
(1) **程序编写:**

```
#include <stdio.h>
#include <stdlib.h>
//排列子函数(使用冒泡排序)
void sortData(double * data,int size) {
    int i,j;
    double temp;
    for(i=0;i<size-1;i++) {
        for(j=0;j<size-i-1;j++) {
            if(data[j]>data[j+1]) {
                temp=data[j];
                data[j]=data[j+1];
                data[j+1]=temp;
            }
        }
```

```c
        }
    }
//中位数子函数
double getMedian(double * data,int size) {
    sortData(data,size);                //调用排列子函数对数据进行排序
    if(size %2==0) {
        //如果数据个数为偶数,则返回中间两个数的平均值
        return (data[size/2-1]+data[size/2])/2;
    } else {
        //如果数据个数为奇数,则返回中间的数
        return data[size/2];
    }
}
int main() {
    int size=30;
    double data[]={27.0,23.9,41.6,33.1,40.6,18.8,13.7,28.9,13.2,14.5,
                   27.0,34.8,28.9,3.2,50.1,5.6,8.7,15.2,7.1,5.2,
                   16.5,13.8,19.2,11.2,15.7,10.0,5.6,1.5,33.8,9.2};
    double median=getMedian(data,size);  //调用中位数子函数
    printf("中位数是:%.2f\n",median);
    return 0;
}
```

运行结果:

中位数是: 15.45

（2）程序编写:

```c
#include <stdio.h>
#include <math.h>
//平均数子函数
double getMean(double * data,int size) {
    double sum=0;
    int i;
    for(i=0;i<size;i++) {
        sum+=data[i];
    }
    return sum/size;
}
//标准差子函数
double getStandardDeviation(double * data,int size) {
    double mean=getMean(data,size);
    double sum=0;
    int i;
    for(i=0;i<size;i++) {
        sum+=pow(data[i]-mean,2);
    }
    return sqrt(sum/size);
```

```
}
int main() {
    int size=30;
    double data[]={27.0,23.9,41.6,33.1,40.6,18.8,13.7,28.9,13.2,14.5,
                   27.0,34.8,28.9,3.2,50.1,5.6,8.7,15.2,7.1,5.2,
                   16.5,13.8,19.2,11.2,15.7,10.0,5.6,1.5,33.8,9.2};
    double mean=getMean(data,size);       //调用平均数子函数
    double standardDeviation=getStandardDeviation(data,size); //调用标准差子函数
    printf("平均数是:%.2f\n",mean);
    printf("标准差是:%.2f\n",standardDeviation);
    return 0;
}
```

运行结果:

```
平均数是: 19.25
标准差是: 12.50
```

## 三、变量间的相关关系

在寻找变量之间相关关系的过程中,统计同样发挥着非常重要的作用.因为变量之间的关系,并不像匀速直线运动中时间与路程的关系那样是完全确定的,而是带有不确定性.这就需要通过收集大量的数据(有时通过调查,有时通过实验),在对数据进行统计分析的基础上,发现其中的规律,才能对它们之间的关系作出判断.

在一次对人体脂肪含量和年龄关系的研究中,研究人员获得了一组样本数据(表5.11):

表 5.11 一组样本数据

| 年龄/岁 | 23 | 27 | 39 | 41 | 45 | 49 | 50 |
|---|---|---|---|---|---|---|---|
| 脂肪含量/% | 9.5 | 17.8 | 21.2 | 25.9 | 27.5 | 26.3 | 28.2 |

根据上述数据,人体的脂肪含量与年龄之间有怎样的关系?

一般地,对于某个人来说,他的体内脂肪不一定随年龄增长而增加或减少.但是如果把很多个体放在一起,这时就可能表现出一定的规律性.各年龄对应的脂肪数据是这个年龄人群脂肪含量的样本平均数.大体上来看,随着年龄的增加,人体中脂肪的百分比也在增加.为了确定这一关系的细节,我们需要进行数据分析.通过作统计图、表,我们可以对两个变量之间的关系有一个直观上的印象和判断.

我们假设人的年龄影响体内脂肪含量,于是,以 $x$ 轴表示年龄,以 $y$ 轴表示脂肪含量,得到相应的散点图(scatterplot)(图 5.10).

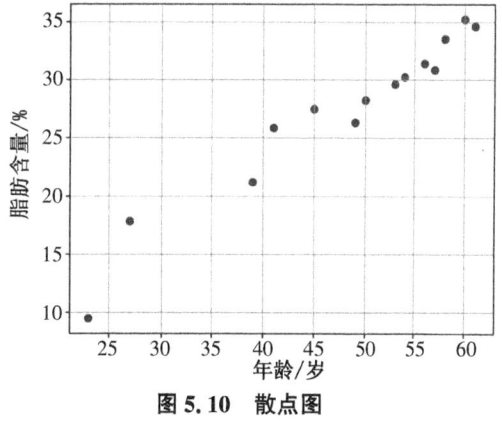

图 5.10 散点图

从散点图可以看出,年龄越大,体内脂肪含量越高.图中点的趋势表明两个变量之间确实存在一定的关系.

另外这些点散布的位置也是值得注意的,它们散布在从左下角到右上角的区域.对于两个变量的这种相关关系,我们将它称为正相关.还有一些变量,例如汽车的重量和汽车每消耗1 L汽油所行驶的平均路程成负相关,这时的点散布在从左上角到右下角的区域内.

那么,如何描述 $x$ 和 $y$ 之间的这种关系的强弱?

统计中用相关系数 $r$ 来衡量两个变量之间关系的强弱.

若相应于变量 $x$ 的取值 $x_i$,变量 $y$ 的观测值为 $y_i(1 \leqslant i \leqslant n)$,则两个变量的相关系数的计算公式为

$$r = \frac{\sum_{i=1}^{n}(x_i - \bar{x})(y_i - \bar{y})}{\sqrt{\sum_{i=1}^{n}(x_i - \bar{x})^2 \sum_{i=1}^{n}(y_i - \bar{y})^2}}.$$

该公式称为皮尔逊(pearson)相关系数,简称相关系数.对于相关系数 $r$,首先值得注意的是它的符号.当 $r$ 为正时,表明变量 $x$ 和 $y$ 正相关;当 $r$ 为负时,表明变量 $x$ 和 $y$ 负相关.不同的相关性可以从散点图上(图5.11)直观地反映出来,图5.11(a)、(b)反映了变量 $x$ 和 $y$ 之间很强的线性相关关系,而5.11(d)中的两个变量的线性相关程度很弱.

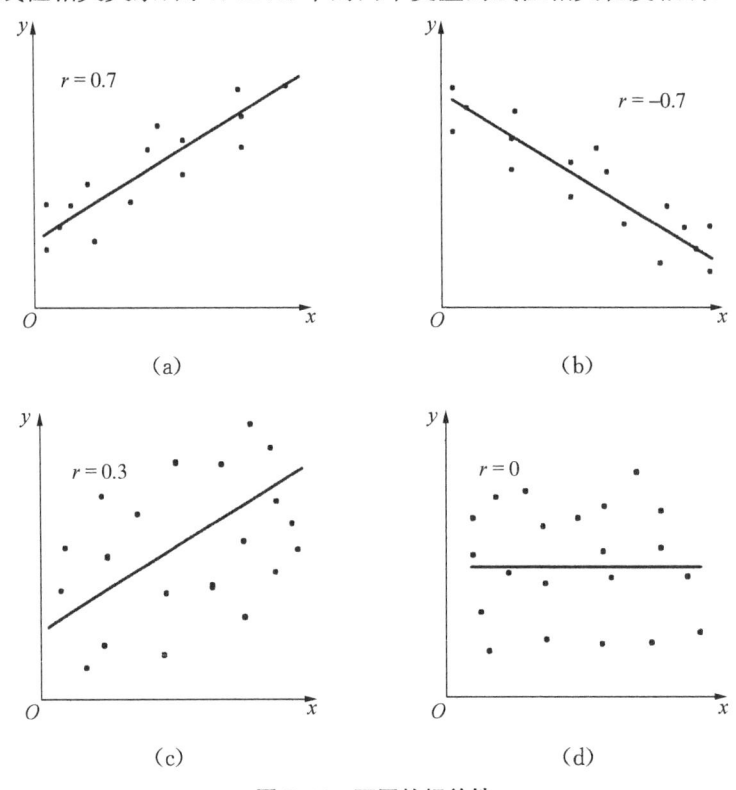

图5.11 不同的相关性

另一个值得注意的是 $r$ 的大小.统计学认为,对于变量 $x,y$,如果 $r \in [-1, -0.75]$,那么负相关很强;如果 $r \in [0.75, 1]$,那么正相关很强;如果 $r \in (-0.75, -0.30]$ 或 $r \in (0.30,$

0.75),那么相关性一般;如果 $r \in [-0.25, 0.25]$,那么相关性较弱.

**【例 5.25】** 前面我们分析了年龄和脂肪的相关关系,根据表 5.11 的数据,编写程序求相关系数.

**解题思路:** 我们可以定义了几个辅助函数,以计算相关系数.然后在 main 函数中,我们将给定的数据集 x 和 y 传递给这些函数来计算斜率、截距和相关系数.

**程序编写:**

```
#include <stdio.h>
#include <math.h>
//计算向量的均值
double calculateMean(const double * values, int size) {
    double sum=0.0;
    for (inti=0; i<size;++i) {
        sum+=values[i];
    }
    return sum/size;
}
//计算相关系数
double calculateCorrelation(const double * x, const double * y, int size) {
    double xMean=calculateMean(x,size);
    double yMean=calculateMean(y,size);
    double numerator=0.0;
    double denominatorX=0.0;
    double denominatorY=0.0;
    //计算相关系数的分子和分母
    for (inti=0; i<size;++i) {
        numerator+=(x[i]-xMean) * (y[i]-yMean);
        denominatorX+=pow(x[i]-xMean,2);
        denominatorY+=pow(y[i]-yMean,2);
    }
    //返回相关系数
    return numerator/sqrt(denominatorX * denominatorY);
}
int main() {
    const doublex_array[]={23,27,39,41,45,49,50,53,54,56,57,58,60,61};
    const doubley_array[]={9.5,17.8,21.2,25.9,27.5,26.3,28.2,29.6,30.2,31.4,30.8,33.5,35.2,34.6};
    int size=sizeof(x_array)/sizeof(x_array[0]);
    double correlation=calculateCorrelation(x_array,y_array,size);
    printf("相关系数: %lf\n",correlation);
    return 0;
}
```

**运行结果:**

相关系数: 0.970741

## 四、线性回归分析

从散点图 5.12 可以看出,这些点大致分布在通过散点图中心的一条直线附近(图 5.12). 如果散点图中点的分布从整体上看大致在一条直线附近,我们就称这两个变量之间具有线性相关关系,这条直线叫作回归直线(regression line). 如果能够求出这条回归直线的方程(简称回归方程),那么我们就可以比较清楚地了解年龄与体内脂肪含量的相关性,就像平均数可以作为一个变量的数据的代表一样,这条直线可以作为两个变量具有线性相关关系的代表.

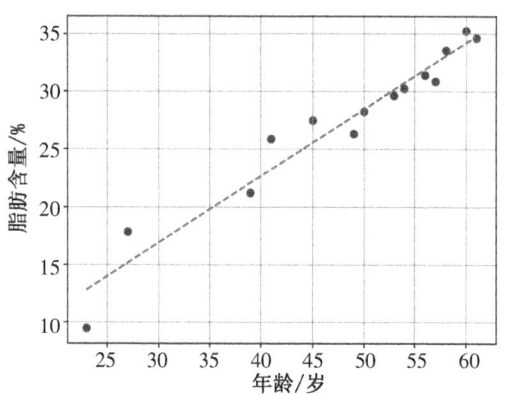

图 5.12 分布在一条直线附近

那么,我们应当如何具体求出这个回归方程呢?

假设我们已经得到两个具有线性相关关系的变量的一组数据:
$$(x_1,y_1),(x_2,y_2),\cdots,(x_n,y_n),$$
下面探讨如何表示这些点与一条直线
$$y=bx+a$$
之间的距离. 我们可以用点 $(x_i,y_i)$ 与这条直线上横坐标为 $x_i$ 的点之间的距离来刻画点 $(x_i,y_i)$ 到直线的远近,即用
$$|y_i-(bx_i+a)|(i=1,2,\cdots,n)$$
表示点 $(x_i,y_i)$ 到直线的远近(图 5.13),这样,用这 $n$ 个距离之和来刻画各点与此直线的"整体距离"是比较合适的,即可以用 $\sum_{i=1}^{n}|y_i-(bx_i+a)|$ 表示各点到直线 $y=bx+a$ 的"整体距离".

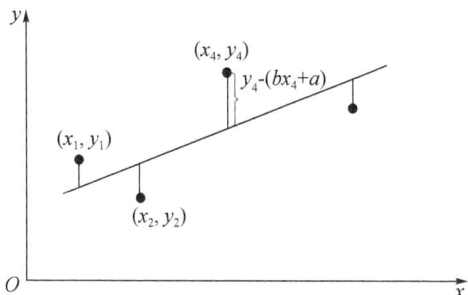

图 5.13 各样本点到回归直线的距离

由于绝对值使得计算不方便,在实际应用中人们更喜欢用平方:
$$Q=(y_1-bx_1-a)^2+(y_2-bx_2-a)^2+\cdots+(y_n-bx_n-a)^2. \tag{5.2}$$

这样,问题就归结为:当 $a,b$ 取什么值时 $Q$ 最小,即点到直线 $y=bx+a$ 的"整体距离"最小. 经过数学上的推导,$a,b$ 的值由下列公式给出:

$$\begin{cases} \hat{b}=\dfrac{\sum_{i=1}^{n}(x_i-\bar{x})(y_i-\bar{y})}{\sum_{i=1}^{n}(x_i-\bar{x})^2}=\dfrac{\sum_{i=1}^{n}x_iy_i-n\bar{x}\bar{y}}{\sum_{i=1}^{n}x_i^2-n\bar{x}^2}, \\ \hat{a}=\bar{y}-\hat{b}\bar{x}. \end{cases} \tag{5.3}$$

其中, $\bar{x} = \frac{1}{n}\sum_{i=1}^{n} x_i, \bar{y} = \frac{1}{n}\sum_{i=1}^{n} y_i$, $(\bar{x}, \bar{y})$ 称为样本点的中心. 这样, 回归方程的斜率为 $\hat{b}$, 截距为 $\hat{a}$, 即回归方程为

$$\hat{y} = \hat{b}x + \hat{a}.$$

这种通过求式(5.2)的最小值而得到回归直线的方法, 即使得样本数据的点到回归直线的距离的平方和最小的方法叫作最小二乘法(method of least square). 利用回归直线, 我们可以进行预测.

我们知道, 函数关系是一种确定性关系, 而相关关系是一种非确定性关系. 回归分析(regression analysis)是对具有相关关系的两个变量进行统计分析的一种常用方法.

对于一组具有线性相关关系的数据:

$$(x_1, y_1), (x_2, y_2), \cdots, (x_n, y_n),$$

我们知道其回归直线 $y = bx + a$ 的斜率和截距的最小二乘估计分别为

$$\hat{b} = \frac{\sum_{i=1}^{n}(x_i - \bar{x})(y_i - \bar{y})}{\sum_{i=1}^{n}(x_i - \bar{x})^2}, \tag{5.4}$$

$$\hat{a} = \bar{y} - \hat{b}\bar{x}, \tag{5.5}$$

其中 $\bar{x} = \frac{1}{n}\sum_{i=1}^{n} x_i, \bar{y} = \frac{1}{n}\sum_{i=1}^{n} y_i$. $(\bar{x}, \bar{y})$ 称为样本点的中心.

线性回归模型可以用

$$y = bx + a + e \tag{5.6}$$

来表示, 这里 $a$ 和 $b$ 为模型的未知参数, $e$ 是 $y$ 与 $bx + a$ 之间的误差. 通常 $e$ 为随机变量, 称为随机误差(random error), 它的均值 $E(e) = 0$, 方差 $D(e) = \sigma^2 > 0$. 这样线性回归模型的完整表达式为

$$\begin{cases} y = bx + a + e, \\ E(e) = 0, D(e) = \sigma^2. \end{cases} \tag{5.7}$$

在线性回归模型(5.6)中, 随机误差 $e$ 的方差 $\sigma^2$ 越小, 用 $bx + a$ 预报真实值 $y$ 的精度越高. 随机误差是引起预报值 $\hat{y}$ 与真实值 $y$ 之间存在误差的原因之一, 其大小取决于随机误差的方差.

由于公式(5.3)和(5.4)中 $\hat{b}$ 和 $\hat{a}$ 为斜率和截距的估计值, 它们与真实值 $a$ 和 $b$ 之间也存在误差, 这种误差是引起预报值 $\hat{y}$ 与真实值 $y$ 之间存在误差的另一个原因.

在实际应用中, 我们用回归方程

$$\hat{y} = \hat{b}x + \hat{a}$$

中的 $\hat{y}$ 估计(5.6)中的 $bx + a$. 由于随机误差 $\hat{e} = y - \hat{y}$, 所以 $\hat{e} = y - \hat{y}$ 是 $e$ 的估计量. 对于样本点

$$(x_1, y_1), (x_2, y_2), \cdots, (x_n, y_n)$$

而言, 它们的随机误差为

$$e_i = y_i - bx_i - a, i=1,2,\cdots,n,$$

其估计值为

$$\hat{e}_i = y_i - \hat{y}_i = y_i - \hat{b}x_i - \hat{a}, i=1,2,\cdots,n,$$

$\hat{e}_i$ 称为相应于点$(x_i, y_i)$的残差(residual).

另外,我们还可以用拟合优度

$$R^2 = 1 - \frac{\sum_{i=1}^{n}(y_i - \hat{y}_i)^2}{\sum_{i=1}^{n}(y_i - \bar{y})^2}$$

来刻画回归的效果. 拟合优度是指回归线对观测值的拟合程度,其取值范围为$[0,1]$. 对于已经获取的样本数据,$R^2$ 表达式中的 $\sum_{i=1}^{n}(y_i - \bar{y})^2$ 为确定的数. 因此$R^2$越大,意味着残差平方和 $\sum_{i=1}^{n}(y_i - \hat{y}_i)^2$ 越小,即模型的拟合效果越好;$R^2$越小,残差平方和越大,即模型的拟合效果越差. 在线性回归模型中,$R^2$ 表示解释变量对于预报变量变化的贡献率,$R^2$越接近于1,表示回归的效果越好. 在实际应用中应该尽量选择$R^2$大的回归模型.

用回归模型进行预测时,需要注意下列问题:

(1) 回归方程只适用于我们所研究的样本的总体.

(2) 我们所建立的回归方程一般都有时间性.

(3) 样本取值的范围会影响回归方程的适用范围.

(4) 不能期望回归方程得到的预报值就是预报变量的精确值. 事实上,它是预报变量的可能取值的平均值.

一般地,建立回归模型的基本步骤为:

(1) 确定研究对象,明确哪个变量是解释变量,哪个变量是预报变量.

(2) 画出解释变量和预报变量的散点图,观察它们之间的关系(如是否存在线性关系等).

(3) 由经验确定回归方程的类型(如我们观察到数据呈线性关系,则选用线性回归方程).

(4) 按一定规则(如最小二乘法)估计回归方程中的参数和拟合优度.

(5) 得出结果后分析残差图是否有异常(如个别数据对应残差过大,残差呈现不随机的规律性等). 若存在异常,则检查数据是否有误,或模型是否合适等.

【例5.26】 从某大学中随机选取8名女大学生,其身高和体重数据如表5.12所示.

表5.12 8名女大学生的身高和体重数据

| 编号 | 1 | 2 | 3 | 4 | 5 | 6 | 7 | 8 |
| --- | --- | --- | --- | --- | --- | --- | --- | --- |
| 身高/cm | 165 | 165 | 157 | 170 | 175 | 165 | 155 | 170 |
| 体重/kg | 48 | 57 | 50 | 54 | 64 | 61 | 43 | 59 |

求根据女大学生的身高预报体重的回归方程并求出决定系数 $R^2$,并预报一名身高为 178 cm 的女大学生的体重.

**程序编写：**

```c
#include <stdio.h>
#include <stdlib.h>
# define N 8//样本数据的数量
double x[N]={165,165,157,170,175,165,155,170};      //样本数据
double y[N]={48,57,50,54,64,61,43,59};
void saveDataToFile() {
    FILE * fp;
    fp=fopen("data.txt","w");
    if (fp==NULL) {
        printf("无法创建文件！\n");
        exit(1);
    }
    for (inti=0; i<N; i++) {
        fprintf(fp,"%lf %lf\n",x[i],y[i]);
    }
    fclose(fp);
}
void loadDataFromFile() {
    FILE * fp;
    fp=fopen("data.txt","r");
    if (fp==NULL) {
        printf("无法打开文件！\n");
        exit(1);
    }
    for (inti=0; i<N; i++) {
        fscanf(fp,"%lf %lf",&x[i],&y[i]);
    }
    fclose(fp);
}
void calculateRegressionLine(double * slope,double * intercept) {
    double sum_x=0.0,sum_y=0.0,sum_xy=0.0,sum_x2=0.0;
    for (inti=0; i<N; i++) {
        sum_x+=x[i];
        sum_y+=y[i];
        sum_xy+=x[i] * y[i];
        sum_x2+=x[i] * x[i];
    }
    * slope=(N * sum_xy-sum_x * sum_y)/(N * sum_x2-sum_x * sum_x);
    * intercept=(sum_y- * slope * sum_x)/N;
}
double calculateR2(double slope,double intercept) {
    double sum_y=0.0,sum_yy=0.0,sum_yhat=0.0;
    for (inti=0; i<N; i++) {
```

```
      sum_y+=y[i];
      sum_yy+=y[i] * y[i];
      sum_yhat+=slope * x[i]+intercept;
   }
   double mean_y=sum_y/N;
   double ss_tot=sum_yy-N * mean_y * mean_y;
   double ss_res=0.0;
   for (inti=0; i<N; i++) {
      double yhat=slope * x[i]+intercept;
      ss_res+=(y[i]-yhat) * (y[i]-yhat);
   }
   return 1-ss_res/ss_tot;
}
int main() {
   saveDataToFile();
   loadDataFromFile();
   double slope,intercept,xnew,yprediction;
   calculateRegressionLine(&slope,&intercept);
   double r2=calculateR2(slope,intercept);
   printf("Regression line: y=%lf * x+%lf\n",slope,intercept);
   printf("R^2: %lf\n",r2);
   xnew=178;
   yprediction=slope * xnew+intercept;
   printf("xnew=%lf\nyprediction=%lf\n",xnew,yprediction);
   return 0;
}
```

运行结果：

```
Regression line: y = 0.848485 * x + -85.712121
R^2: 0.637562
xnew = 178.000000
yprediction = 65.318182
```

**【例 5.27】** 和例 5.26 相同，要求计算根据女大学生的身高预报体重的回归方程，求出决定系数 $R^2$，并预报一名身高为 178 cm 的女大学生的体重. 但是在本例中，要求将 8 名女大学生的身高和体重数据先存入文本文件(txt)中，然后调用文件中的数据进行回归方程和决定系数的计算.

**算法设计**：为了改写代码，可以在程序开始部分添加一个创建用于保存数据的 txt 文件的函数，之后对文件进行读取和计算.

**程序编写**：

```
#include <stdio.h>
#include <stdlib.h>
#define N 8                                        //样本数据的数量
double x[N]={165,165,157,170,175,165,155,170};     //样本数据
```

```c
double y[N]={48,57,50,54,64,61,43,59};
void saveDataToFile() {
    FILE * fp;
    fp=fopen("data.txt","w");
    if (fp==NULL) {
        printf("无法创建文件!\n");
        exit(1);
    }
    for (int i=0;i<N;i++) {
        fprintf(fp,"%lf %lf\n",x[i],y[i]);
    }
    fclose(fp);
}
void loadDataFromFile() {
    FILE * fp;
    fp=fopen("data.txt","r");
    if (fp==NULL) {
        printf("无法打开文件! \n");
        exit(1);
    }
    for (int i=0;i<N;i++) {
        fscanf(fp,"%lf %lf",&x[i],&y[i]);
    }
    fclose(fp);
}
void calculateRegressionLine(double * slope,double * intercept) {
    double sum_x=0.0,sum_y=0.0,sum_xy-0.0,sum_x2=0.0;
    for (int i=0;i<N;i++) {
        sum_x+=x[i];
        sum_y+=y[i];
        sum_xy+=x[i] * y[i];
        sum_x2+=x[i] * x[i];
    }
    * slope=(N * sum_xy-sum_x * sum_y)/(N * sum_x2-sum_x * sum_x);
    * intercept=(sum_y- * slope * sum_x)/N;
}
double calculateR2(double slope,double intercept) {
    double sum_y=0.0,sum_yy=0.0,sum_yhat=0.0;
    for (int i=0;i<N;i++) {
        sum_y+=y[i];
        sum_yy+=y[i] * y[i];
        sum_yhat+=slope * x[i]+ intercept;
    }
    double mean_y=sum_y/N;
    double ss_tot=sum_yy-N * mean_y * mean_y;
    double ss_res=0.0;
    for (int i=0;i<N;i++) {
        double yhat=slope * x[i]+intercept;
```

```
            ss_res+=(y[i]-yhat) * (y[i]-yhat);
        }
        return 1-ss_res/ss_tot;
}
int main() {
        saveDataToFile();
        loadDataFromFile();
        double slope,intercept,xnew,yprediction;
        calculateRegressionLine(&slope,&intercept);
        double r2=calculateR2(slope,intercept);
        printf("Regression line:y=%lf * x+%lf\n",slope,intercept);
        printf("R^2:%lf\n",r2);
        xnew=178;
        yprediction=slope * xnew+ intercept;
        printf("xnew=%lf\nyprediction=%lf\n",xnew,yprediction);
        return 0;
}
```

运行结果:

```
Regression line: y = 0.848485 * x + -85.712121
R^2: 0.637562
xnew = 178.000000
yprediction = 65.318182
```

## 五、非线性回归分析

对于非线性关系,可以将其转化为线性关系,从而利用线性回归的基本思想解决相关问题.

【例 5.28】 一只红铃虫的产卵数 $y$ 和温度 $x$ 有关,现收集了 7 组观测数据列于表 5.13 中,试编程建立 $y$ 关于 $x$ 的回归方程.

表 5.13  7 组观测数据

| 温度 $x$/℃ | 21 | 23 | 25 | 27 | 29 | 32 | 35 |
|---|---|---|---|---|---|---|---|
| 产卵数 $y$/个 | 7 | 11 | 21 | 24 | 66 | 115 | 325 |

**算法设计**:在散点图(图 5.14)中,样本点并没有分布在某个带状区域内,因此两个变量不呈线性相关关系,不能直接利用线性回归模型来刻画两个变量之间的关系. 根据已有的函数知识,可以发现样本点分布在某一条指数函数曲线 $y=c_1 e^{c_2 x}$ 的周围,其中 $c_1$ 和 $c_2$ 是待定参数.

现在,问题变为如何估计待定参数 $c_1$ 和

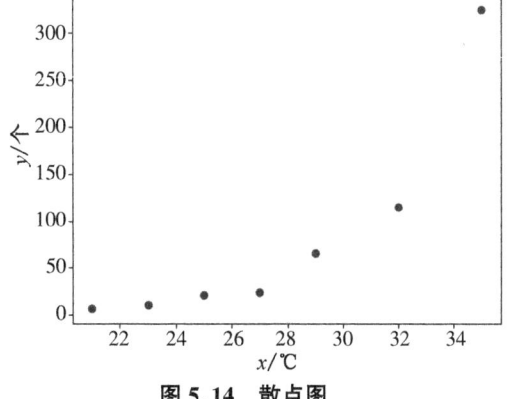

图 5.14  散点图

$c_2$,我们可以通过对数变换把指数关系变为线性关系. 令 $z=\ln y$,则变换后样本点应该分布在直线

$$z=bx+a(a=\ln c_1,b=c_2)$$

的周围. 这样,就可以利用线性回归模型来建立 $y$ 关于 $x$ 的非线性回归方程了.

由表 5.13 的数据可以得到变换后的样本数据(表 5.14),图 5.15 给出了表 5.14 中数据的散点图. 从图 5.15 中可以看出,变换后的样本点分布在一条直线的附近,因此可以用线性回归方程来拟合.

表 5.14　变换后的样本数据

| $x$ | 21 | 23 | 25 | 27 | 29 | 32 | 35 |
| --- | --- | --- | --- | --- | --- | --- | --- |
| $z$ | 1.946 | 2.398 | 3.045 | 3.178 | 4.190 | 4.745 | 5.784 |

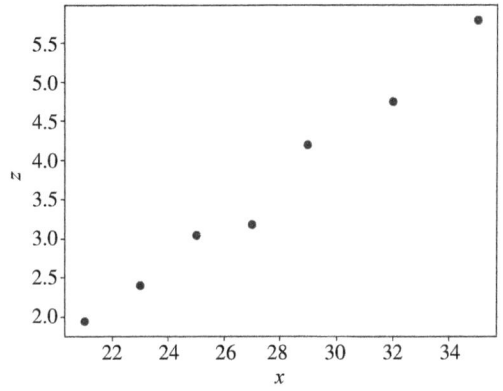

图 5.15　变换后的样本数据对应的散点图

**程序编写:**

```c
#include <stdio.h>
#include <stdlib.h>
void linearRegression(double x[],double y[],int n,double *a,double *b) {
    double sum_x=0.0;
    double sum_y=0.0;
    double sum_xy=0.0;
    double sum_x2=0.0;
    //计算各项累加和
    for (inti=0; i<n; i++) {
        sum_x+=x[i];
        sum_y+=y[i];
        sum_xy+=x[i] * y[i];
        sum_x2+=x[i] * x[i];
    }
    //计算系数 a 和 b
    double denominator=n * sum_x2-sum_x * sum_x;
    if (denominator ! =0) {
        * a=(n * sum_xy-sum_x * sum_y)/denominator;
```

```
    *b=(sum_y-(*a)*sum_x)/n;
  }
}
int main() {
  double x[]={21,23,25,27,29,32,35};
  double y[]={1.946,2.398,3.045,3.178,4.190,4.745,5.784};
  int n=sizeof(x)/sizeof(double);
  //计算线性回归方程的系数
  double a,b;
  linearRegression(x,y,n,&a,&b);
  printf("线性回归方程: y=%f*x+(%f)\n",a,b);
  return 0;
}
```

运行结果:

线性回归方程: y = 0.272026 * x + (-3.849002)

**程序分析**:因此红铃虫的产卵数关于温度的非线性回归方程为

$$\hat{y}=e^{0.272026x-3.849}.$$

可以认为图 5.14 中样本点集中在某二次曲线 $y=c_3 x^2+c_4$ 的附近,其中 $c_3$ 和 $c_4$ 为待定参数.因此可以对温度变量做变换,即令 $t=x^2$,然后建立 $y$ 关于 $t$ 的线性回归方程,从而得到 $y$ 关于 $x$ 的非线性回归方程.

表 5.15 是红铃虫的产卵数和对应的温度的平方,图 5.16 是相应的散点图.

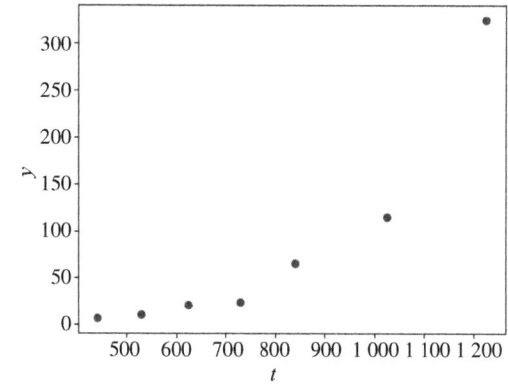

图 5.16　变换后相应的散点图

表 5.15　产卵数和对应的温度的平方

| $t$ | 441 | 529 | 625 | 729 | 841 | 1024 | 1225 |
|---|---|---|---|---|---|---|---|
| $y$ | 7 | 11 | 21 | 24 | 66 | 115 | 325 |

**程序编写**:

```
#include<stdio.h>
#include<stdlib.h>
#include<math.h>
//二次回归函数
void quadraticRegression(const double x[],const double y[],int n,double *a,
double *b,double *c) {
  double sum_x=0.0;
  double sum_y=0.0;
```

```
double sum_x2=0.0;
double sum_x3=0.0;
double sum_x4=0.0;
double sum_xy=0.0;
double sum_x2y=0.0;
for (inti=0; i<n; i++) {                //计算各项累加和
    sum_x+=x[i];
    sum_y+=y[i];
    sum_x2+=x[i] * x[i];
    sum_x3+=x[i] * x[i] * x[i];
    sum_x4+=x[i] * x[i] * x[i] * x[i];
    sum_xy+=x[i] * y[i];
    sum_x2y+=x[i] * x[i] * y[i];
}
double matrix[3][3];                    //构建线性方程组的矩阵和向量
double vector[3];
matrix[0][0]=sum_x4;
matrix[0][1]=sum_x3;
matrix[0][2]=sum_x2;
matrix[1][0]=sum_x3;
matrix[1][1]=sum_x2;
matrix[1][2]=sum_x;
matrix[2][0]=sum_x2;
matrix[2][1]=sum_x;
matrix[2][2]=n;
vector[0]=sum_x2y;
vector[1]=sum_xy;
vector[2]=sum_y;
for (inti=0; i<3; i++) {                //Gauss-Jordan 消元解线性方程组
    int max_row=i;                      //找出列元素中绝对值最大的行
    for (int j=i+1; j<3;j++) {
        if (fabs(matrix[j][i])>fabs(matrix[max_row][i])) {
            max_row=j;
        }
    }
    for (int j=0; j<3;j++) {            //将所选行交换到首行
        double temp=matrix[i][j];
        matrix[i][j]=matrix[max_row][j];
        matrix[max_row][j]=temp;
    }
    double temp=vector[i];
    vector[i]=vector[max_row];
    vector[max_row]=temp;
    double pivot=matrix[i][i];          //化简首行
    for (int j=i; j<3; j++) {
        matrix[i][j]/=pivot;
    }
    vector[i]/=pivot;
```

```
        for (int j=0; j<3; j++) {              //用首行消去其他行的 i 列元素
            if (j==i) continue;
            double factor=matrix[j][i];
            for (int k=i; k<3; k++) {
                matrix[j][k]-=factor * matrix[i][k];
            }
            vector[j]-=factor * vector[i];
        }
    }
    * a=vector[0];                              //提取系数
    * b=vector[1];
    * c=vector[2];
}
int main() {
    double x_arr[]={ 441,529,625,729,841,1024,1225 };
    double y_arr[]={ 7,11,21,24,66,115,325 };
    int n=sizeof(x_arr)/sizeof(double);
    double * x=x_arr;
    double * y=y_arr;
    double a,b,c;                               //计算二次回归方程的系数
    quadraticRegression(x,y,n,&a,&b,&c);
    printf("二次回归方程: y=%.3f * x^2+%.3f * x+%.3f\n",a,b,c);
    return 0;
}
```

运行结果：

二次回归方程: y = (0.000740) * x^2 + (-0.862)* x + (256.391)

## 课后习题

1. 编程求解：从参加乒乓球团体比赛的 5 名运动员中选出 3 名，有多少种不同方法？

2. 编程求解：从 4 种蔬菜品种中选出 3 种，分别种植在不同土质的 3 块土地上进行实验，有多少种不同的种植方法？

3. 在一个袋子里有 9 个球，袋子里的球是随机分布的，没有其他特殊的规律。其中 3 个是红色的，6 个是蓝色的。如果随机从袋子中取出一个球，那么取出的球是红色的概率是多少？

4. 在射击比赛中，某选手击中目标的概率是 0.8，求这名射手在 8 次射击中：
   (1) 恰有 4 次击中目标的概率。
   (2) 至少有 3 次击中目标的概率。

5. 一列火车从 A 站开往 B 站，某人每天赶往 B 站上火车。他已了解到火车从 A 站到 B 站的运行时间是服从均值为 30 min，标准差为 2 min 的正态分布的随机变量。火车

大约13点离开A站,此人大约13:30到达B站.火车离开A站的时刻及概率和此人到达B站的时刻及概率分别如下表所示.问他能赶上火车的概率是多少?

| 火车离站时刻 | 13:00 | 13:05 | 13:10 |
|---|---|---|---|
| 概率 | 0.7 | 0.2 | 0.1 |

| 此人到站时刻 | 13:28 | 13:30 | 13:32 | 13:34 |
|---|---|---|---|---|
| 概率 | 0.3 | 0.4 | 0.2 | 0.1 |

6. 下表给出了某些地区的鸟的种类数与海拔(m).编程分析这些数据,看一看鸟的种类数与海拔是否呈线性相关,要求计算两者的相关系数.

| 地区 | A | B | C | D | E | F | G | H | I | J | K |
|---|---|---|---|---|---|---|---|---|---|---|---|
| 鸟的种类数 | 36 | 30 | 37 | 11 | 11 | 13 | 17 | 13 | 29 | 4 | 15 |
| 海拔/m | 1250 | 1158 | 1067 | 457 | 701 | 731 | 610 | 670 | 1493 | 762 | 549 |

7. 一个车间为了规定工时定额,需要确定加工零件所花费的时间,为此进行了10次试验,收集数据如下:

| 零件数 $x$/个 | 10 | 20 | 30 | 40 | 50 | 60 | 70 | 80 | 90 | 100 |
|---|---|---|---|---|---|---|---|---|---|---|
| 加工时间 $y$/min | 62 | 65 | 80 | 81 | 89 | 100 | 102 | 105 | 115 | 122 |

编程求加工时间与零件数的回归方程以及回归方程的拟合优度.

8. 有人收集了10年中某城市的居民年收入(即此城市所有居民在一年内的收入的总和)与某种商品的销售额的有关数据:

| 第 $n$ 年 | 1 | 2 | 3 | 4 | 5 | 6 | 7 | 8 | 9 | 10 |
|---|---|---|---|---|---|---|---|---|---|---|
| 居民年收入/亿元 | 32.2 | 31.1 | 32.9 | 35.8 | 37.1 | 38.0 | 39.0 | 43.0 | 44.6 | 46.0 |
| 商品销售额/万元 | 25.0 | 30.0 | 34.0 | 37.0 | 39.0 | 41.0 | 42.0 | 44.0 | 48.0 | 51.0 |

(1) 求出回归方程.
(2) 如果这座城市居民的年收入达到40亿元,估计这种商品的销售额是多少?

9. 在某地区的一段时间内观察到的不小于某震级 $x$ 的地震数 $N$ 数据如下表所示,试判断二者之间是否存在线性相关的关系?尝试编程建立回归方程表示二者之间的关系.

| 震级 $x$ | 3.0 | 3.2 | 3.4 | 3.6 | 3.8 | 4.0 | 4.2 | 4.4 | 4.6 | 4.8 | 5.0 |
|---|---|---|---|---|---|---|---|---|---|---|---|
| 地震数 $N$ | 28 381 | 20 380 | 14 795 | 10 695 | 7 641 | 5 502 | 3 842 | 2 698 | 1 919 | 1 356 | 973 |
| 震级 $x$ | 5.2 | 5.4 | 5.6 | 5.8 | 6.0 | 6.2 | 6.4 | 6.6 | 6.8 | 7.0 | |
| 地震数 $N$ | 746 | 604 | 435 | 274 | 206 | 148 | 98 | 57 | 41 | 25 | |

# 参考文献

[1] 谭浩强.C程序设计[M].5版.北京:清华大学出版社,2017.

[2] 董永建.信息学奥赛一本通:C++版[M].北京:科学技术文献出版社,2013.

[3] 同济大学数学科学学院.高等数学.上册[M].8版.北京:高等教育出版社,2023.

[4] 同济大学数学科学学院.高等数学.下册[M].8版.北京:高等教育出版社,2023.

[5] 张国印,伍鸣,魏广华.线性代数[M].2版.北京:高等教育出版社,2023.

[6] 盛骤,谢式千,潘承毅.概率论与数理统计[M].5版.北京:高等教育出版社,2019.

[7] 人民教育出版社,课程教材研究所,中学数学课程教材研究开发中心.数学1—5:必修[M].3版.北京:人民教育出版社,2007.